高等职业教育"十四五"规划教材

兽医卫生检验

第 2 版

王选慧　隋兆峰　主编

中国农业大学出版社
· 北京 ·

内容简介

本教材以高素质技术技能人才培养为目标，以动物医学、动物防疫与检疫专业动物及动物性食品检疫检验方面的岗位能力需求为导向，坚持适度、够用、实用和同质化原则，遵循学生认知规律，以过程性知识为主、陈述性知识为辅；以实际应用知识和实践操作为主，依据教学内容的同质性和技术技能的相似性，进行归类和教学设计。主要内容包括：动物性食品污染与控制、屠宰加工企业的兽医卫生监督、屠宰动物收购与运输的兽医卫生监督、屠宰动物的宰前检验、屠宰加工流程的兽医卫生监督、屠宰动物的宰后检验、屠宰动物常见传染病的鉴定与卫生处理、屠宰动物常见寄生虫病的鉴定与卫生处理、肉与肉制品的卫生检验、市场肉类的兽医卫生检验、乳与乳制品的卫生检验、蛋与蛋制品的卫生检验、水产品的卫生检验、屠宰加工副产品的卫生检验，共 14 个项目 62 个任务。文字精练，图文并茂，通俗易懂，并提供丰富的教学信息资源，编写形式新颖、职教特色明显。

本教材既可作为职业院校动物医学、畜牧兽医、动物防疫与检疫专业教材，又可作为企业技术人员的培训教材，还可作为广大畜牧兽医工作者短期培训、技术服务和继续学习的参考用书。

图书在版编目(CIP)数据

兽医卫生检验 / 王选慧，隋兆峰主编. -- 2 版. --北京：中国农业大学出版社，2024.3(2025.5 重印)

ISBN 978-7-5655-3183-5

Ⅰ.①兽…　Ⅱ.①王…②隋…　Ⅲ.①兽医卫生检验－高等职业教育－教材　Ⅳ.①S851.4

中国国家版本馆 CIP 数据核字(2024)第 042441 号

书　　名　兽医卫生检验　第 2 版

作　　者　王选慧　隋兆峰　主编

策划编辑　康昊婷　　**责任编辑**　康昊婷

封面设计　李尘工作室

出版发行　中国农业大学出版社

社　　址　北京市海淀区圆明园西路 2 号　　**邮政编码**　100193

电　　话　发行部 010-62733489，1190　　读者服务部 010-62732336

编辑部 010-62732617，2618　　出　版　部 010-62733440

网　　址　http://www.caupress.cn　　**E-mail**　cbsszs@cau.edu.cn

经　　销　新华书店

印　　刷　运河(唐山)印务有限公司

版　　次　2024 年 3 月第 2 版　　2025 年 5 月第 2 次印刷

规　　格　185 mm×260 mm　　16 开本　　20.75 印张　　520 千字

定　　价　59.00 元

编审人员

主　编　王选慧（甘肃畜牧工程职业技术学院）

隋兆峰（山东畜牧兽医职业学院）

副主编　刘海霞（甘肃畜牧工程职业技术学院）

耿　丹（晋中职业技术学院）

参　编　李　伟（甘肃畜牧工程职业技术学院）

任作宝（甘肃畜牧工程职业技术学院）

张　亮（甘肃畜牧工程职业技术学院）

任俊玲（河北旅游职业学院）

吕照勇（池州职业技术学院）

李佳媛（山东畜牧兽医职业学院）

主　审　王治仓（甘肃畜牧工程职业技术学院）

张进隆（甘肃畜牧工程职业技术学院）

王雯慧（甘肃农业大学）

前言

兽医卫生检验是学习和掌握动物性食品卫生与检验基本理论知识和实践技能的一门学科，是动物医学、动物防疫与检疫等专业重要的专业基础课，是保障动物性食品安全与公共卫生安全的重要理论基础和技术指南，具有较强的理论性和实践性。

本教材根据《国家职业教育改革实施方案》（简称“职教二十条”）、《高等职业学校专业教学标准》以及《“十四五”职业教育规划教材建设实施方案》等相关文件精神，以培养高素质技术技能人才为目标，以动物医学、动物防疫与检疫专业群的岗位能力需求为导向，坚持适度、够用、实用和同质化原则，遵循学生认知规律，以模块→项目→任务为主线，设计学习目标、学习内容、案例分析、考核评价和知识拓展等教学组织单元，尽可能开展“教、学、做”一体化教学，以体现“教学内容职业化、能力训练岗位化、教学环境企业化”特色。明确学生通过学习应达到的识记、理解和应用等方面的基本要求。其中，识记是指学习后应当记住的内容，包括概念、原则、方法等，这是最低层次的要求；理解是指在识记的基础上，全面把握基本概念、基本原则、基本方法，并能以自己的语言阐述，能够说明与相关问题的区别及联系，这是较高层次的要求；应用是指能够运用所学的知识分析、解决涉及动物生产中的一般问题，包括简单应用和综合应用。有些项目的相关理论知识或实践技能，可通过扫描二维码、技能训练、知识拓展或知识链接等形式学习，为实现课程的教学目标和提高学生的学习效果奠定基础。

党的二十大报告提出：“深化教育领域综合改革，加强教材建设和管理，完善学校管理和教育评价体系，健全学校家庭社会育人机制。”本教材认真贯彻习近平总书记关于教材建设的重要指示精神，把立德树人融入教材建设各个环节，围绕立德立志、增智健体、成才用才推进改革，教材编写过程中，除培养学生专业技能外，还注重提升学生的政治素质，培养学生的敬业奉献精神，激发学生的创新活力，促进学生向新时代德智体美劳全面发展。

全书由王选慧和隋兆峰统稿。具体的编写分工为：绪论、项目一、项目二、项目三、附录由王选慧、隋兆峰、任俊玲编写；项目四、项目五、项目六由任作宝、张亮编写；项目七、项目八、项目九、项目十、项目十一由刘海霞、李伟编写；项目十二、项目十三、项目十四由李佳媛、耿丹、吕照勇编写。承蒙甘肃畜牧工程职业技术学院王治仓教授、张进隆教授和甘肃农业大学王雯慧教授对本教材进行了认真审定，并提出了宝贵意见；编写过程中得到编写人员所在学校的大力支持，在此一并表示感谢。

由于编者水平所限，书中错误和不妥之处在所难免，敬请同行、专家批评指正。

编　者

2023 年 11 月

目　录

绪　论

一、课程简介

俗语说"民以食为天",食物是人类赖以生存和发展的物质基础。据统计推算,一个人在一生中所必须摄取营养物质的数量大约是:水 75 t、糖类 17.5 t、蛋白质 2.5 t、脂肪 1.3 t,以及各种维生素、无机盐等。这说明了人的摄食量要超过人体重量的 1 000 倍。人类的生存和发展需要大量的食物供应。

绪论 PPT

食品按其来源可分为两大类:即动物性食品与植物性食品。动物性食品富含优质的蛋白质以及较多的脂肪、碳水化合物、无机盐和维生素等营养物质,能给人体提供丰富的营养,但是动物性食品同时又具有容易腐败变质的特性,不健康的动物及其产品常带有致病性微生物和寄生虫。因此,人吃了不卫生的动物性食品,常会使人感染某种传染病和寄生虫病,甚至发生食物中毒,损害食用者的健康。

兽医卫生检验是以兽医学和公共卫生学的理论及相关法规为基础,从预防观点出发,研究动物及动物性食品在生产、加工、贮藏、运输及销售等过程中的预防性和生产性卫生监督,并对产品卫生质量做出鉴定、控制及最合理的加工利用,确保产品的安全与质量,以保障食用者的安全健康,防止人畜共患病及其他动物疫病散播的综合性应用学科。它涉及动物从养殖场到餐桌的全程检验与监控,与人类的日常生活息息相关。

二、课程性质

"兽医卫生检验"是动物医学、动物防疫与检疫专业的专业课程,具有较强的理论性和实践性。一方面,它将动物及动物性食品检疫检验理论与技术有机融合,基于动物医学、动物防疫与检疫专业的职业活动、应职岗位需求,培养学生动物及动物性食品检疫检验等专业能力,同时注重学生职业素质的培养。另一方面,作为后续课程的基础,它所阐述的基本理论与技术具有更多的指导意义,能为后续专业课程的学习和毕业后从事动物及动物性食品检疫检验工作奠定扎实的理论基础。

三、 课程内容

本课程内容编写是以高素质技能型人才培养为目标，以动物医学、动物防疫与检疫专业动物及动物性食品检疫检验方面的岗位能力需求为导向，坚持适度、够用、实用和同质化原则，遵循学生认知规律，以过程性知识为主、陈述性知识为辅。

本课程内容排序尽量按照学习过程中学生认知心理顺序，与专业所对应的典型职业工作顺序，或对实际的多个职业工作过程来序化知识，将陈述性知识与过程性知识整合、理论知识与实践知识整合，意味着适度、够用、实用的陈述性知识总量没有变化，而是这类知识在课程中的排序方式发生了变化，课程内容不再是静态的学科体系的显性理论知识的复制与再现，而是着眼于动态的行动体系的隐性知识生成与构建，更符合职业教育课程开发的全新理念。

本课程内容以实际应用知识和实践操作为主，删去了实践中应用性不强的理论知识，将兽医卫生检验的相关知识和关键技能列出，依据教学内容的同质性和技术技能的相似性，进行归类和教学设计，划分为十四个项目：

项目一　动物性食品污染与控制

项目二　屠宰加工企业的兽医卫生监督

项目三　屠宰动物收购与运输的兽医卫生监督

项目四　屠宰动物的宰前检验

项目五　屠宰加工流程的兽医卫生监督

项目六　屠宰动物的宰后检验

项目七　屠宰动物常见传染病的鉴定与卫生处理

项目八　屠宰动物常见寄生虫病的鉴定与卫生处理

项目九　肉与肉制品的卫生检验

项目十　市场肉类的兽医卫生检验

项目十一　乳与乳制品的卫生检验

项目十二　蛋与蛋制品的卫生检验

项目十三　水产品的卫生检验

项目十四　屠宰加工副产品的卫生检验

每一项目又设"学习目标""学习内容""考核评价""案例分析""知识拓展""知识链接"六个教学组织单元，并以任务的形式展开叙述，明确学生通过学习应达到的掌握、熟悉和了解等方面的基本要求；有些项目的相关理论知识或实践技能，可通过技能训练、知识拓展或知识链接等形式进行学习。

四、 课程目标

兽医卫生检验对于保障公共卫生安全和人体健康，防止人畜共患病及其他畜禽疫病的传播具有重要意义。它无论是作为一门学科或具体工作实践，其目的都是保证动物性食品卫生质量，保障消费者的食用安全及防止疫病散播。兽医卫生检验的具体目标是：

（1）防止人畜共患病和其他动物疫病的传播和蔓延。

(2)防止食品中毒和有毒有害物质通过动物及动物性食品对人体造成危害。

(3)维护我国动物产品及动物性食品贸易的信誉,提高其在国际市场竞争力。

(4)提高动物生产和动物性食品加工企业的经济效益。

(5)为宣传、普及、执行、制定和完善我国兽医卫生检验法规提供科学依据。

项目一
动物性食品污染与控制

学习目标

掌握如何控制动物性食品的污染；熟悉动物性食品污染的基础知识，包括动物性食品污染的概念、来源和途径；了解动物性食品污染的危害以及动物性食品安全评价标准。

学习内容

项目一动物性食品污染与控制 PPT

任务一　概述

一、动物性食品污染的概念

动物性食品污染，是指肉、乳、鱼、蛋及其制品受到有害物质的污染，致使食品卫生质量下降或对人体健康造成不同程度的危害。造成动物性食品污染的原因是多方面的，除过去所熟悉的微生物和寄生虫的污染外，各种药物、农药、重金属、激素、添加剂、放射性物质等污染日益突出，不仅危害食用者本身的健康，而且影响子孙后代的健康。

动物性食品污染具有以下特点：①污染源，除直接污染食品原料和制品外，多半是通过食物链逐级富集的；②造成的危害，除引起急性病患外，更可以蓄积或残留在体内，造成慢性损害和潜在性的威胁；③污染的食品，除少数表现出感官变化（如细菌污染）外，多数不能被感官所识别；④常规的冷、热处理不能达到绝对无害，尤其是有毒化学物质的污染。

二、动物性食品污染的来源

动物性食品污染，按其来源可分为生物性污染、化学性污染及放射性污染三大类。

（一）生物性污染

生物性污染是指微生物、寄生虫、有毒生物组织和昆虫对动物性食品的污染。

1.微生物污染

细菌与细菌毒素、霉菌与霉菌毒素和病毒等是造成动物性食品污染的重要因素。动物性食品在生产、加工、运输、贮藏、销售及食用过程中，都有可能被各种微生物所污染。动物性食品中污染的微生物，包括人畜共患传染病的病原体，以食品为传染媒介的致病菌及病毒，以及引起人类食物中毒的细菌、真菌及其毒素。细菌如炭疽杆菌、结核分枝杆菌、痢疾杆菌、沙门菌、葡萄球菌、副溶血弧菌、肉毒梭菌，真菌如黄曲霉菌等，病毒主要有口蹄疫病毒、禽流感病毒、传染性水疱病病毒等。此外，还包括大量引起食品腐败变质的非致病性微生物。

2.寄生虫污染

寄生虫污染主要是指能引起人畜共患寄生虫病病原体通过动物性食品使人发生感染。常见的有旋毛虫、囊尾蚴、棘球蚴、姜片吸虫等。这些人畜共患病的病原体，一直都是动物性食品卫生检验的对象。食物被寄生虫及其虫卵污染是很难被观察到的，有些甚至难以确定对身体有害的感染剂量。在许多地区发生的人体被寄生虫感染多是由于食用生的或烹煮时间不够的鱼、虾、贝壳或肉类，或在食品制作中使用不干净的水。

3.有毒生物组织污染

有毒生物组织污染主要是指本身含有毒素的生物组织，如甲状腺、肾上腺以及有毒鱼类、贝类混入动物性食品，误食后引起不良影响。

4.昆虫污染

昆虫污染主要指动物性食品受苍蝇、蝇蛆、甲虫、螨虫等媒介昆虫污染。食品被污染后，感官性状不良，营养价值降低，甚至丧失食用价值。

(二)化学性污染

化学性污染指各种有害的金属、非金属、有机物、无机物等对动物性食品造成的污染。进入动物饲料和人类食品中的化学污染物，除少数因浓度或数量过大引起急性中毒外，绝大部分以食品残毒(通过各种途径进入并残留于食物中的有毒物质)的形式构成潜在的危害。从污染来源可分为以下几类。

1.环境污染

随着工业生产的发展，“工业三废”(废气、废水、废渣)不合理的排放，是引起大气、水体、土壤及动植物污染的主要原因。这些环境污染物可以通过呼吸、饮水直接进入人体，也可沿食物链间接进入人体。尤其需要注意的是，污染物沿食物链逐级生物富集，可以使本来浓度很低的污染物富集到危险的高浓度水平。例如，多氯联苯(PCB)是几乎不溶于水的物质，它在河水和海水中的浓度只有 0.000 01～0.001 mg/L，乍看起来，这样微乎其微的物质是不可能造成什么危害的，但经过食物链富集后，其浓度可以成千上万倍地增加，在鱼体内可富集到 0.01～10 mg/kg，在食鱼鸟体内可进一步富集到 1.0～100 mg/kg，而且食物链越长，富集的程度越高，危害也就越明显。人食用上述鱼类，使脂肪中富集的多氯联苯可达 0.1～10 mg/kg。

污染环境的化学物质种类繁多，如镉、铅、汞、砷、多氯联苯、苯并芘等。

2.农药污染

农药是指用于预防、消灭、驱除各种有害昆虫、啮齿动物、杂草和其他有害动植物的物质，以及用于植物的生长调节剂、落叶剂、贮藏剂等。农药的广泛使用，常造成动物性食品的农药残留(是指农药的原形及其代谢物蓄积或贮存于动物的细胞、组织或器官内)。其可以由于对动物体和厩舍使用农药或在运输中受到农药的污染而发生,但主要是通过食物链而来。引起食品污染的农药,主要是有机磷、有机汞、有机砷等。

3. 药物污染

用于动物生产的药物,如抗生素、磺胺制剂、生长促进剂和各种激素制品等,易在动物体内形成残留。人类食用有药物残留的食品,将对人体健康造成影响,主要表现为变态反应与过敏反应,细菌耐药性,致癌、致畸、致突变和激素样作用。为了防止食品中药物残留对人体的危害,使用过药物的动物要经过休药期后方可屠宰或允许其产品上市。

4. 食品添加剂污染

食品添加剂是指为改善食品的品质,增加其色、香、味,以及为防腐和加工工艺的需要而加入食品中的化学合成的或天然的物质。食品添加剂在一定范围内使用一定量对人体无害,但若滥用则会造成食品的污染,对食用者的健康造成危害。所以,各国都制定了食品添加剂使用标准,规定了允许使用的食品添加剂名称、用途、使用量、限量和规格等。

(三)放射性污染

食品吸附或者吸收外来的放射性核素,使其放射性高于自然放射性本底时,称为食品的放射性污染。近几十年来,原子能的利用在逐年增加,使用放射性物质的生活活动,如医疗、科学实验的放射性废物排放,以及意外事故中放射性核素的渗漏,使得放射性物质均可通过食物链等各环节而污染到食物。特别是鱼类等水产品对某些放射性核素有很强的富集作用,以致超过安全限量而造成对人体健康的危害。

三、动物性食品污染的途径

动物性食品主要来自畜禽和水生动物,受各种污染机会很多,其污染的方式、来源及途径也是多方面的。总的来说可以分为两个方面,即内源性污染和外源性污染。

(一)内源性污染

内源性污染是指食用动物在生前受到的污染,又称为第一次污染。根据污染物来源不同,内源性污染主要有以下几种。

1. 内源性生物性污染

凡动物在生活过程中,由本身带染的微生物或寄生虫造成其食品的污染称为内源性生物性污染。引起原因有以下几个方面。

(1)非致病性和条件致病性微生物。这类微生物常以一定的类群和数量存在于健康动物体内,如在正常的消化道、呼吸道中即存在微生物。当机体受到不良因素影响时,动物机体抵抗力下降,这些微生物繁殖增多,并可侵入组织内部,造成肉品污染,成为肉品腐败和食物中毒的重要原因。

(2)致病性微生物。动物被致病性微生物,如炭疽芽孢杆菌、结核分枝杆菌、口蹄疫病毒等感染后,自身携带有致病菌,而造成食品内源性污染。这些受到病原微生物污染的食品,往往能引发人类的食源性污染。

(3)寄生虫。食用动物在生活过程中，会通过各种途径感染寄生虫。人畜共患寄生虫病，如囊尾蚴、旋毛虫等污染的食品，人类可通过食入这种污染的食品而造成的感染。

2. 内源性化学性污染

由于化学工业的发展，大量的化学物质在工业、农业、医疗卫生以及日常生活等各方面广泛应用，一些有毒的化学物质，以多种形式存在于环境中，再通过食物链最终进入人体。由于食物链中每一环节的生物，都有蓄积和浓缩环境化学毒物作用，所以这些通过富集而使其残留量超过最高限量的食品被人摄入后，即会产生毒性作用(图 1-1)。

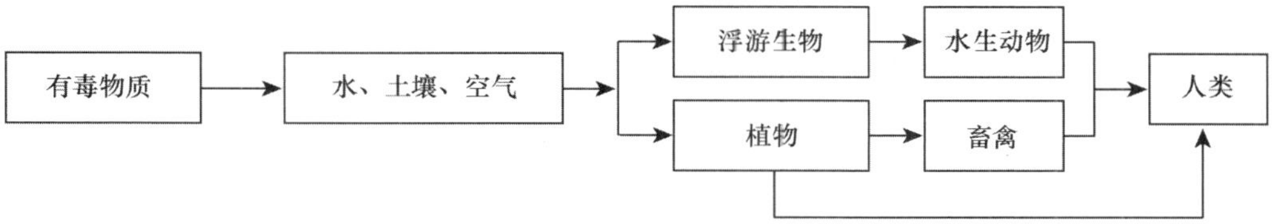

图 1-1　食物链污染示意图

3. 内源性放射性污染

环境中的放射性物质通过多种途径进入水生动物和畜禽体内，使动物性食品受到放射性污染。水生动物对放射性物质具有很强的富集作用。环境中的放射性核素通过牧草、饲料和饮水等途径进入动物体内，并蓄积在组织器官中。当人摄入受过放射性物质污染的食品后，身体健康就会受到很大危害。

(二)外源性污染

外源性污染又称为食品加工流通过程中的污染或第二次污染，即食品在生产、加工、运输、贮藏、销售等过程中受到的污染。常见的有以下几种。

1. 通过水的污染

动物性食品生产加工的许多环节都离不开水，如果使用被生物性、化学性或放射性物质污染的水源，则会直接造成食品的污染。因此，在生产加工过程中用水的卫生质量与食品卫生质量有着密切关系。

2. 通过空气的污染

空气中常含有大量的微生物，还可能含有工业废气等有害物质。空气中的污染物可以自然沉降或随雨滴降落在食品上，造成直接污染；也可以污染水、土壤，造成间接污染。此外，带有微生物的痰沫、鼻涕与唾液的飞沫、空气中的尘埃等也可对食物造成污染。

3. 通过土壤的污染

土壤中可能存在各种致病性微生物和各种有害的化学物质。自然界中，1 g 表层泥土可含有微生物 $10^7 \sim 10^8$ 个，土壤常为动物性食品污染的主要来源。动物性食品在生产、加工、贮藏、运输等过程中，接触被污染的土壤或尘土沉降于食品表面，造成食物的直接污染，或者成为水及空气的污染源而间接污染食品。

土壤、空气、水的污染是相互联系、相互影响的，污染物在三者之间相互转化，往往形成环境污染的恶性循环，从而造成污染物对食物的更严重的污染。

4.生产加工过程和流通环节的污染

动物性食品在生产加工过程中的污染也同样常见。如食品加工器具、设备等不清洁,可以造成食品的污染;又如在挤奶过程中,挤乳工人的手、挤乳用具等未经严格消毒,都有可能污染乳汁。从食品生产到消费者进食,其间要经过运输、贮藏、销售、烹调等环节,任何一个环节稍不注意,就会不可避免地造成污染。此外,食品添加剂的不合理使用也会造成食品污染。

5.从业人员带菌污染

从业人员的健康状态和卫生习惯对食品卫生也至关重要。正常人的体表、呼吸道、消化道、泌尿生殖道均带有一定类群和数量的微生物,尤其是当从业人员患有传染性肝炎、开放性肺结核、肠道传染病、化脓性皮炎等疾病时,可向体外不断排出病原体,可以通过加工、运输、贮藏、销售、烹调等环节将病原微生物带入食品,进而危害消费者的健康。因此,对食品加工及经营环节的从业人员,要定期进行健康检查,并搞好个人卫生。

6.有害生物的污染

苍蝇、老鼠、蟑螂可携带有大量微生物。动物性食品如果受到这类生物的咬噬或接触,就会造成食品的污染。

任务二　动物性食品污染的危害

动物性食品在生产、加工、运输、贮藏、销售、烹调等环节,都有可能受到内源性和外源性因素的污染,危害人体健康。

根据食品中致病因素及引发疾病的性质和特征不同,动物性食品污染的危害主要表现为以下几个方面:食肉传染、食物中毒(食肉中毒)、“三致”(致癌、致畸、致突变)作用、兽药残留的危害和放射性污染的危害等。

一、食肉传染

食肉传染是指人类食用携带病原体动物的产品及其制品而引发的某种传染性和寄生虫性疾病。带染有人畜共患病病原体的动物性食品,可经食肉传染给人,导致人畜共患病的传播和流行。

人畜共患病的危害因国家和地区不同而各异。在我国,据不完全统计,人畜共患病大约有200种,其中比较重要的有:炭疽、鼻疽、布鲁氏菌病、结核病、沙门菌病、猪丹毒、破伤风、土拉杆菌病、李氏杆菌病、弯曲杆菌病、钩端螺旋体病、口蹄疫、甲型肝炎、乙型肝炎、狂犬病、Q热、日本脑炎、轮状病毒病、猪囊尾蚴病、棘球蚴病、旋毛虫病、弓形虫病、日本血吸虫病、华支睾吸虫病、孟氏双槽蚴病等。

疯牛病不仅给英国造成巨大损失,而且引起全世界的恐慌。近年来,禽流感在国内外频发,不仅使大批禽类发病死亡,并且出现人类感染H5N1型流感病毒并发病,甚至造成死亡。2003年,我国暴发的SASR传染病,影响重大,调查人员在野生动物果子狸体内分离出SASR病毒。

人畜共患病不仅可以通过食物传染给人，危害人体健康，同时，也会因为畜产品及废弃物处理不当，造成动物疫病流行，影响畜牧业的发展。因此，为了保障人体健康，促进畜牧业的发展，必须加强对动物性食品的卫生监督与检验，以防止食肉传染的发生。常见的食肉传染的主要传染途径，人患主要病症，见表 1-1。食肉传染与食肉中毒的区别见表 1-2。

表 1-1　常见的食肉传染

人畜共患病	主要传染源动物	主要传染途径	主要病症
炭疽	牛、羊、马、猪	接触、食入	炭疽痈、肠炭疽
布鲁氏菌病	牛、羊、猪	接触	波状热、关节炎、睾丸炎
结核病	牛、猪	食入	肺结核、肠结核
沙门菌病	猪、鸡、牛	食入	肠炎、食物中毒
猪丹毒	猪	创伤、食入	局部红肿疼痛、类丹毒
李氏杆菌病	牛、羊、猪	食入	脑膜脑炎
钩端螺旋体病	猪	接触	出血性黄疸
野兔热	兔	食入	局部淋巴结肿胀、菌血症
鼻疽	马	接触	局部溃疡
口蹄疫	猪、牛、羊	接触	手、足、口腔发生水疱、烂斑
旋毛虫病	猪、犬	食入	初期腹痛，后期肌肉疼痛
囊尾蚴病	猪、牛	食入	绦虫病、肌囊虫(极少)
弓形虫病	猪	食入	脾肿、发热、肺炎

表 1-2　食肉传染与食肉中毒的区别

<table>
<tr><th colspan="2">项目</th><th>病原</th><th>传染途径</th><th>症状</th><th>流行情况</th><th>潜伏期</th><th>病程</th></tr>
<tr><td colspan="2">食肉传染</td><td>微生物、寄生虫、人兽相互传染的病原</td><td>接触
食入</td><td>依疾病不同、症状各异</td><td>散发或陆续发生</td><td>潜伏期长短不一</td><td>较长</td></tr>
<tr><td rowspan="2">食肉中毒</td><td>急性</td><td>微生物性毒素，化学性毒物，生物性毒素</td><td>食入</td><td>恶心、呕吐、腹痛、腹泻、消化道症状</td><td>集中暴发</td><td>短（数分钟至几小时）</td><td>短</td></tr>
<tr><td>慢性</td><td>真菌毒素化学残毒</td><td>食入</td><td>慢性中毒致癌</td><td>散发</td><td>长（数日至数年）</td><td>长</td></tr>
</table>

二、微生物性食物中毒

微生物性食物中毒是指因食用被中毒性微生物污染的食品而引起的食物中毒。包括细菌性食物中毒和霉菌毒素性食物中毒。前者是指人食入被大量活的中毒性细菌或细菌毒素污染的食品所引起的中毒现象，是常见的一类食物中毒；后者是指某些霉菌如黄曲霉菌等污染了食品，并在适宜条件下繁殖，产生毒素，被摄入人体后所引起的食物中毒。长期少量摄入霉菌毒素，则可引起致癌、致畸、致突变的“三致”作用。

微生物性食物中毒的共同特点为：①与饮食有关，不吃者不发病；②除掉引起中毒的食物，新的患者不再发生;③呈暴发性和群发性,众多人同时发病;④有季节性,多发生在夏、秋,6—9月份为高峰期;⑤多数呈现恶心、呕吐、腹痛、腹泻等急性胃肠炎症状,不相互传染。

(一)沙门菌食物中毒

沙门菌为肠杆菌科的一个菌属,有2 000多个血清型,我国已发现100多个血清型。广泛存在于各种动物的肠道中,当机体免疫力下降时,会进入血液、内脏和肌肉组织,造成肉品的内源性污染;畜禽粪便污染食品加工场所的环境和用具,也会造成沙门菌的污染,引起食物中毒。食物中毒性沙门菌群主要包括鼠伤寒沙门菌、猪霍乱沙门菌、肠炎沙门菌、纽波特沙门菌、病牛沙门菌、都柏林沙门菌、汤普逊沙门菌、山夫顿沙门菌、鸭沙门菌等。

沙门菌食物中毒主要是由于摄入大量致病活菌造成的,菌体内毒素也起到一定的协同作用。沙门菌食物中毒的潜伏期多为4～48 h。主要症状为头痛、恶心、头晕、寒战、全身无力、食欲不振、呕吐、腹泻、腹痛、腹胀、发烧、体温高达38～40 ℃。重者可引起痉挛、脱水、休克等。急性腹泻以黄色或黄绿色水样便为主,有恶臭。以上症状可因病情轻重而反应不同。本病发病率高,死亡率低。

(二)葡萄球菌食物中毒

葡萄球菌食物中毒是由金黄色葡萄球菌的肠毒素引起的,葡萄球菌通常是通过患病动物的产品以及患化脓疮的食品加工人员及环境因素引起食品污染,在适宜的条件下大量繁殖并产生肠毒素。葡萄球菌是无芽孢细菌中毒力最强的一种,在干燥的脓汁中可存活数月,湿热80 ℃,30 min才能将其杀死,耐盐性强。肠毒素的耐热性强,食物中的肠毒素煮沸2 h才能破坏,故一般的消毒和烹调不能破坏。

葡萄球菌食物中毒的特征是发病突然,来势凶猛。潜伏期一般为2～4 h,最短者为30 min。主要症状为恶心、剧烈地反复呕吐、腹痛、腹泻等胃肠道症状。

(三)副溶血弧菌食物中毒

副溶血弧菌又称嗜盐杆菌、嗜盐弧菌,存在于海水和海产品中。该菌的致病菌株引起的食物中毒,位居沿海地区食物中毒之首,有明显的季节性,多发生在夏、秋季节。引起中毒的水产品中以带鱼、墨鱼、黄花鱼、海蟹、海蜇为多。潜伏期一般为8～20 h,最短2 h,也可长达数天。主要症状为腹痛、腹泻(一般为水样便,重者为黏液便或黏血便)、恶心、呕吐、发烧,其次尚有头痛、发汗、口渴等症状。发病急促,来势凶猛,必须及时抢救。

(四)肉毒梭菌食物中毒

肉毒梭菌食物中毒是由肉毒梭菌的外毒素引起的一种比较严重的食物中毒。中毒食品多为家庭自制发酵豆谷类制品,其次为肉类和罐头食品。主要是食品在调制、加工、运输、贮藏的过程中污染了肉毒梭菌芽孢,芽孢在适宜的条件下发芽、增殖并产生毒素所造成。肉毒毒素是一种神经毒素,是目前已知化学毒物与生物毒素中毒性最强的一种,对人的致死量为每千克体重10^{-9} mg,毒力比氰化钾还要大1万倍。毒素在正常胃液中经24 h不被破坏,但易被碱和热破坏,加热80 ℃,30 min或煮沸5～20 min可破坏其毒性。

肉毒毒素是一种与神经亲和力较强的毒素,经肠道吸收后,作用于神经肌肉突触,阻止乙酰胆碱的释放,导致肌肉麻痹和神经功能不全。多发生在冬春季节。潜伏期长短不一,短者2 h,长者可达数天,一般为1～7 d。主要症状有头晕、无力、视力模糊、眼睑下垂、复视、咀嚼无力、张口困难、伸舌困难、咽喉有阻塞感、饮水发呛、吞咽困难、头颈无力、垂头等。体温一般正常,病程一般为 2～3 d,也有长达 2～3 周的。肉毒中毒死亡率较高,可达 30%～50%。主要死于呼吸麻痹和心肌麻痹。如早期使用特异性或多价抗血清治疗,死亡率可降至 10%～15%。

(五)蜡样芽孢杆菌食物中毒

蜡样芽孢杆菌在自然界分布很广,在各种动植物生熟食品中都能分离到,该菌的肠毒素可引起食物中毒,肠毒素分为呕吐肠毒素和腹泻肠毒素两种,因而中毒的临床表现有呕吐型与腹泻型两种。呕吐型以恶心、呕吐为主,并有头晕、四肢无力的综合症状,腹泻则少见。潜伏期一般为 0.5～5 h。腹泻型以腹痛、腹泻为主,呕吐则少见。潜伏期一般为 8～16 h。两型均不发热,有时混合发生,致死率较低。由于蜡样芽孢杆菌对热有一定的抵抗力,能耐受 100 ℃ 30 min 的热处理,故可在熟食品中迅速繁殖产生毒素,引起食物中毒。

(六)魏氏梭菌食物中毒

魏氏梭菌又称产气荚膜杆菌,是一种厌氧性芽孢杆菌。魏氏梭菌食物中毒多发生在夏秋季节,中毒食物以鱼、肉及其制品为多见,中毒的原因主要是热处理不充分,冷却不及时,致使细菌大量繁殖产生毒素所致。A 型魏氏梭菌食物中毒,潜伏期一般为 8～12 h,临床症状表现为急性胃肠炎,腹痛、腹泻,多为水样便,偶尔混有黏液和血液,并伴有恶心、发热,多数在 1～2 d 恢复。C 型魏氏梭菌引起的中毒症状较为严重,潜伏期一般 2～3 h,临床症状表现为严重的下腹部疼痛,重度腹泻,便中带有黏液、血液,并伴有呕吐。严重者发生毒血症,死亡率可达 35%～40%。

(七)病原性大肠埃希菌食物中毒

病原性大肠埃希菌的食物中毒性菌株,可以通过耐热肠毒素和不耐热肠毒素引起食物中毒。主要发生于温热季节。中毒食物以熟肉制品、蛋及其制品、乳类、凉拌食物多见。中毒临床症状以急性胃肠炎为主,也有表现为急性菌痢的。潜伏期为 8～48 h。一般在进食后 12～24 h 出现腹泻、呕吐,严重者呈水样便,并伴发头痛、发热、腹痛,病程为 1～3 d。

(八)链球菌食物中毒

链球菌在自然界分布较广,引起食物中毒的主要是 D 群的粪链球菌和类粪链球菌。该食物中毒多发生在夏、秋季节,中毒的食物以熟肉类、乳类、冷冻食品和水产品为多。临床症状主要表现为上腹部不适,恶心呕吐,腹痛腹泻,偶有嗳气、头晕头痛和低烧。症状轻,病程短,1～2 d 恢复正常,未见有死亡者。

(九)变形杆菌食物中毒

变形杆菌为腐物寄生菌,在自然界广泛分布。该菌一般对人体无害,但当它在食品中大量繁殖,随食物进入人体可引起食物中毒。多发于夏、秋季节,中毒食物以熟肉及内脏冷盘最为常见。临床表现主要是急性胃肠炎型,其次是过敏型。前者的潜伏期多为 5～24 h,短者仅 1 h。临床特征以上腹部刀绞样痛和急性腹泻为主,有的伴发以恶心呕吐、头痛、发热、体温一般为 38～39 ℃,病程一般为 1～3 d。很少有死亡。

(十)空肠弯曲菌食物中毒

空肠弯曲菌引起的食物中毒多见于夏、秋季节。潜伏期一般为 3～5 d。主要临床症状是发热、腹痛、腹泻、水样便或血腥黏液便。严重腹痛酷似阑尾炎。腹泻可持续 5～7 d,多数患者 1 周左右即可恢复。但 20%的患者有病情复发或加重,也有死亡病例。

(十一)小肠耶尔森菌食物中毒

小肠耶尔森菌是近年来发现的食物中毒病原菌,中毒的临床表现比较复杂,但主要表现为急性胃肠炎。常见症状为腹痛、腹泻、发热,以及恶心、呕吐,有时伴发关节炎、结节性红斑,甚至出现败血症。腹痛多见于脐周和下腹部,部分患者呈现急性阑尾炎样回盲部疼痛。腹泻多为水样便,无黏液。腹部症状出现后,发生结节性红斑。

(十二)志贺菌食物中毒

志贺菌属的细菌在外界环境中生活能力较弱,但在温暖、潮湿的条件下能大量繁殖和生存较长时间。该食物中毒多发生在春、夏、秋季节,中毒的食物以熟肉类、乳类为多。潜伏期多为10～20 h,临床主要表现为发冷、寒战、头晕、头痛、体温升高为38～40 ℃、剧烈腹痛、恶心、呕吐和腹泻,之初为水样便,后为泡沫黏液便或血液便。3 d后恢复,个别可持续10 d左右。

三、化学性食物中毒

化学性食物中毒,主要指一些有毒的金属、非金属及其化合物、农药及其他化学物质污染食物而引起的食物中毒。

化学性食物中毒的主要特征有:①发病快,潜伏期较短,多在数分钟至数小时,少数也有超过1 d的。②中毒程度严重,病程比细菌性毒素中毒长,发病率和死亡率较高。③季节性和地区性均不明显,中毒食品无特异性,多为误食或食入被化学物质污染的食品而引起,其偶然性较大。

(一)有害元素等化学物质食物中毒

1.镉引起的食物中毒

镉在工业上应用十分广泛,采矿、冶炼、合金制造、电镀、印刷、油漆、颜料、电池、陶瓷、汽车运输等工业生产排放的含镉“三废”,以及含镉的农药化肥是造成镉污染的重要因素。镉的生物半衰期为40年,含镉工业废水排入水体,可使鱼、贝等水生生物受到污染,人摄入后主要蓄积在肾脏中,其次在肝脏中蓄积,镉中毒主要表现为肾脏严重受损,发生肾炎和肾功能不全,出现蛋白尿、糖尿及氨基酸尿,骨质软化、疏松或变形,全身刺痛,易发生骨折。1946年3月至1968年5月,日本富山县神通川流域由于镉的污染而发生“骨痛病”,发病258例,死亡128例。患病后关节和骨疼痛,有的牙齿上出现黄色镉环,由于长期卧床而发生废用性萎缩,常因并发症而死亡。镉还引起高血压、动脉粥样硬化、贫血及睾丸损伤等。

2.汞引起的食物中毒

汞及其化合物都是有毒物质,有机汞的毒性比无机汞大得多,汞的污染主要是由于汞矿及其他矿产的开采、冶炼和工农业生产的广泛应用。进入人体的汞,主要来自被污染的鱼、贝类,日本鹿儿岛水俣镇1953年发生的所谓“水俣病”,就是一起汞中毒事件。当时该地区每千克鱼体内汞含量高达20～24 mg,致使一些微生物,特别是污泥中的微生物将无机汞转化为有机汞。甲基汞进入人体后不易降解,排泄很慢,在人体中的生物半衰期为70 d,主要蓄积于肝和肾,并通过血脑屏障进入脑组织,主要损害神经系统,急性中毒时可迅速昏迷,抽搐,死亡;慢性中毒可使四肢麻木,步态不稳,语言不清,进而发展为瘫痪麻痹,耳聋眼瞎,智力丧失,精神失常。此外，甲基汞还可通过胎盘进入胎儿体内，导致畸胎率明显增高。因此，汞污染已被列为世界八大公害之一。

3.铅引起的食物中毒

铅在采矿、冶炼、蓄电池、汽油、印刷涂料、焊接、陶瓷、塑料、橡胶和农药等工业中广泛使用，可通过工业“三废”污染环境。铅及其化合物对人体都有一定的毒性，有机铅比无机铅毒性更大，尤其作为汽油防爆剂的四乙基铅及其同系物则毒性更大。铅在机体内的生物半衰期为1 460 d，主要对神经系统、造血系统和消化系统有毒性作用。中毒性脑病是铅中毒的重要病症，表现为增生性脑膜炎或局部脑损伤。成年人血铅含量超过 0.8 μg/mL 时，则会出现明显的临床症状，表现为食欲不振、胃肠炎、口腔金属味、失眠、头晕、头痛、关节肌肉酸痛、腰痛、便秘、腹泻和贫血等。中毒者外貌出现“铅容”，牙齿出现“铅缘”。此外，还可导致肝硬化、动脉硬化，对心、肺、肾、生殖系统及内分泌系统均有损伤作用。

4.砷引起的食物中毒

砷及其化合物在有色玻璃、合金、制革、染料、医药等行业中广泛使用。砷的急性中毒多因误食引起，通过食物长期少量摄入砷主要引起慢性中毒，表现为感觉异常、进行性虚弱、眩晕、气短、心悸、食欲不振、呕吐、皮肤黏膜病变和多发性神经炎，颜面、四肢色素异常，称为黑皮症和白斑，心、肝、脾、肾等实质脏器发生退行性病变，以及并发性溶血性贫血、黄疸等，严重时可导致中毒性肝炎、心肌麻痹而死亡。砷还可通过胎盘引起胎儿中毒。我国台湾地区的西海岸曾发生的“黑足病”，就是长期饮用高砷水引起慢性中毒的结果，其实质是一种干性坏疽。

5.多氯联苯引起的食物中毒

多氯联苯（PCB）用途广泛，化学性质极其稳定，广泛存在于自然界。长期接触多氯联苯，除引起再生障碍性贫血和致癌外，还可使遗传基因受到损害，出现畸形胎儿。它还能影响大脑功能，使记忆力减退甚至丧失。1968 年，日本福冈县发生的“米糠油中毒事件”就是污染多氯联苯所致，患者出现皮肤酒刺样疮疤，并有手足麻木等症状。

（二）农药食物中毒

1.有机磷农药中毒

有机磷农药广泛应用于谷类、蔬菜、果树等作物的生产中。有机磷农药在土壤中的残留时间一般为数天，个别的可长达数月。有机磷农药毒性作用主要是抑制胆碱酯酶活性。急性中毒时，表现为血液中胆碱酯酶活性下降，引起胆碱能神经功能紊乱，如出汗、肌肉震颤，严重时导致中枢神经功能障碍，出现共济失调、震颤、神经错乱、语言失常等一系列神经中毒的表现。长期接触有机磷农药可引起神经功能的损害。有机磷农药慢性中毒可以出现进行性眼外肌麻痹，眼的屈光度降低。有些有机磷农药如敌百虫、乐果等有迟发神经毒性，即在急性中毒过程结束后第 2 周患者发生神经症状，主要是下肢软弱无力和运动失调，进一步发展为神经麻痹。

2.氨基甲酸酯类农药中毒

氨基甲酸酯类多为杀虫剂，近年来应用日益广泛。常用的品种有西维因、速灭威、呋喃丹等，这些农药易分解，在体内不蓄积，其中毒机理与有机磷农药相似，但易恢复，因此症状消失较快。

（三）食品添加剂食物中毒

1. 发色剂

常用的发色剂有硝酸盐和亚硝酸盐。发色剂加入肉品中可使肉色鲜红，香肠、火腿肠、肉类罐头等食品中经常使用。当亚硝酸盐大量进入血液时，可使血红蛋白变为高铁血红蛋白，失去输氧功能。表现为皮肤黏膜青紫、呼吸困难、循环衰竭以及中枢神经系统的损害。此外，亚硝酸盐还能引起血管扩张、血压下降。在食品中，亚硝基和胺类结合形成具有强烈致癌性的亚硝胺类物质。因此食品工业中应严格限量使用。

2. 油脂抗氧化剂

我国规定使用和制定国家标准的油脂抗氧化剂，有丁基羟基茴香醚（BHA）、二丁基羟基甲苯（BHT）和没食子酸内酯（PG）。这三种油脂抗氧化剂毒性很小，较为安全。但近年来对油脂抗氧化剂的安全性提出了新的疑义，近年来有报告称 BHA 和 BHT 有致癌作用，FAO/WHO 添加剂联合专家委员会 1983 年第 27 次会议决定，对 BHA 仍需进一步实验，人体每日允许摄入量（ADI）暂定为 0.5 mg/kg 体重；会议同时肯定 BHT 没有致癌性，ADI 正式定为 0.5 mg/kg 体重。我国允许使用的另一种抗氧化剂为 *D*-异抗坏血酸钠，肉制品的最大使用量为 0.5 g/kg。

3. 防腐剂

我国允许使用并制定有国家标准的防腐剂有苯甲酸及其钠盐、山梨酸及其钾盐、亚硝酸及其盐类。

四、生物毒素性食物中毒

1. 河豚中毒

引起中毒的是河豚毒素，毒素量因部位不同而有差异，河豚的卵巢、血液和肝脏毒性最强。河豚毒素中毒的特点为发病急速而剧烈，潜伏期 10 min 至 3 h，首先感觉手指、唇和舌刺痛，然后出现恶心、呕吐、腹泻等胃肠炎症状，并有四肢无力、发冷、口唇、指尖和肢端麻痹、眩晕，重者瞳孔及角膜反射消失，四肢肌肉麻痹，以致身体摇摆、共济失调，甚至全身麻痹、瘫痪，以致语言不清、发绀、血压和体温下降。呼吸先浅表迟缓，后渐困难，以致呼吸麻痹，最后死于呼吸衰竭。

2. 鱼类组胺中毒

组胺中毒是一种过敏性食物中毒。不新鲜的鱼含有一定量组胺，容易形成组胺的鱼类有青花鱼、金枪鱼、沙丁鱼等青皮红肉的鱼。组胺中毒主要是组胺使毛细血管扩张和支气管收缩，临床特点为发病快、症状轻、恢复快，潜伏期为数分钟至数小时，主要表现为颜面部、胸部以及全身皮肤潮红和眼结膜充血等。同时还有头痛、头晕、心悸、胸闷，呼吸数和血压下降。体温一般不升高，多在 12 d 内恢复。

3. 贝类中毒

贝类引起食物中毒的毒素为石房蛤毒素，属神经毒素，其毒性很强，可阻断神经和骨骼肌细胞间神经冲动的传导。中毒潜伏期为数分钟至数小时，初期唇、舌、指尖麻木，继而腿、臂、颈部麻木，然后运动失调。伴有头痛、头晕、恶心和呕吐。随病程发展，呼吸更加困难，严重者在

2～24 h内因呼吸麻痹而死亡。

4. 甲状腺中毒

食用未摘除甲状腺的肉或误食甲状腺，可引起中毒。中毒潜伏期为12～24 h，表现为头晕、头痛、心悸、烦躁、抽搐、恶心、呕吐、多汗，有的还见腹泻和皮肤出血。病程2～3 d，发病率为70%～90%，死亡率低。

5. 肾上腺中毒

误食肾上腺中毒的潜伏期为15～30 min，表现为头晕、恶心、呕吐、腹痛、腹泻，严重者瞳孔散大，颜面苍白。

6. 肝脏和胆中毒

某些动物的肝脏和胆也可引起食物中毒，肝中毒主要是某些动物肝脏中所含的大量维生素A引起，表现为头痛、皮肤潮红、恶心、呕吐、腹部不适、食欲不振等症状，之后有脱皮现象，一般可自愈。胆中毒是由于胆汁毒素引起的，潜伏期为5～12 h，最短为0.5 h，初期表现为恶心、呕吐、腹痛、腹泻等，之后出现黄疸、少尿、蛋白尿等肝肾损害症状，中毒者出现循环系统和神经系统症状，因中毒性休克和昏迷而死亡。

五、致癌、致畸、致突变作用

食品中的一些污染物质除引起食物中毒外，还具有致癌、致畸、致突变作用，即“三致”作用。如苯并芘、多氯联苯、亚硝酸盐、黄曲霉毒素等。人长期食用含有致癌物质的食品后，就可能诱发肝癌、胃癌、肠癌及某些遗传性疾病的发生。如苯并芘是目前已知的具有强烈致突变和致癌物质之一。匈牙利西部地区、拉脱维亚沿海地区胃癌明显高发，调查认为与居民经常食用高苯并芘的自制熏肉、熏鱼有关。冰岛是胃癌高发国家，原因也是与食用熏制食品有关。

六、兽药残留的危害

兽药残留是“兽药在动物性食品中残留”的简称，是指动物产品的任何食用部分所含兽药的母体倾倒物或其代谢物以及与兽药有关的杂质的残留。所以，兽药残留既包括原药，也包括药物在动物体内的代谢产物和兽药生产中所伴生的杂质。其对人体健康的危害严重且深远。

兽药残留的危害主要表现在：①毒性反应，长期食用兽药残留超标的食品后，当人体内蓄积的药物浓度达到一定量时，会对人体产生多种急性或慢性的危害。国内外已有多起有关人食用盐酸克伦特罗（瘦肉精）超标的猪肺脏而发生急性中毒事件的报道。②耐药菌株的产生，动物机体长期反复接触某种抗菌药物后，其体内敏感菌株受到选择性抑制，从而使耐药菌株大量繁殖。耐药性细菌的产生使得一些常用药物的疗效下降甚至失去疗效，如青霉素、庆大霉素、磺胺类药物等在畜禽中已产生大量抗药性，临床效果越来越差。③过敏反应，许多抗菌药物如青霉素、磺胺类药物等能使部分人群发生过敏反应甚至休克，并在短时间内出现血压下降、皮疹、喉头水肿、呼吸困难等严重症状。

七、放射性污染的危害

放射性污染物主要来源于大气中核爆炸的沉降物以及意外事故造成的核物质泄漏引起的环境污染。通过食物链蓄积在人体内的放射性核素所产生的潜在危害，主要是小剂量的内照射。通过饮食摄入小剂量放射性核素引起的放射病，潜伏期长，多以癌肿形式出现。此外，放射性核素还可引起动物多种基因突变及染色体畸变，对动物的遗传过程产生影响。

任务三　动物性食品污染的预防与控制

一、动物性食品安全性评价

（一）动物性食品安全性评价的定义

动物性食品安全性评价是对食品中任何组分可能引起的危害进行科学测试、得出结论，以确定该组分究竟能否为人们接受，据此制订出相应的标准。这些组分包括：正常的食品成分、添加剂、环境污染物、农药、转移到食品中的包装材料成分、天然毒素、霉菌毒素以及其他任何可能在食品中发现的可疑物质。

（二）动物性食品安全性评价的程序

动物性食品安全性评价的程序一般为：初步工作→急性毒性试验→遗传毒性学研究与代谢研究→亚慢性毒性试验与繁殖试验→慢性毒性试验（致癌）。

（三）动物性食品安全性评价的适用范围

（1）用于动物性食品生产、加工和保护的化学和生物物质，食品添加剂、食品加工用微生物等。

（2）用于动物性食品生产、加工、运输、销售和贮藏等过程中产生和污染的有害物质和污染物，如农药残留、重金属、生物毒素、包装材料的溶出物、放射性物质和洗涤消毒剂等。

（3）新动物性食物资源及其成分。

（4）动物性食品中其他有害物质。

（四）动物性食品安全性评价的常用指标

在对动物性食品进行安全性评价时，常依据一定的指标体系。常用的指标有日许量、最高残留限量、休药期、菌落总数、大肠菌群、致病性微生物等。

1. 日许量（ADI）

人体每日允许摄入量简称日许量，是指人终生每日摄入同种药物或化学物质，对健康不产生可察觉有害作用的剂量。以相当于人体每千克体重摄入的毫克数（mg/kg）表示。其计算方法为：

$$\mathrm{ADI}(\mathrm{mg/kg})=\frac{\text{试验动物无作用剂量}}{\text{安全系数}}$$

人们根据食品毒理学的原则和方法，按照图 1-2 程序制定食品中有害物质(化学物质，包括微生物毒素和放射性核素)的容许量标准。

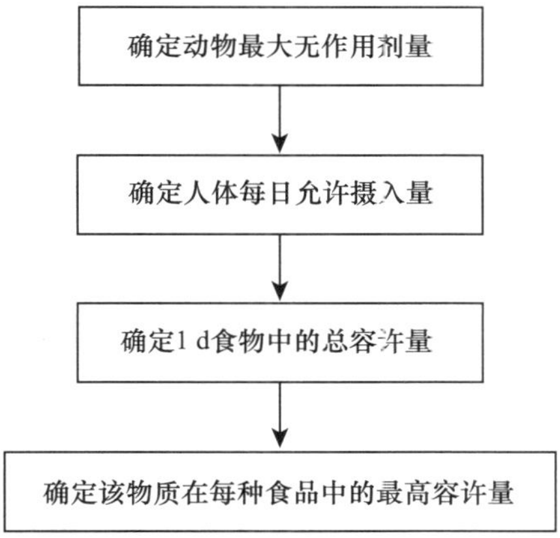

图 1-2　食品中有害物质容许量标准制定程序

2. 最高残留限量(MRL)

最高残留限量是指允许在食品中残留化学物质或药物的最高量和最高浓度，又称允许残留量或允许量，具体指在屠宰、加工、贮藏、运输和销售等特定时期，直到被消费时，食品中化学物质或药物残留的最高允许量或浓度。其计算方法为：

$$\text{最高残留限量(mg/kg)}=\frac{\text{ADI(mg/kg)}\times\text{平均体重(kg)}}{\text{人每日食物总量(kg)}\times\text{食物系数(\%)}}$$

式中，食物系数是指被测定的食品占食物总量的百分数。

3. 休药期

休药期是指畜禽停止给药到屠宰或准予其产品(蛋、乳等)上市的间隔时间，又称为消除期。凡供食用动物应用的药物或其他化学物质，均须规定休药期，在休药期间，动物组织或产品中存在的具有毒理学意义的残留可逐渐消除，直至低于最高残留限量。休药期随动物种类、药物种类、制剂形式、用药剂量及给药途径等不同而有差异，一般为几小时、几天到几周不等。

4. 细菌总数

天然食品内部没有或仅有很少的细菌，食品中的细菌主要来源于生产、贮藏、运输、销售等各个环节的污染。食品中的细菌数量反映了食品受微生物污染的程度。食品中的细菌数量越多，食品腐败变质的速度就越快。细菌数量的表示方法因所采用的计数方法不同而主要有两种：菌落总数和细菌总数。

(1)菌落总数。菌落总数是指一定数量和面积的食品检样，在一定条件下(如样品的处理、培养基种类、培养时间、温度)进行培养，使适应该条件的每一个活菌必须而且只能形成一个肉眼可见的菌落，然后进行菌落计数所得到的菌落总数量。通常以 1 g 或 1 mL 或 1 cm^2 样品中所含的菌落数量 CFU(colony forming unit，菌落形成单位)来表示。

(2)细菌总数。细菌总数是指一定数量和面积的食品检样，经过适当的处理(如溶解、稀释、揩拭)，在显微镜下对细菌进行直接计数。其中包括各种活菌和尚未消失的死菌数。细菌总数也称细菌直接显微镜数。通常以 1 g 或 1 mL 或 1 cm^2 样品中所含的细菌数量来表示。

5. 大肠菌群

大肠菌群系指一群在 37 ℃、24 h 发酵乳糖、产酸、产气、需氧和兼性厌氧的革兰氏阴性的无芽孢杆菌。从种类上讲，大肠菌群包括许多细菌属，其中有埃希菌属、枸橼酸菌属、肠杆菌属和克雷伯菌属等，以埃希菌属为主。大肠菌群以在 100 g(或 100 mL 或 100 cm^2)食品检样中所含的大肠菌群的 MPN(most probable number，最可能数)来表示。

大肠菌群来自人或温血动物的粪便，食品中检出大肠菌群则认为该食品受到了人或动物粪便的污染，大肠菌群数量越多，则表明粪便污染越严重，因此推测该食品存在着肠道致病菌污染的可能，潜伏着食物中毒或流行病的威胁。粪便一般对食品的污染是间接的，通常采取限制食品中大肠菌群数量来控制这类污染。

6. 致病菌

食品首要目标要求是安全性，然后才是可食性和其他。食品中一旦含有致病菌，其安全性也就丧失了，食用性也不复存在。与菌落总数和大肠菌群相比，致病菌与食物中毒和疾病发生不再是推测性的和潜在性的，而是肯定性的和直接的。所以，各国的卫生健康部门对致病性微生物都做了严格的规定，将其作为食品卫生质量的重要的标准之一。目前，列入食品安全国家标准的致病菌有 12 种，如沙门菌、葡萄球菌、链球菌、副溶血弧菌等，每种都有详细、完整的检验方法。作为全国范围内的统一方法，在保证食品安全和维护消费者健康方面起了重要作用。列入食品安全出口标准的致病菌有 7 种，这些检验方法与发达国家的相应方法基本保持了一致，同时也尽量适合我国国情。

二、动物性食品污染的控制

(一)防止原料的污染

动物性食品来源于各种家畜、家禽和水生动物，其健康和洁净状态直接影响动物性食品的卫生质量与安全性，因此食用动物的卫生管理至关重要。

1. 建立良好的动物生活环境

从科学饲养的角度出发，对环境卫生、场圈卫生、畜舍卫生、畜体卫生，以及饮水和饲料卫生等都要给予足够重视。应固定畜禽饲养基地和饲料基地，尽可能自繁自养，建立无病畜禽群体。建立卫生管理机构，健全各项卫生管理制度。

2. 消灭畜禽疫病、切断传染途径

开展防疫、检疫、驱虫、灭病，适时进行预防注射，创建无疫区。

(二)防止加工和流通过程中的污染

外源性污染是食品污染的重要来源，要保证食品的卫生质量，必须控制外源性污染。

(1)食用动物的屠宰加工应严格遵照卫生要求操作，并依据规程进行动物性食品卫生检验。

(2)乳品生产应着重抓好畜舍卫生、乳畜卫生和鲜乳初步加工卫生三大环节。

(3)禽蛋和水产品的卫生管理从收集、捕捞到运输、贮藏、销售，应重点抓好包装物卫生、运输卫生及冷藏卫生三大环节。

(4)食品的加工贮藏必须符合卫生要求。

(5)建立健全市场卫生监督检验机构，大力宣传《食品卫生法》及其他有关条例、规定和办法。

(三)积极治理“三废”，加强农药和药物的使用管理

(1)做好工业“三废”的综合治理，禁止随意排放，防止对环境的污染。同时，要积极开展环境分析和食品卫生监测工作，及时采取防止食品污染的有效措施。

(2)加强对农药生产和使用的管理，严格规定食品中农药的最高残留限量，禁止和限制使用高残留、剧毒农药，开展食品中农药残留的检测工作，禁止使用农药残留量超标的任何原料生产食品。

(3)加强对药物的生产和使用的管理，严格规定药物的休药期和最高残留限量。对兽药的生产和使用进行严格管理，对动物性食品中的药物残留进行全面检测，凡超过最高残留限量的食品不允许在市场上出售和食用。

(四)加强对放射性污染的控制

(1)加强对污染源的经常性卫生监督。使用放射性物质时，应严格遵守技术操作规程，定期检查装置的安全性。对食品进行辐照保鲜时，应严格遵守照射源和照射剂量的规定，禁止任何能够引起食品和包装物产生放射性的照射。绝对禁止把放射性核素作为食品贮藏剂。

(2)适时或定期地进行食品卫生监督。对应用于工业、农业、医学和科学实验目的的核装置及同位素装置附近地区的食品，要定期进行卫生监测。对于辐照处理的食品也应如此监督，严格控制食品的吸收剂量，卫生监督部门随时查验，未经审查批准的辐照食品，一律不得上市。

(3)严格执行卫生标准。1958 年国际辐射防护委员会(ICRP)推荐“人体最大允许量”。一些国家根据这一建议制订了空气、水和食品的放射性核素最大允许浓度或最大允许摄入量。

任务四　盐酸克伦特罗(瘦肉精)的检测

一、实训目的

掌握应用酶联免疫吸附法检测肉中盐酸克伦特罗的方法。

二、实训材料

(1)酶标仪。ELX-800 uv 型全自动酶标仪(美国)或 DG3022A 型酶标仪(国产)。

(2)β-Agonist ELISA 试剂盒。配备有：①酶标板，96 孔微量反应板，并已用抗 β-克伦特罗的抗体包被，真空密封低温保存；②洗涤-稀释缓冲浓缩液(32 mL/瓶)，用时加 968 mL 蒸馏水稀释为应用液，于 2～8 ℃保存；③酶标抗原原液，使用时与酶标抗原稀释剂(1∶100，V/V)稀释；④底物(A、B)溶液，临用前 A、B 液(1∶1，V/V)混合；⑤盐酸克伦特罗标准冻干粉(6 支),用时分别加洗涤-稀释缓冲应用液,摇动使冻干粉溶解,其标准液系列浓度 0.0 ng/mL、0.1 ng/mL、0.22 ng/mL、0.5 ng/mL、1.0 ng/mL、5.1 ng/mL;⑥1.0 mol/L HCl 溶液,为酶促显色反应终止剂。

(3)1 mol/L HCl。

(4)异丁醇。

(5)PBST 缓冲液(PBS 含 0.05% 吐温 20)。

(6)1 mol/L NaOH 液。

(7)无水 Na_2SO_4。

三、实训原理

免疫酶标技术是将酶分子与抗体分子共价结合。酶标记抗体与存在于组织细胞或吸附于固相载体上的抗原(或抗体)发生特异性结合,如滴加底物溶液,底物便在酶的反复作用下,导致大量的催化过程,从而水解呈色;也可使底物溶液中的供氢体由无色还原型变成有色氧化型而呈色。因此,检验盐酸克伦特罗时,可借底物呈色反应来判断有无相应的免疫反应,其颜色深浅与样品中相应抗体(或抗原)含量成正比关系,故用酶标仪在波长 450~490 nm 检测盐酸克伦特罗的吸光度值。

四、方法与步骤

1. 样品提取

称取样品 10 g 于锥形瓶中,加 1 mol/L HCl 20 mL,振荡提取 30 min,过滤于烧杯中。提取液于烧杯中用 1 mol/L NaOH 液调 pH 为 10,移入分液漏斗中加异丁醇 20 mL×2,分 2 次提取,经无水 Na_2SO_4 脱水于 K-D 浓缩器中,经浓缩,用 N_2 吹干。残渣于浓缩器中,加 PBST 缓冲液 1 mL 溶解,加洗涤-稀释缓冲应用液 9 mL,稀释,混匀,待检。

2. 样品检测

于酶标板(96 孔)每孔加入洗涤-稀释缓冲应用液 50 μL,分别定位加入盐酸克仑特罗标准应用液及样品待检液 50 μL,各加稀释酶标抗原 25 μL,轻轻振动酶标板,混匀,于水浴 25 ℃,1 h。然后将酶标板(96 孔)于自动洗板机上,用洗涤-稀释缓冲应用液洗 6 次,3 min/次,吸干。酶标板(96 孔)每孔加现配底物(A、B)混合液 25 μL,置 22 ℃,暗室 20 min,各加 1 mol/L HCl 50 μL,终止显色反应,于 10 min 内在酶标仪上用波长 450 nm 检测每孔吸光度值。

3. 标准曲线的绘制

以酶标板上盐酸克伦特罗标准工作液系列测定的吸光度值为纵坐标、标准液系列浓度的对数值($\lg c$)为横坐标,绘制标准曲线。

五、实训报告

根据样品在酶标板上测定的吸光度值,到标准曲线中查出相对应的对数值,再换算成样品的浓度，乘以10，即为样品中盐酸克伦特罗残留浓度。

注意事项：

(1)ELISA法的优点为简便、特异、灵敏、快速，并能一次检测数量较多的样品，故适用于大量样品初步“筛选”，有一定使用价值。

(2)每个样品应在酶标板上做两个平行样检测，可以减少误差。

(3)每次检测时，均需同步制作标准曲线。

(4)肌肉和肝、肺、肾等组织样品也可采取葡萄糖苷酸酶-芳基磺酸酯酶水解处理。

(5)尿样可用洗涤-稀释缓冲应用液，按1∶10(V/V)稀释后直接用ELISA检测。

考核评价

观察你所生活的周围，有无会对动物性食品造成污染的生物性因素或非生物性因素？若存在，应采取什么样的措施进行预防与控制？

案例分析

奶制品污染事件

一、背景

2008年3月，三鹿集团先后接到消费者反映：婴幼儿食用三鹿婴幼儿奶粉后，出现尿液变色或尿液中有颗粒现象。

2008年6月中旬后，三鹿集团又陆续接到婴幼儿患肾结石等病状去医院治疗的信息。

2008年8月4日至9日，三鹿集团对送达的原料乳200份样品进行了检测，确认“人为向原料乳中掺入三聚氰胺是引入婴幼儿奶粉中的最主要途径”。

2008年9月13日，国务院启动国家安全事故Ⅰ级响应机制(“Ⅰ级”为最高级：指特别重大食品安全事故)处置三鹿奶粉污染事件。患病婴幼儿实行免费救治，所需费用由财政承担。有关部门对三鹿婴幼儿奶粉生产和奶牛养殖、原料奶收购、乳品加工等各环节开展检查。国家质检总局将负责会同有关部门对市场上所有婴幼儿奶粉进行全面检验检查。

二、“三聚氰胺”是什么？

三聚氰胺，俗称密胺、蛋白精，分子式为$C_3H_6N_6$，是一种三嗪类含氮杂环有机化合物，被用作化工原料。它是白色单斜晶体，几乎无味，微溶于水，可溶于甲醇、甲醛、乙酸、热乙二醇、甘油、吡啶等，不溶于丙酮、醚类，对身体有害，不可用于食品加工或食品添加物。2017年10月27日，世界卫生组织国际癌症研究机构公布的致癌物清单初步整理参考，三聚氰胺在2B类致癌物清单中。

三、为什么选择三聚氰胺加入奶粉中？

这里就不得不提一下测定蛋白质含量的方法——凯氏定氮法。凯氏定氮法是测定化合物或混合物中总氮量的一种方法。即在有催化剂的条件下，用浓硫酸消化样品将有机氮都转变成无机铵盐，然后在碱性条件下将铵盐转化为氨，随水蒸气蒸馏出来并为过量的硼酸液吸收，再以标准盐酸滴定，就可计算出样品中的氮量。由于蛋白质含氮量比较恒定，可由其氮量计算蛋白质含量，故此法是经典的蛋白质定量方法。由于蛋白质含氮量比较恒定(16%)，可由总氮量反推蛋白质含量，故此法是经典的蛋白质定量方法。蛋白质含量＝含氮量/16%，也就是说，这个方法本身并不是直接检测蛋白质，而是通过总含氮量换算成蛋白质含量。因此，一些人就想到，可以通过加一些低成本、高含氮量的物质，这样就可以提高蛋白质的测量值，而不需要真的增加蛋白质。而且最好长得也像奶粉。一开始，我们不知道它们选择了什么。随着“结石宝宝”的出现，我们终于知道，这些人选择了含氮量66.63%的三聚氰胺。

四、三聚氰胺的危害

三聚氰胺添加到牛奶中后，在制作的过程中会产生另一种化学物质——三聚氰酸。三聚氰胺与三聚氰酸结合在一起后形成网络状结晶。

这种结晶微溶于水，吃到人体中遇到胃酸时会溶解开来，但是排到尿中，两种物质再次结合，因为排尿的肾小管非常纤细，所以这些网络状的结晶可能堵塞肾小管，随着结晶在体内含量的增多，如果不能排除，积累到一定的程度后形成结石，给肾功能带来极大的损害。

婴幼儿的肾小管比成人的要细得多，更容易造成堵塞，而且婴幼儿的主食是奶粉，摄入量多，再加上有些家长不注意给孩子多喝水，积在体内的有害物质多，因此婴幼儿更容易结石。

知识拓展

绿色食品标准

绿色食品是指无公害、无污染的安全、优质、营养，经过专门机构认定，许可使用绿色食品标志的食品。

1. 绿色食品的要求

绿色食品不仅要符合国家规定的一般食品的营养和卫生标准，还必须符合以下标准：

(1)产品的主要原料产地经农业农村部指定的环保监督部门审定具有良好的生态环境，符合绿色食品的生态标准。

(2)原料作物的生产操作规程符合绿色食品的无公害控制标准。

(3)加工食品的生产及包装、贮运过程符合《中华人民共和国食品卫生法》的要求，最终产品由农业农村部指定的食品检测部门依据国家有关食品卫生标准的监测项目检测合格。

(4)产品外包装必须符合国家食品标签通用标准，符合绿色食品特定的包装、标签规定。《绿色食品生产操作规程》中规定，绿色食品分为AA级和A级两个等级。

AA级绿色食品是指：在生态环境符合绿色食品规定标准的产地，生产过程中不使用任何有害化学合成物质，按特定的生产操作规程生产、加工，产品质量及包装经检测、检查符合特定标准，并经专门机构认定，成为许可使用AA级绿色食品标志的产品。

A级绿色食品是指：在生态环境符合绿色食品规定标准的产地，生产过程中允许使用限量的化学合成物质，按特定的生产操作规程生产、加工，并经专门机构认定，成为许可使用A级绿色食品标志的产品。

2. 绿色食品标志使用范围与申请条件

(1)绿色食品是指产自优良生态环境，按照绿色食品标准生产，实行全程质量控制并获得绿色食品标志使用权的安全、优质食用农产品及相关产品。

(2)绿色食品的标志图形(图 1-3)。

图 1-3　绿色食品的标志图形

(3)绿色食品标志图形由三部分构成，即上方的太阳、下方的叶片和中心的蓓蕾。

(4)绿色食品标志图形为正圆形，意为保护、安全。颜色为绿色，象征生命活力。

(5)绿色食品标志是中国绿色食品发展中心于 1996 年在国家知识产权局商标局(原国家工商行政管理总局商标局)注册的我国第一例证明商标。

(6)使用绿色食品标志必须经中国绿色食品发展中心审核许可。

(7)中国绿色食品发展中心是绿色食品标志的唯一所有人和许可人。

(8)经中国绿色食品发展中心审查合格许可、获得绿色食品标志使用权的单位为绿色食品标志使用人。

(9)绿色食品标志已先后在 11 个国家、地区或国际组织注册成功。

(10)1993 年 1 月 11 日，农业部首次颁布《绿色食品标志管理办法》，对绿色食品标志使用范围、标准与条件、申请程序、使用规范做出了规定，绿色食品进入了规范有序发展轨道。2012 年 7 月 30 日，农业部颁布新修订的《绿色食品标志管理办法》，自 2012 年 10 月 1 日起施行。

(11)中国绿色食品发展中心负责全国绿色食品标志使用申请的审查、颁证和颁证后跟踪检查工作。

(12)《中国绿色食品商标标志设计使用规范手册》(简称“手册”)由中国绿色食品发展中心制定，绿色食品企业应严格按照《手册》要求，在其获证产品包装设计及宣传广告中规范使用绿色食品标志。

(13)《中国绿色食品商标标志设计使用规范手册》对绿色食品标志图形、中英文字体、颜色等基本要素作了标准规定，组合方式如下：

(14)绿色食品企业信息码(GF ×××××× ××××××)是中国绿色食品发展中心赋予每个绿色食品标志使用人的唯一数字编码。

(15)绿色食品企业信息码 GF ×××××× ×× ××××的含义按顺序依次为：GREEN FOOD 缩写＋企业所在地区的数字代码＋企业通过认证的年份＋当年通过认证企业的顺序号。

(16)绿色食品实行“一品一证、一品一号”原则，即“一个产品一张证书，一个产品一个产品编号”。

(17)绿色食品标志图形在包装上使用时,须附注注册商标符号®。绿色食品标志图形在宣传活动中使用时,不附注注册商标符号。

(18)绿色食品企业在其获证产品包装上使用绿色食品标志图形时,可根据需要按比例进行缩放,但不得对要素间的尺寸做任何修改。

(19)绿色食品预包装产品包装上应印制绿色食品商标标志。不适于印刷商标标志的产品可选用粘贴式标签。粘贴式标签具有防伪功能,须向中国绿色食品发展中心指定的印制单位订购。

(20)绿色食品的包装应符合相应的食品安全国家标准和包装材料卫生标准的规定。

(21)企业申请使用绿色食品标志获得批准后可使用三年,符合相关条件的申请人需向所在地省级绿色食品工作机构提出申请。三年使用期满须办理续展后方可继续使用。

(22)申请使用绿色食品标志的产品,应当符合《中华人民共和国食品安全法》和《中华人民共和国农产品质量安全法》等法律法规规定,在国家知识产权局商标局核定的绿色食品标志商标涵盖商品范围内,并具备下列条件:

①产品或产品原料产地环境符合绿色食品产地环境质量标准;

②农药、肥料、饲料、兽药等投入品使用符合绿色食品投入品使用准则;

③产品质量符合绿色食品产品质量标准;

④包装贮运符合绿色食品包装贮运标准。

(23)标志使用人在证书有效期内享有下列权利:

①在获证产品及其包装、标签、说明书上使用绿色食品标志;

②在获证产品的广告宣传、展览展销等市场营销活动中使用绿色食品标志;

③在农产品生产基地建设、农业标准化生产、产业化经营、农产品市场营销等方面优先享受相关扶持政策。

(24)标志使用人在证书有效期内应当履行下列义务:

①严格执行绿色食品标准,保持绿色食品产地环境和产品质量稳定可靠;

②遵守标志使用许可合同及相关规定,规范使用绿色食品标志;

③积极配合县级以上人民政府农业行政主管部门的监督检查及其所属绿色食品工作机构的跟踪检查。

(25)绿色食品证书是绿色食品标志使用人合法有效使用绿色食品标志的凭证。应当载明准许使用的产品名称、商标名称、获证单位及其信息编码、核准产量、产品编号、标志使用有效期、颁证机构等内容。

(26)标志使用人被取消标志使用权的三年内中国绿色食品发展中心不再受理其申请;情节严重的,永久不再受理其申请。

(27)未经中国绿色食品发展中心许可,任何单位及个人不得使用绿色食品标志。禁止将绿色食品标志用于非许可产品及其经营活动。

(28)任何单位和个人不得涂改、伪造、冒用、买卖、转让绿色食品证书。

(29)在获证有效期内,绿色食品标志和企业的注册商标可以同时在获证产品包装上使用。企业部分产品获得绿色食品标志许可,其他未获认证产品不能使用绿色食品标志。

(30)在获证产品包装上,绿色食品商标标志与企业信息码的组合有以下七种形式供选择(图 1-4)。

图 1-4　绿色食品商标标志与企业信息码的组合

(31)绿色食品包装使用应实行减量化,包装的体积和重量应限制在最低水平,包装的设计、材料的选用及用量应符合 GB 23350 的规定。

(32)绿色食品包装宜使用、可回收利用和生物降解的环保包装材料、容器及其辅助物,包装废弃物的处理应符合 GB/T 16716.1 的规定。

(33)消费者在市场上选购绿色食品时,应注意绿色食品标志、企业信息码等包装信息。

(34)请关注市场上印制绿色食品标志的包装样式。

(35)消费者可通过登录中国绿色食品发展中心官网“信息查询”专栏,查询绿色食品产品信息。

(36)“绿色食品标志图形、中英文版式”矢量图可在中国绿色食品发展中心官网下载。

(37)中国绿色食品发展中心对获得和取消绿色食品标志使用权的企业和产品都进行公告。

(38)绿色食品尽量选择可重复使用的包装材料。

(39)标志使用人在证书有效期内,其获证产品的包装、标签、说明书上使用的绿色食品标志形式有变化时,应按规定程序报中国绿色食品发展中心审核备案。

(40)并非所有的农产品及加工品均可申请使用绿色食品标志。

(41)标志使用人在证书有效期内,应在其获证产品包括但不限于包装、标签、说明书、广告宣传、展览展销等市场营销活动,以及办公、生产区域中规范使用绿色食品标志。

(42)中国绿色食品发展中心与各级绿色食品工作机构可按照《中国绿色食品商标标志设计使用规范手册》相关规定使用绿色食品标志,但均不得在自己提供的商品上使用绿色食品标志。

(43)中国绿色食品发展中心依法负责全国绿色食品标志使用的统一管理,并组织实施绿色食品标志使用监督管理,各级绿色食品工作机构负责所辖区域绿色食品标志使用的日常监管。

(44)中国绿色食品发展中心鼓励单位和个人对标志使用人的绿色食品标志使用情况、侵犯绿色食品标志专用权的行为进行社会监督。

知识链接

1.《食品安全国家标准　食品微生物学检验　沙门氏菌检验》GB 4789.4—2016

2.《食品安全国家标准　食品微生物学检验　金黄色葡萄球菌检验》GB 4789.10—2016

3.《食品安全国家标准　食品微生物学检验　副溶血弧菌检验》GB 4789.7—2013

4.《食品安全国家标准　食品微生物学检验　肉毒梭菌及肉毒毒素检验》GB 4789.12—2016

5.《食品安全国家标准　食品微生物学检验　蜡样芽胞杆菌检验》GB 4789.14—2014

6.《食品安全国家标准　食品微生物学检验　大肠埃希氏菌 O157:H7/NM 检验》GB 4789.36—2016

7.《变形杆菌食物中毒诊断标准及处理原则》WS/T 9—1996

8.《食品安全国家标准　食品微生物学检验　志贺氏菌检验》GB 4789.5—2012

9.《食品安全国家标准　食品微生物学检验　小肠结肠炎耶尔森氏菌检验》GB 4789.8—2016

10.《食品安全国家标准　食品微生物学检验　空肠弯曲菌检验》GB 4789.9—2014

11.《食品安全国家标准　食品微生物学检验　β 型溶血性链球菌检验》GB 4789.11—2014

12.《食品安全国家标准　食品微生物学检验　产气荚膜杆菌检验》GB/T 4789.13—2012

项目二
屠宰加工企业的兽医卫生监督

学习目标

掌握屠宰加工企业主要部门和系统的兽医卫生要求，屠宰场的用水卫生，屠宰污水的特点以及处理措施；熟悉屠宰加工企业的场址选择以及场内各建筑设施的布局；了解屠宰污水的测定指标。

学习内容

项目二屠宰加工企业的卫生要求 PPT

根据规定，单位、个人屠宰畜禽必须由当地畜禽防疫监督机构设检疫员实施检疫（检验），出具畜产品检疫（检验）证明，胴体上加盖“兽医验讫”印章时，方可经营销售。根据此规定，对屠宰动物实行“定点屠宰，集中检验，统一纳税，分散经营”的管理办法，故而我国各大中城市相继建立了较大规模的肉类联合加工厂，人口相对少一些的市、县建立了小规模的屠宰厂，乡镇也建立了现代化水平较低的屠宰点，这些统称为屠宰加工企业。这些屠宰加工企业主要是对家畜家禽等肉用动物实施屠宰及检验，为人类提供肉、肉制品及其他副产品。随着我国肉类产量的增加和人民生活水平的提高，屠宰加工企业与人民生活的关系越来越密切，它在公共卫生中的地位日益重要。为保证人们食用的肉及肉制品的卫生质量，防止人畜共患病的发生，也防止动物疫病的传播，屠宰加工企业的卫生要求处于一个重要的地位。屠宰加工企业屠宰的动物来自不同的地区，宰后的肉品和副产品又将输送到全国各地，甚至出口到国外。在这运进和运出的过程中，如果企业场址选择不当，或内部建筑设施不合理，或卫生管理不当，屠宰加工企业将成为散布动物疫病的疫源地和自然环境的污染源，不仅危及人民群众的健康，也会造成养殖业的重大损失。所以屠宰加工企业在场址的选择，场内各建筑设施的布局，以及场内的用水和污水的处理等，都必须符合国家规定的兽医卫生要求。

任务一 屠宰加工企业的选址和布局

一、屠宰加工企业选址的卫生要求

屠宰加工企业的建立应遵循“统一规划、合理布局、有利流通、方便群众、便于检疫和管理”的原则，既要保证待宰动物来源充足，又要保质保量地将产品供应市场，且又能防止动物疫病的散播，所以无论屠宰加工企业规模大小和设备条件如何，在选择场址时必须考虑周全，多方防范，特别注意以下各方面的卫生要求。

（一）符合总体规划要求

新建屠宰加工企业时，其场址和场区建筑设计须经当地规划部门及卫生防疫部门的批准，符合国家、省（自治区、直辖市）和当地政府的环境保护、卫生和防疫等要求。

（二）地理位置

屠宰加工企业的场址应远离交通要道、居民区、医院、学校、水源及其他公共场所至少500 m，并位于水源和居民区下游、常年风向的下风向，以免污染居民区的水源、空气和环境。但还应考虑交通便利，有利于屠宰畜禽的运进和畜禽产品的运出，同时电源供应稳定可靠。

（三）场区地势

场区整体地势应平坦，干燥，具有一定的坡度，以便车辆的进出和污水的排出。地下水位离地面的距离不得低于1.5 m，以保持场地的干燥和清洁，同时防止水源的污染。

（四）场内环境

屠宰加工企业场区周围应有2 m高的围墙，防止犬、鼠等其他动物窜入。场内的道路、地面应为柏油或水泥，以减少尘土污染，且便于清洗及消毒。场内还应注意环境绿化，起到隔离防护和调节空气的作用。

（五）具备完善的上下水系统

屠宰加工企业的用水量及排水量都很大，建场前必须解决用水问题，可以是政府部门供应的自来水，或经过检验合格的自备水源。必须设置完善的污水排放系统及污水处理系统，以及设有粪便发酵处理场所，以便使粪便、胃肠内容物经发酵处理后运出，防止病原微生物扩散。

（六）尊重民族风俗习惯

尊重民族风俗习惯，将宰猪场与宰牛、羊场分开建立，专场屠宰。

二、屠宰加工企业布局的卫生要求

屠宰加工企业总体设计要符合科学管理、方便生产和清洁卫生的原则，各车间和建筑物的配置，要布局合理，既要相互连贯又要做到病健隔离，防止原料、产品、副产品和废弃物的转运造成交叉污染甚至传播疫病。

(一)屠宰加工企业平面布局

各屠宰加工企业规模虽有不同,但从整体布局上基本可划分为五个区(图 2-1),每个区可根据条件设置相应的配套设施。

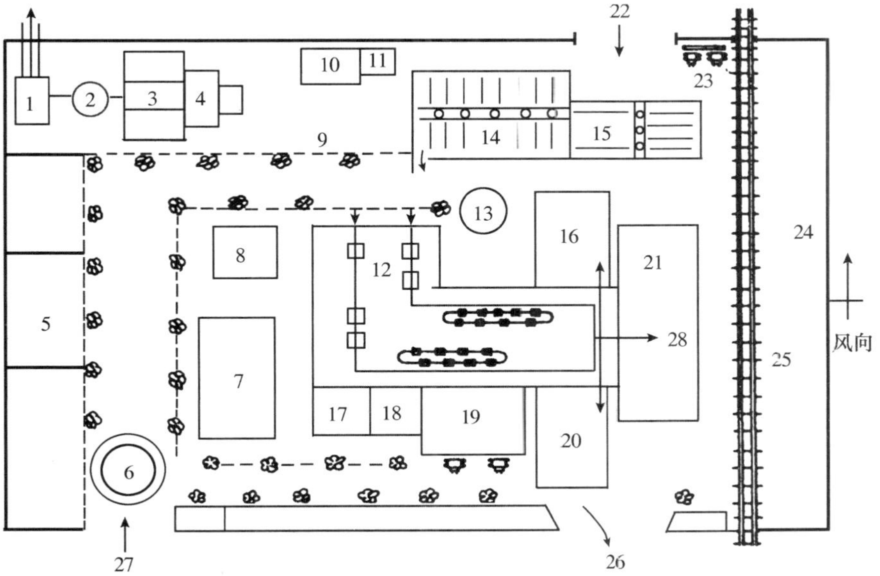

1.沉淀池　2.生物池　3.曝气池　4.集污池　5.行政区　6.花坛　7.办公室　8.化验室　9.无害处理区　10.化制车间　11.急宰车间　12.屠宰加工车间　13.水塔　14.候宰圈　15.验收圈　16.复制品间(二层)　17.皮张间　18.内脏整理车间　19.发货场(冷却装置)　20.分割肉车间(二层)　21.机器房(多层)　22.活畜禽进厂门　23.车辆洗消站　24.生活区　25.铁路专线　26.成品出厂门　27.厂大门　28.冷库

图 2-1　屠宰场建筑布局卫生要求示意图(引自曲祖乙,2006)

(1)宰前饲养管理区。即贮畜场,可设置卸车台、预检分类圈、饲养圈、候宰圈及兽医室等。

(2)生产加工区。可设置屠宰加工车间、副产品整理车间、分割肉车间、凉肉间、肉品和复制品加工车间、生化制药车间、化验室、卫生检验办公室及冷库等。

(3)病畜隔离及污水处理区。可设置病畜隔离圈、急宰车间、化制车间及污水处理系统等。

(4)动力区。可设置锅炉房、供电室、制冷设备室等。

(5)行政生活区。办公室、宿舍、库房、车库、俱乐部、食堂等。

(二)卫生要求

(1)以上各车间之间应有明确的分区标志,特别是宰前饲养管理区、生产加工区及病畜隔离区及污水处理区之间应以围墙相隔,设专门通道相连,并设有严密消毒措施。

(2)病畜隔离及污水处理区(隔离圈、急宰车间、化制车间及污水处理系统)应处于生产加工区的下风点。生活区和生产车间应保持相当距离。

(3)生产区与非生产区应分开,且必须单独设置人员、活畜禽、产品、废弃物的出入口,原料与产品在场内不得共用一个通道,防止发生交叉污染。所有出入口应设有与门等宽的消毒池。

(4)各个建筑物之间的距离,应不影响彼此的采光。

(5)厂区的环境卫生要求。

①屠宰车间和分割车间所在厂区的路面、场地应平整、无积水。

②厂区内的建筑物周围、道路的两侧应进行绿化。

③“三废”处理必须符合国家环境保护法的规定要求。

④厂内应设有垃圾、畜粪、废弃物的集存场所。其地面与围墙应便于冲洗消毒。运送垃圾等废弃物的车辆必须是密封(不渗水)的,这些车辆还应配备清洗消毒设施及存放场所。

⑤活畜禽进出的出入口必须设置消毒池。

⑥车间外厕所应采用水冲式的,且应有防蝇设施。

任务二 屠宰加工场内各功能区卫生要求

肉类屠宰加工场包括宰前饲养管理场、病畜隔离圈、急宰车间、候宰圈、屠宰加工车间、分割车间、化制车间、冷库、供水系统及污水处理系统等。

一、宰前饲养管理场

宰前饲养管理场或称“贮畜场”,是对屠畜禽实施宰前检验、宰前休息管理和宰前停饲管理的场所。

宰前饲养管理场贮备畜禽的数量,应以日屠宰量和各种屠畜禽接受宰前检验、宰前休息管理与宰前停饲管理所需要的时间来计算,为日屠宰量的1～3倍。

为了做好屠畜禽宰前检查、宰前休息管理和宰前停饲管理工作,对宰前饲养管理场提出以下卫生要求。

(1)宰前饲养管理场应自成独立的系统,与生产区相隔离,并保持一定的距离。

(2)设畜禽卸装台、地秤、供宰前检查和检测体温用的分群圈(栏)和预检圈、病畜隔离圈和健畜圈、供宰前停饲管理的候宰圈,以及饲料加工与调制车间。

(3)宰前饲养管理场的圈舍应采用小而分立的形式,防止动物疫病传染。应具有足够的光线、良好的通风、完善的上下水系统及良好的饮水装置。圈内还应有饲槽和消毒清洁用具及圆底的排水沟。每头畜禽所需面积应符合下列卫生标准:牛为1.5～3 m^2,羊为0.5～0.7 m^2,猪为0.6～0.9 m^2。

(4)场内所有圈舍,必须每天清除粪便,定期进行消毒。粪便应及时送到堆粪场进行无害化处理。

(5)有条件的单位,应设车辆清洗、消毒场,备有高压喷水龙头、洗涮工具与消毒药品。

二、病畜隔离圈

病畜隔离圈是暂时存放宰前检验中剔除的患病或怀疑为患病动物的场所,其容量应不少于宰前饲养管理场的1%。因这些动物很可能携带有大量的病原,所以在建筑和使用上都更应注意兽医卫生要求。

首先病畜隔离圈应设有坚固的围墙,与宰前饲养管理场和急宰车间保持有限制的联系,通道开启方便，但人畜车辆不能随意通过，与其他功能区保持严格隔离。隔离圈的地面和墙壁应用不透水的材料建成，地面与墙壁、柱脚的结合处为圆弧形，便于清洗消毒，饲槽等用具均应专用，饲养人员应专职，粪尿须经消毒后方可运出，尸体应用密闭的专用车辆运送，出入口设消毒池。

三、急宰车间

急宰车间是屠宰病畜禽的场所，一般与病畜隔离圈相邻，以便于病畜隔离圈检出的病畜及时得到处理。因病畜常携带有病原菌，故急宰车间更应加强兽医卫生监督，应设有屠宰室、冷却室、有条件利用肉的无害化处理室、胃肠加工间、皮张消毒室、尸体和病料化制室，同时应设有专用的更衣室、淋浴室、污水粪便处理池，大型肉联厂可建立单独的病畜化制车间。

急宰车间在卫生要求上除与病畜隔离圈相同外，还应配备专职人员，具有良好的卫生条件与人身安全防护设施。各种器械、设备、用具应专用，经常消毒，防止疫病扩散。整个车间的污水和粪便必须经严格消毒后方可排入污水处理系统。

四、候宰圈

候宰圈是供屠畜禽等候屠宰、施行宰前停饲管理的专用场所，应与屠宰加工车间相毗邻。候宰圈的大小应以能圈养 1 d 屠宰加工所需的畜禽数量为准。候宰圈由若干小圈组成，所有地面应不渗水，墙壁光滑，易于冲洗、消毒。圈舍应通风良好，不设饲槽，提供充足的饮水。候宰圈邻近屠宰加工车间的一端，应设淋浴室，用于屠畜禽的宰前淋浴净体。

五、屠宰加工车间

屠宰加工车间是对动物进行屠宰加工并生产出肉品的地方，也是屠宰加工企业最重要的场所，其设备、卫生状况的好坏及加工环节是否合理都将直接影响产品的卫生质量，无论是规模大的肉类联合加工厂，还是机械化程度较低的屠宰点，在建筑设施和卫生管理上都必须严格遵守屠宰加工车间的兽医卫生要求。

(1)屠宰车间应包括赶畜道、致昏放血间、烫毛刮毛剥皮间、胴体加工间。大中型屠宰厂要设副产品加工间、胴体凉冷发货间及副产品暂存发货间。

屠宰车间内致昏放血、烫毛刮毛、剥皮及副产品中的肠胃、剥皮畜的头蹄加工工序属于非清洁区，而胴体加工和心、肝、肺加工工序及暂存发货间属于清洁区。在布置车间建筑平面时，应使两区划分明显，不准交叉。

(2)屠宰车间以单层建筑为宜。在中型屠宰车间的柱距不宜小于 6 m，单层宜采用较大跨度，净高不得低于 5 m。

(3) 屠宰工艺流程应按：致昏→刺杀放血→脱毛或剥皮→开膛净膛→劈半→整修分级的顺序来排列设置。同时要求胴体与内脏做到同步检验或对号检验。

(4)屠宰车间内的地面应使用防水、防滑、不吸潮、可冲洗、无毒、耐腐蚀的材料，表面无裂缝、无积水，明地沟应呈弧形，排水口须设网罩，墙裙和柱应贴 2 m 以上的白色瓷砖，墙角、地角、顶角应呈弧形，天花板表面要光滑，不易脱落。门窗装配应严密，并便于拆卸和清洗，内窗台须呈 45°坡度。

(5)屠宰车间致昏的赶畜道坡度不应大于 10°坡度，赶畜道的宽度以仅能通过 1 头畜为宜，赶畜道墙的高度不应低于 1 m。屠宰车间内与放血线路平行的墙裙，其高度不应低于放血轨道的高度。放血槽应采用不渗水材料制作，表面光滑平整，便于清洗消毒。放血槽的长度按工艺要求确定，其高度应能防止血液喷溅外溢。寄生虫检验室应设置在靠近生产线的采样处。室内要光线充足，通风良好，其面积要适合兽医卫生检验的需要，不宜小于 20 m^2。副产品加工间及副产品暂存发货间使用的台(池)如果用非金属材料制作，应采用不渗水、表面光滑、便于清洗消毒的材料。屠宰车间内车辆的通道宽度单向应不小于 1.5 m，双向应不小于 2.5 m。

(6)屠宰车间至少应配备有电麻器、浸烫池、吊轨、挂钩、副产品整理操作台以及符合卫生标准的盛装屠畜产品专用器具，禁止使用竹木工具和容器。车间内照明设施要齐备，屠宰车间照度不少于 75 lx，屠宰操作间照度不少于 150 lx，检验操作间照度不少于 300 lx。吊轨的高度是：放血线轨道离地面 3～3.5 m；胴体加工线轨道离地面单滑轮 2.5～2.8 m，双滑轮 2.8～3 m。自动悬挂传送带的输送速度，以每分钟通过 6～10 头，挂胴体间距应大于 0.8 m。

(7)设有洗手、清洗、消毒设施。屠宰车间内的放血、开膛、卫生检验操作台、剥皮、劈半等工序位置应设有洗手和刀具消毒器等设施。车间内要有冷、热水龙头，以便洗刷消毒器械和去除油污。最好不用手动的。消毒用水水温不低于 82 ℃。为及时排出屠宰车间内的废水，保持生产地面的清洁和防止产品污染，必须建造通畅完善的下水系统，每 20 m^2 车间地面设置一个废水收容坑，上面盖有滤水铁箅子。车间排水管道的出口处，应设置脂肪清除装置和沉淀池。

(8)设有与职工人数相适应的更衣室、淋浴室和厕所。更衣室内须有个人衣物存放柜。车间内厕所应与车间走廊相连，门窗不得直接开向生产操作间，便池必须是水冲式，粪便排放管不得与车间内污水排放管混用。

六、 分割车间

分割车间是肉类加工企业的一个重要车间，包括暂存胴体的冷却间、分割肉加工车间、成品冷却间、包装间、用具准备间、包装材料暂存间，有时还有分割工人的专用淋浴间。分割肉车间和屠宰车间相连，后端连接冷库。

地面、墙壁等要求同屠宰加工车间，车间入口处设置靴子和洗手、干手设备。车间内应设有饮用水、非饮用水和消毒用的 82 ℃热水管道并用不同色彩做标记。室内的温度应保持在 10～20 ℃，设置空调，配置自动温度测定仪和自动记录仪。湿度的要求是顶棚和风道都不能结露滴水。风速的要求是，操作区平均风速 0.1～0.2 m/s。车间内以人工照明为主，要求达到 130～140 lx。开关不设明拉线。传送装置用不锈钢或无毒塑料制品。加工机械便于拆卸、清洗消毒。车辆、用具和容器以及操作台面应采用不锈钢或者无味的塑料制品。切割电锯有防噪声措施，达到国家标准，用 82 ℃热水定时消毒。

七、 化制车间

无害化处理是利用专门的高温设备，杀灭废弃品中的病原微生物，以达到无害化处理的目的。从保护环境、防止污染的角度出发，要求每个屠宰加工企业和负责集贸市场肉品检疫工作的业务部门，都应建立化制车间。其建筑设施必须符合下列卫生要求。

1. 场址的选择

化制车间应该是一座独立的建筑物、位于屠宰加工厂的边缘位置。城镇病尸化制站应建于远离居民区、学校、医院和其他公共场所的地段（最好是在郊区），位于城市的下游和下风处。

2. 建筑物的结构与工艺布局

化制车间建筑物的结构和卫生要求与屠宰加工车间基本相同。即车间的地面、墙壁、通道、装卸台等均应用不透水的材料建成，大门口和每个工作室门前应设有永久性消毒槽。

化制车间的工艺布局应严格地分为两个部分：第一部分为原料接受室、解剖室、化验室、消毒室等，房间建筑要求光线充足，有完善的供水（包括热水）和排水系统，防蝇、防鼠设备齐全。第二部分为化制室等。两个部分一定要用实体墙绝对分开。第一部分分割好的原料，只能通过一定的孔道，直接进入第二部分的化制锅内。

3. 污水处理

由化制车间排出的污水，不得直接通入下水道或河流、湖泊，必须经过一系列净化处理之后，测定其生化需氧量符合国家规定标准时，方可排入卫生防疫部门许可的排水沟内。

4. 工作人员

化制车间工作人员，要保持相对稳定，非特殊情况不得任意调动。工作时要严格遵守卫生操作规程。

八、冷库

冷库包括冷却间、冷冻间、冷藏室等。

1. 冷却间（预冷室）

容量为每日工作 8 h 屠宰头数的 1 倍，温度为 −2～4 ℃或 0～4 ℃，冷却终了时，肉的中心温度达到 7 ℃左右。网架式冷却架用不锈钢制造。保持清洁卫生，无霉变。

2. 冷冻间

最低容量要能容纳每日工作 8 h 的屠宰头数。保持 −35～−18 ℃，相对湿度 90%。地面光滑，墙壁铺设瓷砖，有排水设备。

3. 冷藏室

最低容量为每日工作 10 h 屠宰数的 2 倍。维持 −18 ℃，相对湿度 90%～95%。卫生要求同上。

4. 包装间和包装材料间

包装间的温度控制在 7～10 ℃。保持清洁、干燥、无霉。包装材料间和包装间紧密相连。包装材料清洁、干燥，符合卫生要求。包装箱上的品名、重量、生产日期、工厂名称、注册厂代号都必须清楚，印在正确的位置，符合买主的要求。

任务三　屠宰加工场所的消毒

屠宰加工企业屠宰的动物来源广泛、健康情况复杂，不可避免地有带菌畜进入屠宰加工过程而造成对场内或车间内的污染。为此，屠宰加工企业必须定期或不定期地消毒。消毒的范围既涉及病畜通过的道路、停留过的圈舍、接触过的工具（饲槽、车船等）、产生的排泄物等，也包括各种人员的刀具、工作服、手套、胶靴等，这些场地或用具等特点不同，必须选择适当的消毒方法方能取得良好的消毒效果。

一、车间消毒

屠宰加工企业各生产车间的消毒，按卫生条例规定有经常性消毒和临时性消毒两种。

1. 经常性消毒

经常性消毒是指生产车间在日常工作中或工作完毕后所进行的清扫消毒工作。每日工作完毕，将全部生产地面、墙裙、通道、台桌、各种设备、用具、检验器械、工作衣帽、手套、胶靴等都要仔细彻底打扫，并用 82 ℃热水洗刷消毒，必要时选择适当的消毒液重点喷洒。

此外，生产车间还应有定期消毒制度，每星期或每 10 d 或每半个月，定期进行 1 次大消毒。在彻底扫除、洗刷的基础上，对生产地面、墙裙和主要设备用 1%～2%的氢氧化钠溶液或 2%～4%的次氯酸钠溶液进行喷洒消毒，保持 1～4 h 后，用水冲洗。刀和器械可用 82 ℃左右的热水消毒或 0.015%的碘溶液消毒。工作人员的手用 75%的乙醇擦拭消毒或用 0.002 5%的碘溶液洗手消毒。胶鞋、围裙等胶制品，用 2%～5%的福尔马林溶液进行擦洗消毒。工作服、口罩、手套等应煮沸消毒。

2. 临时性消毒

临时性消毒是指在生产车间发现炭疽等烈性传染病或其他必要情况下进行的以消灭特定传染病原为目的的消毒工作。它在控制疫情、防止肉品污染上有很大的作用。具体做法可根据传染病的性质分别采用有效的消毒药剂。对病毒性疾病的消毒，多采用 3%的氢氧化钠喷洒消毒。对能形成芽孢的细菌如炭疽、气肿疽等，应用 10%的氢氧化钠热水溶液或 10%～20%的漂白粉溶液进行消毒，国外多用 2%的戊二醛溶液进行消毒。消毒的范围和对象，应根据污染的情况来决定。消毒时药品的浓度、剂量、时间等必须准确。

二、圈舍场地的消毒

首先将粪便、垫草、残余草料、垃圾等堆集在一定地点进行堆肥发酵处理，如量小又有传染危险时，也可烧毁。然后对地面、墙壁、门窗、饲槽、用具等，用 1%～4%氢氧化钠溶液或 4%的碳酸钠喷洒消毒。消毒后打开门窗通风，并用水冲洗饲槽以除去药味。圈舍墙壁还可以定期用石灰乳粉刷，以达到美化环境和消毒的目的。

被芽孢杆菌污染的场地，首先用 1%漂白粉溶液喷洒，然后将表土挖开一层撒上干漂白粉，与土混合后将此表土深埋，这样重复一次。其他传染病所污染的地方，如为水泥地，则用消毒液仔细刷洗；如为泥土地，可将地面深翻 30 cm 左右，撒上干漂白粉，然后以水湿润、压平。

三、运输工具的消毒

凡载运过屠畜禽及其产品的车船和其他运输工具，按规定进行消毒处理。对装运过健康动物及其产品的车船，清扫后用 80～90 ℃的热水冲洗消毒；装运过一般性传染病病畜及其产品的车船，清扫后用 4%的氢氧化钠溶液或 0.1%的碘溶液洗涤消毒，清除的粪污应进行生物热消毒；装运过由形成芽孢的病原菌感染引起的恶性传染病病畜及其产品的车船，先用 4%福尔马林溶液喷洒，然后清扫，再用 4%的福尔马林溶液喷洒消毒，1 m^2 需消毒药液 0.5 L。保持 0.5 h 后再用热水仔细冲洗，最后再用上述药液喷洒消毒。清除的粪便焚烧销毁。

四、空气的消毒

室内空气消毒可采用紫外线照射，也可用消毒液喷雾或熏蒸。通常用乳酸，每 100 m^3 需 6～12 mL，稀释后加热蒸发，密闭 30 min。也可采用过氯乙酸或甲醛熏蒸消毒。室温在 0 ℃以下的冷库消毒，可用 2%～4%次氯酸钠溶液内加 2%碳酸钠喷雾或喷洒库内，密闭 2 h 后通风换气。

五、粪便的消毒

粪便的消毒有焚烧法、掩埋法、化学消毒法及生物热消毒法。其中生物热消毒法是对粪便最经济的消毒方法，所以，粪便的消毒多采用此法。湿粪堆积发酵所产生的生物热可达 70 ℃或更高，可杀死病毒、细菌繁殖体、寄生虫卵等病原体，但不能消灭芽孢。用这种方法处理后的粪便，发酵腐热快、肥效良好。

必须注意的是生物热消毒方法虽然对粪便消毒很好，可以杀灭许多传染病病原，如口蹄疫病毒、猪瘟病毒、布鲁氏菌等，但对于患有炭疽、气肿疽动物的粪便，只能焚烧或经有效的消毒液化学消毒后深埋。

六、消毒效果的检查

（一）清洁程度的检查

检查车间的地面、墙壁、设备及圈舍场地扫除情况，要求必须做到干净、卫生、无死角。

（二）消毒药剂使用正确性的检查

查看消毒工作记录，了解选用消毒药剂的种类、浓度及其用量。检查消毒药剂的浓度时，可从剩余的消毒药剂中取样进行化验检查，要求选用的消毒药剂高效、低毒，浓度和用量必须适宜。

(三)消毒对象的细菌学检查

消毒以后的地面、墙壁及设备，随机化分区域数块，用消毒的湿棉拭子擦拭 1～2 min，将棉拭子置于 30 mL 中和剂或生理盐水中浸泡 5～10 min，然后送化验室检验。根据检验结果，评定消毒效果。

(四)粪便消毒效果的检查

1. 测温法

用装有金属套管的温度计，测量粪便发酵堆中的温度，根据粪堆在规定时间内达到的温度来评定消毒效果。当粪便生物发热达 60～70 ℃时，经过 1～2 d 可以杀死其中的巴氏杆菌、布鲁氏菌、沙门菌及口蹄疫病毒，经过 24 h 可以杀灭丹毒丝菌，经过 12 h 能杀灭猪瘟病毒。

2. 病原菌检查

按常规方法检查，要求不得检出致病菌。

任务四　供水与污水处理系统的卫生要求

一、供水系统

屠宰加工企业用水量很大，宰前饲养管理场、候宰圈、屠宰加工车间、内脏整理车间、肉制品加工车间等都要用到大量的水，而且这些水直接与畜体或肉品直接接触，如果用水卫生不良，将直接影响原料和生产成品的卫生质量，所以屠宰加工企业必须有完善的供水系统，用水必须符合我国《生活饮用水卫生标准》(GB 5749—2022)。主要包括以下几个方面。

(一)水源

加工企业的用水如为自来水厂供给的，一般说是安全的，卫生监督重点放在保持水的清洁上。如为场内自备水源，则应检验各项指标，符合标准后方可使用，且必须注意保护水源不遭受污染，并定期检查，以便及时排除污染源。

(二)水的物理性质

生产用水应洁净、无沉淀、透明、无色、无味，不应含有令人厌恶的异味、异臭。

(三)化学性质

供水不应含有任何对饮用者有损害的化学杂质和对供水系统有极度腐蚀性的物质。用于消毒水的化学药剂的浓度不得超过卫生标准。供水的消毒通常采取氯化消毒，用有自动释放装置的加氯器进行消毒更好。此方法不仅可降低水中的细菌含量，还具有氯化有机物和某些盐类及驱除供水气味的作用。

(四)细菌污染

供水内的病原微生物，特别是已知通过水传播疾病的微生物，如沙门菌、大肠杆菌，要求供水的含菌范围符合国家卫生标准。

(五)放射性物质

放射线对人体是危险的，所以水中不应含有放射性物质。

二、污水的净化处理

屠宰加工企业的污水来自饲养圈、屠宰加工车间、内脏整理车间、分割肉车间、熟肉制品车间等，其中含有血液、油脂、碎肉、胃肠内容物、粪尿、毛等大量的污染物质，是典型的高浓度有机污水，其流量大、含污物多、温度高、气味不良，且含有大量病原体(大量微生物和寄生虫)。如果直接排放将会污染江河湖海和地下水，并在公共卫生和畜禽流行病学方面具有很大的危险性，因此必须做好屠宰污水的处理。

屠宰污水处理通常包括预处理、生物处理、消毒处理三部分。

(一)预处理(物理学处理或机械处理)

主要利用物理学原理除去污水中的悬浮固体、胶体、油脂和泥沙。常用方法是设置格栅、格网、沉砂池、除脂槽、沉淀池等。其意义主要在于减少生物处理时的负荷，提高排放水的质量，还可以防止管道阻塞，降低能源消耗，节约费用，便于综合利用。

格栅和格网可以将碎肉、碎骨及木屑等较大杂质过滤出去，防止进入污水处理系统，堵塞管道，甚至损坏水泵，此方法可使生化需氧量 BOD_5 降低 10%～20%；除脂槽可在较低温度下收集污水中的油脂，防止油脂阻碍水流和妨碍污水的生物净化。除脂槽的除脂效率为 60%～70%；沉砂池是利用静置沉淀的原理沉淀污水中固体物质，主要为砂、泥土、炉渣及骨屑等。沉淀池沉积的污泥要及时排出，以免厌氧细菌作用产生气体，使污泥上升到水面，降低沉淀效果。

(二)生物处理

生物处理是利用自然界的大量微生物氧化有机物的能力，除去污水中各种有机物，使之被微生物分解后形成低分子的水溶性物质、低分子的气体和无机盐。根据微生物嗜氧性能的不同，将污水生物处理分为好氧处理法和厌氧处理法两类。

1. 好氧处理法

污水好氧处理法主要有土地灌溉法、生物过滤法、生物转盘法、接触氧化法、活性污泥法及生物氧化塘法等。

细菌通过自身的生命活动过程，把吸收的有机物氧化成简单的无机物，并放出能量。微生物利用分解中获得的能量，把有机物同化，以增殖新的菌体。这些微生物如果附着在滤料如土壤细粒的表面，形成面膜，即所谓的“生物膜”。如果在污水中，这些细菌形成的菌胶团(即活性污泥绒粒)与污水中的某些原生动物(纤毛虫类等)及藻类结合，即形成“活性污泥”，悬浮在污水中。生物膜和活性污泥在污水生物学处理中起着主导作用。当污水中有机物质与生物膜表面接触时，则较迅速地被生物膜吸附，而非溶解性污物转变为溶解性的污物，也被生物膜吸收，从而使污水中的有机物质被降解。与此同时，生物膜上的微生物也摄取污水中的这些有机物来营养自己，使生物膜的活力具有再生的能力。据此，污水生物处理装置才能够长期保持稳定的净化功能。

2. 厌氧处理法(厌氧消化法)

污水厌氧处理法主要有普通厌氧消化法、高速厌氧消化法与厌氧稳定池塘法等。

所谓污水的厌氧处理就是将可溶性或不溶性的有机废物在厌氧条件下进行生物降解。高浓度的有机污水和污泥适于用厌氧分解处理,一般称为消化或厌氧消化;低浓度的污水一般不适用本法处理。

厌氧消化经历酸的形成(液化)和气的形成(汽化)两个阶段。在分解初期,不同的微生物群把蛋白质、糖类和类脂质转变为脂肪酸、甲酸、乙酸、丙酸、丁酸、戊酸和乳酸等有机酸,还有醇、酮、CO_2、氨、硫化氢等。此阶段,由于有机酸的大量积聚,故称酸性发酵阶段。在分解后期,由于生成氨的中和作用,pH 逐渐上升,另一群专性厌氧的细菌分解有机酸和醇,生成甲烷和 CO_2,这一阶段称为碱性发酵阶段或甲烷发酵阶段。

用厌氧法处理的污水,由于产生硫化氢等有异臭的挥发性物质而放出臭气。硫化氢与铁形成硫化铁,故废水呈黑色。这种方法净化污水需要的时间较长(约需停留 1 个月),而且温度低时效果不显著,有机物含量仍较高。目前多在厌氧处理后,再用好氧法进一步处理。

(三)消毒处理

经过生物处理后的污水一般还含有大量的菌类,特别是屠宰污水含有大量的病原菌,需经药物消毒处理方可排出。常用的方法是氯化消毒,将液态氯转变为气体,通入消毒池,可杀死 99%以上的有害细菌。近年研究证明,用漂白粉或液态氯消毒污水,会造成氯对环境的二次污染。现在已研究出将紫外线灯成排地安装在污水净化处理后排水口前面的消毒技术,待排出的水在紫外线灯周围经过 0.3 s,即可达到消毒的目的。

三、屠宰污水生物处理系统

(一)土地灌溉法污水处理系统

通过土地灌溉进行污水的处理方法,是一种最古老的的污水处理方法。分为地表灌溉法和过滤灌溉法。本法是利用土壤的微粒作为过滤层,通过物理的筛滤、吸附和换气作用,化学氧化、离子交换的作用,达到净化污水的目的。当污水渗入土层时,污水中的某些需氧菌附着在土壤的细粒表面,每 1 g 活性污泥含 10^{12} 个微生物,其中含有 10^7~10^8 个硝化菌。这些硝化菌能使污水中的氨氮化合物发生硝化,使污水中的有机物矿物质化,从而使污水透明,消除臭味。

土地灌溉法是以土壤微生物对有机物进行好氧分解为主,因此土壤必须经常保持足够的氧。这就要求土质应有良好的通气性,两次灌水之间需要有休整时间。同时,要注意防止由污水悬浮物所导致的土壤空隙堵塞现象。为解决这一问题,必须对污水进行预处理。

(二)活性污泥法污水处理系统

活性污泥处理有机污水,效果较好,应用较广,一般生活污水与工业污水经活性污泥法二级处理均能达到国家规定的排放标准。肉类加工中的污水净化处理,也已广泛采用此法(图 2-2)。

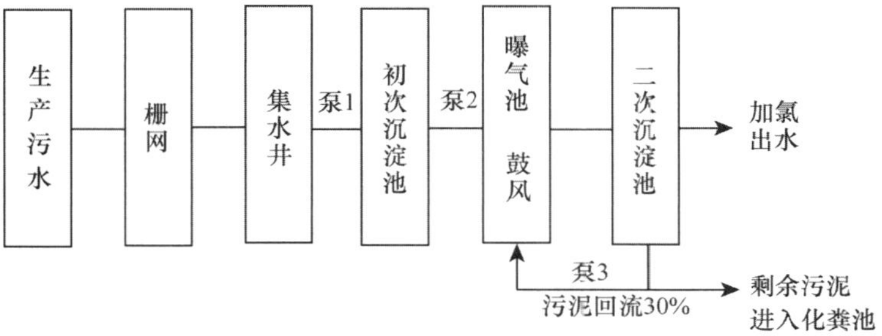

图 2-2　活性污泥法污水处理流程示意（引自曲祖乙，2006）

1. 初次沉淀池

污水在此池内一般停留 1～3 h，目的在于除去污水中较多的悬浮物。

2. 曝气池

污水在曝气池内借助搅拌装置（机械搅拌器或加压鼓风机）与回流来的活性污泥充分混合，并通过曝气提供生物氧化过程所需要的氧，从而加速活性污泥和微生物对污水中有机物的吸附、氧化、分解作用。

3. 二次沉淀池

经过曝气处理之后的污水，在此池内停留 1.5～2.5 h，使被处理的污水与活性污泥分离。

4. 回流污泥

在二次沉淀池中的沉淀污泥需要回流一部分到再生池或曝气池内，为处理新的污水提供足够的活性污泥。这部分污泥称为回流污泥。二次沉淀池中除回流污泥以外的余留污泥称为剩余污泥。

（三）生物转盘法污水处理系统

这是通过盘面转动，交替地与污水和空气相接触，使污水净化的处理方法。此方法运行简便，能根据不同目的调节接触时间，耗电量少，适用于小规模的污水处理。

生物转盘是由许多轻质、耐腐蚀材料做成的圆形盘片，间隔一定距离（1～4 cm），中心固定于一根可转动的横轴上。每组转盘置于一个半圆形水槽中，约有 40%的盘片部分浸于待处理的污水中。水槽两个横向面的上端各有一根多孔或纵向开口的水管，作为进、出水管。污水一般由逆转盘转动的方向流入水槽，这样一组槽称为一级转盘。在实际应用中，可以由三级、四级甚至更多级串联起来使用（图 2-3）。

污水由生产车间排入厌气消化池，停留 3～10 d 进行厌气发酵。经发酵的血污水，由于厌氧微生物的作用而变为淡灰色、黑灰色，此时已除去了相当一部分污水的耗氧量。发酵污水进入沉淀池，排除沉淀物，然后进入生物转盘。经过一段时间后，转盘表面便滋生一层由细菌、原生动物及一些藻类植物组合而成的生物膜。转盘的旋转，使生物膜交替得到充分的氧气、水分和养料，生物膜即进行旺盛的新陈代谢活动。这些活动对污水产生物理的或生化的吸收、分解、转化、富集作用，使可溶性污质转变为不溶的沉淀物，小粒的污染物质聚合为大粒的沉淀物，加之一些老化死亡的生物体，共同生成黑色沉淀，它们由转盘底部及二级沉淀池底部分离

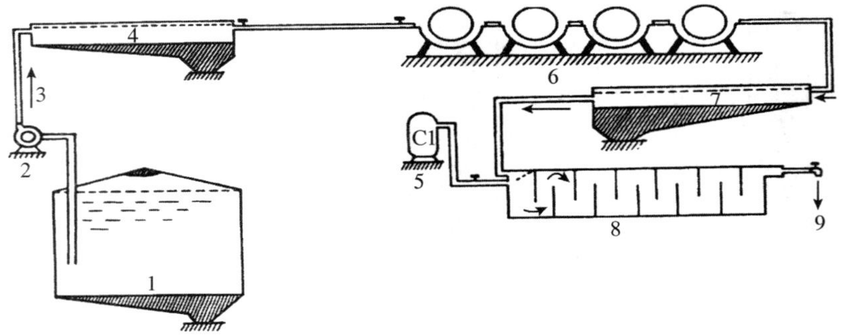

1. 厌氧消化池 2. 泵 3. 污水流向 4. 沉淀池 5. 氯罐 6. 四级生物转盘
7. 二级沉淀池 8. 消毒反应池 9. 排放水

图 2-3 生物转盘法污水处理系统示意图(引自曲祖乙,2006)

出来。水中的污染质被除去,水体被净化。

(四)厌氧消化法污水处理系统

高浓度的有机污水和污泥适于厌氧处理,一般称为污水厌氧消化,常用来处理屠宰污水(图 2-4)。

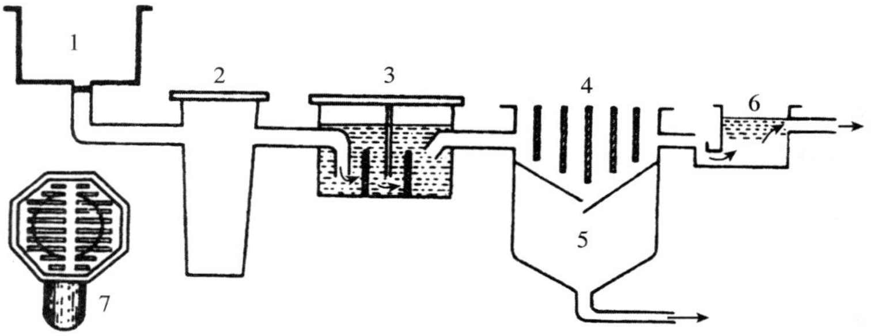

1. 出口处装有铁箅的排水沟 2. 沉砂池(沉井) 3. 除脂槽 4. 双层生物发酵池的上层-沉淀槽
5. 双层生物发酵池的下层-消化池 6. 药物消毒池 7. 排水沟出口铁箅平面图

图 2-4 厌氧消化法屠宰污水生物处理系统示意图(引自曲祖乙,2006)

铁箅、沉砂池与除脂槽等装置是屠宰污水的预处理装置,用于除去污水中的毛、骨、组织碎屑、污砂、油脂及其他有碍生物处理的物质。

双层生物发酵池分上、下两层。上层是沉淀槽,下层为厌氧发酵池,又称“消化池”。经脱脂后的污水进入上层的沉淀槽内,直径大于 0.000 1 cm 的悬浮物和胃肠道虫卵沉淀物通过槽底的斜缝,进入下层的消化池,此时,沉淀物被污水中的厌氧菌分解,一部分变为液体,一部分变为气体,最后只剩下 25%～30%的胶状污泥。

四、屠宰污水测定指标

屠宰加工企业污水的污染情况及处理结果是否符合要求,可通过测定以下污染指标来判定。

1. 生化需氧量

生化需氧量(BOD)是指在一定的时间和温度下,水体有机污染物质通过微生物的作用而被氧化分解时所消耗的水体溶解氧的总数量,单位是 mg/L。国内外均以 5 d、水温保持 20 ℃时的 BOD 值作为衡量有机污染的指标,记为 BOD_5。污染度越高,其值越大。我国肉品工业污水排出口 BOD_5 要求不超过 60 mg/L,排入地面后 BOD_5 不超过 4 mg/L。清洁水生化需氧量一般小于 1 mg/L。

2. 化学耗氧量

化学耗氧量(COD)是指在一定条件下,用化学氧化剂氧化废水中的有机污染物质和一些还原物质所消耗的氧量,单位为 mg/L。当用重铬酸钾作氧化剂时,所测得的化学耗氧量用 COD_{Cr} 表示,而高锰酸钾法则用 COD_{Mn} 表示。最高允许排放浓度为 100 mg/L。

3. 溶解氧

溶解于水中的氧称为溶解氧(DO)。水中溶解氧的含量与空气在水中的分压、大气压、水位有关。当污水中含有还原性有机物质时,这些物质会和水中的溶解氧起反应,引起水中溶解氧不足。因此,测定水中溶解氧可以反映水的污染程度。

4. pH

pH 是衡量水是否被污染的重要指标之一。生活污水,一般接近中性,pH 对水中微生物及细菌的生长活动有影响,当 pH 升高到 8.5 左右时,水中微生物生长受到抑制,使水体自净能力受到阻碍。

5. 悬浮物

悬浮物是水中含有的不溶性物质,包括淤泥黏土、有机物、微生物等细微的悬浮物质。污水中的悬浮物能够影响污水的透明度,从而降低水生植物的光合作用。悬浮物还会阻塞土壤的空隙。

6. 浑浊度

浑浊度表示水中悬浮物对光线透过时发生阻碍的程度。当 1 L 水中均匀含有 1 mg 白陶土(二氧化硅)时为 1 个浑浊度单位。

7. 硫化物

污水中的蛋白质分解时会产生硫化氢之类的硫化物。硫化物是耗氧物质,能降低水中的溶解氧,妨碍水生生物的生命活动。硫化氢的存在是水发出异臭的重要原因。

8. 细菌

生活污水和一些生产污水,尤其是肉类加工企业的生产污水中含有大量细菌,其中包括危害人体健康的病原菌、病毒、寄生虫卵。如用这些未处理的污水灌溉农田,易使这些病原扩散传播。

目前,我国已制定了屠宰加工企业污水排放标准,即《肉类加工工业水污染物排放标准》,该标准根据肉类加工企业建设的时间而提出了不同的要求,对于 1992 年 7 月以后立项及建成投产的企业的污水排放要求见表 2-1。

表 2-1 屠宰加工污水污染物浓度排放标准 mg/L

项目	悬浮物			生化需氧量（BOD_5）			化学耗氧量（COD_{Cr}）			氨氮			大肠菌群数/（个/L）		
	一级	二级	三级	一级	二级	三级	一级	二级	三级	一级	二级	三级	一级	二级	三级
畜类屠宰加工	60	120	400	30	60	300	80	120	500	15	25	—	5 000	10 000	—
肉制品加工	60	100	350	25	50	300	80	120	500	15	20	—	5 000	10 000	—
禽类屠宰加工	60	100	300	25	40	250	70	100	500	15	20	—	5 000	10 000	—

任务五 屠宰污水中溶解氧和生化需氧量的测定

一、实训目的

掌握屠宰污水溶解氧、生化需氧量的测定方法。

二、实训材料

(一)溶解氧测定

(1)硫酸锰溶液。取 240 g 分析纯 $MnSO_4 \cdot 4H_2O$ 溶于蒸馏水中，过滤，定容至 500 mL。

(2)碱性碘化钾溶液。取 250 g 分析纯 NaOH 溶于 150～200 mL 蒸馏水中，加分析纯碘化钾 75 g，并定容至 500 mL。

(3)0.025 mol/L 硫代硫酸钠标准溶液。称取 6.2 g 分析纯硫代硫酸钠($Na_2S_2O_3 \cdot 5H_2O$)，溶于煮沸放凉的蒸馏水中，加 0.2 g 无水碳酸钠，并定容至 1 000 mL。

(4)浓硫酸。分析纯，密度为 1.84。

(5)1%淀粉指示剂。取 1 g 淀粉，用少量蒸馏水在烧杯中调成糊状，加入 100 mL 的煮沸蒸馏水，冷却后加入 0.5 g 的苯甲酸以防变质。

(6)250 mL 的容量瓶，移液管，250 mL 的三角瓶，碱式滴定管。

(二)生化需氧量测定

(1)氧化钙溶液。称取 27.5 g 无水氧化钙，溶于水中，定容至 1 000 mL。

(2)三氧化铁溶液。称取 0.25 g 三氧化铁，溶于水中，定容至 1 000 mL。

(3)硫酸镁溶液。称取 22.5 g 硫酸镁，溶于水中，定容至 1 000 mL。

(4)磷酸盐缓冲液。称取 8.5 g 磷酸二氢钾、21.75 g 磷酸氢二钾、33.4 g 磷酸氢二钠和 1.7 g 氯化铵，溶于 500 mL 水中，定容至 1 000 mL。此溶液的 pH 为 7.2。

(5)稀释水。在 20 L 的大玻璃瓶内装入一定量的蒸馏水，其中每毫升蒸馏水加入上述 4 种试剂各 1 mL，用水泵均匀连接通入经活性炭过滤的空气 1～2 d，使水中溶解氧接近饱和，然后用清洁的棉塞塞好，静置 1 d，稀释水本身的 BOD_5 必须小于 0.2 mg/L 方可使用。

(6)20 ℃ 恒温箱。

三、方法与步骤

(一)溶解氧测定

1. 原理

在碱性溶液中加入硫酸锰,生成氢氧化锰,水中溶解氧将其氧化为锰酸或锰酸锰。经硫酸酸化后与碘化钾作用析出流离碘,然后用硫代硫酸钠标准溶液滴定。反应过程如下:

$$MnSO_4 + 2NaOH \longrightarrow \underset{\text{白色}}{Mn(OH)_2} \downarrow + Na_2SO_4$$

$$2Mn(OH)_2 \downarrow + O_2 \longrightarrow 2H_2MnO_3 \downarrow$$

$$H_2MnO_3 \downarrow + Mn(OH)_2 \longrightarrow MnMnO_3 \downarrow + 2H_2O$$

如果水中没有溶解氧,则生成的沉淀仍为白色,在这种情况下无须继续滴定;如溶解氧很少则沉淀为浅棕色,如溶解氧很多,则沉淀为深棕色。

$$MnMnO_3 + 3H_2SO_4 + 2KI \longrightarrow 2MnSO_4 + I_2 + 3H_2O + K_2SO_4$$

$$I_2 + 2Na_2S_2O_3 \longrightarrow 2Na_2 + I_2S_4O_6$$

经酸化后,已经化合的溶解氧使碘化钾氧化而析出碘,溶解越多则析出的碘越多,溶解的颜色也就越深。最后用滴管移取一定量反应完毕的水样,以淀粉作为指示剂,用硫代硫酸钠标准溶液滴定,计算出水样中溶解氧的含量。

水中有 Fe^{3+}、Fe^{2+}、NO^-、S^{2-}、SO_3^{2-} 和有机严重污染对本法有干扰。

2. 测定步骤

(1)取水样时尽量避免产生曝气充氧,以虹吸注满碘量瓶并迅速盖紧瓶盖,务必使瓶中不留有气泡。

(2)取下瓶塞用移液管插入液面下加入 1 mL 硫酸锰溶液,并同时加入碱性碘化钾溶液,盖上瓶盖,此时不使瓶中留有气泡。然后将瓶颠倒摇动数次,使加入的试剂与水样混合均匀。静置数分钟后,至沉淀降至瓶中部,再颠倒摇动一次,使溶解氧得以“固定”。

(3)继续静置数分钟后,至沉降至瓶中部,开启瓶塞,用移液管插入液面下加入 2 mL 的浓硫酸,盖上瓶盖,颠倒摇动数次,静置 5 min。此刻沉淀溶解,溶液澄清而且析出游离碘而呈黄色或棕色。

(4)用移液管移取 100 mL 上述反应完毕的水样于 250 mL 三角瓶中,然后用硫代硫酸钠标准液进行滴定,当溶液呈微黄色时,加入 2~3 滴淀粉指示剂。继续滴定直至蓝绿色消失为终点,记录用量。

3. 计算

$$\text{溶解氧}(O_2, mg/L) = \frac{A \times M \times 8 \times 1\,000}{V}$$

式中,A 为所耗硫代硫酸钠标准溶液体积(mL);M 为 $Na_2S_2O_3$ 标准溶液的浓度(mol/L);V 为滴定时所取水样体积(mL)。

(二)生化需氧量测定

1. 原理

生化需氧量(简称 BOD)是指在好氧条件下微生物分解有机物质的过程所需要的溶解氧量。微生物分解有机物需要一定的时间且分解随温度而异,目前国内外均为 20 ℃下,在有充分溶解氧存在时,1 L 水培养 5 d 所需要的氧作为指标,简称 BOD_5。

2. 测定步骤

(1)水样的稀释。根据水样中有机物含量来选择适当的稀释比。如果对水样性质不了解,需要做 2 个以上稀释比。先用酸性高锰酸钾法测定水样中化学需氧量,把所得的数值除以 3,即得最低稀释比,再选取用两个临近较高值作为另两个稀释比。污染严重的水样稀释后,在培养液中所占比例为 0.1%~1.0%,普通和沉淀过的污水为 1%~5%,受污染的河水为 20%~100%。

按照选定的污水和稀释水的比例,用虹吸法先把一定量污水引入 1 000 mL 量筒中,再引入所需要的稀释水,用特制的搅拌器小心搅拌,然后用吸管将此引入 2 个同一编号的溶解氧瓶中,直到充满后溢出少量为止,盖严,注意瓶内不应有气泡,加入封口水。用同样方法配置加两个稀释比的水样。

(2)加取两个同一编号的溶解氧瓶加入稀释水,作为空白。

(3)每个稀释比各取一瓶测定当时的溶解氧,另一瓶放入培养瓶中,在 20 ℃下培养 5 d,在培养过程中需要每天添加封口水。

(4)从开始放入培养箱算起,经过 5 d 后取出水样,测定剩余的溶解氧量。

3. 计算

(1)不经过稀释而直接培养的水样。

$$BOD_5(mg/L)=D_1-D_2$$

式中,D_1 为培养液在培养前的溶解氧(mg/L);D_2 为培养液在培养 5 d 后的溶解氧(mg/L)。

(2)稀释后培养的水样。根据上述 3 个稀释比,分别按下式算出培养水样的耗氧率。

$$耗氧率=\frac{D_1-D_2}{D_1}\times 100\%$$

选取耗氧率为 40%~70%的培养水样按下式算出 BOD_5。

$$BOD_5(mg/L)=\frac{(D_1-D_2)-(B_1-B_2)f_1}{f_2}$$

式中,B_1 为稀释水在培养前的溶解氧(mg/L);B_2 为稀释水在培养后的溶解氧(mg/L);f_1 为稀释水在培养液中所占比例;f_2 为水样在培养液中所占比例。

f_1、f_2 计算:如培养液的稀释比为 3%,即 3 份水样,97 份稀释水,则 $f_1=97\%=0.97$,$f_2=3\%=0.03$。

如果有 2 个或 3 个稀释比培养水样的耗氧率均在 40%~70%范围内,则取其测定计算结果的平均值 BOD_5,如果 3 个稀释比培养的水样其耗氧率在 40%~70%以外,则应调整稀释比后重做。

4. 注意事项

(1)稀释水温度应在 20 ℃左右，冬季低于 20 ℃应预热，夏季高于 20 ℃应预冷。

(2)水样中若有游离的碱和酸，应预先中和后再进行稀释培养，可用麝香草酚蓝作指示剂，用 1 mol/L 盐酸中和。

(3)水样中含有游离氯大于 0.1 mL/L 时，应加亚硫酸钠或硫代硫酸钠除去。方法是先取 100 mL 污水于碘量瓶中，加入 1%硫酸 1 mL、10%碘化钾溶液 1 mL，摇匀。此时碘被游离，以淀粉作为指示剂，用标准硫代硫酸钠或亚硫酸钠溶液滴定，按照每 100 mL 污水所需要的硫代硫酸钠或亚硫酸钠溶液量，根据所需稀释培养用的污水量，计算并加入应该加入的硫代硫酸钠或亚硫酸钠溶液的量。

四、实训报告

采集屠宰污水样品进行测定，对结果进行分析，写出实训报告。

考核评价

假设在本地区建设一个大约每天能屠宰 3 000 头生猪屠宰场，请估算出土地使用面积，结合本地区的自然与社会条件，选择合适的场址，并且做出场内的布局设计。

案例分析

畜禽企业偷排污水事件

近年来，一些畜禽养殖、屠宰和肉制品加工企业为压缩污水处理成本，通过人为干扰采样、篡改监测数据、故意停用监测设备等方式，非法排放超标污染物，严重破坏生态环境安全。

6 月 5 日，世界环境日。吉林四平公安机关侦破某畜禽屠宰加工企业污染环境案。

2022 年 6 月，吉林省四平市公安机关侦破一起污染环境案，抓获犯罪嫌疑人 5 名。经查，2021 年 3 月至案发，四平市某畜禽屠宰加工企业(系四平市重点排污单位)总经理助理孙某为避免污水排放数值超标，安排员工多次干扰自动监测设施采样，趁机排放超标生产污水。同时，孙某还伙同为该企业提供技术保障服务的某科技公司员工刘某，出具伪造的监测设备故障报告书，帮助企业逃避环保监管，实施非法排污，造成环境严重污染。

该案犯罪嫌疑人非法排放的超标污染物，散发出浓烈的刺激性气味，导致当地水体严重污染，直接影响周边居民群众的生产生活。接到线索后，公安机关迅速开展现场勘查及走访调查，在生态环境部门协助下，完成相关专业检测认定，全面完善调查取证工作，形成联手打击生态环境犯罪的合力。该案的及时侦破，一方面及时制止了涉案企业超标排污行为，积极回应了人民群众对优美生态环境的需要；另一方面通过以打促治，压实涉案企业严格落实环保责任，全面规范了内部管理。

知识拓展

常用消毒方法与药物

一、物理消毒法

(一)机械清除

以清扫、冲洗、洗擦等手段达到清除病原体的目的，是最常用的一种消毒方法，但不能杀灭病原体，当发生传染病，特别是烈性传染病时，需与其他消毒方法共同使用。

(二)曝晒

利用太阳光谱中的紫外线、灼热以及干燥作用达到消毒的目的。很多非芽孢菌和病原体在阳光曝晒下都能被杀死；抵抗力较强的病原体，也能失去繁殖力。

(三)焚烧

焚烧是一种可靠的消毒方法，通常用于烈性传染病病畜尸体及被其污染的无利用价值的物品，如垫草、粪便、残剩的草料等。

(四)煮沸

煮沸是一种经济方便、应用广泛、效果良好的消毒法。一般细菌在 100 ℃沸水中 3～5 min 即可被杀死，煮沸 2 h 以上，可以杀死一切传染病的病原体。

(五)蒸汽

蒸汽具有较强的渗透力，高温的蒸汽透入菌体，使菌体蛋白质变性凝固，微生物死亡。

二、化学消毒法

化学消毒法常用的化学消毒剂根据化学性质和消毒效果可分为以下两类。

(一)化学消毒剂按化学性质分类

1. 碱类

主要包括氢氧化钠、生石灰等，一般具有较高消毒效果，适用于潮湿和阳光照不到的环境消毒，也用于排水沟和粪尿的消毒，但有一定的刺激性及腐蚀性。

2. 氧化剂类

主要有过氧化氢、高锰酸钾等。

3. 卤素类

氟化钠对真菌及芽孢有强大的杀菌力，1%～2%的碘酊常用作皮肤消毒，碘甘油常用于黏膜的消毒。细菌芽孢比繁殖体对碘还要敏感 2～8 倍。还有漂白粉、碘酊、氯胺等。

4. 醇类

75%乙醇常用于皮肤、工具、设备的消毒。

5. 酚类

苯酚、鱼石脂、甲酚等，消毒效力较高，但具有一定的毒性、腐蚀性，污染环境。

6. 醛类

甲醛、戊二醛、环氧乙烷等，可消毒排泄物、金属器械，也可用于栏舍的熏蒸，可杀菌并使毒素下降。具有刺激性、毒性，长期接触会致癌。

7. 表面活性剂类

新洁尔灭、消毒净、度米芬等，一般适于皮肤、黏膜、手术器械、污染的工作服的消毒。

8. 季铵盐类

新洁尔灭、度米芬、氯己定等，既为表面活性剂类消毒剂，又为卤素类消毒剂。主要用于皮肤、黏膜、手术器械、污染的工作服的消毒。

(二)化学消毒剂按消毒效果分类

1. 高效消毒剂

戊二醛、甲醛、过氧乙酸等。

2. 中效消毒剂

含氯消毒剂(次氯酸钠)、二氧异氰尿酸钠(优氯净)、碘(碘伏、复合碘)、酒精等。

3. 低效消毒剂

新洁尔灭、氯己定等。

知识链接

1.《鲜、冻肉生产良好操作规范》GB/T 20575—2019

2.《食品安全国家标准　畜禽屠宰加工卫生规范》GB 12694—2016

3.《畜类屠宰加工通用技术条件》GB/T 17237—2008

4.《肉类加工工业水污染物排放标准》GB 13457—1992

5.《生活饮用水卫生标准》GB 5749—2022

项目三

屠宰动物收购与运输的兽医卫生监督

学习目标

掌握屠宰动物运输的兽医卫生监督；熟悉屠宰动物在收购前的准备及收购时的检疫及管理工作；了解屠宰动物应激性疾病与预防措施。

项目三屠宰收购和运输的兽医卫生检验 PPT

学习内容

任务一　屠宰动物收购的兽医卫生监督

一、收购检疫的目的和意义

屠宰加工企业经营屠宰加工业务，需要从各地收购动物，在收购动物时，必须做好检疫、防疫工作，以防人畜共患病和其他动物疫病的传播，保证所生产肉品的卫生质量。其具体目的和意义有以下几点。

第一，收购检疫对贯彻和落实国家对动物疫病实行预防为主的方针具有极其重要的意义。如通过查验动物免疫证明和免疫标识可以充分调动养殖户依法防疫的积极性，促进基层防疫工作的开展，以便顺利完成“国家对严重危害养殖业生产和人体健康的动物疫病实行计划免疫”的任务。

第二，收购检疫可以防止患病动物进入流通领域，从而可以克服流通领域里要求短时间做出确定检疫的困难，减轻对贸易检疫、运输检查的压力，减少贸易损失。

第三，收购检疫可以防止人畜共患病和其他动物疫病的传播，促进养殖业的发展和保障人体健康。

第四，收购检疫可以避免误购病畜，降低成本，保证企业经济效益和肉品卫生质量。

二、收购检疫的组织与方法

(一)收购前的准备

1. 了解疫情

根据国家禁止从疫区购买、运出动物及其产品的规定，动物检疫人员在到达某地准备采购动物前，应首先向所在地动物防疫检疫部门、兽医人员、饲养员等了解当地动物定期检疫、预防接种、饲养管理以及有无疫情等情况，通过调查确定为非疫区时，方可设站收购。

2. 物质准备

收购动物前先准备好存放健康动物和隔离患病动物的圈舍，以及必要的饲养管理用具，消毒用具和药品，使收购来的动物能及时妥善安置，得到合理的饲养管理。

3. 组织人力

动物收购工作应有明确分工，检疫、过秤、饲养管理及押运等，都要分工协作，做到专人负责，检疫人员应对整个收购工作进行防疫和检疫技术指导。

(二)收购时的检疫

收购动物时动物检疫人员必须对动物进行严格的健康状况检查，主要采取群体检查和个体检查相结合的方法。大、中动物以个体检查为主，辅以群体检查；小动物以群体检查为主，辅以个体检查。

检疫中注意观察动物的反应是否灵敏，被毛有无光泽；呼吸、脉搏是否正常；可视黏膜颜色是否正常；眼睛是否有神，有无脓性、黏液性分泌物；鼻镜是否湿润，鼻端有无水疱或溃疡，鼻腔有无分泌物；两耳及颈部动作是否灵活；体表有无创伤、溃疡、疹块等；体表淋巴结有无肿胀；下颌骨是否肿胀；蹄冠周围及蹄叉间有无水疱、溃疡；口腔黏膜有无水疱、溃疡。大中动物在休息 30 min 后逐头测量体温，体温高于正常的，应休息 2 h 后复测，体温仍然高于正常的不能收购。经检查确认为健康动物，并符合收购要求方可收购，在收购检疫中发现患病动物，应就地按章妥善处理，发现恶性传染病时，须向当地动物卫生监督机构报告疫情。同时制定并实施控制传染源扩散的措施。

(三)收购时的饲养管理

收购的动物应按其来源分类、分批、分圈饲养，不得混群饲养，注意场地圈舍的清扫、消毒。在饲养期间应尽力保障动物的安全和正常采食，防止受冻、发病和掉膘。力求做到“八不”和“四防”，即不打、不踢、不渴、不饿、不晒、不冻、不挤、不打架和防风雨、防霜雪、防惊吓、防暴食。

任务二　屠宰动物运输的兽医卫生监督

一、运输前的准备

1. 备好物资和文件

(1)出县境运输的动物在起运前 3 d 内，货主持有效检疫证明向所在地县级以上的动物检疫机构报告，并办理动物检疫合格证明等证件，运输部门凭有效证件承运。

(2)按照规定，向押运员明确规定运输途中的饲养管理制度和兽医卫生要求，合理分工，备齐途中所需要的各种用品，如篷布、水桶、饲槽、扫帚、铁锹、手电、消毒用具和药品等。

(3)根据装运的动物数量、路途远近，备好应携带的饲料。

2. 备好运输工具

(1)运输动物要根据当地气候、动物种类、路途远近、交通条件等选定运输工具。温热季节，运输路程不超过一昼夜者，可选用高棚敞车；天气较热时，应搭凉棚；寒冷季节，则使用篷车，并根据气温情况及时开关车窗。装运马属动物和牛的车厢要设置拴系缰绳或横杠。为了降低运输费用，提高运输量，在运输猪、羊时，多采用双层装运法，但必须保证上层地板不漏水，并沿两层地板斜坡设排水沟，在下层的适当位置设一容器，接受上层流下的粪水，下层高度适中，以防动物背部擦伤。

(2)无通风设备、车架不牢固的和铁皮车厢，或装运过腐蚀性药物、化学药品、矿物质、散装食盐、农药、杀虫剂等货物的车厢，都不可用来装运动物。

(3)运输工具必须经清扫、消毒合格后才能装运。

3. 合理装载

(1)装载动物时，应按车厢装载头数分批进行。用低声轰吓使其登车，禁止用棒打、脚踢、硬拉、重摔、抓鬃、扯尾等粗暴方法，以免发生外伤和骨折。

(2)大家畜在车厢内必须用短缰绳拴牢(特别是牛)，以防角斗；最好使头向中央或朝向车头纵向装车，这样既可避免车辆振动时发生外伤及会车时受到惊吓，又便于途中饲养管理。

(3)装载数量应根据运输工具载重量、动物大小、气候冷暖、路途远近等适当掌握。原则是既不影响动物安全，又能节约运费，充分发挥运输潜力。家禽则事先装入笼中，再装上车船。

二、运输中的兽医卫生监督

运输途中，兽医人员和押运人员应经常观察屠宰动物情况，发现患病动物、病死动物和可疑动物时，立即隔离到车、船的一角，进行治疗和消毒，并将发病情况报告车船负责人，以便与有检疫机构的车站、码头联系，及时卸下病死动物，在当地检疫人员的指导下妥善处理，绝对禁止随意急宰或途中乱抛尸体，也不得任意出售或带回原地，必要时，检疫人员有权要求装运屠宰动物的车、船开到指定地点进行检查，监督车、船进行清扫、消毒等卫生处理。如发现恶性传染病及当地已经扑灭或从未流行过的传染病时，应遵照有关防疫规程采取措施，防止扩散，并将疫情及时报告当地动物卫生监督机构，妥善处理动物尸体以及污染场所、运输工具，同群动物应隔离检疫，注射相应疫苗或血清，待确定正常无扩散危险时，方可准予运输或屠宰。

运输途中要加强饲养管理，按时饮喂，经常注意屠宰动物的健康状况，注意观察，防止挤压。天气炎热时，车厢内应保持通风，设法降低温度；天气寒冷时，则应采取防寒挡风措施。

三、到达目的地时的兽医卫生监督

1. 查验证件

到达目的地后，动物检疫人员应向押运员索取有关检疫证明并进行查验。

2. 查验动物

如检疫证件是 3 d 内填发的，只作抽查复验，不必详细检查；如无检疫证明，或动物种类、数目、日期与检疫证明不符而又未注明原因，或动物来自疫区，或发现有疑似动物疫病及死亡动物时，动物检疫人员必须仔细查验动物，待查明疑点后，按有关规定进行处理。

3. 运输工具消毒

动物检疫人员应监督装运动物的车船，在卸完动物后须清除粪便污物并进行消毒。根据动物的健康状况，采用不同的消毒方法。

(1)运输途中未发生过疫病的运输工具，清扫后用 80 ℃左右的热水冲刷消毒即可。清扫下的粪便污物进行生物热发酵处理。

(2)运输途中发生过由不形成芽孢的病原微生物引起的一般性疫病的运输工具，清扫后，先用热水冲刷，再用含 2%～5%有效氯的漂白粉溶液或 4%氢氧化钠溶液、5%来苏尔等消毒剂喷洒消毒，最后再用热水冲刷干净即可。清扫下的粪便污物应进行生物热发酵处理。

(3)运输途中发生过由形成芽孢的病原微生物引起的恶性传染病的运输工具，先用含有效氯不低于 4%的漂白粉溶液或 4%甲醛溶液进行喷洒消毒，30 min 后进行清扫，再用上述消毒剂喷洒消毒，保持 30 min 后用热水冲刷，最后再用上述消毒剂喷洒消毒一遍，作用 2～4 h 后用热水冲刷即可。清除的粪便污物集中销毁。

(4)各种用具也根据上述不同情况进行消毒后再利用。

任务三　运输性疾病与预防措施

运输性疾病是指动物在运输过程中，受到各种不良因素（应激原）的刺激而引起的各种疾病，又称应激性疾病。

引起应激性疾病的因素很多，惊吓、抓捕、运输、驱赶、过冷、过热、拥挤、过劳、咬斗、噪声、电击、中毒感染、饥饿等不良刺激，均可引发本病。动物的应激反应表现为代谢率增高和胰岛素相对不足，动物表现为体温升高，体重减轻，发生酸中毒等一系列症状。应激性疾病常见的类型及预防措施如下。

一、常见的应激性疾病

(一)猪的应激综合征(PSS)

应激敏感猪由于受到应激原刺激而发生的一种应激敏感综合征。应激敏感猪是指在猪的品种改良、集约化封闭饲养等过程中产生的一类产肉多、瘦肉率高及效益高，而对应激刺激反应强烈，易发生应激性疾病的一类猪群。其外观特征是，四肢较短，后腿肌肉发达，腿粗呈圆形，皮肤坚实，脂肪薄，易兴奋，好斗，后躯和尾根易发生特征性颤抖，追赶时呼吸急促、心跳亢进，皮肤有充血斑、紫斑，眼球突出，震颤。猪应激综合征具有以下几种情况。

1. 白肌肉(PSE 肉)

PSE 肉又称水煮样肉，猪宰后表现为肌肉颜色苍白(pale)、质地松弛(soft)、有较多汁液渗出(exudative)。主要是由于敏感猪宰前受到强烈应激原刺激,如宰前运输、拥挤、捆绑等刺激,表现为肌肉强直,机体缺氧,糖原酵解过程加快,产生大量乳酸而产生的,病变主要发生在背最长肌、半腱肌、半膜肌、股二头肌等,其次发生在腰肌、臂二头肌、臂三头肌,常呈左右两侧对称性变化。

2. DFD(dry firm dank)肉

DFD 肉又称黑干肉,猪宰后表现为肌肉颜色暗红、质地粗硬、切面干燥。病变主要发生于股部肌肉和臀部肌肉。原因主要是猪在宰前长时间受到较小的应激原刺激,使体内肌糖原消耗过多,而肌肉产生的乳酸少,且被呼吸性碱中毒时产生的碱所中和。

3. 背肌坏死

背肌坏死主要发生于 75～100 kg 的成年猪,是应激综合征的一种特殊表现,并与 PSE 肉有着相同的遗传病理因素。患过急性背肌坏死的猪所生的后代,可以自发地发生背肌坏死。有的猪也可能在受到应激原刺激后发生急性背肌坏死。病猪表现为双侧或单侧背肌肿胀,无疼痛反应,有的患猪最后因酸中毒死亡。

4. PSS-急性心衰竭死亡

本病又称心死病,多见于产肉性能高的 8 周龄至 7 月龄猪,以 3～5 月龄猪最为常发,往往是在无任何先兆的情况下突然死亡。剖检心脏,心肌苍白,呈灰白色或黄白色条纹或斑点。

(二)猪急性浆液-坏死性肌炎(腿肌坏死)

本病的发生是由于猪对出售时的运输应激刺激适应性很差,因而发生肌肉坏死、自溶和炎症。这种猪肉外观与 PSE 肉相似,肉眼难区别。宰后 45 min,其 pH 为 7.0～7.7,色泽苍白,质地较硬,切面多水。因其主要发生于猪后腿的半腱肌、半膜肌,故又称为腿肌坏死性肌炎。

(三)猝死综合征

猝死综合征又称"突毙综合征"。主要是指动物受到强烈应激原(如运输中的过度拥挤或惊恐)的刺激时,无任何临床症状而发生的突然死亡。

(四)猪胃溃疡

猪胃溃疡是一种慢性应激性疾病,主要饲养拥挤、惊恐等慢性应激刺激以及单纯饲喂配合饲料而引起肾上腺皮质功能亢进,从而导致胃酸过多,而使胃黏膜受损伤。宰后检验时,可见胃食道部黏膜皱褶减少,出现不全角化、急性糜烂、溃疡等病变。这些猪平时症状不明显,常于运动、斗架和运输中突然死亡,其直接致死原因是胃溃疡灶大出血。

(五)猪咬尾症

在高密度集中饲养的情况下,受到饮水和饲料不足等应激因素刺激而诱发产生的一种应激性疾病。患病猪对外界刺激敏感,食欲不振,发生时间多在下午 15：00 左右,猪只一个咬一个尾巴连成一串,有的猪尾被咬掉,受伤部位易形成化脓灶,从尾椎向前蔓延,最后损伤脊髓而死亡。

(六)运输病

运输病又称"格塞氏病",是由于捕捉和运输等应激因素作用,诱发猪副嗜血杆菌的感染而发病。以发生浆膜炎和肺炎为特征。30～60 kg 猪多发,常于运输疲劳后 3～7 d 发病,表现中度发热，食欲不振，倦怠。病程数日至1周而自愈，或恶化而死亡。

（七）运输热

运输热又称运输高温，运输中由于拥挤、通风不良、饮水不足而引起。猪的汗腺不发达，且皮下脂肪较厚，散热困难，在运输中如果条件恶劣，可造成猪只体内热量蓄积，引起体温急剧升高，出现一系列高温症状，大猪、肥猪更为明显，表现为呼吸加快，脉搏数增加，皮温升高，精神沉郁，黏膜发绀，全身颤抖，有时呕吐，体温升高至42～43 ℃，往往被其他猪只挤压而死。

二、应激性疾病的预防措施

应激性疾病对养殖业及屠宰加工企业可造成严重的经济损失，通过治疗方法降低损失不可取，应将重点放在预防上，其措施包括以下几个方面。

（一）选育抗应激品种

动物对应激原是否敏感与品种有关，故在育种上应选育抗应激性强的品种，而淘汰应激敏感的品种。

（二）加强饲养管理

集约化养殖场在养殖过程中应注意避免畜舍的高温、高湿、噪声和拥挤等。饲喂时，尽量减少各种应激原对养殖动物的刺激，保证饲料营养的全价性，注意添加矿物质和维生素，特别是硒和维生素E。

（三）加强运输管理

运输过程中尽量减少应激刺激，如不打、不饥渴、不暴食、不拥挤等，避免闷热、饥饿、过劳、骚动、惊恐以及暴力驱赶等外因刺激。

（四）药物预防与屠宰工艺的提高

在应激衰竭期可补充糖皮质类激素以改善血液循环，使血压回升，缓解休克症状。也可用5% NaHCO静脉注射，为解除乳酸过多所造成的酸中毒。为防止PSE肉，屠宰过程要迅速，摘除内脏要快，整个屠宰过程应在45 min内完成。胴体应首先在15 ℃以下预冷，然后再进行5 ℃冷却，防止发生“冷收缩”，使肉品质下降。

考核评价

假设某屠宰场，需要到某地收购一批生猪，然后运回屠宰场屠宰加工。为了保障食品质量安全，这批生猪从收购到运输都需要经过哪些兽医卫生监督程序？

案例分析

运输应激综合征事例

运输应激综合征主要是指动物在运输过程中或到达目的地之后发生的高烧、咳嗽、流鼻涕、拉稀等症状。发病率一般在60%左右，死亡率15%。

某试验站从山东运输200头黄牛至河北，采用了双层运输的形式，上层25头、下层25头，共用车4辆。下午4点装车，晚上12:30到达牛场，时长8个半小时，后80头牛产生了应激综合征，发病率为40%。

一、病因

牛在运输过程中，不吃不喝，加上当时天气比较炎热，应激较为严重，同时，两地存在一定温差，饲草饲料不同，饲养环境各异。进场后第二天开始发病，3天后，共有80头牛发病。

二、症状

病牛初体质虚弱不食，反刍迟缓；体温升高至40～42 ℃，属于高烧；气喘，流脓性鼻涕，鼻孔扩张呼气困难，呈腹式呼气；有咳嗽；严重者前胸下部及颈垂水肿；便秘和腹泻交替发生。胸部叩诊有实音痛感，听诊时肺泡音减弱，病情严重出现胸水，叩诊有浊音，若病情继续恶化则呼气极度困难，病牛呻吟俯卧伸颈，体温下降，眼球下陷，最后窒息死亡。

三、治疗方法及效果

将所有病牛隔离治疗，病牛所在牛舍每天用消毒液进行消毒。每日一次静脉注射四环素或土霉素2～3 g或肌内注射链霉素3～6 g，连用5～7 d。另外，体质虚弱不食的牛，采用静脉注射含20 mg维生素C的15%葡萄糖溶液500 mL，连用5 d。发病的80头牛在治疗期间共死亡8头，淘汰12头，剩余60头治愈。死亡率为4%。

四、预防

若运输牛在数周内出现痛热，持续不退，同时有胸膜肺炎则诊断为应激综合征。症状预防的主要方法就是减少应激。运输前做好防护工作，也可提早注射预防针，用排异肽、电解多维等抗应激药物减少应激。牛舍应做好通风防暑工作，定期进行消毒，严禁饲喂霉变的饲草饲料。一旦发病马上进行治疗。

后期，试验站又从山东运输100头牛，与第一次相比，气温明显下降，相对比较舒适。本次运输仍然采取上下两层的运输形式，上层25头、下层25头，用车两辆。运输前，草料和饮水只喂半饱，每头牛按0.02 mL/kg肌内注射土霉素针剂，到达牛场之后，经过几天观察，运输牛没有一头发生病变现象，实现“零损失”。

知识拓展

猪应激综合征的防治

猪应激综合征是在现代养猪生产条件下，猪受到多种不良因素的刺激而引起的非特异性应激反应。此病经常出现，给养猪业带来巨大损失。现将有关应激征及防治措施总结如下。

一、猪应激综合征的发生及其表现形式

动物具有维持生理和心理稳定性的特有功能，凡破坏这种稳定性或体内自动调节作用的任何因素，统称为应激原或应激因子。猪应激综合征的应激原有：捕抓、驱赶、断水、断料、温度剧烈变化、拥挤、高速气流、噪声、颠簸、混群、斗架以及过劳等。动物在饲养和运输过程中，在这些应激原中的一种、几种或综合作用下，不能克服或不适应，就会产生应激综合征。

1. 猪心性急死

猪心性急死也称致死性昏厥或急性心衰竭。主要特点是急性死亡和心肌及全身横纹肌变性，仔猪和肥育猪都可发生。多突然发生于炎热的夏季，无任何症状。

2. 心脏变化

主要发生于 3～4 月龄的猪。常常突然暴发死亡，病因不明。最典型的病变是心脏广泛性出血，心脏外观如桑葚。由于在心脏和其他组织中都发现有 PAS 阳性物质沉着于毛细血管和毛细血管前动脉的内膜下和管内，故又称为营养性微血管病。

3. 猪的应激性肌病

猪的应激性肌病主要特征是宰后肌肉水肿、变性坏死及炎症。眼观色淡，有渗出液，质地松弛。猪的应激性肌病有 3 种表现形式：一是 PSE 肉，又称白肌肉；二是以背肌坏死为主的肌肉坏死，又称背肌坏死；三是以腿部肌肉炎症坏死为主的疾病，又称腿肌坏死。

4. 暗猪肉

肉色泽深暗，质地粗硬，切面干燥。暗猪肉的发生是应激原长时间的轻度刺激，导致肌糖原消耗较多，糖原储备水平变低，体内乳酸生成少，并被呼吸性碱中毒所产生的碱中和。

5. 猪急性高热症

多见于肥育猪。前期表现为肌肉颤抖和尾发抖，继而表现为呼吸困难，体表有充血、紫斑、体温迅速上升，可达到 43 ℃，心跳加快，后肢痉挛收缩。进一步发展，可导致全身无力，肌肉僵硬，最后死亡。

6. 其他表现

猪的胃溃疡、大肠杆菌病、产褥期无乳综合征、咬尾症、生理异常肝脏等都与应激有一定的关系。

二、应激的发病机理

当猪只受到应激原的刺激后，下丘脑兴奋，分泌促肾上腺皮质释放激素，通过垂体门脉系统进入垂体前叶，使垂体前叶分泌肾上腺皮质激素(ACTH)增多，ACTH 通过血液循环到达肾上腺，促使糖皮质激素的释放。应激初期分泌的肾上腺，也可刺激垂体前叶释放 ACTH，ACTH 分泌增多，阻碍某些营养物质的吸收，加强分解代谢，抑制炎症和免疫反应，致使机体抵抗力下降。应激原的强度大，作用持久时，肾上腺皮质分泌功能衰竭，可造成猪发病和死亡。

三、猪应激综合征的防治措施

1. 优良的品种选育

通过临床观察、血型鉴定、氟烷检测和磷酸肌酸酶值的测定检出应激敏感猪种并淘汰，使应激基因频率下降，从而选育出抗应激的品种。

2. 加强饲养管理

猪场建设应科学合理，远离闹市区，保持环境安静，注意采光和通风，避免噪声、空气污染及人为干扰。平时尽量减少应激因素，如保持合理的饲养密度，防止猪群过度拥挤；夏季通风降温，冬季防寒保暖，避免过冷过热；阉割、断尾、断奶、转圈、免疫注射、出栏时不要过度驱赶、抓捕，避免惊吓刺激；补饲、换料要循序渐进，切忌突然变换。

夏季长途运输，一定要给足饮水，并定期用冷水对运输车厢冲洗降温，运输前可用药物进行预防；因进入屠宰场的生猪来自不同地区，混群后极易发生剧烈的争斗，所以应采取一定的隔离防护措施。

3. 及时治疗缓解症状

应激综合征的治疗原则是镇静和补充皮质激素，一旦发病，只要及时有效治疗，应激症候都能够缓解并治愈。

（1）镇静剂中的抗应激药物以氯丙嗪注射液为首选，剂量为 1～2 mg/kg，肌内注射；对因肾上腺和甲状腺机能低下引起的应激失调，可肌内注射肾上腺皮质激素和促甲状腺释放激素进行纠正；如出现代谢性酸中毒，可同时静脉注射 5%碳酸氢钠 50～200 mL，以补充电解质，纠正体液酸碱平衡；另外，在猪群转群前 9 d 和前 2 d 可给予亚硒酸钠维生素 E 内服，剂量为 0.1 mg/(kg·d)，或于转群前 1 d 给予阿司匹林内服，剂量为 1.5 mg/(kg·d)。

（2）中药疗法。苦参 30 g，黄芩 50 g，双花 50 g，石膏 10 g，木通 30 g 煎汤或研成粉末后 1 剂/d。

（3）藿香正气水。根据动物大小 1 次量（10 mL/支）2～10 支加水适量灌服 1～2 次/d，连用 3 d。

（4）针灸治疗方法。静脉放血 50～150 mL，兽用小宽针刺破耳尖、尾尖、太阳穴放血也可收到理想效果。

知识链接

1.《中华人民共和国动物防疫法》

2.《商品装卸运输暂行办法》

3.《畜禽产地检疫规范》

项目四

屠宰动物的宰前检验

学习目标

掌握屠畜与家禽宰前检验的方法及处理；熟悉宰前检验的组织与程序；了解宰前检验和宰前管理的意义。

学习内容

项目四屠畜宰前检验 PPT

任务一　屠畜的宰前检验

宰前检验是指对屠宰动物在放血解体之前实施的健康检查，卫生评定及处理，其目的在于剔除患病动物和禁宰动物，防止产品污染及动物疫病的传播。

宰前检验是对即将屠宰的动物活体实施生前最后一次检疫。宰前检验直接关系到宰后检验的质量，也是屠宰检验的重要组成部分。

一、屠畜宰前检验的意义

(1)及时发现患病动物，实行病、健隔离，病、健分宰，适当处理，防止疫病散播，减轻对加工环境和产品的污染，保证产品的卫生质量。

(2)及早检出宰后检验难以检出的疾病，如破伤风、狂犬病、李氏杆菌病、脑炎、胃肠炎、棘球蚴病、口蹄疫以及某些中毒性疾病等，在宰前检验时，根据其临床症状不难做出诊断，但在宰后一般无特殊病理变化，或因解剖部位的关系较难发现明显病变，所以在宰后检验时容易被忽略或漏检。

(3)防止违章宰杀，过去国家规定，对一些动物，如耕畜、种畜、幼畜和适龄的母畜等不许宰杀，随着社会进步，禁宰动物品种有所变化，耕畜已基本淘汰，而一些濒于灭绝或价值高的动物被禁宰。

(4)及时发现疫情,并为疫病防治积累资料。在宰前检验中可根据动物的来源查找到疫病的疫源地,报告当地动物卫生监督机构,可以尽快控制和扑灭疫情,保障畜牧业的发展。

二、屠畜宰前检验的组织和程序

(一)入场验收

入场验收的目的在于防止患病动物混在健康动物群中进入宰前饲养管理圈,做到病、健隔离。

1. 验讫证件,了解疫情

当屠畜运到屠宰加工场未卸载之前,检疫人员应先向押运员索取屠畜产地动物卫生监督机构签发的动物检疫证明,了解产地有无疫情,并亲临车船,仔细查看屠畜,核对屠畜的种类和数目,检查有无免疫标识。如发现问题,必须查明原因。如果发现疫情或有可疑疫情时,应立即将该批屠畜转入隔离圈,并进行详细的临床检查和必要的实验室诊断,确诊后根据疫病性质按有关规定处理。

2. 视检屠畜,病健分群

经过上述检查认为合格的屠畜,准予卸载,并赶入宰前预检分类圈。此时,检疫人员要认真逐头视检屠畜,包括其外貌、精神状态、运动姿势等。如发现异常,立即标记剔除隔离。赶入宰前预检分类圈的屠畜,要按产地、批次分圈管理。

3. 逐头测温,剔除病畜

进入宰前预检分类圈的屠畜,要给予充足的饮水,安静休息,待休息 2～4 h 后,再进行详细的逐头临床检查,逐头测温。经检查确认体温正常的健康屠畜,赶入饲养圈,将体温异常的病畜和可疑病畜赶入病畜隔离圈。

4. 个别诊断,按章处理

被隔离的病畜和可疑病畜,经充分休息后,进行详细的临床检查,必要时辅以实验室诊断,确诊后按章处理。

(二)待宰检验

入场验收合格的屠畜,在宰前饲养管理期间,检疫人员应经常深入圈舍进行动态观察、静态观察及饮食观察,以便发现漏检或新发病的动物,并做出相应的处理。

(三)送宰检验

进入宰前饲养管理场的屠畜经过 2 d 以上的饲养管理之后,即可送去屠宰。在送宰之前再经最后一次临床检查后,确认为健康合格的动物,出具宰前检验合格证,送往候宰圈等候屠宰。

三、屠畜宰前检验的方法

屠畜的宰前检验,多采用群体检查和个体检查相结合的方法。

(一)群体检查

群体检查是将来自同一地区或同批的屠畜作为一组,或以圈为单位进行的检查,包括“静、动、食观察”三大环节。

猪群体检查

1. 静态观察

屠畜在自然安静状态下进行的观察。主要观察其精神状态、立卧姿势、呼吸和反刍情况,注意有无咳嗽、气喘、战栗、呻吟、流涎、嗜睡和孤立一隅等异常现象。

2. 动态观察

静态观察后,可将屠畜赶起,观察其活动情况。注意有无跛行、后躯摇摆、屈背弓腰、共济失调、步态蹒跚和离群掉队等异常现象。

3. 饮食观察

观察屠畜的采食和饮水状态。注意有无少食、不食、少饮、不饮、口渴多饮或想食又吞咽困难等现象。观察屠畜咀嚼、反刍状态,同时注意观察屠畜的排便姿势,粪尿的色泽、形态、气味等有无异常。

凡经上述检查呈现异常的屠畜,要进行标记,并予以隔离,进一步进行个体检查。

(二)个体检查

对在群体检查时被隔离的病畜和可疑病畜或在正常动物群体中随机抽取5%～20%的个体,逐个地进行详细的健康检查。如果发现有疫病时,可继续抽查10%,必要时全部进行个体检查。个体检查包括看、听、摸、检四大要领。

猪个体检查

1. 看

用肉眼观察屠畜的临床表现。重点从以下几个方面观察。

(1)看精神、被毛和皮肤。观察屠畜的精神是否正常,有无精神沉郁或兴奋不安;看被毛有无光泽、粗乱或成片脱落;观察皮肤有无异常,如有无肿胀、溃烂、皮疹、坏死、出血等现象。

(2)看起卧和运动姿态。观察屠畜的起卧是否灵活,运动姿态有无异常,是否稳健、有无跛行、运步不协调等反常姿势。如家畜患破伤风、脑炎、棘球蚴病、李氏杆菌病、关节炎以及骨软症等病时,都表现出特殊的异常步态。

(3)看鼻镜和呼吸动作。看鼻镜或鼻盘是否湿润,有无干燥或干裂;检查其呼吸频率、方式是否正常,有无呼吸困难等。

(4)看可视黏膜。检查眼结膜、鼻腔黏膜和口腔黏膜有无苍白、潮红、黄染、发绀、肿胀以及分泌物。

(5)看排泄物。注意观察排粪次数和动作,排泄物的颜色、质地、气味等。注意有无便秘、腹泻、血便、血尿及血红蛋白尿等。

(6)看口色和舌苔。观察屠畜的口腔黏膜和齿龈,舌头的色泽和状态,有无结节、水疱、溃疡等。

2. 听

利用听觉直接听取或借助听诊器听取屠畜发出的各种声音和内脏活动的声音。

(1)听叫声。各种健康动物都有其独特的叫声,如马为欢叫声,牛为哞叫声,猪为哼哼声,羊为绵软的吆叫声等,听其叫声有无异常,如声音嘶哑、呻吟等。

(2)听咳嗽声。咳嗽是上呼吸道发生炎症时出现的症状,有干咳和湿咳之分。干咳声音高昂,粗大有力,无痰液,主要见于上呼吸道的炎症,如感冒咳嗽、慢性支气管炎等;湿咳则咳声低而嘶哑,短小无力,咳声不畅,痰沫飞出。多见于上呼吸道和肺部同时发生炎症的疾病,如牛肺疫、牛肺结核、猪肺疫、猪气喘病和肺丝虫病等。

(3)听呼吸音。一般借助听诊器在屠畜的胸壁肺的听诊区听诊,通过听诊可以比较准确地推断肺和胸膜的机能状态。检查肺泡呼吸音有无增强、减弱或消失,有无胸膜摩擦音、干啰音或湿啰音等。

(4)听胃肠音。听胃肠蠕动音对诊断消化器官的疾病具有重要意义。主要适用于马属动物、牛和羊,听其胃肠蠕动音有无增强、减弱或消失。

(5)听心音。为了检查动物的心脏功能,应注意听诊心率的节律性、心音的强弱、有无心杂音等。

3. 摸

检查人员用手触摸屠畜的局部。注意触摸颌下、胸前、腹下、四肢、会阴及阴囊等部位的皮肤有无肿胀、疹块、结节等。

(1)摸耳和角根。用手触摸屠畜的耳和角根,可以大体判断其体温是否正常。耳尖或耳根发烫多见于急性热性传染病,冰凉多见于濒死期动物。

(2)摸体表皮肤。触摸皮肤的弹性和硬度,检查有无疹块、结节或肿胀,有无波动感或捻发音等。

(3)摸体表淋巴结。触摸体表淋巴结,主要是检查淋巴结的形状、大小、硬度、温度、压痛和活动性有无异常。

(4)摸胸廓和腹部。触摸屠畜的胸部和腹部,检查是否敏感或有无压痛感。如牛肺疫、猪肺疫等病时胸廓往往表现出敏感,腹膜炎时则常有压痛。

4. 检

主要是检测体温,体温升高或降低是动物患病的重要标志,尤其是体温的升高在诊断动物传染病上有重要意义。此外还需检查脉搏和呼吸,必要时进行实验室检查。

各种健康动物正常的体温、脉搏和呼吸见表4-1。

表4-1 健康动物正常的体温、脉搏和呼吸

动物种类	体温/℃	脉搏/(次/min)	呼吸/(次/min)
猪	38.0～40.0	60～80	12～30
牛	37.5～39.5	40～80	10～30
羊	38.0～40.0	70～80	12～20
马	37.5～38.5	26～44	8～16
驴	37.5～38.5	40～50	8～16
骡	38.0～39.0	42～54	8～16
鸡	40.0～42.0	120～140	15～30
鸭	41.0～43.0	140～200	16～28
鹅	40.0～41.0	120～160	12～20
兔	38.5～39.5	120～140	50～60

四、屠畜宰前检验后的处理

经宰前检验后的屠畜，根据其健康状况及疾病的性质和程度，进行以下处理。

1. 准宰

经宰前检验认为健康合格的屠畜，出具准宰证明，准予屠宰。

2. 急宰

确诊为无碍肉食卫生的普通病患畜、一般性疫病和其他病理损害的以及长途运输发生异常而有死亡危险时，为了防止疫病传播或免于死亡，应立即出具急宰证明，送往急宰车间急宰。

3. 缓宰

经宰前检验，确认为一般性疫病和普通病，且有治愈希望者；或患有疑似疫病而未经确诊的屠畜，应予以缓宰。但必须考虑有无隔离饲养和治疗条件，并进行成本核算。

4. 禁宰

经宰前检验，凡是危害性大且目前防治困难的疫病，或急性烈性传染病，或重要的人畜共患病，以及国外有而国内无或已经消灭的疫病，均按下述办法处理。

(1)经宰前检验，患有炭疽、鼻疽、牛瘟、恶性水肿、气肿疽、狂犬病、羊快疫、羊肠毒血症、马流行性淋巴管炎、马传染性贫血等恶性传染病的屠畜，一律不准屠宰，采取不放血的方法扑杀，尸体销毁或湿法化制。

①在牛、羊、马、驴、骡群中发现炭疽时，除对患畜禁宰外，其同群屠畜立即进行测体温，体温正常者急宰；体温不正常者予以隔离并注射有效药物观察 3 d，待无高温及临床症状时屠宰；如不能注射有效药物，则须隔离观察 14 d，待无高温及临床症状时方可屠宰。

②在猪群中发现炭疽时，立即对同群猪进行测温，体温正常者急宰；体温不正常者隔离观察，确诊为非炭疽时方可屠宰。

③凡经炭疽疫苗预防注射的家畜须经过 14 d 后方可屠宰。用于制造炭疽血清的家畜不准屠宰食用。

④在屠畜群中发现恶性水肿和气肿疽时，除对患畜禁宰外，其同群屠畜应逐头测温，体温正常者急宰；体温不正常者隔离观察，待确诊为非恶性水肿或气肿疽时方可屠宰。

⑤在牛群中发现牛瘟时，除对患畜禁宰外，其同群的牛必须隔离，并注射抗牛瘟血清观察 7 d，未经注射血清者观察 14 d，无高温及临床症状时方可屠宰。

⑥被狂犬病或疑似狂犬病患畜咬伤的家畜，采取不放血的方法扑杀，尸体销毁或化制。

(2)经宰前检验，凡是患有口蹄疫、猪传染性水疱病、猪瘟、牛传染性胸膜肺炎、牛海绵状脑病、痒病、蓝舌病、非洲猪瘟、非洲马瘟、小反刍兽疫、绵羊痘和山羊痘、羊猝狙、钩端螺旋体病、急性猪丹毒、李氏杆菌病、马鼻腔肺炎、马鼻气管炎、布鲁氏杆菌病、牛鼻气管炎、猪密螺旋体痢疾、牛肺疫、肉毒梭菌中毒症等病的屠畜，一律不准屠宰，采取不放血的方法扑杀，尸体销毁或湿法化制。

宰前检验的结果及处理情况要做记录留档。发现危害严重的疫病时，必须及时向当地和产地的动物卫生监督机构报告疫情，以便及时采取预防控制措施。

任务二　家禽的宰前检验

家禽宰前检验的程序和方法与屠畜基本相似，只是由于动物种类不同，其生理特点上有差异，故在检疫和处理上稍有不同。

一、家禽宰前检验的方法

家禽的宰前检验同样包括群体检查和个体检查两个步骤，但一般以群体检查为主，个体检查为辅，必要时进行实验室诊断。

鸡群体检查

1. 群体检查

一般以笼或舍作为一群来进行查，通过对禽群进行静态、动态、饮食状态的观察后，判定家禽的健康状况。

健康家禽一般全身羽毛丰满、整洁，紧贴体表且有光泽，泄殖孔周围和腹下绒毛洁净而干燥。两眼明亮有神，口、眼、鼻洁净，冠、髯鲜红发亮，对周围事物反应敏感，行动敏捷，勤采食，不时发出咯咯声或啼叫，经常撩起尾羽与鼓动翅膀，常用喙梳理羽毛，休息时往往将头插入翅下，并且一肢高收。呼吸均匀，粪便呈浅黄色半固体状。

病禽精神委顿，闭目缩颈，鸡冠和肉髯苍白、青紫或肿胀，口、鼻、眼有分泌物，翅、尾下垂，羽毛蓬松无光泽，离群独居，行动迟缓，不喜采食，有灰白色、灰黄色或灰绿色的痢便，泄殖孔周围和腹下绒毛潮湿不洁或黏有粪便，呼吸困难，有喘息音。

鸡个体检查

2. 个体检查

经群体检查被剔除的病禽和疑似病禽，应逐只进行详细的个体检查。其检查方法包括看、听、摸、检。

检疫人员用左手抓住两翅根部，将家禽提起，从头部向下逐步检查。先观察头的冠、髯，看有无肿胀、苍白、发绀和痘疹等异常现象；看口、眼、鼻是否洁净，有无异常分泌物等；再用右手的中指抵住咽喉部，并用拇指和食指夹压两颊部，迫使禽口张开，观察口腔内情况，有无过多黏液、黏膜是否出血、咽喉部有无灰白色假膜等病理变化。将家禽适当举高，俯耳于家禽头颈部听其呼吸音有无异常，必要时用右手的拇指和食指捏压喉头和气管，是否能诱发咳嗽。观察羽毛是否松乱，有无光泽，重点观察泄殖孔周围和腹下绒毛是否潮湿不洁，有无粪便沾污；掀开被毛，检查皮肤，看皮肤的色泽，有无痘疹、坏死、肿瘤、结节等。用手触摸嗉囊，检查其充实度和内容物的性质，是否空虚、积液、积气、积食；再触摸胸部和腿部肌肉，检查其肥瘦程度；触摸关节，检查是否肿胀。必要时将家禽夹于左腋下，左手握住两腿，将温度计插入泄殖腔，测其体温。

鸭则夹于左臂下，以左手托住锁骨部，用右手进行个体检查。鹅体较重，不便提起，一般按倒就地检查。

二、家禽宰前检验后的处理

1. 准宰

经宰前检验确认健康合格的家禽，由动物检疫人员出具准宰证明，送往屠宰加工车间屠宰。

2. 急宰

经检查确认为患有或疑似患有一般性疾病的家禽，应出具急宰证明，送往急宰车间急宰。如患有鸡痘、鸡传染性喉气管炎、鸡传染性支气管炎、传染性法氏囊炎、禽霍乱、禽伤寒、禽副伤寒、球虫病等疫病的家禽应急宰。

3. 禁宰

经检查确认家禽患有危害严重的疫病时，应采取不放血的方法扑杀后销毁。如患有禽流感、新城疫、马立克病、小鹅瘟、鸭瘟等疫病的家禽应禁宰。

4. 死禽的处理

在运输工具和禽舍中发现的死禽，一律销毁，并及时查明原因，以确定同群禽的处理方法。与疫病患禽同群的家禽，根据疫病的性质与传染情况不同，迅速屠宰或做其他处理。被病禽污染的场地、设备、用具，应进行严格消毒。

任务三　宰前管理

为了获得优质耐贮藏的肉品，必须做好屠畜的宰前管理。宰前管理主要包括休息管理和停饲饮水管理。

一、宰前休息管理

(一)宰前休息管理的意义

(1)可降低宰后肉品的带菌率。屠畜经过长途运输，由于过度疲劳和精神紧张，加之环境条件骤变和受到惊恐等外界因素的刺激，动物过度紧张，血液循环加速，体温上升，机体疲惫，抵抗力下降，一些细菌乘机侵入机体，肉中细菌含量增加，影响肉的品质和保存。如果做好宰前休息管理，可恢复或增强机体的抵抗力，将入侵的细菌消灭，这样可大大降低宰后肉品的带菌率。

(2)可排除体内过多的代谢产物。屠畜经过长途运输，机体的生理代谢功能发生紊乱，使体内蓄积过多的代谢产物而不能及时排出体外，影响宰后肉的品质。经适当休息可使屠畜体内过多的代谢产物排出体外，保证肉的品质。

(3)有利于肉的成熟。运输途中由于饲养管理条件有限，再加上过度紧张、恐惧等，肌肉中的糖原大量消耗，从而影响宰后肉的成熟。宰前适当休息可恢复肌肉中糖原的含量，有利于宰后肉的成熟。

(二)宰前休息管理的时间

经长途运输的屠畜,宰前一般休息 24～48 h 即可。

二、宰前停饲饮水管理

(一)宰前停饲饮水管理的意义

(1)节约大量饲草饲料。饲料从进入胃内到消化吸收需要一段时间,因此,宰前做好停食管理,可以节约大量的饲草料,避免浪费。

(2)有利于屠宰加工。宰前停饲并充分饮水,使动物消化充分,促进胃肠内容物排出,甚至空虚,这样有利于解体操作,避免划破胃肠,减少胃肠内容物污染胴体的机会。

(3)有利于肉的成熟。轻度饥饿可促使肝糖原分解为葡萄糖和乳糖,并通过血液循环分布全身,使肌肉中的含糖量增加,有利于肉的成熟。

(4)冲淡血液,有利于放血。宰前停饲并充分饮水,使血液浓度下降,放血充分。

(5)促进体内脂肪代谢,产生可溶性脂肪和低级脂肪酸,使肉质肥嫩,味道鲜美。

(二)宰前停饲和饮水时间

宰前停饲时间,根据动物不同而不同,猪为 12 h,牛、羊为 24 h,鸡、鸭为 12～24 h,鹅为 8～16 h,兔为 20 h。停饲期间必须供给充足的饮水,直至宰前 3 h 为止。停饲时间不宜过长,以免引起骚动。

考核评价

假如待宰猪群中发现个别猪精神沉郁、独居一隅、跛行、屈腰弓背,你应采取哪些检疫和处理措施?

案例分析

某县兽医卫生监督所的工作人员在下乡工作时,路遇一辆拉运 13 只羊和 1 头牛的车,当即拦车进行检查,经查该车牛羊是准备运到屠宰场宰杀的,均没有任何检疫合格证明。监督人员将车辆和牛、羊带到就近的镇畜牧中心,畜牧中心的检疫人员对牛羊进行了临床健康检查,检查后加戴了免疫耳标,出具了动物检疫合格证明后放行。

对于上述案例分析,认为案例中的处理均不符合有关法律法规的规定。检疫员只做了临床健康检查,没有做必要的实验室检验,也没有给车上动物进行相应的疫苗注射,就加戴免疫耳标和出具检疫合格证明,也是不规范、不合法的。

知识拓展

家兔宰前检验

家兔宰前检验的程序和方法也与屠畜基本相似,只是稍有不同。

一、家兔宰前检验的方法

家兔的宰前检验常以群体检查为主，辅以个体检查。

1. 群体检查

以笼或圈作为一个单位进行检查。健康家兔神态活泼，两耳直立，行动敏捷；双眼圆瞪、明亮，眼角洁净无分泌物；被毛浓密、润滑且有光泽；肛门和后肢被毛洁净，无粪便污染，粪便呈粒状，光圆、滑润、匀整；呼吸均匀，口鼻洁净。

2. 个体检查

对群体检查隔离出的病兔和可疑病兔，进行详细的个体检查。观察体表被毛是否蓬乱、稀疏、脱落斑块，皮肤有无丘疹、化脓或结痂，体表淋巴结，尤其是下颌淋巴结是否肿胀；观察眼睑有无肿胀，眼结膜是否黄染或贫血，是否潮红，有无脓性分泌物；观察鼻腔有无黏性、脓性分泌物；观察阴部、肛门周围和后肢被毛有无粪便污染，母兔阴道是否有脓性分泌物；观察家兔站立和运动姿势是否正常，有无神经症状，如头位不正或四肢麻痹。

二、家兔宰前检验后的处理

家兔经宰前检验后，根据检疫结果进行处理。

1. 准宰

经检疫认为健康，无孕、肥度合格的家兔，出具准宰证明，送往屠宰车间宰杀。

2. 急宰

凡确认为患有无碍肉食卫生的一般性疫病，如兔巴氏杆菌病、葡萄球菌病、坏死杆菌病、兔伪结核病、兔密螺旋体病、兔波氏菌病、兔球虫病等，或有严重外伤的家兔，应送往急宰车间进行急宰。

3. 禁宰

凡确诊为患有危害严重疫病的家兔，如兔病毒性出血症、野兔热、兔产气荚膜梭菌病、兔传染性黏液瘤病等，采取不放血的方法扑杀后销毁。

4. 留养

凡确认为孕兔、有肥育价值的家兔可以留养。

5. 缓宰

经检疫无显著病症的可疑家兔或尚未确诊的家兔，须隔离饲养确诊。

知识链接

1.《病死及死因不明动物处置办法(试行)》

2.《中华人民共和国动物防疫法》

项目五
屠宰加工流程的兽医卫生监督

学习目标

掌握生猪、家禽屠宰加工流程的各自操作要点；熟悉动物屠宰加工的工艺流程；了解为控制动物性食品的污染、保障肉品卫生质量，保障消费者食用安全，必须严格执行屠宰加工过程中各个环节的兽医卫生监督的意义。

学习内容

项目五屠宰加工过程的兽医卫生检验 PPT

任务一　屠畜屠宰加工流程的兽医卫生监督

由于屠宰的动物不同，常见的有猪、牛(羊)、禽、家兔等，且各屠宰加工企业的规模、建筑、设备也有所不同，所以各屠宰加工企业的屠宰加工工艺过程存在着一定的差异。但总的来说，动物的屠宰加工工艺过程不外乎包括淋浴、致昏、放血、褪毛或剥皮、开膛、劈半、胴体修整、内脏整理、皮张(羽毛)整理等工序(图 5-1)。根据规定，猪的全部屠宰过程不得超过 45 min。从放血到摘取内脏，不得超过 30 min，从编号到复检、加盖检验印章，不得超过 15 min，并设置相应的宰后检验点。

一、屠宰加工流程

(一)淋浴净体

淋浴是指在致昏放血前用适当压力的温水喷淋屠畜体表，目的在于洗净屠畜体表的污泥、粪便等，同时使屠畜趋于安静，促进血液循环，获得良好的放血效果，提高肉产品质量，一般多用于猪(图 5-2)。

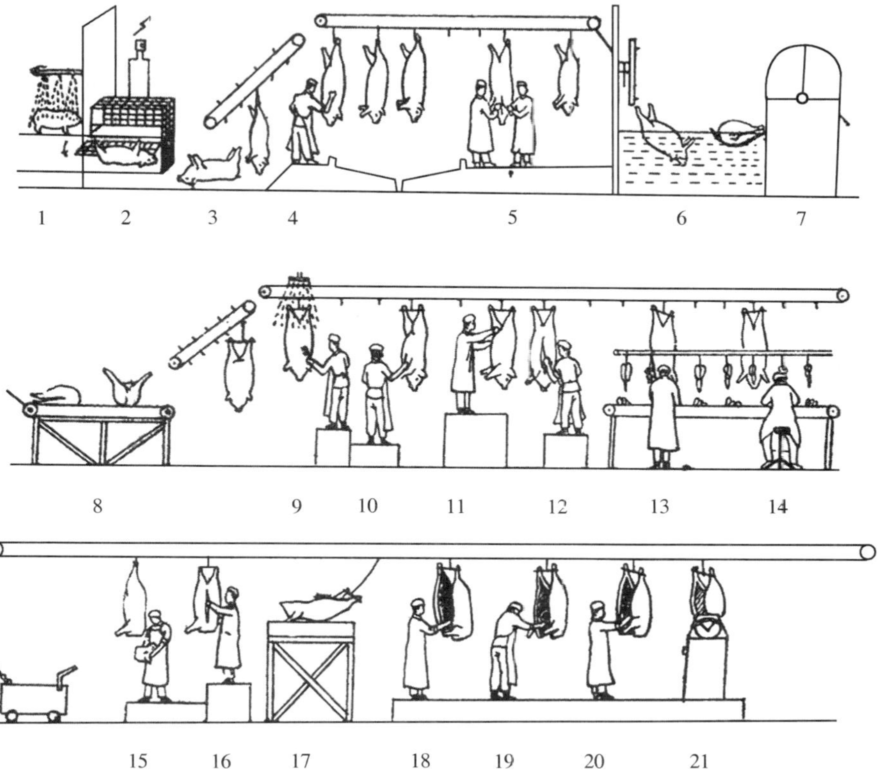

1.淋浴　2.电麻　3.吊挂上钩　4.放血　5.头部检查　6.烫毛　7.机械脱毛　8.人二净毛　9.刷洗　10.修刮　11.编号与皮肤检验　12.开膛　13."白下水"检验　14."红下水"检验　15.割头蹄　16.采膈肌脚　17.劈半　18.胴体检验　19.胴体修整　20.复检　21.称重分级

图 5-1　猪的屠宰加工流水线示意图(引自曲祖乙,2006)

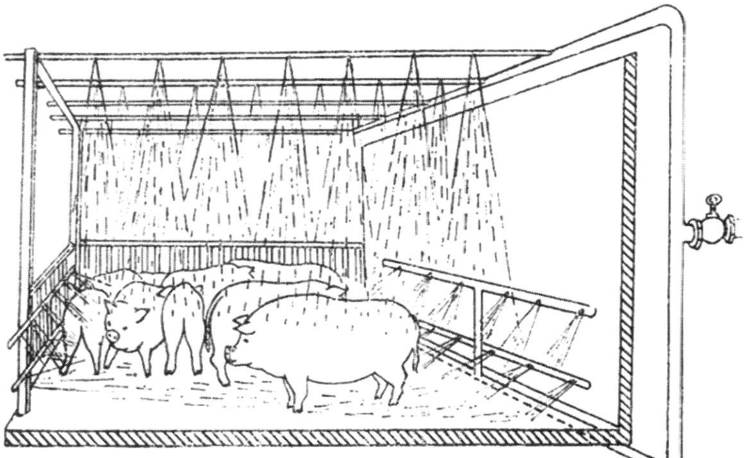

图 5-2　猪宰前淋浴净体示意图(引自曲祖乙,2006)

为提高淋浴效果，在淋浴过程中应注意水温，夏季以 20 ℃为宜，冬季以 25 ℃为宜，尽量少用或不用冷水，否则易引起应激刺激，影响肉品质量。水的流速不宜过急，最好能呈雾状，以免引起屠畜惊恐、肌肉紧张，导致体内糖原的损耗，降低肉品质量。应在不同角度、不同方向设置喷头，以保证体表冲洗完全。淋浴的时间以能使屠畜体表洗净为度，不宜时间过长，一般 2～3 min。

(二)致昏

致昏是指屠畜放血前应用物理或化学的方法使其预先失去知觉，处于暂时的昏迷状态的过程。

屠畜在放血前予以致昏，目的是使屠畜失去知觉，减少痛苦和挣扎，保证放血操作安全和充分，从而有利于保证肉品质量。同时，致昏也是欧盟规定“人道屠宰”的重要体现。致昏的方法有多种，选用时应考虑屠畜种类，以操作简便、安全，既符合卫生要求，又保证肉品质量为原则。常用的致昏方法有以下几种。

1. 木槌击昏法

木槌击昏法指用 2～2.5 kg 的木槌猛击屠畜的前额，使其昏倒的方法。槌击的确切部位在屠畜的左额角至右眼线和右额角至左眼线的交叉点上。此法的优点是操作简便，虽然屠畜的知觉中枢麻痹，但是运动中枢依然完好，因而放血较好。缺点是劳动强度大，效率低；安全性差，当打击部位不准确或用力较轻时，容易引起屠畜惊恐、逃窜，造成伤人毁物的不良后果；如果打击力度过大则会出现头骨破裂或死亡，造成放血不良。此法目前大型屠宰加工企业已很少使用，仅小型屠宰点对老弱大家畜使用，或农村集镇使用。

2. 电麻法

电麻法是目前广泛使用的一种致昏方法，即电击昏。要求屠畜电麻后心脏跳动，呈昏迷状态，但不得致死。电麻效果与电流强度、电压高低、频率高低、作用部位和作用时间等因素有关，电麻过深会引起屠畜心脏停搏，造成死亡和放血不良；电麻不足则达不到致昏的目的，屠畜剧烈挣扎，影响放血。

猪用人工控制电麻器时，电压一般为 70～80 V、电流强度为 0.5～1.0 A、电麻时间以 1～3 s 为宜；使用自动控制电麻器时，电压不超过 90 V、电流强度不超过 1.5 A、电麻时间为 1～2 s。电麻时，将电麻器经常蘸取盐水，能增强导电效果，常用盐水浓度为 5%。

电麻致昏屠宰的屠畜有 5%～10%发生急性心力衰竭而导致放血不全，有 5%～15%内脏器官和皮肤出现点状出血。前者是电麻时呼吸中枢和血管运动中枢麻痹，导致心脏活动停止所致。后者是电击时动物血压瞬时升高，引起脆弱的毛细血管壁破裂；此外，肌肉痉挛、组织撕裂也是出血的原因。虽然有上述缺点，但电麻致昏仍然被认为是一种操作简便、安全可靠的致昏方法。

3. 二氧化碳麻醉法

本法克服了电麻法的缺点，保证了肉的品质，主要用于猪的致昏。二氧化碳麻醉法使屠畜通过含有 65%～75% CO_2(由干冰产生)的密闭室或隧道，经 40～45 s 即可达到麻醉致昏，使屠畜失去知觉，呈完全松弛状态，达到麻醉维持 2～3 min 的目的。时间足够完成刺杀放血的操作。

此法的优点是操作安全,生产效率高;呼吸维持较久,屠畜不会有任何伤害,无紧张感,肌糖原消耗少;宰后肉的 pH 较电麻法低而稳定,有利于肉的保存;肌肉、器官出血少。缺点是工作人员不能进入麻醉室,CO_2 浓度过高时也能造成屠畜死亡,再者成本高(图 5-3)。

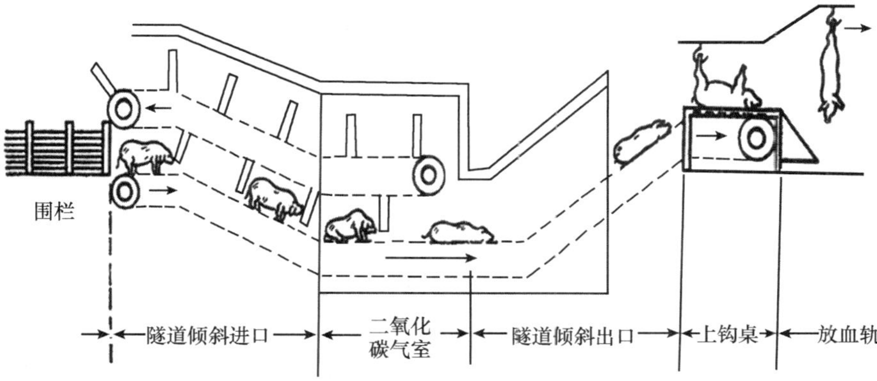

图 5-3　二氧化碳麻醉隧道示意图(引自袁鸿锦、杨棣华,1987)

(三)刺杀放血

刺杀放血是指利用放血刀刺入屠畜体内,割断血管或刺破心脏,使血液流出体外,将屠畜致死的操作过程。放血应于致昏后立即进行(猪不得超过 30 s)。

1. 放血方式

猪的放血方式有水平横卧放血和倒挂垂直放血两种。从卫生角度看,后者比前者好,一则可使放血完全,二则可减轻工人劳动强度和有利于随后的加工。

2. 放血方法

(1)颈部血管切断法。切断颈静脉、颈动脉放血,是目前屠宰中广泛采用的一种放血方法。刺杀时不伤及心脏,有利于充分放血,操作简便安全。但宰杀口较小,或沥血时间较短,容易造成放血不全。因此,放血轨道和集血槽应有足够的长度,以保证放血充分。

为了保证充分放血,必须注意正确掌握放血部位和放血时间,猪的刺杀部位在颈与躯干分界处的中线偏右约 1 cm 处刺入,刺杀时刀尖向上,刀刃与猪体呈 15°～20°角,抽刀时向外侧偏转切断血管,不得刺破心脏。宰杀口长度以 3～4 cm 为宜,不得超过 5 cm,以免切口过大入池浸烫时造成较大的污染。沥血时间为 6～10 min(图 5-4)。

(2)心脏刺杀放血法。此法主要用于猪,刺杀部位是在颈胸交界处的凹陷处,沿胸前口刺至心脏。此法损伤心脏,影响心脏收缩功能,常造成放血不良,因而应用较少。

(3)真空刀放血法。此法所用工具是一种具有排气装置的特制"空心刀"。放血时,将刀插入事先在颈部沿气管做好的皮肤切口,经过第一对肋骨中间直向右心插入,血液即通过刀刃空隙、刀柄腔道沿橡皮管流入容器中。此法放血由于血液未受到污染,可供食用和制药用,从而提高血液利用价值。空心刀放血虽刺伤心脏,但因有真空抽气装置,故放血仍良好。

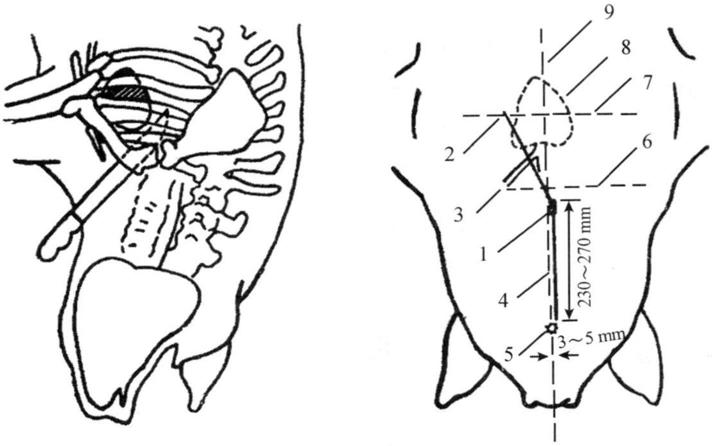

1. 进刀起点 2. 进刀终点 3. 前腔静脉支管 4. 拖刀长度 5. 下颌痣
6. 第一对肋骨线 7. 第三对肋骨线 8. 心脏 9. 胸腹中线

图 5-4 刺杀放血部位示意图(引自袁鸿锦、杨棣华，1987)

3. 卫生要求

屠体放血不全，对肉品卫生和检验影响很大。首先，给头部检验带来困难，过多的余血污染组织，模糊景象，不易辨认病变，容易发生误诊漏诊。其次，加工烫毛时，猪未完全死亡即进行泡烫。这样的屠体，周身皮肤呈均匀的淡红色，有碍商品外观，而且容易与病理变化相混淆。另外，放血程度是评价肉品质量的重要指标。放血良好的胴体，色泽鲜亮，肉味鲜美，含水量低，耐贮藏；放血不良的胴体，色泽不佳，肉味不美，含水量高，有利于微生物的生长繁殖，容易发生腐败变质，故不耐贮藏。因此，放血工作应由熟练的工人操作，放血时必须正确掌握放血部位、操作技术，保证放血完全。

(四)剥皮或脱毛

猪的屠宰加工有剥皮和脱毛两种方法。

1. 剥皮

剥皮分机械剥皮和手工剥皮两种方法。剥皮是屠宰解体的第一步，应力求仔细，避免损伤皮张和胴体，防止污物、皮毛、脏手污染胴体。有条件的屠宰加工企业应尽量采用机械剥皮，既可减少污染胴体和损伤皮张，又可减轻劳动强度，提高工作效率。猪的皮下脂肪层厚，手工剥皮较为困难，一般顺序是由头、四肢、腹、背依次进行，整个过程防止污染，工人应经培训上岗。严禁在地面剥皮，或皮下充气剥皮。

2. 脱毛

脱毛是加工带皮猪的重要环节之一，一般分为烫毛、脱毛、燎毛与刮黑三个步骤。

(1)烫毛。按猪屠体的大小、年龄、品种和季节，烫毛时应严格掌握水的温度和浸烫时间，水温一般为 58～62 ℃，浸烫时间为 5～7 min，防止“烫生”或“烫老”。烫生即水温低或浸烫时间短，毛不易脱掉；烫老即水温高或浸烫时间长，则表皮蛋白凝固，也不易脱毛，进入脱毛机易将皮肤打烂。如果水温过高，则引起皮肤充血，屠体高度僵直，导致肉的品质下降。烫毛时应保持烫池内水的清洁，至少每班更换1次。烫毛时应经常翻动屠体，使各部受热均匀。

(2)脱毛。脱毛分机械脱毛和手工脱毛。脱毛应力求干净，做到皮肤净白、无毛、无污黑、消灭毛头、毛尾、毛蹄等现象。对难刮的残毛和断毛，最好不用刀剃或火燎，以免毛根留在皮内，可使用手工脱毛法清除。使用打毛机脱毛时，机内淋浴水温应掌握在30 ℃左右，要求不断肋骨，不伤皮下脂肪。禁止用沥青、松香拔毛，以免造成对环境和肉品污染，或引起消费者中毒。

大中型肉联厂普遍应用机械脱毛，多为滚筒式刮毛机，刮毛机与烫毛池相连，猪浸烫完毕即有捞耙或传送带自动送进刮毛机，脱毛后的猪体自动放入清水池内清洗，同时由人工将未脱净的部位如耳根、大腿内侧及其他未脱掉的毛刮去。小型屠宰场无刮毛设备时，可使用卷铁进行人工脱毛。

目前，国内外较先进的脱毛方法是吊挂隧道式烫毛脱毛。从刺杀放血到烫毛脱毛都吊挂进行，猪体不脱钩，放血后使吊挂的屠体进入烫毛隧道，用62～63 ℃的热水喷淋或蒸汽烫洗达到烫毛的目的，然后进入隧道末端的打毛机进行脱毛。这种方法既保证屠体干净，又避免反复摘钩和挂钩的麻烦，减轻劳动强度，提高工作效率。

(3)燎毛与刮黑。脱毛后，为清除屠体上的残毛和绒毛，必须进行净毛处理。目前，国内外大型肉联厂是通过燎毛炉和刮黑机完成净毛的，燎毛炉内的温度可高达1 200 ℃，屠体在炉内停留10～15 s，全身毛孔在高温作用下扩张，即可将残毛烧掉，然后进入刮黑机，刮去大部分烧焦的残毛和皮屑层，再通过擦净机械和干刮设备，将屠体刮干净，同时达到体表灭菌的目的。这套设备效果很好，但工艺要求复杂，费用较高，因此一些中小型屠宰加工企业仍采用酒精喷灯燎毛，手工刮黑的方法。无论采用何种工艺，都必须达到脱净鬃毛且不伤反肤的要求。

(五)开膛和净膛

开膛和净膛指剖开屠体胸腹腔并摘除内脏的操作工序，屠畜在剥皮或脱毛后应立即进行开膛，放血至开膛不得超过30 min。延缓开膛会影响脏器和内分泌腺体(如胰腺)的利用价值，或使肠道微生物向其他脏器和肌肉转移，造成某些脏器自溶分解，降低肉品的质量和耐存性。

开膛宜采用倒挂垂直姿态，这样即减轻劳动强度，又减轻胴体被胃肠内容物污染的机会。开膛时应沿腹部正中线剖开，切勿划破胃肠、膀胱和胆囊，一旦划破后被胃肠内容物、尿液、胆汁污染，应立即用清水冲洗干净，并另行处理。

开膛后去内脏，又称净膛，摘除的内脏按“白下水”(胃、肠、脾)和“红下水”(心、肝、肺)分开放置。净膛时，要防止内脏落地，净膛后应及时用足够压力的清水冲洗胸腹腔，洗净腔内淤血、污物，并摘除两侧肾上腺。摘除的内脏器官和胴体同步编号，并接受检验。

(六)去头蹄与劈半

胴体经检验合格者，即去头、蹄、尾，并劈半。去头时从寰枕关节处卸下头，从腕关节处去前蹄，从跗关节处去后蹄。操作中注意切口整齐，避免出现骨屑。

胴体纵向劈成两半，不仅便于检验，也便于冷冻、冷藏和码垛。劈半是指沿脊椎正中线将胴体劈成左右对称的两半。目前，广泛使用的劈半工具是手提式电锯和桥式电锯，劈半时以劈开脊椎管暴露出脊髓为宜，避免左右弯曲或劈断、劈碎脊柱，以免藏污纳垢而降低商品价值。用手提式电锯对猪胴体劈半时，可先沿脊柱切开皮肤和皮下软组织，俗称“描脊”，以防劈偏。

(七)胴体修整

胴体修整是指清除胴体表面的各种污物,修割掉胴体上的病变组织、损伤组织及游离组织,摘除有碍食肉卫生的组织器官,并对胴体进行必要的修削整形,使胴体具有完好的商品形象。胴体修整包括湿修和干修,且可交叉进行。

1.湿修

湿修是指用具有一定压力的净水冲刷胴体,将附着在胴体表面的毛、血、粪等污物全部冲洗干净。应特别注意冲洗颈断部和劈开的脊柱。使用冲刷方法修整,可以大大减轻胴体表面被水浸渍的程度,使之较快地形成干皮;同时在强压水流的配合下,附在胴体表面的大部分细菌被冲走。严禁用抹布擦洗胴体,否则会增加肉品污染的机会。

2.干修

即对局部组织所实施的修割。用刀钩将胴体表面的碎屑和余水除去,修整颈部和腹部的游离缘,割除伤痕、化脓灶、斑点、淤血部以及残留的膈肌、游离脂肪,取出脊髓,摘除甲状腺、肾上腺和病变淋巴结。修整好的胴体要达到无血、无粪、无毛、无污物、无三腺,具有良好的商品外观。割除的废弃物,应收集于专用容器内,严禁随地堆放。

(八)内脏整理

摘除内脏经检验后立即送往内脏整理车间整理,不得积压,不得长时间堆放,以防变质。割取胃时,应将食道和十二指肠留有适当的长度,以免胃内容物流出。分离肠道时,应小心摘除附着的脂肪和胰脏,除去肠系膜淋巴结和病变部位,切忌将肠管扯破。翻肠和倒胃应在固定的工作台上进行,翻出的胃肠内容物应集中于容器中,及时运出处理,不得在车间内堆积。内脏整理洗净后应及时冷冻加工,以防变质。内脏整理车间应有充足的温水和冷水。

(九)皮张和鬃毛整理

皮张和鬃毛应在专门车间内及时整理。皮张整理时,应先抽取尾巴,刮去血污、皮肌和脂肪,然后送往皮张整理车间做进一步加工,不得堆放或曝晒,以防变质、老化和褪毛。鬃毛整理主要是除去混杂的皮屑,选择适当地点及时晾晒。

二、屠宰加工的卫生管理

(一)屠宰加工车间的卫生管理

屠宰加工车间的卫生管理是整个屠宰加工企业管理的核心部分,该车间的卫生状况直接影响产品的卫生质量,因此必须加强屠宰加工车间的卫生管理。

1.建立完善的消毒制度

(1)车间门口应设与门等宽且不能跨越的消毒池,人员进出必须从池内经过,池内的消毒液应经常更换以保持药效。

(2)禁止闲杂人员进入车间,参观人员进入车间,必须有专人带领,且穿戴专用衣、帽和靴,参观过程中不得触摸肉品、用具和废弃物。

(3)生产车间内的设备、工(器)具、操作台应经常清洗和进行必要的消毒。设备、工(器)具、操作台用洗涤剂或消毒剂处理后,必须再用饮用水彻底冲洗干净,除去残留物后方可接触肉品。

每班工作结束后或在必要时，必须彻底清洗加工场地的地面、墙壁、排水沟，必要时进行消毒。

(4)除发现恶性传染病时的紧急消毒外，每周应用2%的热碱液消毒1次，至下一班生产前再用流水冲刷干净。

(5)放血刀应经常更换和消毒，生产人员和工具受污染后，应立即消毒和清洗。为此，在各加工检验点除设有冷热水龙头外，还应备有消毒液或热水消毒器(用82 ℃的热水)。

(6)更衣室、淋浴室、厕所、工作休息室等公共场所，应经常清扫、清洗、消毒，保持清洁。

2.保证加工肉品的卫生质量

(1)烫池水每4 h更换1次，清水池的水应保持流动和清洁。

(2)在整个生产过程中，要防止任何产品落地，严禁在地上堆放产品。

(3)生产车间的废弃物必须随时清除，并及时用不渗水的专用车辆运到指定地点加以处理。废弃物容器、专用车辆和废弃物临时存放场应及时清洗、消毒。严禁喂猫、喂犬或直接运出厂外作肥料。

(4)严禁在屠宰加工车间进行急宰，万不得已时，须在当天健畜宰完以后进行，宰后立即消毒。

(5)车间内外应定期、随时除虫灭害。车间内使用杀虫剂时，应按食品安全国家标准的规定采取妥善措施，不得污染肉与肉制品。使用杀虫剂后应将受污染的设备、工具和容器彻底清洗，除去残留药物。

(二)急宰车间的卫生管理

急宰车间是宰杀由病畜隔离圈和贮畜场送来的确诊为无碍肉食卫生的普通病或一般普通病患畜而设立的，是屠宰加工企业不可缺少的重要组成部分，因为在这里屠宰的动物多为患病动物，所以对其卫生管理应更为严格。急宰车间除应遵守屠宰加工车间的卫生原则外，还必须做到以下要求。

(1)应有更严密的防蝇、防蚊、防鼠设备。

(2)应设有专用下水道系统，污水在排入公共下水道前，必须严格消毒。血液和粪污等未经彻底消毒，不许任意向外排放。

(3)本车间的工作人员要保持相对稳定。未经允许非工作人员不得进入车间。本车间工作人员与其他车间的工作人员在工作期间不得互相往来。

(4)内脏、胴体、皮张均应妥善放置，未经检验不得移动。本车间生产的所有产品，均须经无害化处理后方可出厂。严禁将本车间的任何用具带出车间。

(5)凡送往急宰车间的动物，需持有兽医的急宰证明。凡确诊为恶性传染病者，一律不得急宰。

(6)每日工作完毕后，车间的地面、操作台、用具等须用5%的热碱水或含6%有效氯的漂白粉溶液消毒，于下次开工前再以清水冲洗。5%的碱液对金属用具有强烈的腐蚀作用，因此要在消毒后及时清洗。

(三)生产人员的个人卫生与防护

1.健康要求

(1)从事肉食生产的工作人员，每半年进行一次健康检查。新进厂的工人，经体检合格取得《健康检查合格证》方可参加生产。

(2)凡患有痢疾、伤寒、病毒性肝炎等消化道传染病(包括病原携带者),活动性肺结核,化脓性或渗出性皮肤病以及其他有碍食品卫生疾病的,不得从事肉食生产。

2. 卫生要求

(1)生产人员应保持良好的个人卫生,勤洗澡、勤换衣、勤理发,不得留长指甲和涂指甲油。

(2)生产人员不得将与生产无关的个人用品和饰物带入车间。

(3)进入车间必须穿戴工作服(暗扣或无纽扣,无口袋)、工作帽、工作鞋,头发不得外露;工作服和工作帽必须每天更换,每天清洗和消毒一次,保持洁净;接触直接入口食品的加工人员,必须戴口罩。生产人员离开车间时,必须脱掉工作服、帽、靴。

(4)车间内严禁进食、饮水、吸烟和打架,不许对着肉品咳嗽、打喷嚏,不许随地吐痰。

(5)饭前、便后及工作前后要按规定程序洗手和消毒。

3. 个人防护

(1)生产人员在生产过程中要做好个人卫生防护,放血工人和与水接触较多的工人还应穿戴不透水的衣、裤。

(2)凡受刀伤或其他外伤的生产人员,应立即采取措施包扎防护,否则不得从事屠宰或接触肉品的工作。

(3)急宰车间的工作人员应佩戴无色平光眼镜、乳胶手套、线手套、皮套袖、皮围裙、高筒靴等。

(4)屠宰加工企业的工作人员应定期进行必要的预防注射,以免感染人畜共患疫病。

任务二 家禽屠宰加工流程的兽医卫生监督

家禽的屠宰工艺为:吊挂→电麻→刺杀放血→浸烫脱羽→开膛→胴体修整→冷却等。为了保证禽肉产品质量安全,应按有关规定执行。

一、家禽屠宰加工流程

(一)致昏与放血

1. 致昏

家禽虽个体较小,但好挣扎,加之头颈的扭曲,两翅的扇动,极易造成屠宰车间的污染。此外,因过度挣扎会造成肌糖原的大量损耗。所以,在放血前应予以致昏。致昏的方法有很多,但目前多采用电麻致昏法。

进入屠宰线的活禽多用电麻致昏。有的屠宰企业用行走式电麻,将禽体吊挂在流水作业线上,下边设有通电的盐水池,当自动运行时,禽头部通过盐水池即可电麻致昏。

2. 刺杀放血

家禽的刺杀如同其他动物一样,也应保证放血良好,不应使血液淤积和污染禽尸,以利于贮藏。屠宰家禽时既要考虑选择方法简单,又要符合兽医卫生要求,以能够获取营养价值完全的优质品为原则。家禽屠宰加工企业大多采取流水作业,用传送带和吊机移动禽体,这样不但能减轻劳动强度，提高工作效率，而且可以减少污染机会，保证禽体的新鲜和质量。一些小型家禽屠宰场仍采取手工操作和半机械结合的生产线。

（1）口腔放血。将刀伸入口腔，在靠近头骨底部用刀尖切断颌动脉与桥支动脉连接处，待血液自口腔流出时，将刀刺入腭裂，破坏延脑神经中枢，加速家禽死亡，又可促使缩毛肌松弛，便于拔毛。其优点是可保持禽体的完整性，提高肉品的耐贮性，但技术操作较为复杂，稍有不当易造成放血不良，同时，细菌可随放血刀污染脑部，在不正确的贮藏下，往往引起刀伤处和脑部腐败。因此，要求刺杀准确，沥净血液。

（2）颈动脉颅面分支放血。该方法是在家禽左耳垂后方切断颈动脉颅面分支，其切口在鸡约为 1.5 cm，在鸭、鹅约为 2.5 cm，流血时间应在 2 min 以上。本法放血充分，操作简单，便于机械化操作，而且开口较小，能保证胴体较好的完整性，污染面小，可缩短放血时间，提高肉品质量，故目前大多采用这种放血方法。

（3）三管切断法。在禽的寰枕关节腹侧靠后横切一刀，将颈部血管，食管，气管一起切断，放血时间为 3～5 min。本法操作简单，放血较快，但因切口过大，不但有碍于商品的外观，而且容易造成污染，影响产品的耐贮性。所以，三管切断法不适用于现代化家禽屠宰加工企业。

（二）浸烫脱毛

屠禽流血死亡后才可进入浸烫脱毛工艺，要严格控制候死时间，鸡为 2.5～5.5 min，水禽为 2.5～3 min。因此，应在宰杀放血后 3～5 min，待家禽死透后才能浸烫脱毛，做到先宰杀先浸烫，以防止活禽或僵硬浸烫，切忌将尚未死透的活禽放入烫池，否则屠禽会因放血不净而出现皮肤色泽变暗，肉品质量降低。要严格掌握水温和浸烫时间，浸烫热水应保持清洁。

1. 浸烫

目前，屠宰加工肉用仔鸡时，浸烫水温为 60～62 ℃，而农民散养的土种鸡饲养时间较长，浸烫水温应为 61～63 ℃，鸭、鹅的浸烫水温为 62～65 ℃。浸烫水温必须严格控制，水温过高会烫破皮肤，使脂肪溶化，水温过低则不利于羽毛脱落。浸烫时间一般控制在 60～90 s。水温过高或过低都会造成禽肉品质下降，成为次品。

浸烫的热水最好为流水，若为烫池浸烫，应每隔 2 h 换水 1 次，以免浸烫水污浊而污染禽体。浸烫机（池）在工作完毕后，要捞净残存羽毛，打扫干净，清洗后再进行消毒。

2. 脱毛

脱毛的方式有人工拔毛和机械脱毛两种，规模化家禽加工企业都采用机械脱毛，即利用橡胶指束的拍打和摩擦作用去除羽毛。因此，应注意调整好橡胶指束与屠禽之间的距离，掌握好脱毛时间。脱毛机在工作完毕后，冲洗机器上的血污、粪污（清除的羽毛送指定地点处理），然后进行消毒。

3. 去残毛

人工拔毛或机械脱毛后残留有绒毛（尤其是水禽），需要进一步将残毛去除干净，其方法有三种：一是人工钳毛法，二是火焰喷射燎毛法，三是浸蜡去毛法，现代化家禽屠宰企业一般都采用浸蜡去毛法。严禁采用松香等有害物质清除绒毛，避免造成食物中毒和污染环境。

（三）净膛

1. 净膛形式

按照去除内脏的程度不同，目前一般采用全净膛、半净膛和不净膛 3 种形式。根据产品的用途不同，其净膛的方法有腋下开膛和腹部开膛。

(1)全净膛。从胸骨末端到泄殖孔中线切开腹壁或从右胸下肋骨处开口，除肺和肾脏保留外，将其余脏器全部去除，同时去除嗉囊，大型禽加工厂均采用自动机械去内脏。凡是腋下开膛的都是全净膛，其产品主要用于加工禽制品，如板鸭、盐水鸭、烤鸭等。

(2)半净膛。从泄殖孔处切开约 2 cm 的刀口，分离泄殖腔，并于开口处将全部肠管和胆囊拉出，其他脏器仍留于体腔内。

(3)不净膛。全部脏器保留在体腔内。

2. 卫生要求

分区作业活禽从挂钩到去绒毛为止称为屠宰去毛作业，必须与取内脏完全隔开。无论全净膛还是半净膛加工都应避免污染，在拉肠管前都应挤出泄殖腔内的粪便，不得拉断肠管扯破胆囊，以免粪便胆汁污染胴体。体腔内不能残留断肠和应除去脏器、血块、粪便和其他异物。

(四)胴体修整

1. 湿修

湿修时，一般使用加压冷水(或加氯水)冲洗，将附着在胴体表面的羽毛、血、粪等污染物尽量冲洗干净。全自动生产线采用洗禽机进行清洗，效果很好。半自动生产线是将净膛后的胴体放在清水池中清洗，然后将禽体腔中的积水流净，使其不留污秽。采用清水池清洗方法时，要注意清水池的水连续进水和出水，或勤换池水，以免造成胴体被水中微生物污染。

2. 干修

视产品的用途而确定是否去头。目前，大型禽加工厂均采用自动机械去头和切爪。用刀、剪修整胴体上的病变组织、机械损伤组织、游离的脂肪等，并将残毛拔掉。修整好的胴体要达到无血，无粪，无羽毛，无污物，无病变组织和损伤组织，外观要平整，具有良好的商品外观。修割下来的废弃物，应分别收集在容器内，按卫生要求分别处理，严禁乱扔乱放。

(五)内脏处理

摘出的内脏经检验后，立即送往内脏整理车间进行整理加工，不得挤压。如果为全净膛，分离出的心脏和肝脏，收集在专门的容器内。分离出肌胃，在专门的地点剖开，清除掉内容物，撕掉角质膜，将肌胃和角质膜分开收集。腺胃和肠收集在一起。

内脏整理车间要保证充足的供水，及时将初步整理的心、肝、肌胃、肌胃角质膜等清洗干净。洗净后应迅速包装和冷却，并及时销售或进一步加工处理。

二、家禽屠宰加工的卫生管理

家禽屠宰加工车间的卫生状况，直接影响产品的卫生质量，因此，需要加强卫生管理。

(一)车间内各设施卫生要求

(1)地面应不渗水、不积水、防滑、无裂缝、易于清洗消毒，排水坡度为 2%～2.5%。排水系统应有防止固体废弃物进入的装置，排水沟为明沟或加盖，沟底角应呈弧形，排水管应为“S”形或“U”形，有防鼠及防止臭味溢出的水封装置。

(2)墙壁应光滑、坚固、不透水，墙壁和天花板应使用无毒、防水、防雾、不脱落、耐酸碱、耐腐蚀、易于清洗消毒的白色或浅色材料修建，墙角、地角、顶角呈弧形。车间门窗应使用浅色、平滑、防锈、防霉、易清洗、不透水、耐磨损、耐腐蚀的绝缘材料制成，内窗台与墙面成45°夹角。车间门口设有与门同宽的鞋底消毒池或鞋底消毒垫。

(3)车间应设有通风和蒸汽抽取设施，排风口应设防蝇虫、防尘装置，进风口应加设空气过滤装置。车间内应有适度的照明，照明设施应有防护罩及防潮防爆设施。

(4)有饮用水供应系统，水量充足、饮用水与非饮用水的管道必须有明显的标志加以区分。加工用水必须符合卫生要求，水质卫生检测应由政府职能部门检测，每年不少于2次，企业应在官方兽医的监督下，定期进行自检。车间应有热水供应系统。

(二)严格消毒，防止污染

(1)车间、卫生间入口处及尽量靠近工作台的地方，应设有洗手、消毒、干手设施和工具清洗、消毒设备，洗手的水龙头要有冷、热水供应并采用非手动式开关。洗手设施的排水管应连接下水管道。干手设施应采用烘手器或一次性使用的消毒巾。消毒用水应不低于82 ℃。应有用于存放洗涤剂、消毒剂等的房间或安全之处，并有明确的领用制度和记录。清洁剂、消毒剂及其类似物品的使用不能对工具、设备和鲜肉产生不良影响，使用后对工具和设备必须用饮用水进行彻底冲洗，并做好原始记录。

(2)应在屠宰区、掏脏区、分割区与冷藏区分别设置男女更衣室。更衣室与加工车间相连，大小与加工能力相适应，并通风排气良好。各工作区的颜色及工作人员的工作服颜色应有明显区别标志。更衣柜应编号，顶部呈坡形，每人一柜，个人衣物与工作服、鞋、帽分格存放。更衣室设有工间休息挂衣服的衣架。淋浴间和卫生间应与更衣室相连，淋浴间地面排水畅通，排气良好；卫生间采用水冲式，厕所旁必须有足够数量的非手动开关式洗手盆。

任务三　参观定点屠宰场

一、实训目的

(1)了解定点屠宰场的选址、布局、场所的卫生设施及管理情况。

(2)了解屠宰动物屠宰加工工艺的流程。

(3)掌握宰前检验的方法、步骤，了解宰后检疫技术。

二、实训材料

白工作服、帽、口罩、长筒胶靴。

三、方法与步骤

参观定点屠宰场在教师和检验员的指导下进行。

1. 参观定点屠宰场的选址、布局和场所的卫生管理情况

(1)场址选择是否符合兽医卫生要求。

(2)厂房、车间、圈舍的布局、建筑、结构以及设备是否符合兽医卫生要求。

(3)饲料的保管与调制是否符合兽医卫生要求。

(4)供水系统是否符合兽医卫生要求。

(5)污水处理系统及其对污水无害化处理的程度。

(6)粪便处理是否符合兽医卫生要求。

(7)废品的处理情况。

2. 参观宰前检验和宰前管理

(1)宰前兽医卫生监督(各种检查、报表制度)的实施情况。

(2)动、静、食三大环节观察。

(3)看、听、摸、检四大要领操作观察。

(4)饲养管理制度是否符合兽医卫生要求。

(5)屠宰的宰前准备工作(宰前停食与沐浴)进行的情况。

3. 参观屠宰加工过程

(1)屠宰加工工艺流程的设置是否符合兽医卫生要求。

(2)加工过程的机械化程度以及每一工序的卫生水平。

4. 参观宰后检验

(1)宰后兽医卫生监督(各种检查、报表制度)的事实情况。

(2)宰后检验的检验点设置。

(3)头部检验。

(4)胴体(肉尸)检验。

(5)内脏检验。

(6)旋毛虫检验。

(7)皮肤检验。

(8)病害肉的卫生处理。

四、实训报告

通过参观写出定点屠宰场建筑结构、卫生设施及管理情况,屠宰动物宰前检验与宰后检验技术,屠宰加工工艺流程的调查报告。

考核评价

某个小镇,每天大概需要屠宰 100 头猪,请设计一个合理的屠宰流程。

案例分析

私设生猪屠宰场　判刑又罚款

被告人张某明知不能私设生猪屠宰场进行生猪屠宰，为获取非法利益，在某村自己家中私设生猪屠宰场，从事生猪屠宰、销售活动。同时向其他生猪屠宰师傅提供生猪屠宰场地，让当地的生猪屠宰师傅梁某、林某、刘某等到其私设的生猪屠宰场自行屠宰，并收取每头 25 元费用。被告人张某在生猪屠宰场被公安局民警当场抓获。截至案发，生猪屠宰场非法销售金额达 232 805 元。被告人张某从中非法获利 85 000 元。

法院经审理认为，被告人张某违反国家规定，未经批准，私设生猪屠宰场，非法从事生猪屠宰、销售经营活动，扰乱市场秩序，且涉案价值达 232 805 元，情节严重，其行为均已构成非法经营罪。依照刑法的相关规定，判处被告人张某有期徒刑一年八个月，缓刑二年，并处罚金 90 000 元。

《最高人民法院　最高人民检察院关于办理危害食品安全刑事案件适用法律若干问题的解释》第十七条规定："违反国家规定，私设生猪屠宰厂（场），从事生猪屠宰、销售等经营活动，情节严重的，依照刑法第二百二十五条的规定以非法经营罪定罪处罚"。

我国实行生猪定点屠宰、集中检疫制度。未经检疫的生猪产品，禁止流入市场，进入百姓餐桌。私设屠宰场屠宰生猪、私自销售未经检疫生猪产品的行为，不但扰乱市场秩序，同时关系千家万户"饭桌上"的食品安全，存在极大的食品安全隐患。任何单位和个人都应当严禁私屠滥宰和未经检验私售生猪行为。广大消费者也应选择正规的渠道购买肉类食品，并将发现的违法屠宰等违法犯罪线索向有关部门及时举报，共同维护食品安全秩序。

知识拓展

牛、羊屠宰加工的流程的兽医卫生监督

牛、羊的屠宰加工过程及兽医卫生要求与猪基本相似，由于它们在解剖结构上有些差异，故加工中稍有不同。

一、致昏

（一）刺昏法

刺昏法主要用于以牛为主的大家畜，是用匕首迅速准确地刺入屠畜寰枕关节间，破坏延脑和脊髓的联系，造成瘫痪。优点是只需 16 cm（5 寸）长的双刃尖刀，操作简便。但要求技术熟练，对性情暴烈和健壮的屠牛不宜使用此法。缺点是刺得过深会伤及呼吸中枢或血管运动中枢，使呼吸立即停止或血压下降，造成放血不良。故仅适用于老弱残牛。

（二）槌击法

与猪致昏时的槌击法相同。

（三）电麻法

牛使用单接触杆式电麻器时，一般电压不超过 200 V，电流强度为 1～1.5 A，电麻时间为

7～30 s；使用双接触杆式电麻器时的电压一般为 70 V，电流强度为 0.5～1.4 A，电麻时间为 2～3 s。

由于羊的性情温顺，对人不具有攻击性，一般不予致昏。

二、刺杀放血

（一）切颈法

切颈法是在头颈交接处腹侧面横向切开，切断颈部的颈静脉、颈动脉、气管、食管和部分软组织，使血液从切面流出的一种屠宰法，多用于牛、羊屠宰。优点是放血快，死亡快，减少挣扎。缺点是在切断颈动脉、颈静脉的同时，也切断了气管、食管和部分肌肉，胃内容物常经食道流出，污染切口甚至引起肺呛血和肺呛食，影响肉品质量。因此，除清真屠宰厂外，一般不使用此法放血。

（二）切断颈部血管法

牛的刺杀部位，在距胸骨 16～20 cm 颈中线处下刀，刀尖斜向上方刺入 30～35 cm，随即向外侧偏转抽刀，切断血管。沥血时间为 8～10 min。羊的刺杀部位，在下颌角稍后处用窄的放血刀横向刺穿颈部，切断颈动脉和颈静脉，沥血时间为 5～6 min。

三、剥皮与去头、蹄

牛、羊的屠宰一般需要剥皮。刺杀放血后应尽快剥皮，以免尸体冷凉后不易剥下。牛、羊的剥皮方法分手工剥皮和机械剥皮两种。在剥皮的过程中，分别将蹄、头卸下。

（一）手工剥皮

一般的小型肉联厂或小规模的牛、羊屠宰场均采用手工剥皮。牛的手工剥皮是先剥四肢皮、头皮和腹皮，最后剥背皮。剥前、后肢时，先在蹄匣上端内侧横切，再从肘部和膝部中间竖切，用刀将皮挑至指趾处，并在腕关节和跗关节处割去前后蹄。然后将两前肢和两后肢的皮切开剥离。剥腹部皮时，从腹白线将皮切开，再将左右两侧腹部皮剥离。剥头皮时，用刀先将唇皮剥开，再挑至胸口处，逐步剥离眼角、耳根，将头皮剥成平面后，在寰枕关节处将头卸下。剥背皮时，先将尾根皮剥开，割去尾根，然后从肛门至腰椎方向将背皮剥离。如果是卧式剥皮时，先剥一侧，然后翻转再剥另一侧。

羊的手工剥皮方法与牛相似，且各地有不同的剥皮习惯，但要注意不要将羊皮剥破，不能沾污胴体。

（二）机械剥皮

先手工剥头皮，并卸下头，剥四肢皮并割去蹄，再剥腹皮。然后将剥离的前肢固定在铁柱上，后肢吊在悬空轨道上，再将颈、前肢已剥离皮的游离端连在滑车的排钩上，开动滑车将未剥离的背部皮扯掉。遇到难剥的部分，应小心剥离，不可猛扯硬拉。在整个操作过程中，防止污物、毛皮、脏手沾污胴体。

羊的屠宰有时根据用户要求，采用脱毛剂进行脱毛或用喷灯进行燎毛的加工方法而不进行剥皮。进行燎毛时，要掌握好燎毛时间，将毛燎净，皮肤微黄而又不焦为宜。

四、开膛与净膛

在剥皮后立即进行开膛，并尽量采用机械倒挂式开膛。开膛时应小心沿腹正中线切开腹壁，用刀劈开耻骨联合，分离肛门周围组织，结扎，并切断瘤胃贲门部食管，拉出胃肠，切开颈部气管和食管周围组织、膈肌，再切断气管，拉出心、肺和肝。操作方法参考猪的开膛方法。

五、胴体劈半

牛的胴体劈半一般与猪胴体劈半一样，先沿脊柱将胴体劈成两半，然后沿最后肋骨后缘将半胴体分割为前后两部，即四分体，最后根据需要，进行分割肉的加工。

羊的胴体较小，一般不进行劈半。

六、内脏整理

与猪的内脏整理方法相同。

七、皮张整理

与猪的皮张整理方法相同。

家兔屠宰加工流程的兽医卫生检验

一、致昏

目前，我国各兔肉加工企业广泛采用电麻法进行致昏。电麻器有转盘式和长柄钳式两种。一般采用电压 70 V，电流 0.75 A，电麻时间 2～4 s。通电部位为两侧耳根稍后，电麻不得过深，否则会造成放血不良，使兔肉质量降低。

二、宰杀放血

家兔的宰杀放血有机械割头和切断颈部动静脉两种方法。现代化兔肉加工企业多采用机械割头的宰杀放血方法，这种方法可减轻劳动强度，提高工效，并防止兔毛飞扬，兔血四溅。也可采取兔体倒挂，切断颈部动静脉的宰杀放血方法。放血时间一般为 2～3 min，可保证放血良好。

三、剥皮

兔宰杀后应尽快剥皮，剥皮过晚不但不易剥离，而且容易撕破皮张。为避免兔毛飞扬，在剥皮前需用冷水擦湿兔体，但避免淋湿吊钩。剥皮方法宜采用脱袜式剥皮法。可分为手工剥皮和机械剥皮法。手工剥皮时，用刀在颈部、前肢腕关节及后肢跗关节上方 1 cm 处将皮肤做环行切口，再沿两后肢内侧绕过肛门挑切开皮肤并断尾，用手自阴部上方翻转皮肤，把皮肤自阴部拉至头部并剥去。机械剥皮是将已手工自后肢及阴部剥下的皮肤夹入剥皮机进行剥离。

在剥皮过程中，凡是接触过皮毛的手和工具，不得再接触胴体，以防兔肉受到污染。剥下的毛皮应尽快伸展、固定和干燥，不得在烈日下曝晒。

四、截肢与去尾

在腕关节稍上方截断前肢，在跗关节稍上方截断后肢，在第一尾椎处去掉兔尾。操作时应注意四肢要截整齐，切忌长短不一。

五、开膛与净膛

用刀自骨盆腔开始，沿腹部正中线剖开腹腔至胸骨前，切忌暴露出胸骨。将耻骨联合切开，分离肛门周围组织，以手指按住腹壁及肾脏，以免脂肪与肾脏连同大小肠一并扯下。然后再割开膈肌，以手指伸入胸腔抓住气管，将心、肺、肝、胃和肠取出。开膛时力求深浅适宜，避免割破胃、肠，造成胴体污染。

六、胴体修整

家兔剥皮后，因体腔及体表易残留水分，不耐贮藏，故宰后修整时不进行湿修，而是采取擦血和干修的方法进行整理。

擦血时，可用洁净海绵或毛巾擦去颈部和体腔内的血水，拭去胴体表面的毛污，但要注意海绵或毛巾要保持清洁。也有用“T”形擦血架擦拭体腔内的残余血水。有条件的厂家用真空泵吸出血水最为理想，可避免胴体受到污染。

擦血后，用刀将兔体进行干修，将残余内脏、生殖器官、结缔组织、游离缘、大血管及外伤等不良部位割掉，保证兔体外观良好。

知识链接

1.《畜禽屠宰操作规程　生猪》GB/T 17236—2019

2.《畜禽屠宰操作规程　鸡》GB/T 19478—2018

3.《肉鸡屠宰质量管理规范》NY/T 1174—2006

4.《生猪屠宰管理条例》

项目六
屠宰动物的宰后检验

学习目标

掌握宰后检验的方法及宰后检验后的各种处理方法及适用对象；熟悉淋巴结的解剖学部位、各种屠畜在宰后检验中应剖检的淋巴结及淋巴结常见的病变；了解宰后检验的目的意义以及宰后检验的程序与要点。

学习内容

宰后检验是指动物在放血解体的情况下，通过视、触、剖、嗅等方法检查胴体、内脏，根据其病理变化和异常现象进行综合判断，得出检验结论。

项目六宰后检验 PPT

任务一　屠畜的宰后检验

一、宰后检验的目的和意义

屠畜宰后检验是兽医卫生检验的重要环节之一，是宰前检验的继续和补充。屠畜经过宰前检验，只能检出具有体温反应或症状比较明显的患病动物，对于处于潜伏期或发病初期症状不明显的患病动物则很难发现，往往随着健康屠畜进入加工过程。这些病畜只有在宰后解体的情况下，通过观察胴体、脏器等所呈现的病理变化和异常现象，以及必要的实验室检验，进行综合分析才能做出准确判断。所以，宰后检验对防止染疫肉类上市销售、保障广大消费者吃上“安全肉”、防止动物疫病传播扩散、促进养殖业发展，均具有十分重要的意义。

(一)宰后检验的目的

(1)发现和检出对人体有害及致病的肉和肉品。

(2)剔除有害于其他动物或有害于公共卫生的肉类，并继而进行适当的处理。

(二)宰后检验的意义

(1)判定屠畜产品的卫生质量和经济价值。

(2)按照国家法律法规对畜产品做出卫生评价。

(3)保障人们食肉安全。

(4)控制动物疫病的传播。

二、宰后检验的组织

(一)胴体和受检器官的编号

为了保证宰后检验的顺利进行并正确做出卫生评价,在屠体开膛解体之后,工作人员必须把每一个屠畜的胴体、离体的头、内脏及皮张,以及检查的器官编上同一号码,以便检验人员发现病变时,及时追踪查找该病畜的所有产品,并进行合理处理,防止漏检或错判。

编号的方法可根据屠畜的种类、屠宰加工工艺、顺序及加工设备等采用不同的方法。一般常用的编号方法有贴纸号法、挂牌法和变色铅笔书写法。这些方法各有其优缺点,实际生产中可根据情况选择使用。在无传送装置的屠宰场,对剥皮的屠畜常用贴纸号法。脱毛带皮的屠畜则用变色铅笔于臀部上编记标号,其内脏用贴纸编号。编号时不得漏编或重编。一般大中型肉类联合加工厂,设有脏器自动传送装置,胴体和脏器应分别放置在传送带上、传送台上待检,脏器与胴体编号一致,进行同步检验。无传送装置的小型屠宰场,可对头和内脏采取离体检验的方法,将头、内脏、胴体放在一起待检。头和心、肝、肺悬吊起来,胃肠应置于检验台上;或采取倒挂,开膛后头和内脏不离体进行同步检验。

(二)受检组织器官的选择

宰后检验是在高速流水作业生产线上进行的,要求在较短的时间内,通过对胴体和脏器的检验,对疾病或病变做出正确的判定与处理。为此,对受检的脏器与组织必须加以选择,同时还必须了解病原微生物入侵动物体的主要门户、在体内转移和扩散的路径,以及哪些器官与组织对病原微生物的损害反应较为敏感。

根据病原微生物和寄生虫最常侵入的门户和机体最常受害的器官,应以消化系统、呼吸系统和血液循环系统作为宰后检验的重点,其次是泌尿生殖系统。

“病从口入”是众所周知的俗语,说明消化道是病原微生物侵入机体最主要的门户和途径。当消化道发生感染时,咽部扁桃体、胃肠道黏膜和肠系膜淋巴结等处常发生原发性病灶。此外,某些微生物还可以从肠道直接进入肝脏或胆囊,在肝与肝门淋巴结等处引起原发性病灶。如果这些组织和器官的防御机能不足以控制病原微生物,病原微生物将沿淋巴及血液循环而转移,直到使全身发生感染。此时,心、肝、肺、肾等实质器官及其相关淋巴结也将呈现相应的病变。

当病原微生物从呼吸道侵入动物机体时,首先在肺内或肺门淋巴结引起原发性病灶。如果病情继续恶化,病原微生物将经过肺循环进入体循环而造成全身性感染。

头部的结构较为复杂,有天然孔道,腺体、淋巴组织、舌、咽喉等重要器官,是宰后检验的重要部位。因为鼻腔、口腔、咽腔、喉腔、扁桃体等是病原体随空气、饲料和饮水侵入机体的门户,常在这些部位引起原发性病灶。

此外，泌尿生殖系统也与外界相通，是病原微生物侵入动物机体的门户。故母畜的子宫、阴道也经常出现各种病理变化。

被覆于动物体表的皮肤、蹄、角等组织器官，是动物机体的前沿防御组织，但在某些情况下，也是侵入机体的重要门户，如创伤感染、脱蹄、烂角等。有些病原体能通过健康的皮肤造成感染。经由这种途径侵入机体的病原微生物，一般情况下，被机体的防御系统特别是淋巴系统所阻滞，形成局灶性病灶。一旦侵入的病原微生物过多或毒力甚强，就会突破淋巴系统的层层防线，随淋巴进入颈静脉，经肺循环首先侵入肺。如果感染继续扩大，病原微生物将会随血液经体循环扩散到心、肝、肾、脾等脏器，形成全身性感染。

综上所述，宰后检验胴体时，必须先检查天然孔道、皮肤、蹄爪和躯体的主要淋巴结。检验脏器时，应先检验肠道（尤其是小肠和直肠）、肺、肝、子宫以及从这些脏器汇集淋巴液的局部淋巴结。同时还必须剖检心、肾、脾等实质脏器，以了解疾病的性质和发展程度。

三、宰后检验的方法与要求

（一）宰后检验的方法

宰后检验以感官检验为主，只有在必要时辅以实验室的病理学、微生物学、寄生虫学、理化检验等检测手段，作为辅助诊断方法，以便对宰后检验中所发现的病害肉做出准确判断，并做出相应的卫生处理。

1. 感官检验

运用感觉器官通过“视检”“触检”“嗅检”和“剖检”等方法对胴体和脏器进行病理学诊断与处理。

（1）视检。用肉眼观察胴体的皮肤、肌肉、脂肪、胸膜、腹膜、骨骼、关节、天然孔及各种脏器的色泽、形态、大小、组织状态等是否正常，有无充血、出血、水肿、脓肿等病理变化和寄生虫，为进一步的剖检提供依据。如皮肤、皮下组织、结膜、黏膜和脂肪组织发黄，表明病变为黄疸，应仔细检查肝脏和造血器官有无病变；咽喉肿胀应注意炭疽、链球菌病和巴氏杆菌病；牛、羊上下颌骨膨大，应注意检查放线菌病；猪的皮肤病变应注意猪瘟、猪丹毒、猪肺疫等疫病。

（2）触检。用手触摸或用检验刀触压受检组织和器官，判定其弹性和软硬程度，触检对于发现深部肿块、结节病灶等潜在性的变化具有特别重要的作用。如检查肺时，肺表面可能不显示病变，但肺叶内可能存在硬化病灶，只有通过触摸方能发现。

（3）嗅检。有些被检组织、器官不显任何特征性的变化，必须依靠嗅觉来判定肉品卫生质量。如屠畜生前患尿毒症，肉组织常有尿味；农药中毒、药物中毒或药物治疗后不久屠宰的动物肉品则带有特殊的气味或药味。

（4）剖检。剖检是借助检验工具，剖开组织器官，检查其隐蔽部分或深层组织的结构和状态有无异常。剖检对于淋巴结、肌肉、脂肪和所有脏器的检验都非常重要。

2. 实验室检验

当某些疫病难以确定时，必须进行实验室检验。常用的方法有细菌学检验、血清学检验、组织病理学检验、寄生虫检验和理化检验等。

(二)宰后检验的技术要求

(1)兽医检验人员要有良好的职业素养,在流水作业加工条件下,为了迅速、准确地对屠畜组织和器官的健康状态做出判定,兽医检验人员必须按规定检查最能反映病理变化的组织和器官,并遵循一定的方式、方法和程序进行检验,养成良好的工作习惯,以免漏检。

(2)为确保肉品卫生质量和商品价值,剖检只能在规定部位切开,切口深度、大小应适宜,切忌乱划或拉锯式切割。肌肉应顺肌纤维切开,非必要不得横断,以免造成巨大的呲开性切口,降低商品价值,并招致细菌的侵入或蝇蛆的附着。

(3)检查带皮猪肉的淋巴结时,应尽可能地从剖开面检查,淋巴结应沿长轴切开,当病变不明显时,可沿长轴切成薄片仔细观察。

(4)对每一屠畜的胴体、内脏、头、皮张在分开检验时要编上同一号码,以便核对。

(5)当切开脏器或组织的病变部位时,要采取一切措施,防止病变材料污染产品、地面、设备、器具和检验人员的手。

(6)检验人员应配备两套检验刀和钩,以便污染后替换,被污染的器械应立即消毒。同时检验人员要做好个人防护,穿戴清洁的工作服、鞋帽、围裙和手套上岗,工作期间不得到处走动。

四、宰后检验被检淋巴结的选择

淋巴结属于外周免疫器官,具有免疫和防御功能,并能呈现相应的病理学变化,由于病原的刺激,淋巴结的免疫活性细胞迅速增殖,引起局部淋巴结体积增大。

在病原微生物的作用下,淋巴结不仅呈现相应的病理变化,而且不同起源的病理过程,淋巴结往往会形成特殊而具有诊断意义的特征性病理变化。例如,因炭疽痈发生水肿时,相应部位的淋巴结增大 2～3 倍,切面流出多量黄色或红色汁液,并有暗红色出血点;因外伤引起水肿时,淋巴结稍肿大,色泽正常,切面有时出现小而弥漫的红润区;因心力衰竭引起的慢性水肿过程时,淋巴结无明显变化。由此可见,淋巴结在肉品检验中,可以准确、迅速地反映屠体的病理状况,在宰后检验中的作用极其重要。

畜体内淋巴结数目很多,猪约有 190 个,牛、羊约有 300 个,马有 8 000 多个,分布很广,它们从组织收集淋巴液的情况又错综复杂,故宰后剖检时,必须有所选择。选择被检淋巴结的基本原则:首先,选择收集淋巴液范围较广的淋巴结;其次,选择位于浅表和易于剖检的淋巴结以及能反映特定病理过程的淋巴结;最后,应着眼于淋巴流向和输入、输出淋巴管的主要走向。

(一)猪被检淋巴结的选择

1. 头部被检淋巴结

(1)颌下淋巴结。2～6 个淋巴结,呈卵圆形或扁椭圆形,位于下颌间隙,左右下颌角下缘内侧,颌下腺的前方(如倒挂,在颌下腺下方),被耳下腺覆盖(图 6-1),大小为(2～3) cm×(1.5～2.5) cm。主要收集头前半部以及舌、扁桃体、颊部、鼻腔前部和唇等部位的淋巴液;输出管一部分直接走向咽后外侧淋巴结,另一部分经颈浅腹侧淋巴结汇入颈浅背侧淋巴结。颌下淋巴结是头部检验第一步必检的淋巴结,主要检验咽型炭疽和结核。

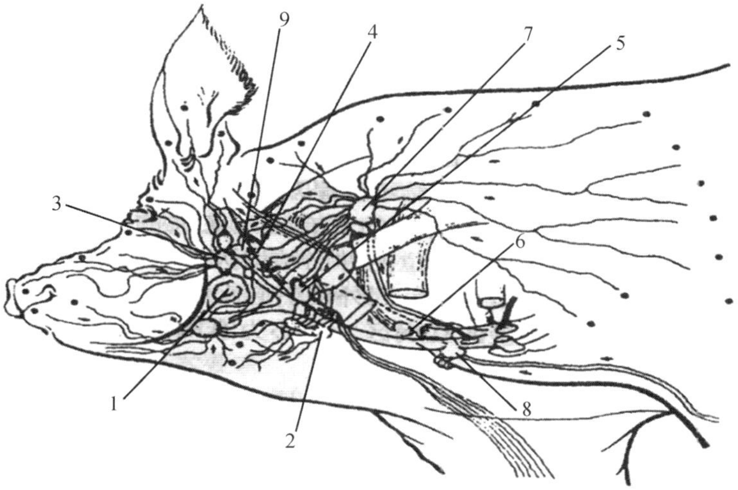

1. 颌下淋巴结 2. 颌下副淋巴结 3. 腮淋巴结 4. 咽后外侧淋巴结 5. 颈浅腹侧淋巴结
6. 颈浅中侧淋巴结 7. 颈浅背侧淋巴结 8. 颈后淋巴结 9. 咽后内侧淋巴结

图 6-1 猪头部及颈部淋巴结的分布

(2)腮淋巴结。位于颞下颌关节的腹侧,被腮腺前缘覆盖(图 6-1)。汇集面部、吻突、上唇、颊部、腮腺、颌下腺、耳内侧、眼睑等部位的淋巴液;输出管走向咽后外侧淋巴结。

(3)咽后外侧淋巴结。位于腮腺的背侧后缘,紧靠腮淋巴结的后方,部分或完全被腮腺背侧端覆盖,长条形,长 1～2.5 cm。汇集颌下淋巴结、腮淋巴结输出的淋巴液以及头部上述两组淋巴结收集不到的部位的淋巴液;输出管主要走向颈浅背侧淋巴结,少数走向咽后内侧淋巴结(图 6-1)。

(4)咽后内侧淋巴结。位于咽喉的背外侧、舌骨之间,与另一同名淋巴结相并列,大小为(2～3) cm×1.5 cm。主要收集舌根及整个舌的深部、咬肌、头颈深部肌肉及腭部、咽喉、扁桃体等部位的淋巴液;输出管直接走向气管淋巴导管(图 6-1)。

以上各淋巴结中,咽后外侧淋巴结是较为理想的一组可选淋巴结,但在屠体解体时常被割破或留在胴体上,并且该部位易受血液污染,不易检查,而该淋巴结的输出管走向颈浅背侧淋巴结,当其受到侵害时,后者也会有一定的变化;另外,猪炭疽、结核和猪肺疫的病变常局限于颌下淋巴结,因此,颌下淋巴结是猪头部检验的必检淋巴结,必要时可剖检其他几组淋巴结作为辅助检查。

2. 胴体被检淋巴结

(1)颈浅淋巴结。分为背、中、腹 3 组。主要汇集头颈部、胴体前半部的淋巴液。

背侧组:即颈浅背侧淋巴结,又名肩前淋巴结。位于肩关节的前上方,肩胛横突肌和斜方肌之间。主要汇集整个头部、颈上部、前肢上部、肩胛与肩背部的皮肤、肌肉和骨骼、肋胸壁上部与腹壁前部上 1/3 处的淋巴液。

中间组和腹侧组:分别位于肩关节前方臂头肌深层的颈静脉的表面和肩关节至腮腺之间的颈静脉沟内,上方几乎与咽后外侧淋巴结毗邻,下方与颌下副淋巴结邻近。主要汇集颈中部和下部、躯体前部和前肢、胸廓以及腹壁前部下 1/3 部分的淋巴液。

颈浅淋巴结所收集的淋巴液，都经由颈浅背侧淋巴结输入气管淋巴导管。由此可见，颈浅背侧淋巴结直接或间接地收集了猪体前半部绝大部分的淋巴液，因而它是胴体检验的必检淋巴结。猪体前半部其余的淋巴液，可由颈深淋巴结加以补充收集。

(2)颈深淋巴结。也可分为颈前、颈中、颈后3组。它们沿气管分布于喉头至胸前口之间，主要收集头颈深部的部分组织及前肢大部分组织的淋巴液。其中以颈后淋巴结（又称颈深后淋巴结）最为重要，它不仅接受颈前和颈中两组淋巴结输出的淋巴液，而且直接收集前肢绝大部分的淋巴液，其输出管走向气管淋巴导管。

由此可见，猪胴体前半部最有剖检价值的淋巴结是颈浅背侧淋巴结和颈深后淋巴结。猪胴体后半部（第11肋骨以后）的淋巴结主要有髂下淋巴结、腹股沟浅淋巴结、腘淋巴结、腹股沟深淋巴结和髂淋巴结（图6-2、图6-3）。

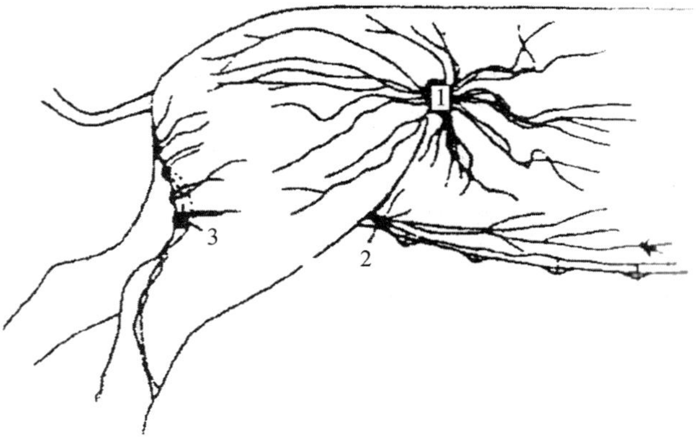

1. 髂下淋巴结　2. 腹股沟浅淋巴结　3. 腘淋巴结

图6-2　猪体后半部体表淋巴结分布及淋巴流向

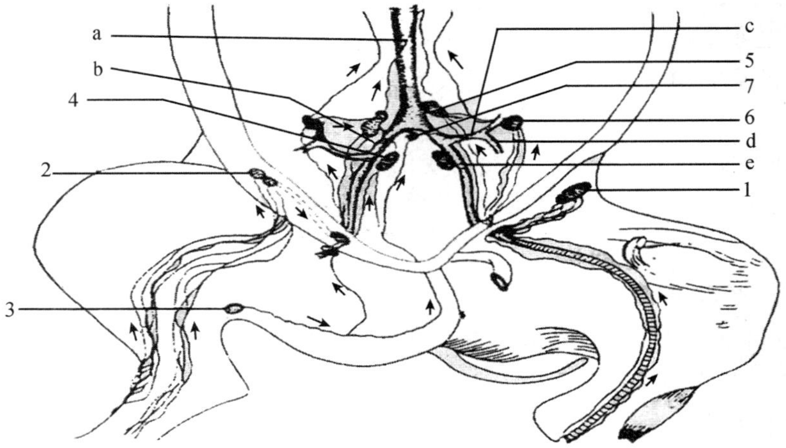

1. 髂下淋巴结　2. 腹股沟浅淋巴结　3. 腘淋巴结　4. 腹股沟深淋巴结　5. 髂内淋巴结　6. 髂外淋巴结　7. 荐淋巴结

a. 腹主动脉　b、e. 髂外动脉　c. 旋髂深动脉　d. 旋髂深动脉分支

（左右两侧淋巴结对称分布，本图为求简明，仅标明一侧）

图6-3　猪体后半部淋巴结分布及淋巴流向

(3)髂下淋巴结(股前淋巴结、膝上淋巴结)。位于膝关节前的皱褶内,阔筋膜张肌前缘的中部,呈扁椭圆形,大小为 2 cm×(4～5) cm,包埋于脂肪内。收集躯体第 11 肋骨以后、膝关节以上部位的皮肤和浅层肌肉的淋巴液。剖检此淋巴结可以了解猪体后半部左右两侧及腰部的被感染情况。

(4)腹股沟浅淋巴结。此淋巴结在母畜又称乳房淋巴结,在公畜又称阴囊淋巴结。母猪位于最后乳头的稍后上方 2～3 cm、大腿内侧的腹壁皮下脂肪内;公猪位于阴囊的前下方、阴茎的两侧,大小为(1～2) cm×(3～8) cm。收集躯体后半部下方和侧方表层组织、乳房和生殖器官的淋巴液。

(5)腘淋巴结。包括腘深、腘浅两组淋巴结。宰后检验时主要剖检浅组。浅组位于腓肠肌中部后缘、股二头肌和半腱肌之间的三角形凹陷处(跟腱后)的皮下组织内,见于约 80%的猪,大部分为 1 个淋巴结,有时可见 2 个。深组位于股二头肌和半腱肌的深部、腓肠肌表面上端后方,见于约 40%的猪。它们汇集小腿以下部位的淋巴液,在后肢肌肉发生炎症等病变时,此淋巴结也会出现相应的病理变化。腘淋巴结在肉联厂的宰后检验中一般不予检验,而在市场检验中经常剖检。

(6)腹股沟深淋巴结。有的猪缺或并入髂内淋巴结,又称髂股淋巴结。位于股深动脉附近,靠近阴部腹壁起始部,甚至与髂内淋巴结连在一起。汇集来自腰肌和腹肌、后肢全部游离部分,以及腹股沟浅淋巴结、腘淋巴结和髂下淋巴结输出的淋巴液;其输出管走向髂内淋巴结,是一个重要的淋巴结。

(7)髂淋巴结。又分为髂内淋巴结和髂外淋巴结 2 组。髂内淋巴结位于腹主动脉分出髂外动脉处的附近、旋髂深动脉起始部前方(图 6-3),大小为(4～5) cm×1.5 cm;髂外淋巴结位于旋髂深动脉前后两支的分叉处(图 6-3)。两组淋巴结汇集的部位基本相同;其输出的淋巴液,大部分经髂内淋巴结输入乳糜池,少部分由髂外淋巴结直接输入乳糜池。髂内淋巴结除汇集腹股沟浅淋巴结、腹股沟深淋巴结、髂下淋巴结、腘淋巴结、腹下淋巴结和荐外侧淋巴结输出的淋巴液以外,还直接收集腰部的骨骼和肌肉、腹壁和后肢的淋巴液,因而成为猪体后半部最重要的淋巴结,尤其在腹股沟深淋巴结缺乏的情况下,就成了胴体后半部最有剖检价值的淋巴结之一。

综上所述,屠猪在进行宰后检验时,头部和胴体最具有剖检意义的淋巴结是颌下淋巴结、颈浅背侧淋巴结(肩前淋巴结)、腹股沟浅淋巴结和髂内淋巴结。必要时,可增检颈深后淋巴结(颈后淋巴结)、髂下淋巴结、腹股沟深淋巴结和腘淋巴结。

3. 内脏被检淋巴结

进行猪的内脏检查时,主要检查的淋巴结有支气管淋巴结、肝淋巴结和肠系膜淋巴结。

(1)支气管淋巴结。分为左叶、右叶、中叶和尖叶 4 组。分别位于气管分叉的左方背面(被主动脉弓所覆盖)、右方腹面、气管分叉的夹角内背面和尖叶支气管分叉的腹面(图 6-4)。一般检查前两组淋巴结。

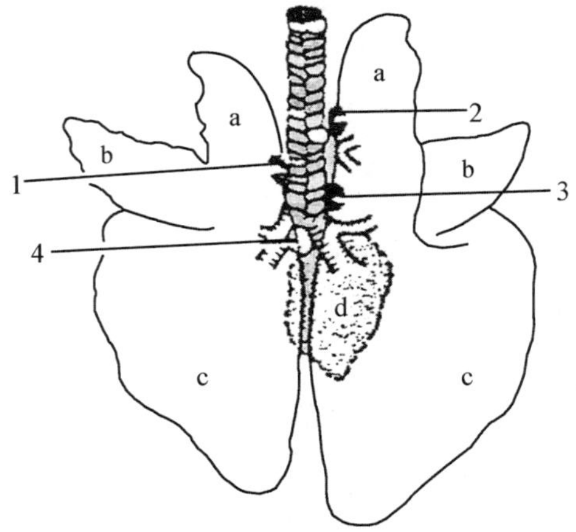

1. 左支气管淋巴结 2. 尖叶淋巴结 3. 右支气管淋巴结 4. 中支气管淋巴结
a. 尖叶 b. 心叶 c. 膈叶 d. 副叶

图 6-4 猪肺淋巴结分布图

(2)肝淋巴结。位于肝门周围，紧靠胰脏，被脂肪组织所包围，摘除肝脏时常被割掉。肝淋巴结呈卵圆形，通常为 2～7 个单个淋巴结(图 6-5)。

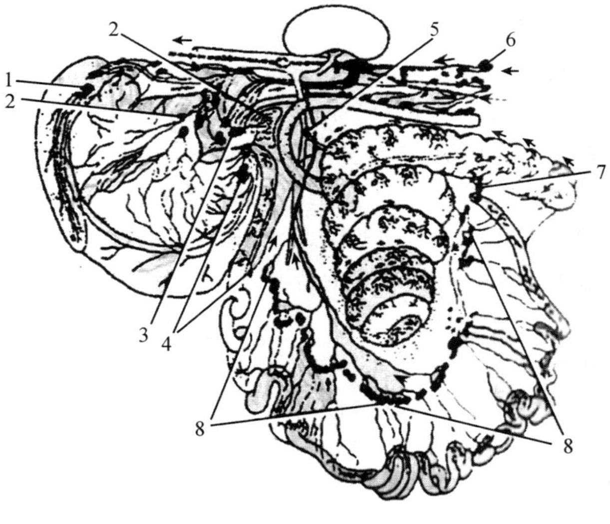

1. 脾淋巴结 2. 胃淋巴结 3. 肝淋巴结 4. 胰淋巴结 5. 盲肠淋巴结
6. 髂内淋巴结 7. 回肠、结肠淋巴结 8. 肠系膜淋巴结

图 6-5 猪腹腔脏器淋巴结分布图

(3)肠系膜淋巴结。主要位于小肠系膜上，沿小肠呈串珠状或条索状分布。此外，还有结肠淋巴结和盲肠淋巴结，分别位于结肠旋袢中、回肠末端和盲肠之间。

内脏的淋巴结，直接收集相应脏器的淋巴液。

(二)牛羊宰后检验被检淋巴结的选择

牛和羊虽然畜种不同,淋巴结大小也有区别,但其形状、色泽、部位及其汇集淋巴液的区域基本相似。牛、羊淋巴结是家畜淋巴结中最大的,呈椭圆形,也有的呈马蹄形或豆形。这里只介绍牛主要被检淋巴结。

1.头部被检淋巴结

牛全身主要淋巴结的分布与淋巴循环如图 6-6 所示。

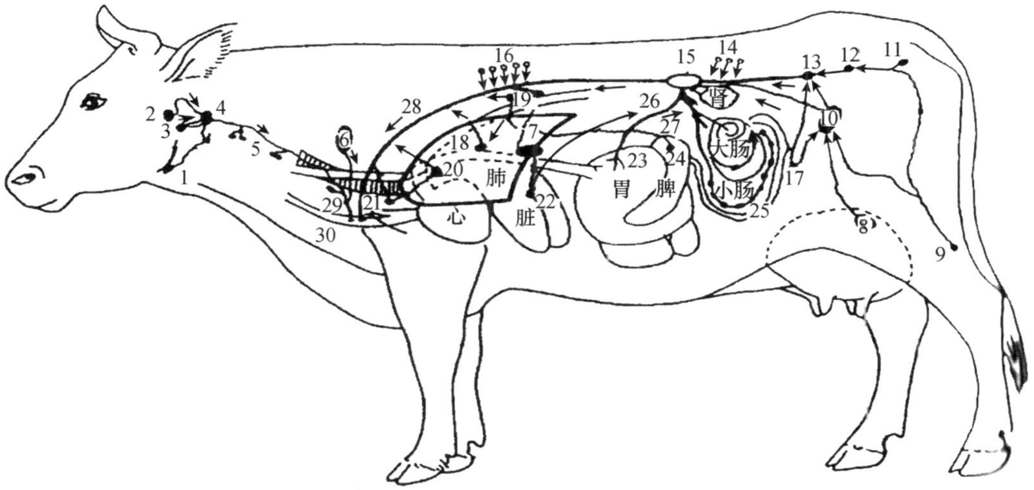

1.颌下淋巴结 2.腮淋巴结 3.咽后内侧淋巴结 4.咽后外侧淋巴结 5.颈深淋巴结 6.颈浅淋巴结 7.髂下淋巴结 8.腹股沟浅淋巴结 9.腘淋巴结 10.腹股沟深淋巴结 11.坐骨淋巴结 12.荐淋巴结 13.髂内淋巴结 14.腰淋巴结 15.乳糜池 16.肋间淋巴结 17.纵隔后淋巴结 18.纵隔中淋巴结 19.纵隔背淋巴结 20.支气管淋巴结 21.纵隔前淋巴结 22.肝淋巴结 23.胃淋巴结 24.脾淋巴结 25.肠系膜淋巴结 26.腹腔淋巴干(收集部分肝、胃的淋巴) 27.肠淋巴干(由大肠、小肠淋巴结的输出管汇集而成) 28.胸导管 29.气管淋巴导管 30.颈静脉

图 6-6 牛全身主要淋巴结的分布与淋巴循环示意图

(1)颌下淋巴结。1～3 个,位于下颌间隙、下颌血管切迹的后方,颌下腺的外侧。汇集头下部各组织的淋巴液;输出管走向咽后外侧淋巴结。

(2)腮淋巴结。单个或 2～4 个,颞下颌关节的后下方,前半部暴露于皮下,后半部被腮腺所覆盖。主要收集头上部各组织的淋巴液;输出管走向咽后外侧淋巴结。

(3)咽后内侧淋巴结。位于咽后方、两舌骨支末端之间。汇集咽喉、舌根、鼻腔后部、扁桃体、舌下腺及颌下腺等处的淋巴液;输出管走向咽后外侧淋巴结。

(4)咽后外侧淋巴结。位于寰椎侧前方,腮腺和颌下腺的深层。除汇集来自上述 3 组淋巴结的淋巴液外,还直接收集头部的大部分区域及颈部前 1/3 部分的淋巴液;输出管直接走向气管淋巴导管。

上述 4 组淋巴结中,咽后外侧淋巴结几乎收集了整个头部和颈部前 1/3 部分的所有淋巴液,并将淋巴液由气管淋巴导管直接输入胸导管,是牛、羊头部检验最为理想的淋巴结。但在解体去头时,常将其割破或留在胴体上,致使不便检查,所以常仅对咽后内侧淋巴结和位于浅表的颌下淋巴结予以剖检。为了保留咽后外侧淋巴结，在割下头部时，应沿第 3、第 4 气管环之间将头卸下。

2. 胴体被检淋巴结

见图 6-6。

(1)颈浅淋巴结。又名肩前淋巴结。位于肩关节前上方、臂头肌和肩胛横突肌的下面，被脂肪层包围。主要收集胴体前半部绝大部分组织的淋巴液；输出管走向胸导管。检查这组淋巴结，基本上可以了解躯体前半部的健康状况。

(2)髂下淋巴结。又称膝上淋巴结或股前淋巴结。位于膝褶中部、股阔筋膜张肌的前缘。主要汇集第 8 肋间至臀部的皮肤和部分浅层肌肉的淋巴液；输出管走向腹股沟深淋巴结和髂内淋巴结。剖检此淋巴结，可了解胴体后半部两侧体壁，腰部至臀部的皮肤和部分浅层肌肉被感染的情况。

(3)腹股沟浅淋巴结。此淋巴结在公畜称为阴囊淋巴结，位于阴囊的上方、阴茎的两侧；在母畜称为乳房上淋巴结或乳房淋巴结，位于乳房基部的后上方。主要收集外生殖器和母畜乳房部的淋巴液；输出管走向腹股沟深淋巴结。剖检此淋巴结，可了解胴体后半部下腹壁，外生殖器及母牛乳房等处被感染的情况。

(4)腘淋巴结。位于股二头肌和半腱肌之间的深部，腓肠肌外侧头的表面。主要收集后肢上部各组织、飞节以下至蹄部肌肉的淋巴液；输出管主要走向腹股沟深淋巴结。

(5)髂内淋巴结。位于最后腰椎下方髂外动脉起始部。主要汇集来自腰下部肌肉、臀部和股部部分肌肉、生殖器官和泌尿器官的淋巴液，以及来自髂下淋巴结、髂外淋巴结、腹股沟深淋巴结和其他几组淋巴结的淋巴液；输出管直接输入乳糜池。剖检此淋巴结，可了解腰下部肌肉、臀部、股部部分肌肉，生殖器官、泌尿器官被感染情况。

(6)腹股沟深淋巴结。位于髂外动脉分出股深动脉的起始部上方，在倒挂的胴体上，该淋巴结位于骨盆腔横径线的稍下方，骨盆边缘侧方 2～3 cm 处。除汇集来自髂下淋巴结、腘淋巴结、腹股沟浅淋巴结这三组淋巴结输送来的淋巴液以外，还直接汇集从第 8 肋间起躯体后半大部分的淋巴液；其输出管一部分经髂内淋巴结输入乳糜池，其余的直接输入乳糜池(图 6-6)，该淋巴结体积较大，容易在胴体上找到，是牛羊胴体检验的首选淋巴结。剖检此淋巴结，可了解胴体后半部深层组织与器官被感染情况及由体表向深层蔓延的情况。

综上所述，宰后检验牛、羊胴体时，依次检查颌下淋巴结、颈浅淋巴结、腹股沟深淋巴结和髂下淋巴结。必要时酌情增检咽后外侧淋巴结、髂内淋巴结和腘淋巴结。

3. 内脏被检淋巴结

(1)纵隔淋巴结。纵隔淋巴结是胸腔中最重要的淋巴结。分为前、中、后、背、腹 5 组，均位于纵隔上。它们分别收集整个胸腔内器官和胸腔前部及胸壁肌肉组织的淋巴液，并将收集的淋巴液直接或间接地输入胸导管。以纵隔中、后淋巴结最常用，因其位于两肺叶间的纵隔上，肺被摘除时常留在肺上，易于检验；而且这两组淋巴结汇集来自纵隔背淋巴结、左右支气管淋巴结和肋间淋巴结的淋巴液。

(2)支气管淋巴结。支气管淋巴结分为主支气管左、右、中和尖叶 4 组，约 25%的牛、羊还缺少气管支气管淋巴结。它们分别位于肺主支气管分叉的左方、右方、背面和尖叶支气管的根部。收集气管和相应肺叶及胸部食管的淋巴液；输出管进入纵隔前淋巴结或直接输入胸导管。宰后检验时常剖检前两组淋巴结。

(3)肠系膜淋巴结。位于肠系膜两层之间，呈串珠状或彼此相隔数厘米散布在结肠盘部位的肠系膜上。汇集小肠和结肠淋巴液；输出管经肠淋巴干进入乳糜池。

(4)肝淋巴结。肝淋巴结位于肝门内，由脂肪和胰脏覆盖，收集肝、胰、十二指肠的淋巴液；输出管走向腹腔淋巴干或纵隔后淋巴结。

(5)胃淋巴结。胃淋巴结数目多，分布于胃各室的血管沿线，收集相应胃的淋巴，输出管与肠干联合走向乳糜池。必要时，选择较大的淋巴结剖检。

由于肝脏以门静脉收集来自小肠的静脉血，且对疾病反应较为敏感，故宰后检验内脏时，剖检的淋巴结主要是肝淋巴结。除此以外，剖检肠系膜淋巴结很有必要，因其是病原体从消化道入侵机体的主要门户，在病原体的传播与疾病的鉴定上具有特殊的意义。

五、淋巴结常见的病变

检验人员为了能正确判定淋巴结有无异常现象，必须熟知淋巴结的各种特征性病理变化。

(一)充血

淋巴结轻度肿胀、发硬，表面发红或出现血丝，切面潮红，按压时切面有血液渗出。见于炎症初期。

(二)水肿

淋巴结肿大，被膜紧张，富有光泽，切口外翻，切面苍白，质地松软，流出多量透明浆液。见于水肿病、恶病质、外伤、长途运输等。

(三)浆液性炎症

淋巴结显著肿大、变软，被膜紧张，切面红润或有出血，按压时流出多量黄色或淡红色浑浊液体。见于急性传染病，尤其是能产生大量毒素的病原体的感染。

(四)化脓性炎症

淋巴结肿大柔软，表面或切面上有大小不等的黄白色化脓灶，按压时可流出脓汁；有时见整个淋巴结形成脓肿，触压时有波动感。常见于化脓性细菌感染及化脓疮。

(五)出血性炎症

淋巴结肿大，被膜紧张，富有光泽，具有深红色或黑红色外观，切面稍隆起，多汁湿润，呈深红色至黑红色与灰白色相间的大理石样花纹(多见于猪瘟)，或表现为暗红色斑点散在其中，或呈现不同程度弥散性红染(主要见于急性败血性疾病)。

(六)急性变质性炎症

淋巴结肿大、松软，切面呈红褐色，实质易于刮下似粥样，有的区域可见坏死灶。这种现象多见于局部剧烈化脓性炎症汇集淋巴液的局部淋巴结。当组织发生广泛坏死时，这种现象多转化为化脓性炎症，最终在淋巴结形成脓肿。

(七)急性增生性炎症

淋巴结肿大、松软,切面隆起、多汁,呈灰白色浑浊的颗粒状,外观如脑髓,故有淋巴结“髓样变”之称,有时在切面可见到黄白色坏死灶。可见于急性副伤寒、猪气喘病及其他急性传染病。

(八)慢性增生性炎症

这种变化往往是某些病理损害的一种结局,是以结缔组织增生形成肉芽组织为主的病理变化。淋巴结因结缔组织增生而体积显著增大,组织结构致密,质地坚实,表面凹凸不平,切面呈灰白色湿润而有光泽。多见于慢性经过的传染病,如结核、鼻疽、布鲁氏菌病等。

(九)特异性增生性炎症

某些特异性病原性微生物所致的肉芽肿性炎或传染性肉芽肿,淋巴结肿大、坚硬,切面灰白色,有粟米粒大至蚕豆大的结节形成,其中心呈干酪样坏死,并常伴有钙盐颗粒沉积。见于一些特殊的传染病,如结核病形成的结核结节、鼻疽形成的鼻疽结节、放线菌形成的放线菌肿。

(十)寄生虫性淋巴结炎症

动物在患锥虫病或梨形虫病时,淋巴结肿大,网状内皮细胞和浆细胞增生;在患弓形虫病时网状内皮细胞大量增生;在马原虫及肠结节虫感染时能引起淋巴结的化脓、干酪化和钙化。

(十一)肿瘤

淋巴结肿大,形态改变,其结构被肿瘤组织所代替,而且在不同的肿瘤其外观各不相同,在淋巴结的肿瘤中,以黑色素瘤和癌最为多见。

(十二)色素沉着

有色动物如老龄的青马常见淋巴结有黑色素沉着;牛、羊患肝片吸虫时淋巴结常见到褐色乃至黑色的蠕虫。

六、 屠畜宰后检验的处理

(一)宰后检验结果的登记

在宰后检验过程中,经常会发现各种各样病理变化的组织器官。将有典型组织病变的器官作为病理标本,是了解动物疫病流行情况、进行学术交流及教学研究的原始材料,也是宰前、宰后对照检验所必需的。总结和研究这些资料,对提高检验人员的宰后检验水平,了解当地各种传染病、寄生虫病流行现状是十分重要的。

登记工作应当坚持经常进行,并指定专人负责。登记项目包括:屠宰日期、胴体编号、屠畜种类、性别、产地名称、畜主姓名、疾病名称、病变组织器官及病理变化、检验人员结论及处理意见等。如此经过多年积累,这些登记资料经科学分析综合后,对了解疫情,制定防疫措施,提高兽医卫生检验技能及对公共卫生方面都具有重要意义。因此,应当将检疫结果的登记统计表作为档案长期保存,需要时可随时查阅。

当宰后发现某种严重的动物传染病或寄生虫病时,应及时通知动物产地的动物卫生监督机构,并根据传播情况和危害范围的大小,及早采取有效的兽医防治措施,必要时停止动物调运。

(二)宰后检验的处理

胴体和内脏器官经过宰后检验后,根据检验结果提出处理意见。其原则是既要确保人体健康,又要尽量减少经济损失,并且避免造成环境污染。根据我国现行规定,处理方法通常有以下几种。

1.适宜食用

品质良好,符合国家卫生标准,可不受任何限制新鲜出厂(场、站)。

2.有条件食用

凡患有一般性传染病、轻症寄生虫病和病理性损伤的胴体和内脏,根据病变的性质和程度,经过无害化处理后,使其传染性、毒性消失或寄生虫全部死亡的,可以有条件地食用。

根据规定,"高温处理"是有条件食用肉的唯一的处理方法。

(1)适用对象。患猪肺疫、溶血性链球菌病、猪副伤寒、结核病、副结核病、绵羊痘和山羊痘、山羊关节炎/脑炎、绵羊梅迪-维斯纳病、弓形虫病、梨形虫病、锥虫病等病的病畜的胴体和内脏;患恶性传染病病畜的同群屠畜以及怀疑被其污染的胴体和内脏。

(2)操作方法。方法有高压蒸煮法和一般煮沸法。

①高压蒸煮法。把胴体切成重不超过 2 kg、厚不超过 8 cm 的肉块,放在密闭的高压锅内,在 112 kPa 压力下蒸煮 1.5～2.0 h。

②一般煮沸法。将肉切成与上述大小相同的肉块,放在普通锅内煮沸 2.0～2.5 h(从水沸腾时算起),使肉块深部温度达到 80 ℃以上,切开时,深部肌肉呈灰白色或灰色,切开无红色血水流出时即可。

3.化制

即在一定的技术设备条件下,将屠畜及其产品炼制成骨肉粉和工业油等可利用产品的无害化处理方法。在以往"卫生评价和处理"中所提及的"工业用",指的就是此种处理方法。

化制法

(1)适用对象。凡是病变严重,肌肉发生退行性变化,按规定必须销毁的传染病以外的其他传染病、中毒性疾病、囊尾蚴病、旋毛虫病、严重污染的胴体和内脏,自行死亡的胴体和内脏、因普通病而死亡的胴体和内脏以及不明原因死亡的家畜尸体或胴体及内脏。

(2)操作方法。

①干化法。其操作方法是利用大型干化机,将原料分类,分别投入化制。干化机是一种卧式或立式带夹套的真空化制锅,机身由双层钢板组成,形成夹层,机身内腔中心带有搅拌器。

干化法的优点是处理过程快,产品含油量少,回收率高且易贮藏和运输,既可作饲料又可作化肥;但不能化制大块原料和全尸,也不能用于化制恶性传染病尸体。

②湿化法。即利用湿化机将整个尸体投入进行化制的处理方法。湿化机实际上是一个大型的高压蒸汽灭菌器,其容积可达 2～3 t,有的甚至达 4～5 t。整个动物尸体可不经解体而直接投入湿化机内。其原理是利用过热蒸汽直接与尸体接触,在蒸汽凝结时放出大量的热能,使油脂融化,蛋白凝固,并将病原微生物完全杀灭。

目前，我国广泛采用的是大型立式高压罐。安装在有上下两层操作房的车间内。这种立式高压罐可并排安装数个，上部开口在上层操作间，整个动物尸体或其他废弃物可以由此开口投进罐中。然后加水，加盖密封。由过热蒸汽通过双层罐壁的夹层加热、加压。经过一段时间，罐的内容物分为 3 层，上层为油脂，中层为溶解的蛋白质有机物，下层为肉骨残渣。这 3 层物质可分别作为生产工业油、蛋白胨和骨肉粉的原料。

湿化法的优点是可以有效地处理恶性传染病尸体及大型家畜全尸，无须解体；缺点是所得到的油脂含水量高，部分油脂被乳化而使油脂色泽不良且不耐贮藏，所得油渣不能作饲料用，而只能作肥料或工业用。

干化法和湿化法在优缺点上可以互补，因此大型肉类联合加工厂应同时具有上述 2 套设备，以分别处理不同的原料。

4. 销毁

销毁是对危害特别严重的恶性人畜共患传染病、恶性肿瘤、多发性肿瘤和病腐的动物尸体及其他危害性严重的废弃物所采用的无害化处理方法。

(1)适用对象。确认为炭疽、鼻疽、牛瘟、牛肺疫、恶性水肿、气肿疽、狂犬病、羊快疫、羊肠毒血症、肉毒梭菌中毒症、羊猝狙、马流行性淋巴管炎、马传染性贫血、马鼻腔肺炎、马鼻气管炎、蓝舌病、非洲猪瘟、猪瘟、口蹄疫、猪传染性水疱病、猪密螺旋体病、急性猪丹毒、牛鼻气管炎、牛病毒性腹泻-黏膜病、钩端螺旋体病(已黄染的胴体)、李氏杆菌病、布鲁氏菌病等传染病和恶性肿瘤或两个器官发现肿瘤的病畜整个尸体；从其他患病动物各部分修割下来的病变部分和内脏。

焚烧法

(2)操作方法。

①湿法化制。利用湿化机将整个尸体投入进行化制，见前所述。

②焚烧。将整个尸体或被割除下来的病变器官和内脏投入焚尸炉，使其烧毁和炭化的处理方法。焚烧是处理病原体最彻底的处理方法，其缺点是不能回收副产品。

(三)宰后检验的盖检印

宰后检验的盖检印一般分为以下 4 类。

第一类，认为品质良好、适于食用的胴体和脏器，盖以兽医验讫印戳。

第二类，认为经过无害化处理后可供食用的胴体和脏器，盖以高温或食用油或复制的印戳。

第三类，病理变化比较严重，不适于食用的胴体和脏器，盖以非食用的印戳。

第四类，评价为应销毁的胴体和脏器，盖以销毁的印戳。

盖印的部位及数目，外销产品应根据合同办理。内销产品第一类若为国营肉联厂屠宰后检验的胴体，原则上在胴体两侧臀部各盖以检验合格印戳，第二、第三、第四类应在胴体多处盖以相应印戳(图 6-7)；定点屠宰点检疫后的盖印，第一类为沿胴体中线两侧的皮肤 10 cm 加盖动物防疫机构统一使用的滚动长条形“兽医验讫”印戳，第二类盖以高温印戳，第三、第四类盖以化制、销毁，且应在胴体多处盖印戳。在验讫印戳上应刻有检验机关全称、畜别、检验日期，兽医验讫等项。

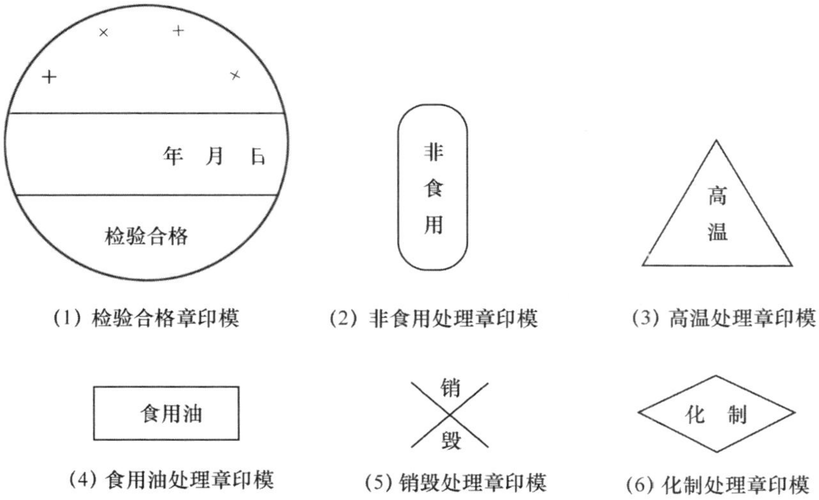

图 6-7　宰后检验处理章印模

适于食用的胴体，盖以兽医验讫印戳

销毁处理印章

任务二　屠畜宰后检验的程序及要点

一、猪宰后检验的程序及要点

猪的宰后检验一般分为头部检验、皮肤检验、内脏检验、胴体检验、旋毛虫检验和复检等检验工序。

(一)头部检验

猪头部检验分两步进行。

1. 颌下淋巴结检验

在放血之后，烫毛或剥皮之前进行。助手用右手紧握猪的右前蹄，左手用检验钩钩在右侧切口边缘的中间向右拉开。检验者左手持钩，钩住左侧切口边缘的中间部分，向左牵拉切口使其扩张；右手持刀将切口向深部纵切一刀，深达喉软骨；再以喉为中心，朝向下颌骨的内侧，左右各做一弧形切口，便可在下颌骨内沿、颌下腺下方，找出呈卵圆形或扁椭圆形的左右颌下淋巴结，并进行剖检。视检淋巴结是否肿大，切面是否呈砖红色，有无坏死灶(紫、黑、灰)，周围有无水肿、胶样浸润等，主要是检查猪的局限性咽型炭疽。

2. 咬肌检验

如果加工工艺流程规定劈半之前头仍留在胴体上，该步检验在胴体检验时一并进行，否则单独做离体检验。检验人员用检验钩钩住颈部断面上的咽喉部，提起头，剖检两侧外咬肌，检查有无囊尾蚴。

除上述检查项目外，还可检查咽喉黏膜、会厌软骨和扁桃体(检查猪瘟)，同时观察鼻盘、唇和齿龈(注意口蹄疫、水疱病)。

(二)皮肤检验

带皮猪在脱毛后开膛前进行检验,剥皮猪则在头部检验后洗猪体时初检,然后将皮张剥除后复检。主要观察皮肤的完整性和色泽变化,注意耳根、四肢内外侧、胸腹部、背部等处,有无点状、斑状出血和弥漫性充血,有无疹块、痘疮、黄染等。特别注意传染病、寄生虫病与一般疾病引起的出血点、出血斑的区别。由传染病引起的出血点和出血斑多深入皮肤深层,水洗、刀刮、挤压、煮沸均不消失。猪瘟引起的皮肤有广泛的出血点;猪肺疫引起的皮肤发绀;猪丹毒引起的皮肤呈方形、菱形、紫红或黑紫色疹块,或呈现“大红袍”;猪弓形虫病引起的皮肤发绀伴有淤血斑和出血点。一般疾病引起皮肤上的出血点和出血斑多发生在皮肤表层和固有层,刀易刮掉。鞭伤、电麻、疲劳等均可造成皮肤变化。当发现有疑似传染病、寄生虫病时,即刻打上记号,不要解体,由岔道转移到病猪检验点,进行全面剖检与诊断。

(三)内脏检验

根据屠宰加工条件的不同,猪内脏检验可分离体和非离体两种情况。离体检验时要注意将受检脏器编上与胴体相同的号码。非离体检验时,按照内脏摘除顺序,分两步进行。

1. 胃、肠、脾检验

首先视检脾脏,注意其形态、大小及色泽,触摸其弹性及硬度,必要时剖检脾髓,观察有无猪瘟的脾脏边缘楔形梗死灶,有无脾型炭疽痈的黑紫结节状病变等。然后剖检肠系膜淋巴结,注意有无肠型炭疽。最后视检胃肠浆膜及肠系膜,必要时将胃肠移至指定地点,剖检黏膜,检查色泽,观察有无充血、出血、水肿、胶样浸润、痈肿、糜烂、溃疡、坏死等病变。

下列病变值得关注:猪瘟时胃黏膜有点状出血;猪丹毒时胃底部出血;急性胃炎时黏膜充血,慢性胃炎时黏膜肥厚有皱褶;猪瘟时回盲瓣附近有纽扣状溃疡;猪副伤寒时大肠黏膜上有灰黄色糠麸状坏死性病变(纤维素性坏死性肠炎)和溃疡;坏死性肠炎时肠溃疡面大。

2. 心、肝、肺检验

动物感染疫病时,这些实质器官常出现充血、出血、变性、炎症等变化,应逐一检查。

(1)心脏检验时仔细检查心包并剖开,观察心脏外形及心包腔、心外膜的状态。随后用检验钩钩住心脏左纵沟加以固定,在左心室肌上做一纵斜切口,露出两侧的心室和心房,观察心肌、心内膜、心瓣膜及血液凝固状态。要特别注意二尖瓣上有无菜花状增生物(慢性猪丹毒),检查心肌有无囊尾蚴、浆膜丝虫寄生。

(2)肝脏检验时先用刀轻轻刮去表面的血污后观察其外表,触检其弹性和硬度,注意大小、色泽、表面损伤及胆管状态。然后剖检肝淋巴结,并以刀横断胆管,挤压胆管内容物(检查肝片形吸虫)。必要时剖检肝实质和胆囊,注意有无变性、脓肿、坏死和肿瘤等病变。如肝片形吸虫、华支睾吸虫寄生胆管时,切开胆管可使虫体溢出;蛔虫异位寄生于胆道时,可引起阻塞性黄疸;老龄公、母猪的肝、胆肿瘤检出率高;猪瘟时病猪的胆囊黏膜出血;败血型猪丹毒的肝脏肿大淤血,胆囊黏膜可见炎性充血、水肿。

肺脏检验时先视检其外表,剖开左、右支气管淋巴结,然后触摸两侧肺叶,剖开其中每一硬结的部分,必要时剖开支气管。重点检查有无结核、实变、寄生虫及各种炎症变化。结核病时可见淋巴结和肺实质中有小结节、化脓、干酪化等病变;猪肺疫以纤维素性坏死性肺炎(大叶性肺炎)为特征;肺丝虫病以凸出表面白色局灶性气肿病变为特征;猪丹毒以卡他性肺炎和充血、水肿为特征；猪气喘病以对称性肺的炎性水肿肉样变（小叶性肺炎）为特征；此外，猪肺还可见到寄生的细颈囊尾蚴、棘球蚴等。

必要时，还可进行直肠、膀胱、子宫及睾丸的检验。肾脏检验在胴体检验时一并进行。

（四）胴体检验

胴体检验最好在劈半后进行，因为此时淋巴结及体腔组织暴露明显，便于视检和剖检。

1. 体表检查

主要检查内外体表有无各种病变的存在，同时判定胴体的放血程度。

（1）检查病变。观察皮肤、皮下组织、脂肪、肌肉、胸腹膜、骨骼、关节及腱鞘等组织有无出血、水肿、脓肿、蜂窝织炎、肿瘤等病变。当患有猪瘟、猪肺疫、猪丹毒、猪繁殖与呼吸综合征、猪弓形虫病等疫病时，在皮肤上常有特殊的出血点或出血斑、疹块。发生“珍珠病”时，胸腹膜上有珍珠样结核结节。黄疸病猪全身组织黄染。

（2）判定放血程度。胴体的放血程度是评价肉品卫生质量的重要指标之一，放血不良的肉对其质量和耐贮性有重大影响。动物宰前衰弱、疲劳、患病或循环系统及生理功能遭到破坏或减弱时，均会导致放血不良。而致昏和放血方法的正确与否也决定了胴体放血程度的好坏。放血不良的肉颜色发暗，皮下静脉血液滞留，在穿行于背部结缔组织和脂肪沉积部位的微小血管以及沿肋两侧分布的血管内滞留的血液明显可见，肌肉切面上可见暗红色区域，挤压有少许残血流出。

2. 淋巴结检查

主要剖检腹股沟浅淋巴结和腹股沟深（或髂内）淋巴结，必要时剖检肩前淋巴结、髂下淋巴结和腘淋巴结。

剖检腹股沟浅淋巴结时，检验人员左手用检验钩钩住最后乳头稍上方的皮下组织向外侧牵拉，右手持刀从脂肪组织层正中切开，即可发现被切开的腹股沟浅淋巴结。

腹股沟深淋巴结，位于髂深动脉起始部的后方，与髂内、髂外淋巴结相邻。

剖检淋巴结时主要是看其是否有传染病的变化。如猪瘟的淋巴结呈大理石样、出血；猪丹毒的淋巴结充血、肿大、多汁。

3. 腰肌检查

两侧腰肌是猪囊尾蚴常寄生的部位，必须剖检。剖检时，以检验钩固定胴体，用检验刀自荐椎与腰椎结合部起做一深的切口，使刀刃擦着脊柱向下滑行，将腰肌尽可能地与脊柱分离。然后将检验钩移至肾脏附近，将已游离的腰肌展开，并顺腰肌的肌纤维方向做 2～3 条平行的切口，检查有无囊尾蚴。

有时为保证出口大排肌肉的完整性，也可剖检后腿肌肉来代替。

4. 肾脏检查

肾脏是泌尿系统中最主要的器官，多种传染病均可侵害肾脏引起病变。如猪瘟时病猪的肾脏贫血，有大小不一的出血点；猪肺疫时病猪的肾脏淤血、肿大，有大小不一的出血小点；猪丹毒时病猪的肾脏淤血、肿大，有出血斑点，有时呈紫色；肾还常有囊肿、肿瘤、结石；猪肾虫在肾门附近形成较大的结缔组织包囊，切开可发现成虫。检查时，首先剥离肾包膜，用检验钩钩住肾盂部，再用刀沿肾脏中间纵向轻轻一划，然后刀外倾以刀背将肾包膜挑开，用钩一拉肾脏即可外露。查看外表，触检其弹性和硬度。必要时再沿肾脏边缘纵向切开，对皮质、髓质、肾盂进行观察。

（五）旋毛虫检验

开膛取出内脏后，在左右两侧膈肌脚各取样一份，每份肉样 30～50 g，编上与胴体同一号码，送实验室压片镜检。有条件的屠宰场(点)，可采用集样消化法检查。如发现旋毛虫虫体或包囊，应根据编号进一步检查同一头猪的胴体、头部及心脏。

（六）复检

为了最大限度地控制病畜肉出场(厂)，屠体经上述初步检验后，还须再进行一次全面复检(即终点检验)。复检的任务是查验所有各检验点的检验结果，对胴体的卫生质量做出综合判定，确定所检出的各种病害肉无害化处理的方法，并对检验结果进行登记。这项工作通常与胴体的分级、盖印戳结合起来进行。

上述各环节的检验中，对感官检查不能确诊的头、内脏、胴体必须打上预定的标记，以便化验人员采取相应的病料，进一步进行实验室检验。

宰后检验人员除对上述检验点实施检验外，还应对“三腺”的摘除情况进行检查。“三腺”是指甲状腺、肾上腺和病变淋巴结，甲状腺、肾上腺是内分泌器官，淋巴结是免疫器官，所以“三腺”中含有内分泌激素和病原微生物，人们一旦误食，会引起食物中毒。猪的甲状腺位于喉甲状软骨的后方，气管的两侧，深红色，一般分左右两叶和中间的峡部，两叶连在一起，长 4.0～4.5 cm，宽 2.0～2.5 cm，厚 1.0～1.5 cm。猪的肾上腺是成对的红褐色腺体，位于肾的前内侧，长而窄，表面有沟。病变淋巴结是指受致病因子作用而产生病理变化的淋巴结。

二、牛羊宰后检验的程序及要点

（一）牛的宰后检验

牛的宰后检验一般分为头部检验、内脏检验和胴体检验三步。

1. 头部检验

屠牛的头部检验，是将割下的头立即编号，仰放在检验台上，沿下颌骨内侧切开两侧肌肉，随手掏出舌尖，并用力将舌拉出下颌间隙，此时剖检颌下淋巴结、腮淋巴结、咽后内侧淋巴结和扁桃体，并观察咽喉腔黏膜，注意有无结核、出败、炭疽等病变。视检和触检唇、齿龈及舌面有无水疱、糜烂，以检出口蹄疫，然后沿舌系带纵向切开舌肌，沿下颌骨支切开两侧咬肌，检查有无囊尾蚴寄生，水牛还应注意有无肉孢子虫，同时仔细检查舌和下颌骨的形状、硬度，以确定有无放线菌病。

2. 内脏检验

牛的内脏检验主要依照内脏摘出程序及各屠宰厂(场)的工艺流程设置安排，并根据各自的实际情况进行。由于牛的内脏体积很大，一般只能单个摘出检查。

(1)脾。牛开膛后，注意脾的形状、大小及色泽、质地的软硬程度，必要时切开脾髓检查。应特别注意脾脏有无急性肿大、被膜紧张、触之即破、质地酥软、脾髓焦黑色、流出暗红色似煤焦油样不凝固的血液等炭疽的特有病变。

发现脾异常肿大时，应立刻停止屠宰加工；同时送样进行化验，做细菌学检查；屠宰加工人员及检验人员不得任意走动；经细菌学检查为阴性者，则恢复屠宰加工，为阳性者，即按炭疽处理。

（2）胃肠。在剖开胸腹腔时，检验人员应首先观察一下胸腹腔有无异常；其次观察胃肠的外形，检查浆膜有无出血、充血、异常增生；最后剖检肠系膜淋巴结看是否有结核病灶。患白血病后期牛的真胃壁均显著增厚。如在检查口腔时发现口蹄疫病变或有可疑时，应特别注意检查胃，并剖检位于胃浆膜不同部位的淋巴结。此外还应检查食管，注意有无肉孢子虫。

（3）心。先观察心包是否正常，随后剖开心包观察心包液性状、数量，心肌有无出血、寄生虫坏死结节或囊虫寄生。然后沿动脉弓切开心，检查房室瓣膜及心内膜、心壁，观察有无出血、炎症、疣状赘生物等。最后剖开主动脉，看主动脉管壁有无粥样硬化症。在剖检心室时，注意血液的色泽与凝固程度（牛心血一般色淡、稀薄，凝固程度低）。牛心多见异物创伤所致的纤维素性化脓性网胃心包炎；水牛心的冠状沟、心耳处多见营养不良所致的脂肪水肿。

（4）肝。先观察肝外表的形状、大小、色泽有无异常，再用手触摸其弹性，剖检肝淋巴结。切开肝门静脉检查有无血吸虫寄生。必要时检查胆囊，横切胆管及胆管纵支，并稍微用力压出其内容物，检查有无肝片形吸虫。肝的主要病变有脂肪变性、肿大、硬化、坏死和肿瘤等。

（5）肺。观察外表有无充血、出血、溃疡、气肿等病变。用手触摸肺实质，必要时切开肺及气管检查。剖检支气管淋巴结、纵隔淋巴结，视其有无结核病灶。牛的结核病、传染性胸膜肺炎、出血性败血症，均于肺上呈现特有的病变。

（6）乳房。重点检查奶牛。触检乳房的弹性，切开乳房淋巴结，视其有无结核病灶。剖开乳房实质，检查乳腺有无增粗变硬等异常现象。乳房常见病变主要有结核病灶、急慢性乳腺炎、放线菌脓肿病灶等。乳房检验可与胴体检验一道或单独进行。

（7）子宫、膀胱。根据实际情况可并同于胃肠一起检查。观察宫体外形，视检浆膜有无充血现象。剖开子宫，看宫腔内膜子叶有无出血及恶褥等物（一般产后不久的母牛有此现象）。剖检卵巢黄体、膀胱黏膜，观察有无充血、出血等病变。

3. 胴体检验

（1）放血程度。视检确定放血程度。放血不良除与屠宰方法有关外，还会因屠畜过度疲劳或患病引起。放血不良的胴体，表面有较大的血珠附在皮静脉断端，透过胸腹部浆膜可隐约看到结缔组织中的血管，在脂肪组织内可看到毛细血管充满深色血液。切开肌肉按压切面时，从毛细血管里流出小的血滴，肌肉颜色发暗。

（2）视检胴体。检查外形，观察脂肪、肌肉、胸腹膜、盆腔等有无异常，注意有无“珍珠病”。

（3）剖检淋巴结。主要剖检肩前（颈浅）淋巴结、膝上（股前）淋巴结和腹股沟深淋巴结。当发现淋巴结有可疑病变时，或在头部、内脏发现有传染病可疑或疫病全身化时，除对同号胴体进行详细检查外，还需酌情增检某些淋巴结，如颈深淋巴结、腹股沟浅淋巴结、髂内淋巴结、腘淋巴结和腰淋巴结等。

用检验钩固定胴体，纵向切开髋结节和膝关节之间膝襞沟内的长圆形隆起部分，剖检膝上淋巴结。在骨盆横径线的稍下方，距骨盆边缘侧方 2～3 cm 处切开，剖检腹股沟深淋巴结。再用钩钩住前肢肌肉并向下侧方拉拽以固定胴体，顺肌纤维切开肩关节前缘稍上方的椭圆形隆起部分，顺肌纤维方向切一长约 10 cm 的切口，剖检肩前淋巴结。必要时，剖检位于股二头肌和半腱肌之间的腘淋巴结，并在阴囊上方或乳房乳区的后方剖检腹股沟浅淋巴结。

(4)检查肾脏。牛屠宰时肾连在胴体上，因此，在检查胴体时，用刀沿着肾边缘轻轻一割，随后用手指钩住肾，轻巧向外一拉，使肾翻露被膜。观察其大小、色泽、表面有无病理变化。必要时剖检肾盂。肾脏检查完后，割除肾上腺。肾常见的病变主要有充血、出血、肿大、萎缩、先天性囊腔梗死、肾盂积液、间质性肾炎等。

(5)寄生虫检验。

①囊尾蚴检查。剖检咬肌、腰肌和膈肌。当检查头部和心脏发现囊尾蚴时，应把颈肌、腹肌、股肌和肩肘肌的肉切开，进行详细检查。在囊尾蚴病高发区，尤其要对囊尾蚴所寄生的部位进行严格的检验。

②肉孢子虫检查。在水牛肉孢子虫病发病率较高地区，应剖检食管、舌肌、两侧咬肌、四肢肌肉等，并取样镜检。检验时，取膈肌 30 g，剪 24 个肉粒，压片镜检。

4. 复检

为防止初检的偏差，提高肉品的安全性，应再进行一次胴体复检，如发现偏差及时予以纠正，最后在左右臀部各盖一相应的验讫印戳。

(二)羊的宰后检验

羊的宰后检验程序和牛的基本相同，但比牛的检验简单。

1. 头部检验

视检头部皮肤、唇、口腔黏膜和齿龈，检查有无羊痘、口蹄疫、羊口疮等传染病出现的痘疮或溃疡。观察眼结膜、咽喉黏膜及血液凝固状态，检查有无炭疽和其他传染病。山羊头部刮毛后要观察有无山羊蠕形螨等寄生虫形成的坏死结节。

2. 内脏检验

开膛后重点检查脾脏有无异常，肝脏有无寄生虫和肝硬化等。检验胃肠时应特别注意肠系膜和肠系膜淋巴结上有无伪结核病和细颈囊尾蚴。心、肝、肺应和胴体挂在一起检验，检验方法主要为视检和触检，必要时剖检支气管和纵隔淋巴结，检查胆管。

3. 胴体检验

由于羊胴体不劈半，故胴体检查一般不剖检各部位淋巴结，主要视检胴体表面及胸、腹腔，其检查内容与牛的基本相同。当发现可疑病变时再进行详细剖检。

任务三 家禽的宰后检验

在宰后检验中，鸡没有淋巴结，只有淋巴小结，鹅和鸭也仅在颈胸和腰部有简单的淋巴结，且很小，不方便剖检。所以，对家禽进行宰后检验时，与家畜的宰后检验不同，只检查胴体和内脏本身的状况，即分为胴体检验和内脏检验两个环节。

一、胴体检验

(一)检查屠宰加工质量和卫生状况

首先检查有无未拔净的细毛、毛桩及皮肤破损；其次观察头、放血口等处附着的污物是否清除，整个体表是否清洁、完整。

（二）判定放血程度

观察体表的颜色和皮下血管的充盈度，判定放血是否良好。家禽的正常皮肤略呈淡黄色，具有光泽，皮下血管不暴露，肌肉切面无血滴渗出。若皮下血管充盈，皮肤色暗红，胴体宰杀口有残留血迹或凝血块，则判定为放血不良；皮肤紫红色，皮下血管为充盈状态，是濒死期屠宰的病禽；禽的尾、翅尖部呈鲜红色，常常是未死透的活禽被浸烫致死所致。

（三）禽的头部检查

仔细观察头、冠、髯及各天然孔有无异常变化。如有无出血、水肿、结节、溃疡、嗉囊积食或积液的变化；眼、口腔、鼻腔有无过多分泌物，口腔内有无假膜等病变。必要时，可切开检查。

（四）体表、体腔检查

观察体表的完整性和清洁度，有无外伤、水肿、淤血斑、坏死、化脓及关节肿大等。检查肛门有无充血、出血、下痢、是否紧缩等情况。检查有无充血、出血、化脓、结节、纤维素性炎等病变。半净膛家禽体腔可用开张器撑开泄殖腔用电筒的光线进行检查。必要时剪开体腔；全净膛家禽体腔需检查内部有无赘生物、寄生虫及传染病病变，注意是否有粪便和胆汁的污染。

二、内脏检验

（一）全净家禽内脏的检验

加工的家禽，取出内脏后依次进行检验。

1. 肝脏

检查外表有无出血点、色泽、大小、形态及硬度、胆囊的充盈度。如发生肿大且有黄白色斑纹或结节的肝脏可疑为鸡马立克病、鸡白痢或禽结核，肝脏外表有坏死斑点则可疑为禽霍乱感染。

2. 心脏

心包膜是否粗糙，有无炎性变化；心包腔是否积液，心脏是否有出血，心外膜有无出血点，心脏的肥厚程度及有无形态变化、结节、赘生物等。

3. 脾脏

脾脏是否有充血、淤血、肿大、变色，有无灰白色或灰黄色结节等。

4. 胃

腺胃和肌胃有无异常，必要时应剖检。剥去肌胃角质层（俗称“鸡内金”）后，观察有无出血、溃疡，剪开腺胃，除去内容物，注意腺胃乳头是否肿大，腺胃与肌胃交界处有无充血、出血点或溃疡的变化。

5. 肠道

视检整个肠管浆膜及肠系膜有无充血、出血、结节，特别注意小肠和盲肠，盲肠扁桃体的变化，必要时剪开肠管检查肠黏膜，有无出血、淤血、肿胀、坏死、溃疡和内容物异常变化。

6. 卵巢

母禽应注意检查卵巢是否完整，有无变形、变色、变硬等。如发生卵黄性腹膜炎。

7. 必要时可检查肺、肾有无变化

检查肺有无炎症、淤血、结节等变化。检查肾有无肿大、充血、出血、尿酸盐沉积等。

(二)半净膛家禽内脏的检验

采取半净膛加工的家禽，肠管拉出后，按全净膛的方法仔细检查。

(三)不净膛家禽内脏的检验

不净膛的光禽一般不检查内脏，但在体表检查怀疑为病禽时，可单独放置，最后剖开胸腹腔，仔细检查体腔和内脏。

三、复检

对在生产线上检验出的可疑光禽，一律连同脏器送复检台逐步复核检查并综合判断。对于检验后判定为劣质的光禽不可食用，一般作工业用或销毁。为查明病变性质，可做必要的实验室检验。登记被检家禽种类、数量、检验时间、检验后结果及处理的详细情况等，检验记录应保存 2 年以上。

任务四　组织器官病变的鉴定与卫生处理

在屠宰动物的宰后检验中，除根据屠体病变所提示的疾病性质外，按有关规定进行卫生处理，还应对动物的一般性病变进行相应处理。

一、局限性和全身性组织病变的鉴定和处理

(一)出血性病变的鉴定与处理

1. 出血性病变

(1)病原性出血。为传染病或中毒因素所致，多见于皮肤、浆膜、黏膜、淋巴结和肝、胃、肠等的表面，表现为渗出性出血。因其发生原因和部位的不同而有差异，可分为点状、斑状和出血浸润性。一般出血的同时，伴有全身性出血和组织器官的各种病理变化。

(2)机械性出血。因机械外力作用所致，多发生在体腔、肌间和皮下，表现为破裂性出血。这种出血在屠畜被驱赶、撞击、外伤或骨折时最容易发生。

(3)电麻出血。在电麻不当的屠畜所见。这种出血部位多在肺脏，以两侧肺的背侧缘肺胸膜下病变最为明显，呈散在的或密集成片的出血；或是头颈部淋巴结、肾和心外膜等处出血。淋巴结多表现为边缘性出血，但不肿大。

(4)窒息性出血。缺氧条件下所致，往往发生在颈部皮下及支气管黏膜。表现为静脉怒张，血液黑红色，并伴有不等量的暗红色淤点和淤斑。

(5)呛血。由屠畜死前经深呼吸将血液顺气管吸入肺部造成。多局限于肺膈叶背侧缘，呛血区外观鲜红色，有许多弥散性的小红点，触摸有弹性，如入水呈“半舟状”；剖检呛血区，支气管和细支气管内有条状的血凝块。

2. 卫生处理

(1)因外伤、骨折等引起的新鲜出血，其淋巴结没有炎症变化者，应切除全部出血组织，胴体不受限制出场。

(2)电麻所致的出血，轻微变化，胴体和器官不受限制出场；严重出血部分和呛血肺做化制处理，其余部分不受限制出场。

(3)出血、水肿广泛，且淋巴结有炎症时，胴体、器官必须进行细菌学检查。结果为阴性的，切除病变部分后尽快出场利用；结果为阳性的，做高温处理后方可出场。

(二)组织水肿的鉴定与处理

1. 组织水肿的病变

屠体发现水肿，应首先考虑是否为炭疽，然后判定水肿的性质，属于炎性的还是非炎性的。

当皮下发生水肿时，可见到皮肤变厚、肿胀，指压有波动感，常留痕迹；切开时，皮下疏松结缔组织为黄白色胶冻状，并流出大量淡黄色透明液体。病变黏膜水肿，属于局限性和弥散性肿胀。

2. 卫生处理

(1)创伤性水肿仅销毁病变组织即可。

(2)皮下水肿和肾脂肪囊、网膜、心外膜及肠系膜的脂肪组织呈脂肪胶样浸润时，要检查肌肉有无病变。在细菌学检查的基础上，结果为阴性的，切除病变部分，可迅速出场利用；结果为阳性者需高温处理后出场；若同时伴有放血不良、淋巴结肿大、水肿等，整个胴体做化制处理。

(3)后肢和腹部水肿，细致检查心、肝、肾等实质器官，如有病变，需要做沙门菌实验检验。结果为阴性的，切除病变器官，胴体可迅速出场利用；结果为阳性的，经高温处理后出场。

(三)败血症的鉴定与处理

1. 败血症的病变

败血症是在动物机体抵抗力降低时，病原微生物通过创伤或感染灶侵入机体血液内并生长繁殖，产生毒素，引起全身中毒和损伤的病理过程。通常无特异的病原，多种病原微生物均可引起。病变多表现为实质器官的变性、坏死和炎症变化。皮肤、黏膜、浆膜和脏器的充血、出血、水肿，脾脏及全身淋巴结表现充血，且网状内皮细胞增生，从而导致其体积增大。若当化脓性细菌侵入，可在器官和组织内引起多发性脓肿时，即形成脓毒败血症。

2. 卫生处理

(1)病变严重或肌肉有明显变化者，做化制处理。

(2)患有脓毒败血症的胴体做销毁处理。

(四)蜂窝织炎的鉴定与处理

1. 蜂窝织炎的病变

蜂窝织炎是发生在皮下和肌肉间疏松结缔组织的一种弥散性化脓性炎症。常见于皮下、黏膜下、筋膜下等。主要根据机体淋巴结、心、肝、肾等器官的病理变化，以及胴体放血不良、肌肉变化等进行判定。

2. 卫生处理

(1)病变已全身性的，整个胴体做化制处理。

(2)若全身肌肉正常，经高温处理后出场。

(五)脓肿的鉴定与处理

1. 脓肿的病变

脓肿是一种局限性化脓性炎症，一般都有结缔组织膜。脓肿为屠畜宰后检验中常见的一种病变。发现脓肿时，应首先考虑是否为脓毒性败血症，对无包囊且周围炎性反应明显的新生的脓肿，一旦查明为转移性的即肯定是脓毒败血症。如肺、脾、肾内的脓肿多为转移性脓肿，原发灶可能存在于面部、四肢、乳房或子宫等处，需要做细菌学检查判定。

2. 卫生处理

(1)脓肿形成有包囊的，切除脓肿区域做销毁处理，其余部分则不受限制出场。

(2)为多发性新生的脓肿或具有不良气味的脓肿，整个器官做化制处理。

(3)已被脓液污染且有难闻气味的胴体做化制处理。

(六)脂肪组织坏死的鉴定与处理

1. 脂肪组织坏死的病变

脂肪组织坏死是脂肪组织的一种分解变质性变化，根据发病的原因分为 3 种类型。

(1)胰性脂肪坏死。多见于猪。因胰腺发炎，导管阻塞或机械性损伤，胰脂肪游离出来分解胰腺间质及附近肠系膜脂肪组织。病变外观呈致密的无光泽的浑浊白色小颗粒状，质地坚硬，弹性低，油腻感差。

(2)外伤性脂肪坏死。为皮下脂肪组织的一种最普通的病变，多见于猪的背部。由机械损伤所致。坏死脂肪坚实无光，为白垩质样团块状，有时表现为油灰状。

(3)营养性脂肪坏死。牛和绵羊多发，偶见于猪。病变可波及全身各部位脂肪，尤以肠系膜、网膜和肾周围的脂肪常见。病变脂肪黯淡无光，呈白垩色，明显变硬，脂肪内初期可见有大量弥散性淡黄白色坏死点，坏死灶逐渐扩大、融合成白色坚实的坏死团块或结节。

2. 卫生处理

(1)脂肪坏死轻微无碍商品外观者不受限制出场。

(2)病变坏死明显的，将病变部分切除化制，胴体不受限制出场。

(3)如为传染病所致，按原发病处理。

二、皮肤及器官病变的鉴定与处理

(一)皮肤病变的鉴定与处理

宰后检验中，皮肤所呈现出的病理变化，反映了动物机体的机能状态。皮肤病变的致病因素有机械性、物理性、化学性和生物性等多种，因而皮肤病变比较复杂。

1. 皮肤的病变

(1)皮肤急性充血或淤血。常见于全身皮肤表面大面积淤血,发红发紫,俗称“大红袍”。而皮下脂肪因淤血变红或微红,俗称“红膘”。多见于急性猪丹毒、猪链球菌病、猪附红细胞体病、嗜血放线杆菌胸膜肺炎、猪霍乱沙门菌败血症等多种疾病。其他皮肤淤血为非病原因素所致,如长途运输后未休息管理、放血不全、鸡放血时间不够而浸烫脱毛,皮肤均显红色。还有在烈日曝晒或骤寒环境受冷,也可引起皮肤的充血性红斑。

(2)皮肤出血。主要见于传染病、外伤和电麻、猪在运输和仓储环节时因打斗留下的牙痕等。

(3)荨麻疹。为皮肤出现直径在 12 mm 以下的淡红圆形疹块,发病与饲料有关,如喂马铃薯和荞麦等,属于过敏反应。多见胸下部两侧或全身分布,破溃后体表留下的红色小圆形病变,注意与猪丹毒的方形疹块相区别。

(4)运输性红斑。在运输或待宰期间,皮肤受到车厢或地面上的消毒剂和尿液的刺激,而出现多个浅红色或深红色区。

(5)猪应激综合征。多指白皮猪因外周血管扩张,皮肤出现充血、出血,产生弥散性点状、斑块状的应激斑,有时全身皮肤发红。

(6)蠕形螨病。本病由蠕形螨(毛囊虫、脂螨)寄生于毛囊或皮脂腺引发的结节或脓疮状的皮肤病,常伴发葡萄球菌感染。一般病变有鳞屑型和脓疮型两种。

2. 卫生处理

(1)由物理性因素或加工不当引起皮肤轻微病变,胴体不受限可利用;病变严重者割除病变部分做化制处理,其余部分高温处理后出场。

(2)因传染病引起的皮肤病变,其胴体及脏器按传染病的性质分别处理。

(3)蠕形螨所致病变轻微者,将病变部分销毁。若为严重感染且皮下组织发生病变者,销毁病变部分,其余部分高温处理后出场。

(二)器官病变的鉴定与处理

1. 心脏病变的鉴定与处理

(1)心脏的病变。

①心肌炎。心肌表层呈灰黄色或煮熟状,质地松弛,心脏扩张。局灶性心肌炎时,在心内、外膜下可见灰白色或灰黄色斑块与条纹。化脓性心肌炎时,有大小不等的化脓灶。

②心包膜炎。最常见的是疣状心内膜炎(图 6-8),以心瓣膜发生疣状血栓;溃疡性心内膜炎。注意与心内膜纤维瘤的鉴别,纤维瘤发生在心肌肌束上,且光滑不易脱落。

③心包炎。以牛的创伤性心包炎为最常见。表现为心包极度扩张,其中沉积有淡黄色纤维蛋白或脓性渗出物,有恶臭气味。在慢性病例可见心包极度变厚,与周边器官发生粘连,形成“绒毛心”(一种纤维性心包炎,见图 6-9)。

(2)卫生处理。

①心肌肥大、脂肪浸润或慢性心肌炎而不伴有其他内脏器官变化的,不受限制出场。

②严重的非创伤性心包炎、心内膜炎、急性心肌炎及心肌松弛和色泽改变的,心脏做化制处理。

③创伤性心包炎,心脏化制。对胴体须做沙门菌检验,结果为阴性者,胴体不受限制出场;结果为阳性者,胴体经高温处理后出场。

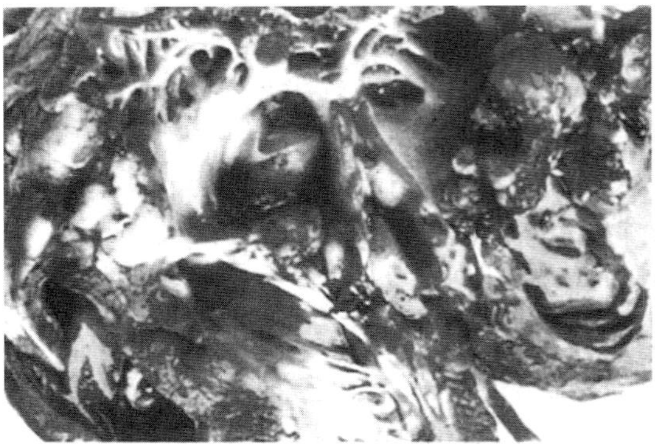

图 6-8　疣状心内膜炎

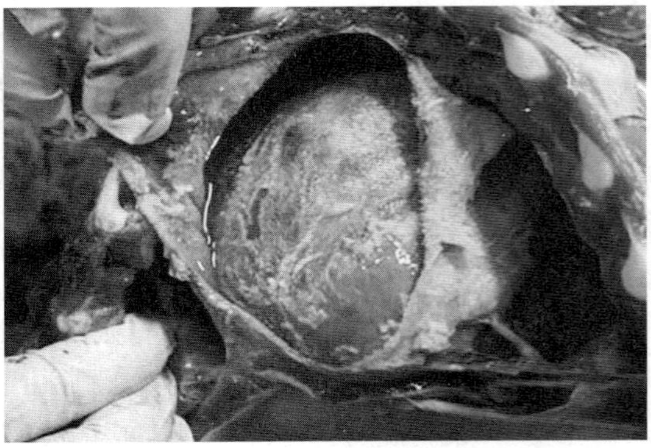

图 6-9　纤维素性心包炎

2. 肝脏病变的鉴定与处理

(1)肝脏的病变。

①肝脂肪变性。该病常由传染、中毒所致。肝脏肿大、包膜紧张,呈不同程度的浅黄色或土黄色,质地易碎,切面油腻,称为"脂肪肝"(图 6-10)。脂变肝脏又发生淤血,眼观肝切面形成黄色和暗红色相交织的花纹,似槟榔切面的花纹,称为"槟榔肝"(图 6-11)。

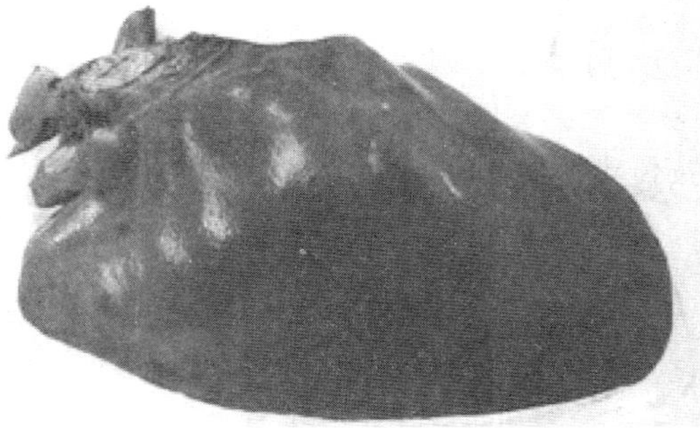

图 6-10　猪肝脂肪变性

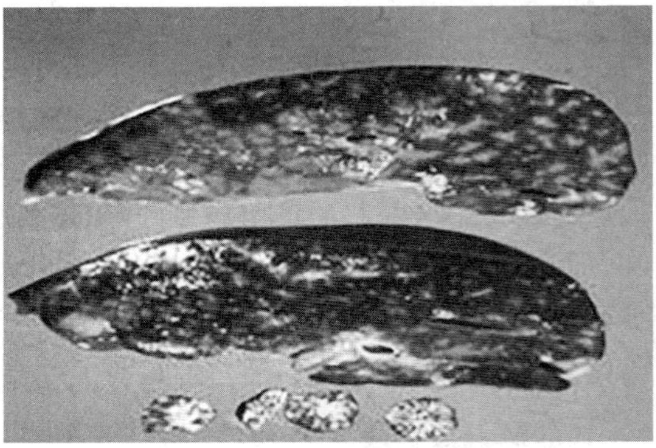

图 6-11　肝淤血-槟榔肝

②饥饿肝。因饥饿、长途运输、应激惊恐或挣扎、拥挤及疼痛(骨折、挫伤)等因素引起,肝呈黄褐色或黄色,体积不增大,且结构质地也无变化。胴体和其他脏器无异常。

③肝硬化。肝硬化由多种因素引起肝细胞变性和坏死。如病原微生物、寄生虫感染,或者真菌毒素及有毒植物中毒引起。肝脏结缔组织增生,肝脏变形、变硬。萎缩性肝变时,肝体缩小,被膜增厚,肝表面呈结节的颗粒状,色泽灰红或暗黄,称为"石板肝"。有时伴发黄疸。当肥大性肝硬化时,肝体积明显增大至 2～3 倍,表面光滑且肝小叶结构模糊,称为"肝大"。

④肝中毒性营养不良。这是全身性中毒感染的结果,各种家畜均可能发生,以猪为多见。随病程不同而表现各异。病初肝脏体积增大,黄色质脆,似脂肪肝样;随后肝脏出现红色斑纹,体积也缩小,质柔软。若病继续,肝结缔组织增生及其实质再生可引发肝硬化。

⑤肝淤血。轻度淤血,肝实质正常。淤血严重者肿胀,呈紫红色,包膜紧张、外观隆起光滑,切开肝实质,流出黑紫色血液。

⑥肝坏死。肝坏死是由坏死杆菌感染所造成的损害。多发于牛,肝表面和实质内散在有灰白色、灰黄色榛实大或更大的凝固性坏死灶,质地脆弱,切面结构不清,周边有红晕。

⑦寄生虫性病肝。本病以牛、羊、猪多发。如棘球蚴或细颈囊尾蚴寄生时，可见肝表面有散在的绿豆至黄豆大的黄白色结节，或散在的单一的鸡蛋大小圆形半透明的虫体囊泡嵌入组织内（图 6-12）。当蛔虫幼虫移行损伤肝组织，形成灰白色斑块，似牛奶滴，称为“乳斑肝”。

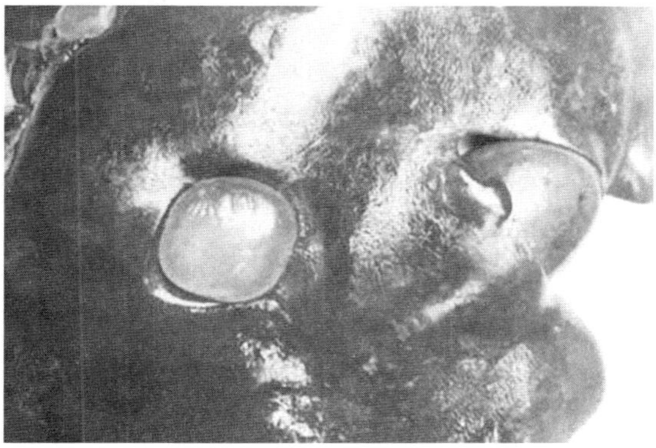

图 6-12　猪肝细颈囊尾蚴虫体

（2）卫生处理。

①“脂肪肝”“饥饿肝”和轻度的淤血和肝硬化，不受限制出场。

②“槟榔肝”“大肝”“石板肝”以及中毒性营养不良肝脓肿、坏死肝，一律做化制或销毁处理。

③寄生虫性肝损害，轻度者修割病变部分后鲜销利用。严重者整个肝做化制或销毁。

3. 肺脏病变的鉴定与处理

（1）肺脏的病变。

①肺电麻出血。电麻不当所致，多见于膈叶背侧缘的肺胸膜下，呈散在的或密集的成片出血，严重时呈鲜红色喷血状。

②肺呛血。该病主要是由三管（食管、气管、血管）齐断法屠宰，血液和胃内容物逆向吸入肺脏引起。呛血肺多局限于肺膈叶背侧缘，肺小叶呛血区外观鲜红色，触摸有弹性，若放入水中呈“半舟状”；剖开支气管内有鲜红色或暗红色的条状的凝血块，且肺支气管淋巴结不肿大。

③肺呛水。屠宰加工未死透的猪放入烫池时，水吸入猪肺内所致。呛水区多见于尖叶和心叶，有时见于膈叶。肺极度膨大，触摸肺组织有波动感，呈浅灰色或淡黄褐色，切面可见流出多量温热浑浊的液体。

④纤维素性肺炎（图 6-13）。该病肺内有肝变病灶，肺胸膜与肋胸膜表面均有纤维素附着并粘连。

⑤肺坏疽。由异物进入肺所致。肺组织肿大，触摸硬实。切开病变，可见有污灰色或黑色的、膏状和粥状坏疽物，有恶臭气味；有时因发生腐败、液化病变部位形成空洞，流出污灰色恶臭液（图 6-14）。

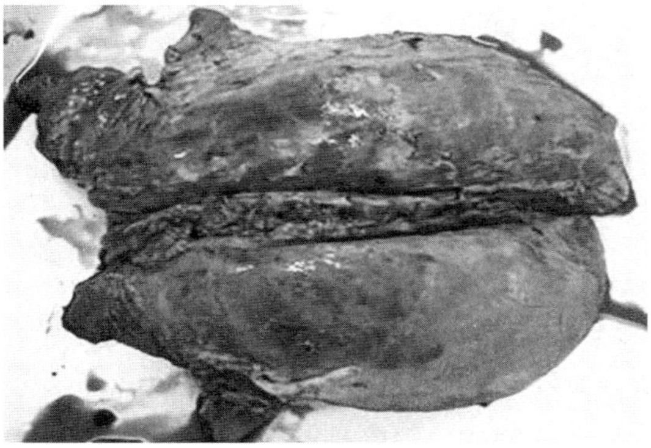

图 6-13　猪纤维素性肺炎

图 6-14　猪肺异物性肺炎

(2)卫生处理。

①电麻出血肺,不受限制出场;肺呛水和肺呛血部位修割化制处理,其他部位均可利用。

②其他肺的病变,一律做化制或销毁处理。

4. 脾脏病变的鉴定与处理

(1)脾脏的病变。

①急性脾炎。常见于一些败血性传染病所致。脾脏肿大为正常的2~3倍,有时可达5~10倍,质变软,切开后红、白髓结构不清,脾髓为黑红色,呈煤焦油状。

②脾脏梗死。常见于猪瘟感染时,在脾脏边缘出血的梗死病灶,约扁豆大小(图6-15)。

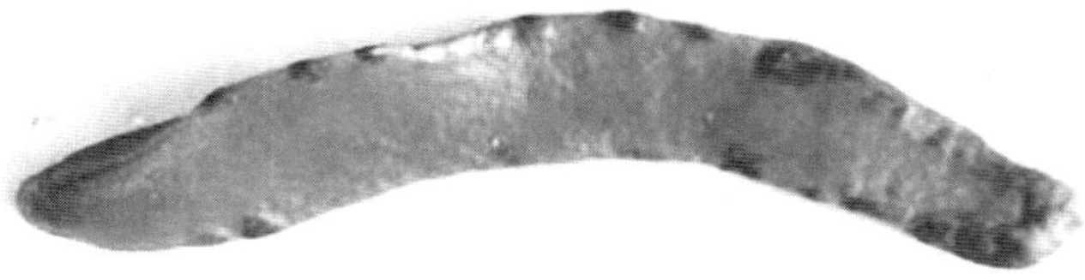

图 6-15 猪瘟脾脏边缘性出血性梗死

③脾脏脓肿。多见于马腺疫、犊牛脐炎和牛创伤性网胃炎等。

④肉芽肿结节。多见于结核、鼻疽、布鲁氏菌病等。脾体积稍大或较正常,质地较坚硬,切面平整或稍隆起,在深红色的背景上可见白色或灰黄色增大的脾小体,呈颗粒状向外突出。又称细胞增生性脾炎。

⑤坏死性脾炎。主要发生在出血性败血症病例,如鸡新城疫、禽霍乱等。脾脏肿大轻微或不明显,在脾小体和红髓内均有散在的小坏死灶及中性粒细胞浸润。

(2)卫生处理。凡以上各种病变的脾脏,一律做化制或销毁处理。

5. 肾脏病变的鉴定与处理

(1)肾脏的病变。除特定传染病和寄生虫病引起的病变外,肾脏的病理变化还有肾脓肿、肾囊肿、肾结石、肾盂积水、各种肾炎和肾梗死等(图6-16、图6-17)。

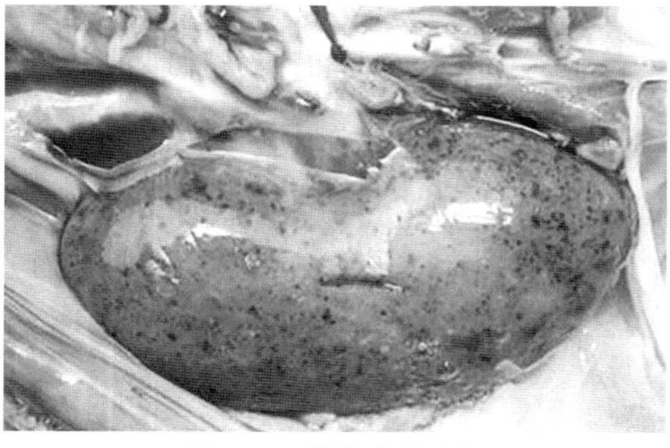

图 6-16 猪肾点状出血

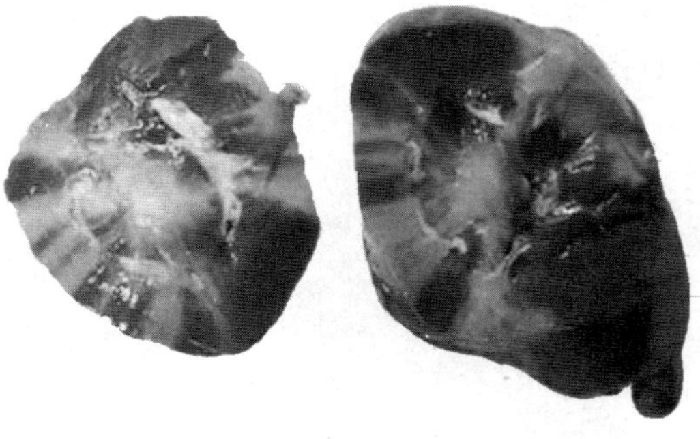

图 6-17 猪肾梗死

(2)卫生处理。轻度肾结石、肾囊肿、肾梗死可修割病变后供食用;因加工不当引起轻度肾淤血的,可不受限制利用;其他各种病变的肾脏,一律做化制或销毁处理。

6. 胃肠病变的鉴定与处理

(1)胃肠的病变。在宰后检验中,胃肠可发生各种类型的病理变化,如出血、水肿、炎症、糜烂、坏疽、寄生虫结节、结核和肿瘤等(图 6-18)。检验猪时,在肠管壁上和局部淋巴结含有气泡,称为“肠气肿”。有的呈丛状或葡萄串状,压之有捻发音。

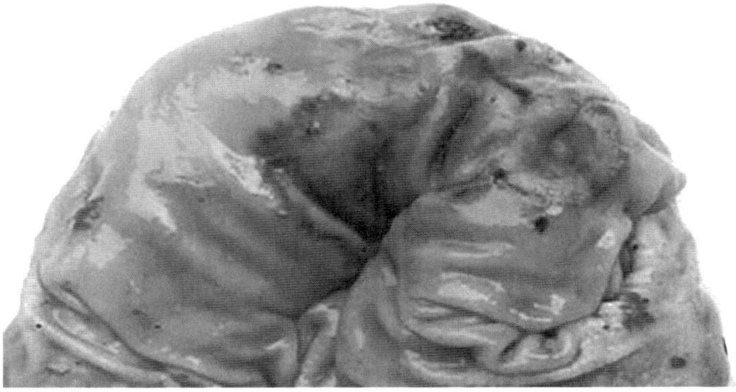

图 6-18　猪水肿病胃黏膜水肿出血坏死

(2)卫生处理。肠气肿的肠管放气后可供食用;其他病变的胃肠一律做化制处理。

三、常见肿瘤的检验与处理

(一)动物常见肿瘤的鉴定

肿瘤是指机体在某些内外致瘤因素作用下,以细胞异常增生为特征的病变。由于肿瘤的种类繁多,生长部位不同,外观形态和大小差异很大,诊断必须经病理组织学检查,判断肿瘤种类和它的良恶性质。然而宰后检验要求与屠宰加工同步进行,不可能对发现的病变都做组织切片病原检查,只能用眼观做出判断并提出相应的处理意见。因此,要求检验人员具有扎实的专业知识和丰富的现场经验,从而做出正确的判断。

多数肿瘤为大小不一的结节,生长于组织表面或深层,一个或多发,且与周边正常组织有明显的界线。动物常见肿瘤的眼观变化如下。

(1)乳头状瘤。该病为良性肿瘤,因其外形呈乳头状而得名,尤以反刍动物易发。多发生在皮肤、黏膜等。其大小不一,突起于皮肤表面,呈菜花状,表面多粗糙,有蒂柄或宽广的基部与皮肤相连。软性乳头状瘤质软易受损伤,常引起出血和继发性感染。

(2)腺瘤。该病是发生在腺上皮的良性肿瘤。多见于猪、牛、马及鸡的卵巢、肾、肝、甲状腺和肺脏等器官。外观呈结节状、息肉状或乳头状。

(3)纤维瘤。该病是发生在结缔组织的良性肿瘤,由结缔组织纤维和成纤维细胞构成。常发生部位为皮肤、皮下、肌膜、腱、骨膜及母畜的子宫、阴道等处。呈结节状或团块状,有完整的包膜,切面白色,质地坚实。在黏膜上的软性纤维瘤多由较细的带与基底膜相连,称为息肉。

(4)纤维肉瘤。该病是发生于结缔组织的恶性肿瘤。各种动物均可发生,最常发生于皮下结缔组织、骨膜、肌腱;其次是口腔黏膜、心内膜、肾、肝、淋巴结和脾脏等处。外观呈不规则的结节状,质地柔软,切面灰白,似鱼肉样,常见于出血和坏死。

(5)原发性肝癌。该病各种动物均有发生。猪的原发性肝癌呈地区性高发,多见于5年以上的种公猪、种母猪。病因为黄曲霉毒素慢性中毒引起的。外形上可分为巨块型、结节型和弥散型。按组织学分类可以分为肝细胞型、胆管细胞型和混合型。

(6)猪鼻咽癌。该病主要多发在我国华南地区,患猪宰前长期流脓稠鼻涕,机体渐瘦,有的伴有衄血、鼻塞或面颊肿胀。宰后剖检可见鼻咽上部黏膜明显变厚粗糙,呈结节或微小突起肿块,苍白、质脆、无光,有时见散布的小坏死灶,破溃后结疤,在结节表面或切面有新瘢痕。

(7)鸡卵巢腺癌。该病多发生于成年母鸡,2岁以上的鸡发病率尤高。患鸡呈渐行性消瘦,贫血,食欲降低,产蛋量减退甚至不产,腹部严重下垂、膨大,行走时如企鹅。打开腹腔,可见大量混有血液的淡黄色腹水,卵巢中有灰白色坚硬的乳头状结节,或蔓延至整个腹腔。有时为大小不等的透明囊泡状,也可见残存的变性卵泡坏死灶。有的在腹腔其他器官的浆膜面如肝脏上形成转移癌瘤。

(8)黑色素瘤。黑色素瘤多数为恶性瘤,是由黑色素细胞形成的肿瘤,各种动物都可引起,以老龄的淡毛色马属动物更易发,其次是牛、羊、猪和犬。一般原发部位是肛门和尾根部的皮下组织,为圆形肿块,外形大小不等。切开肿块见分叶状分布,灰白色的结缔组织将深黑色的肿瘤团块划分成大大小小的圆形小结节。此瘤体生长速度极快,瘤细胞可经淋巴结或血液转移至盆腔淋巴结、肺、心、肝、肾等全身各组织器官形成转移瘤。

(二)患肿瘤动物肉的卫生处理

根据胴体的营养状况(即肥瘦)、肿瘤的性质、是否扩散转移和在同一组织器官内发现一个还是多个肿瘤来确定处理。

(1)一个脏器发现肿瘤病变,胴体不消瘦,且无其他明显病变的,患病脏器做化制或销毁处理,其他脏器和胴体经高温处理后出场;胴体消瘦或肌肉有病变的,则胴体和脏器做化制或销毁。

(2)屠体有两个或两个以上的脏器确定已有肿瘤病变的,胴体和脏器做销毁处理。

(3)经确诊为淋巴肉瘤或白血病的屠宰动物,整个胴体和脏器一律销毁。

任务五　猪的宰后检验技术

一、实训目的

了解屠宰加工企业中宰后检验点的设置;初步掌握宰后的检验程序和检验方法,以及常见病变的鉴别和处理。

二、实训材料

(1)肉类联合加工厂或定点屠宰场、屠宰加工生产线。

(2)常用检验工具(检验钩、检验刀和磨刀棒)、常用实验室检验设备(显微镜、玻片、染色液)、工作服、工作帽、胶鞋等。

三、方法与步骤

(一)头部检验

1. 颌下淋巴结的检验

由一名助手协助操作。助手右手握住屠猪的右前肢腕部，左手持长柄铁钩钩住颈部放血口右侧壁中间部分，向右拉。检验者左手持检验钩钩住放血口左侧壁中间部，向左侧拉开切口，右手持检验刀从放血口向深部并向下方纵切一刀，使放血口扩大至喉软骨和下颌前端。然后在左右下颌角内侧向下各做一平行切口，从切口的深面找到颌下淋巴结，沿淋巴结长轴切开该淋巴结，观察有无病理变化。若病变不明显，可多做几个切面。如在流水生产线上进行操作，则由一人操作。操作者左手持检验钩钩住放血口，右手持检验刀按上述方法切开放血口和下颌角内侧，找到颌下淋巴结即可，但要求技术熟练，动作准确、迅速。

2. 咬肌的检验

左手用检验钩钩住猪头的放血口以固定猪头，右手持检验刀从左右下颌角外侧沿与咬肌纤维垂直的方向平行剖开两侧咬肌，观察有无猪囊尾蚴寄生。

(二)体表检验

主要是检查全身皮肤的完整性及其颜色的变化。观察耳根、四肢内外侧、胸腹部、背部及臀部等处，有无点状、斑状、弥漫性发红或出血等变化，及有无疹块、痘疮、黄染等表现。同时，应注意观察耳尖、蹄冠、蹄踵和指(趾)间有无水疱或水疱破溃后留下的烂斑和溃疡等。

(三)内脏检验

1. 心脏、肝脏、肺脏的检验

(1)心脏检验。先观察心脏外形，然后进行剖检。用检验钩钩住心脏左纵沟，用检验刀在与左纵沟平行的心脏后缘纵剖心脏，切开左右房室，观察心内膜、乳头肌、腱索以及心肌等的变化，特别应注意二尖瓣膜上有无增生性变化及心肌内有无囊尾蚴寄生。

(2)肝脏检验。先进行外观检验，重点注意观察肝脏的大小、形状、硬度、颜色及肝淋巴结的性状、胆管内有无寄生虫包囊和结节等；然后，进行肝脏的剖检，观察切面的血液量、颜色，有无隆突，小叶的性状，有无病灶及其表现，有无寄生虫，并剖检胆管及胆囊，观察其有无异常变化。

(3)肺脏检验。先进行外观和肺实质检查。用长柄钩将肺脏悬挂，观察肺脏的色泽、形状、大小，触检其弹性及有无硬节等变化，或将肺脏平放在检验台上，使肋面朝上，肺纵沟对着检验员进行检验。然后，进行剖检，切开咽喉头、气管和支气管，观察喉头、气管和支气管隔膜有无变化，再观察肺实质有无异常变化，有无炎症、结核、结节和寄生虫等变化。最后，剖检支气管淋巴结，左手持检验钩钩住主动脉弓，向左牵引，右手持检验刀切开主动脉弓与气管之间的脂肪至支气管分叉处，观察侧支气管淋巴结，并剖检；再用检验钩钩右肺尖叶，向左下方牵引，使肺腹面朝向检验者，用检验刀在右肺尖叶基部和气管之间紧贴气管切开至支气管分叉处，观察右侧支气管淋巴结，并剖检。

2. 胃、肠、脾的检验

(1)视检。先检查胃、肠的外形和色泽，看其浆膜有无粘连、出血、水肿、胶样浸润、坏死及溃疡等变化，观察肠系膜上有无囊尾蚴寄生；然后，观察脾脏的形状、大小、颜色和性状，触检其硬度，观察其边缘有无楔形梗死。

（2）剖检。沿胃大弯与肠管平行的方向切开胃肠，检查胃、肠黏膜和胃、肠壁的性状，观察有无出血、纤维素性渗出、坏死、溃疡和结节形成，切开脾脏观察脾实质的性状。

（3）肠系膜淋巴结的检验。先观察其外表有无肿胀、充血、出血，周围组织有无胶样浸润；再沿与肠管平行的方向切开淋巴结，观察其性状，注意有无局限型肠炭疽和弓形虫病的病理变化。

（四）胴体检验

1. 一般检查

主要是检查胴体的放血程度及色泽，分别观察皮肤、皮下结缔组织、脂肪、肌肉、骨及其断面、胸膜和腹膜等有无变化。

2. 主要淋巴结的剖检

重点剖检颈浅背侧淋巴结、腹股沟浅淋巴结和髂内淋巴结，必要时增检颈深后淋巴结、髂下淋巴结、腘淋巴结和腹股沟深淋巴结。

（1）颈浅背侧淋巴结。在悬挂的胴体上，沿颈基部设一水平线，目测该水平线的宽度，在其中点向背脊方向移 2 指处，以刀尖垂直刺入颈部皮肤组织，然后向下垂直切开颈部组织，在切口上端深处找到该淋巴结，剖检观察其变化。

（2）腹股沟浅淋巴结。在悬挂的胴体上，检验者用检验钩钩住最后乳头稍上方皮下组织并向外侧拉开，用检验刀在脂肪组织层正中切开，找到该淋巴结后剖检观察其变化。

（3）髂内淋巴结和腹股沟深淋巴结。在悬挂的胴体上，于最后腰椎处设一水平线 AB，再以倒数第一、第二腰椎之间为起点做一直线 CD，与 AB 线相交成 45°左右的夹角，沿 CD 线切开脂肪层，在切线附近可找到髂外动脉，在腹主动脉与旋髂深动脉的夹角中，可找到髂内淋巴结，在髂外动脉的路径上或髂外动脉与旋髂深动脉的夹角中可找到腹股沟深淋巴结，如淋巴结未切开，应补刀切开检验，观察其变化。

（4）髂下淋巴结。在最后乳头处用检验钩钩住整个腹壁组织向左上方牵引，暴露腹腔并固定胴体，在腹腔的后部可见到由耻骨断面和腹部白色肥膘层将股薄肌及股内侧肌群围成一个红色的半椭圆形肌肉区，在股薄肌断面的腹侧下缘向肾上缘做滑切至皮下，在股阔筋膜张肌前缘可见到该淋巴结，切开被覆的脂肪层和淋巴结，观察其变化。初学者可从跟结节至肾上缘的连线与倒数第二腰椎水平线的交点深处切至皮下，即可显露该淋巴结。此法既适合于悬挂时检验，也适合于操作台上检验。

（5）腘淋巴结。先使胴体的后肢跟结节面对检验者，在跟腱下面的小窝（即股二头肌与半腱肌末端之间的间隙）的下缘设一水平线，在该水平线上目测该处猪腿的厚度，将其三等分在外 1/3 处用刀尖垂直点刺，做一个 3.5 cm 的切口，即可发现该淋巴结并进行剖检。

（6）颈深后淋巴结。在胸腔前口处、胸骨柄背侧稍下方（胴体倒挂时）接近胸骨体处切开，便可找到该淋巴结，剖检观察其变化。

3. 腰肌的检验

以检验钩固定胴体，用检验刀紧贴脊柱切开腰肌，使腰肌和脊柱分离，然后将检验钩移至已切开的游离腰肌，拉开腰肌，做 3～4 条平行切口，在每个切面上仔细观察有无囊尾蚴寄生。

4. 肾脏的检验

先用检验钩钩住肾门部，右手持检验刀沿肾脏边缘处，顺肾脏纵轴轻轻划破肾包膜，切口长约 3.5 cm，然后将检验钩向外转动并向左下方拉，与此同时，用检验刀刀尖刺入肾包膜切口内，以刀尖的背面向右上方挑起肾包膜，两个动作配合，可将肾包膜完全剥离，迅速查看其表面，观察有无出血点、坏死灶和结节形成，必要时可切开肾脏检验，观察其颜色等情况。

四、 实训报告

(1)写出屠猪宰后检验的程序和操作方法，记录观察到的病理变化并分析，总结实训的体会与收获。

(2)绘出猪的颌下淋巴结、肩前淋巴结、腹股沟浅淋巴结、腹股沟深淋巴结的位置与形态。

任务六 旋毛虫检验

一、 实训目的

掌握猪肉旋毛虫的压片镜检法和集样消化法，以及检出阳性样本时的卫生处理。

二、 实训材料

1. 压片镜检法

旋毛虫压定器或载玻片，弯头剪刀，镊子，显微镜或旋毛虫检查投影仪，甘油透明液(甘油 20 mL，加水至 100 mL)，盐酸水溶液[盐酸(相对密度 1.19)20 mL，加水至 100 mL]、亚甲蓝溶液(饱和亚甲蓝酒精溶液 5 mL，加水至 100 mL)等。

2. 集样消化法

80 目铜网，漏斗，分液漏斗，凹面皿，组织捣碎机，温度计，加热磁力搅拌器，显微镜(或倒置显微镜)，消化液[胃蛋白酶(3 000 U) 10 g，盐酸(相对密度 1.19)10 mL，加水至 1 000 mL，加温至 40 ℃搅拌均匀，现用现配]。

三、 方法与步骤

(一)肌肉压片镜检法

1. 采样

从胴体左右膈肌脚各采取肌肉 1 块，每块重 20～50 g，编上与胴体相同的号码。如果被检对象是部分胴体，可从咬肌、腰肌、肋间肌等处采样，送实验室检查。

2. 制片

将采取的肉样置于左手中指，用食指与拇指将其抻平，用弯头剪刀顺着肌纤维的方向，分别在肉样两面的不同部位剪取 12 个麦粒大小的肉粒(其中如果有肉眼可见的小白点，必须剪下)，两块肉样共剪取 24 粒，依次将肉粒贴附于夹压玻片上，排列成整齐的两排，每排放置 12 粒。如果用载玻片，则每排放置 6 粒，共用 2 张玻片。然后取另一玻片覆盖于肉粒上，旋动夹压片的螺丝或用力压迫载玻片，将肉粒压成厚度均匀又很薄的薄片(至透过肉片可看到报纸上的字为度)，并使其两端固定后镜检。

3. 镜检

将制好的压片置于 50～70 倍的低倍显微镜或投影仪下，进行仔细观察。从压片一端的第 1 个肉片外缘开始，顺着肌纤维检查，直到压片另一端的最后一个肉片的外缘为止，逐个检查每一个视野，不得漏检。视野中的肌纤维呈黄蔷薇色。

4. 判定

(1)没有形成包囊的旋毛虫幼虫，在肌纤维之间，虫体呈直杆状或逐渐蜷曲状，但有时因压片时压力过大或压得太紧，使虫体被挤出在肌浆中。

(2)形成包囊后的旋毛虫幼虫，在淡黄蔷薇色的背景上，可看到发亮透明的圆形或椭圆形的包囊，囊中央是蜷曲的旋毛虫幼虫，通常为一条，重度感染时，可见到双虫体包囊和多虫体包囊。猪旋毛虫的包囊呈椭圆形，而犬旋毛虫的包囊常呈圆形。有时因压片致包囊破裂，幼虫游离于包囊外周。

显微镜下形成包囊的旋毛虫幼虫

(3)钙化的旋毛虫幼虫，在包囊内可见数量不等、染色浓淡不均的黑色钙化物。通常虫体的钙化先始于局部，逐渐波及全虫，最后四周包囊开始钙化。钙化后的包囊仅见虫体轮廓和包囊，包囊连同钙化了的虫体在镜下为一黑色团块。为了便于鉴别，此时可在压片上滴加 10%的盐酸溶液数滴，静置 15～30 min，待钙盐溶解后，便可见到完整的幼虫虫体，此系包囊钙化，或可见到断裂成段、模糊不清的虫体，此系幼虫本身钙化，前者钙化是从包囊腔两端开始，逐渐向中间扩展；后者钙化是从虫体本身开始，逐渐向包囊边缘扩展。

(4)发生机化的旋毛虫幼虫，虫体未形成包囊以前，包围虫体的肉芽组织逐渐增厚、变大，形成纺锤形或椭圆形的肉芽肿，生产实践中检验人员称之为“大包囊”或“云雾包”，被包围的虫体结构完整或破碎，乃至完全消失。虫体形成包囊后的机化，其病理过程与上述相似。由于机化灶透明度较差，此时可在压片上滴加 2～3 滴 50%甘油生理盐水溶液，经数分钟透明处理后，即可看到虫体的形态或死亡的虫体残骸。

(二)集样消化检查法

(1)采样。采集胴体膈肌脚和舌肌，每头猪取 1 个肉样(100 g)，去除脂肪、肌膜或腱膜。再从每个肉样上剪取 1 g 小样，集中 100 个小样(个别旋毛虫病高发地区以 15～20 个小样为一组)进行检验。

(2)绞碎肉样。将 100 个肉样放入组织捣碎机内，以 2 000 r/min 捣碎 30～60 s，以无肉眼可见细碎肉块为度。

(3)加温搅拌。将已绞碎的肉样放入置有消化液的烧杯中，肉样与消化液的比例为 1∶20，置烧杯于加热磁力搅拌器上，启动开关，消化液逐渐搅成一漩涡，液温控制在 40～43 ℃，加温搅拌 30～60 min，以无肉眼可见沉淀物为度。

(4)过滤。取 80 目的筛子，置于漏斗上，漏斗下再接一个分液漏斗。将加温后的消化液徐徐倒入筛子，滤液滤入分液漏斗中，待滤干后，弃去筛子上的残渣。

(5)沉淀。滤液在分液漏斗内沉淀 10～20 min，旋毛虫逐渐沉到底层，轻轻分几次放出底层沉淀物于凹面皿中。

(6)漂洗。沿凹面皿边缘，用带乳头的 10 mL 吸管徐徐加入 37 ℃温自来水，然后沉淀 1～2 min，并轻轻沿凹面皿边缘再轻轻多次吸出其中的液体，如此反复多次，加入或吸出凹面皿中的液体均以不冲起沉淀物为度，直至沉淀于凹面皿中心的沉淀物上清透明(或用量筒自然沉淀，反复吸取上清的方法进行漂洗)。

(7)镜检将带有沉淀物的凹面皿放入倒置显微镜或在 80～100 倍的普通显微镜下，调节好光源，将凹面皿左右或来回晃动，镜下捕捉虫体、包囊等，发现虫体时再对这一样品采用分组消化法进一步复检(或压片镜检)，直到确定病猪为止。复检时用压片镜检法更快、更方便。

四、实训报告

采集肉样进行检验，对结果进行分析并提出处理意见，写出实训报告。

考核评价

请制定一个猪的宰后检验程序，并且找出猪的宰后被检淋巴结，同时依据检验结果给出正确的处理方法。

案例分析

猪肉未经检疫处以重罚

某市场监督管理局在开展严厉打击销售私宰肉等违法行为“百日行动”联合整治专项活动中，执法人员依法对当事人销售的猪肉进行检查时，当事人未能出示营业执照，发现当事人销售的猪肉没有动物检疫验讫印章和肉品品质检验合格验讫印章，也未能出示动物检疫合格证明及肉品品质检验合格证。执法人员现场依法对当事人覃某涉嫌经营未按规定进行检疫的 20.28 kg 猪肉和 6.29 kg 生猪肉采取了扣押行政强制措施，并对当事人涉嫌经营未按规定进行检疫的猪肉一事立案调查。

经查实，当事人覃某在路边摊上销售的猪肉及生猪产品，摊位上摆放有用于违法经营肉品的经营工具，未发现覃某的猪肉及生猪产品的销售票据等相关记录。执法人员现场检查时，覃某及其妻子拒绝检查，拒绝在相关文书上签字，并将涉案肉品强行搬走。在派出所民警的协助下，执法人员将被覃某搬走的涉案猪肉予以扣押。覃某称，其经营的生猪产品是在定点屠宰场宰杀，但未能提供动物检疫合格证明及肉品品质检验合格证。经核实，覃某宰杀的生猪为自己养殖，并以 5 元/kg 的价格销售了具体数量不清的猪肉及生猪产品。根据当时市场行情进行核算，每头生猪价格在 2 000 元以下，故该案的货值金额在 2 000 元以下，违法所得无法核实。当事人覃某从事上述经营活动未依法取得营业执照。覃某因无证销售生猪肉的行为违反了

《中华人民共和国食品安全法》，已构成经营未按规定进行检疫的肉类和无照经营的违法行为。市场监督管理局责令当事人立即改正违法行为，并下发行政处罚决定书，对当事人覃某给予10万元的行政处罚。

知识拓展

家兔宰后检验的程序及要点

家兔体形小，淋巴结也较小，故宰后检验应以肉眼观察为主，必要时进行剖检和细菌学检查。为了不使手直接接触肉尸，同时便于固定和翻转胴体与脏器，检验人员使用的检验工具是长齿镊和尖头剪刀。

一、内脏检验

先检查被游离的肠、胃、肝、脾、子宫、膀胱，再观察摘出的心和肺，接着检查留在腹腔内的肾。注意各脏器的形态、大小、硬度与色泽，有无充血、出血、肿胀、化脓、坏死、硬化、肿瘤及结节等病变。如发现疫病应做好标记，及时剔出另行处理。

（一）胃肠

视检胃肠浆膜有无充血、出血及炎症（巴氏杆菌病），须特别注意盲肠蚓突及回盲交界处圆小囊上有无灰白色小结节或肿大（伪结核病），必要时剖检肠系膜淋巴结。注意观察肠道，尤其是小肠黏膜是否有许多灰白色小结节（肠球虫），盲肠、回肠后段和结肠前段的浆膜、黏膜有无充血、水肿或黏膜坏死、纤维化（泰泽氏病）等。

（二）脾

视检脾的外表、色泽、大小、形态有无变化，观察有无充血、出血、肿大、结节和坏死（注意伪结核病和结核病）等病变。

（三）肝

观察肝的外表、色泽、大小，触检弹性，检查表面和切面上有无灰白色或淡黄色小结节。注意有无脓肿和坏死病灶。检查胆囊、胆管有无病变或寄生虫。必要时可剖开胆管，压出内容物，观察有无肝吸虫和球虫卵囊。如果肝脏表面有针头大小的灰白色小结节，则应考虑沙门菌病、泰泽氏病、李氏杆菌病、野兔热、巴氏杆菌病、伪结核病；如有脓肿，则可能感染巴氏杆菌、葡萄球菌、支气管败血波氏杆菌等。

（四）肺

视检肺的色泽、形状、大小，触检其弹性，注意肺和气管有无炎症、水肿、出血、化脓、变性和结节等病变。

（五）心

视检心包和心外膜，注意心耳部分有无充血、出血、变性、浸润等病变，心包膜有无积液。剖检心肌，观察心肌有无充血、出血、变性，是否粘连或有无纤维蛋白性渗出物附着。

（六）肾

视检外表、色泽、大小，触检弹性，观察有无充血、出血、变性及结节。必要时纵向剖检肾实质。

（七）子宫

注意子宫有无积脓，表面有无纤维蛋白性附着物。

二、胴体检验

（一）放血程度

首先注意观察整个胴体的色泽，以判定放血程度。放血良好的肌肉呈粉红色；放血不良或老龄兔的肌肉呈深红色或暗红色，严重者肌肉切面渗出小血滴。

（二）视检胴体

检查胴体表面，然后检查体腔、肾脏、肌肉等有无异常。检验人员左手持镊子、右手持剪刀，固定左侧腹部肌肉，将右侧腹肌撑开，暴露胸腹腔，然后检查有无炎症、出血、化脓、结节及寄生虫损害。检查完四肢内侧后，将肉尸转向背部，视检各部和四肢淋巴结有无肿胀、出血、化脓、创伤、坏死、溃疡等病变。如果淋巴结肿大，尤其是颈部、颌下、腋下、腹股沟淋巴结呈深红色并有坏死病灶者，应考虑野兔热和坏死杆菌病。并应注意检查肌肉的色泽，如发现脂肪黄染，疑似黄疸时，则应剪开背部和臀部深层肌肉和肾脏，观察肌肉和肾盂的色泽，再做确诊。

知识链接

1.《生猪屠宰管理条例》

2.《生猪屠宰检疫规程》

3.《病害动物和病害动物产品生物安全处理规程》

4.《牛、羊屠宰检疫规程》

项目七

屠宰动物常见传染病的鉴定与卫生处理

学习目标

掌握屠宰动物常见传染病的宰前、宰后鉴定要点；熟悉常见传染病的卫生处理；了解症状相似传染病的鉴别诊断。

项目七屠畜常见传染病的鉴定与卫生处理 PPT

学习内容

任务一 人畜共患病的鉴定与卫生处理

一、口蹄疫

口蹄疫是由口蹄疫病毒引起偶蹄动物的一种急性、热性、高度接触性的传染病。其特征是在口腔、舌、唇、鼻镜、乳房、蹄和阴囊等部位发生水疱和溃烂。家畜中牛、羊、猪均易感。人可因饮食未经充分消毒的病畜乳及乳制品而被感染，与病畜直接接触被感染者较少。

(一)宰前鉴定

(1)牛感染后，表现为体温升高至 40～41 ℃，精神委顿，食欲减退。继而在唇内面、齿龈、舌面及鼻镜等处出现水疱。水疱圆而突起，内含清亮液体，约经一昼夜破裂后形成浅平的边缘整齐的红色糜烂。病牛还表现为流涎增多，呈白色泡沫状(图 7-1)，采食反刍完全停止。同时，趾间及蹄冠的皮肤上表现红肿、疼痛，并迅速发生水疱，破溃后形成糜烂。如继发感染细菌，可出现化脓和坏死，重者蹄匣脱落，病畜站立不稳，运步艰难。此外，有的病牛乳头皮肤也可出现水疱，破裂后形成烂斑。

(2)羊对本病的易感性较低，病状与牛基本相似，但较轻微，水疱较少并很快消失。山羊多见于口腔，呈弥漫性口炎症状，水疱发生于硬腭和舌面。羔羊多发生出血性肠炎，并发心肌炎而死亡。绵羊主要在四肢蹄部见有水疱，偶尔也见于口腔黏膜。

(3)猪感染后，多在蹄冠、蹄叉和蹄踵等部位出现米粒大至蚕豆大的水疱，破裂后形成糜烂，严重者蹄壳脱落，患肢不能着地。口腔和鼻盘的病变较少见。新生仔猪感染口蹄疫时，常因心肌炎而死亡。

图 7-1　牛口蹄疫症状

(二)宰后鉴定

除在口腔、蹄部有水疱和烂斑外，在咽喉、气管、支气管和前胃黏膜也可见圆形烂斑和溃疡。胃肠黏膜上可见出血性炎症。心肌变性，心包膜有弥散性点状出血，心肌切面有灰白色或淡黄色的斑点或条纹，俗称"虎斑心"。

(三)卫生处理

(1)宰前鉴定发现口蹄疫病畜时，患病动物和同群动物采用不放血方法全部扑杀销毁。

(2)宰后鉴定发现口蹄疫病畜时，立即停止生产，彻底清洗、严格消毒生产场地，其胴体和内脏及其副产品全部销毁，同批产品及其副产品销毁。

二、结核病

结核病是由结核分枝杆菌引起的人畜共患的一种慢性传染病。其特点是在多种组织器官形成干酪样坏死或钙化结核结节。可感染多种动物，尤其以奶牛最为易感，其次是黄牛、牦牛、水牛、猪和家禽。人尤其是儿童的感染主要是通过饮用生牛乳或消毒不合格的牛乳引起。

(一)宰前鉴定

患结核病动物的生前症状随患病器官的不同而异，其共同表现为全身渐进性消瘦和贫血，尤其是患牛最为明显。发生肺结核时，患畜常表现干咳，并咳出脓性分泌物。呼吸困难，严重时气喘。食欲减退，日渐消瘦，被毛粗乱。恶化时，病牛体温升高至 40 ℃，呈稽留热型，呼吸极度困难，最后心衰而死。发生乳房结核时，表现为乳房肿胀且界线不明显，有时在乳房内可摸到局限性或弥漫性硬结，无热无痛；病牛产乳量下降，乳汁稀薄如水，夹有白色絮片，乳房淋巴结肿大。发生肠结核时，表现为食欲不振，便秘和下痢交替出现，后期持续性下痢，病畜迅速消瘦。

猪结核病在临床上能被发现的多为淋巴结的结核，常见有下颌淋巴结、咽淋巴结和颈淋巴结等。主要特征是淋巴结肿大发硬，无热痛。

禽患结核病时，病初症状不明显，食欲虽正常但表现为进行性消瘦，体重减轻，精神委顿，贫血，冠、肉髯及可视黏膜苍白，羽毛蓬乱，翅下垂，不喜运动，极度消瘦，胸骨显露。部分病鸡可能有顽固性下痢(肠结核)或跛行(骨结核)。产蛋减少或停止。

(二)宰后鉴定

结核病畜的胴体通常都比较消瘦，器官或组织形成结核结节或干酪样坏死是结核病的特征性病变，结核病变可发生在体内任何器官和淋巴结。宰后鉴定时，要全面了解结核病的发病程度，明确是局部性结核还是全身性结核。

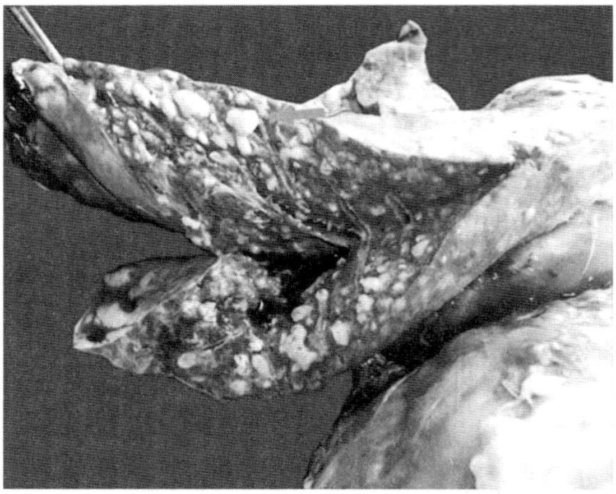
图 7-2　牛的结核病症状

（1）牛的结核病病变可发生在任何部位，尤其是乳房、肺、胸膜、纵隔淋巴结和乳房淋巴结等，典型病变是形成大小不等的灰白色或淡黄色的结核性结节（图 7-2），切开后见干酪样坏死，有的坏死组织发生溶解和液化，排出后形成空洞，有的常发生钙化。

（2）猪全身性结核不常见，多在颌下、咽、肠系膜淋巴结及扁桃体等处发现结核病灶。在肝、肺、肾等出现一些小的病灶，有的出现干酪样坏死，但钙化不明显。

（3）禽结核病变多见于肠道、肝脏、脾脏、骨骼和关节，结核结节大小不一，一般由针头大到粟粒大。肝和肠的结节可达豌豆大，且凸出于器官表面。结核结节常呈灰白色或淡黄色，切开时见有结缔组织包囊，很少钙化。肠结核有时可形成溃疡。鸭结核病灶则多限于肺和肾，肠和肠系膜次之。常见粟粒大透明小结节或融合为豌豆大至榛子大或橄榄果大小的干酪样坏死灶。

（三）卫生处理

（1）宰前鉴定发现全身性结核病的病畜应立即用不放血的方法扑杀销毁。

（2）淘汰阳性动物及宰后鉴定发现全身性结核或局部结核的，其胴体及内脏一律做销毁处理。

（3）确认为禽结核的病禽作工业用或销毁。

三、布鲁氏菌病

布鲁氏菌病是由布鲁氏菌属的细菌引起的人畜共患传染病，简称布病。主要表现为母畜流产、不孕，公畜睾丸炎和关节炎。牛、羊、猪、犬最易感。对牛型、羊型、猪型布鲁氏菌均易感，可通过与病畜或带菌动物及其产品的接触、食用未经彻底消毒的病畜肉、乳及其制品而感染。

（一）宰前鉴定

以怀孕母畜流产为主要特征，产出死胎或弱胎，流产前表现阴唇和乳房肿胀，阴道内继续排出褐色恶臭液体，流产时胎衣滞留。公牛常见睾丸炎及附睾炎。此外，还可见关节炎、腱鞘炎和乳腺炎等。

（二）宰后鉴定

当发现屠畜有下列病变之一时，要考虑患有布鲁氏菌病的可能。

（1）牛、羊患子宫炎、阴道炎、睾丸炎或附睾炎；猪患阴道炎、睾丸炎或附睾炎、关节炎、骨髓炎。

(2)肾皮质部出现麦粒大小灰白色结节。

(3)椎骨或管状骨中积脓或形成外生骨疣,致使骨膜出现高低不平的现象。

(三)卫生处理

确诊为布鲁氏菌病的病畜整个胴体、内脏及副产品一律做销毁处理。

四、炭疽

炭疽是由炭疽杆菌所引起的人畜共患的一种急性、热性和败血性传染病。临床特征主要表现为突发高热,可视黏膜发绀且天然孔出血。病变特点为败血症变化、脾脏显著肿大、皮下和浆膜下结缔组织出血性胶样浸润,血凝不良呈煤焦油状,死后尸僵不全等变化。人往往由于直接接触病畜尸体或食用病畜肉而感染。

(一)宰前鉴定

(1)最急性型。常见于绵羊和山羊,表现突然倒地,昏迷,全身痉挛,呼吸困难,可视黏膜发绀,天然孔流出带泡沫的暗红色血液,黏稠如煤油样,常于数小时内死亡。

(2)急性型。多见于牛,病畜表现体温升高至 42 ℃,兴奋不安,吼叫,虚弱,呼吸困难,食欲废绝,反刍、泌乳减少或停止,初便秘后腹泻,粪尿中带血,一般 1～2 d 死亡。

(3)亚急性型。多见于牛、马,常在颈、喉、肩胛、胸腹或乳房等部皮肤以及直肠或口腔黏膜等处出现炭疽痈,初期硬且有热痛,不久变冷无痛,中心发生坏死或溃疡,病程可长达 1 周。

(4)慢性型。主要发生于猪,临床症状不明显,有的表现为咽型炭疽和肠型炭疽。咽型炭疽出现咽喉部淋巴结肿胀,吞咽、呼吸困难;肠型炭疽多伴有便秘或腹泻等症状。

(二)宰后鉴定

在屠宰动物中,急性败血型炭疽,一般不会进入正常屠宰过程,所以宰后检验中多见慢性局限性炭疽(如咽炭疽、肠炭疽)。

(1)猪咽型炭疽。特征是一侧或双侧下颌淋巴结肿大、出血,刀切时感到硬而脆,切面呈砖红色,有时可见大小不等的灰白或灰黄色或污黑色坏死灶,称为“大理石样变”。淋巴结周围组织呈不同程度出血性胶样浸润。扁桃体充血、出血、水肿,有的表面覆盖灰黄色假膜和针尖大的黑色、灰黄色坏死点。

(2)猪肠型炭疽。主要发生于小肠,多以肿大、出血和坏死的淋巴结为中心,形成局灶性、出血性、坏死性病变,在肠壁上出现坏死溃疡的炭疽痈;肠系膜淋巴结肿大呈出血性胶样浸润。脾软而肿大,肾充血、出血。

(三)卫生处理

(1)宰前鉴定发现炭疽病畜,应采取不放血方式扑杀销毁。可疑病畜在放血前,必须进行血片检查。同群动物全群测体温,体温正常者急宰,胴体、内脏高温处理后可出场。

(2)宰后鉴定发现炭疽病畜,应立即停产,封锁现场。各型炭疽患畜的胴体、内脏、皮毛及血液(包括被污染的血),分别装入不漏水的容器,加盖后于当天运至指定地点全部作工业用或销毁。被炭疽污染或可疑被污染的胴体、内脏,应在 6 h 内高温处理后出场,不能在 6 h 内高温处理者应作工业用或销毁。血、骨和毛等只要有污染的可能,均作工业用或销毁。确实未被污染的胴体、内脏及其副产品,不受限制出场。

(3)发现炭疽后，对现场要进行彻底消毒，用清水冲刷干净，再恢复生产。与炭疽患畜或病畜肉接触过的人员，必须接受卫生防护。

五、猪传染性水疱病

猪传染性水疱病是由猪水疱病病毒引起的一种急性、热性、接触性传染病。其特征为蹄部、口腔部、鼻端与腹部皮肤发生水疱，症状与口蹄疫相似，但不感染牛、羊等偶蹄动物。人具有一定的被感染性。

(一)宰前鉴定

猪群感染此病后，初期会出现跛行，突然拒食。接着体温升高至40～41 ℃，蹄部肿胀、充血。不久在蹄冠、蹄叉、蹄踵、口和鼻端等部出现水疱，水疱内充满透明液体，破裂后形成溃疡或烂斑，蹄壳脱落。哺乳猪的乳头及四周有时也可出现水疱。育肥猪显著掉膘。

(二)宰后鉴定

猪传染性水疱病特征性病变主要在蹄部、鼻盘、唇、舌面和乳房出现水疱。应与口蹄疫相区别。鉴别诊断可采用中和试验和动物试验。

(三)卫生处理

宰前鉴定发现猪传染性水疱病时，病畜采取不放血的方法扑杀销毁。宰后鉴定发现猪传染性水疱病时，患畜整个胴体、内脏及其他副产品作工业用或销毁。

六、猪丹毒

猪丹毒是由猪丹毒杆菌引起的人畜共患的急性或慢性经过的传染病。急性型以败血症症状或皮肤出现特异性疹块为特征。慢性型表现增生性心内膜炎或非化脓性关节炎、皮肤坏死。本病主要是从损伤的皮肤或黏膜感染给人，也可经吃肉感染，称为“类丹毒”。

(一)宰前鉴定

1. 急性败血型

病猪体温升高，高热稽留，达42 ℃以上，喜卧阴湿处，食欲下降，眼结膜潮红，间有呕吐、便秘或腹泻。后期耳、腹及腿内侧等皮肤上多见大小不一的红斑，指压时褪色。

2. 亚急性疹块型

较为多见，典型症状为在肩、颈、胸、腹、背和四肢外侧等部皮肤出现大小不等、形状不一的方形、圆形或菱形的疹块。疹块呈暗红色或边缘灰紫色而中央苍白，稍高出于皮肤表面且有浆液渗出，逐渐坏死形成结痂。

3. 慢性型

病猪消瘦，四肢关节，尤以腕、跗关节肿胀变形，运动障碍。有时见病猪皮肤成片坏死脱落，重者耳、尾巴全部脱落。

(二)宰后鉴定

1. 急性型

为败血症的变化,全身淋巴结肿胀充血,紫红色,切面多汁,有点状出血。脾脏明显肿大,呈樱桃红色,被膜紧张,边缘钝圆,质软,脾髓易于刮下。肾肿大,颜色暗红,皮质部可见大小不等点状出血。肺淤血、水肿。胃或十二指肠有卡他性或出血性炎症。胴体耳根、颈部、胸前、腹壁及四肢内侧皮肤,可见不规则的鲜红色斑块,指压褪色。且红斑相互融合成片状,微隆起于皮肤表层。

2. 亚急性型

皮肤上出现疹块,疹块部皮肤和皮下组织充血并有浆液浸润。内脏变化与急性型相同。

3. 慢性型

患心内膜炎的病猪,在心脏二尖瓣上形成各种灰白色的菜花状赘生物;关节炎病例可见关节肿大或变形,关节囊内充满多量浆液并混有白色纤维素性渗出物。

(三)卫生处理

(1)宰前发现急性病猪时,扑杀后销毁。宰后鉴定为急性猪丹毒的胴体、内脏与血液作工业用或销毁。

(2)其他类型病变轻微者,胴体及内脏高温处理后可出场,血液化制或销毁,皮张经消毒后可利用,脂肪可炼制后可食用。

(3)皮肤上仅见灰黑色痕迹且皮下无病变者,患部割除应化制或销毁部分,其余部分高温处理后方可出场。

七、猪链球菌病

猪链球菌病是由多种不同血清群链球菌引起的一类人畜共患的急性、热性传染病的总称,主要以下颌、咽喉及颈部淋巴结化脓性炎症为特征。特定人群经伤口、消化道等途径可感染发病,以猩红热较多见,并可致死亡。

(一)宰前鉴定

1. 急性型

(1)败血型。病猪体温升高至 41～42 ℃,食欲减退或废绝,精神委顿,眼结膜充血,流泪,流浆液性或黏液性鼻液,便秘、尿少色黄,有的皮肤由颈部向后至腹下、四肢下端等变为紫红色出血斑点。

(2)脑膜炎型。病畜出现突发倒地、四肢呈游泳状或前冲后撞、共济失调或者做圆圈运动,盲目行走或者全身痉挛,空嚼、磨牙、口吐白沫等神经症状,最终衰竭死亡。

2. 慢性型

(1)关节炎型。表现为跛行或站立不稳。四肢关节可见发炎肿大,起初坚硬,逐渐变软,针刺流脓液,后期皮肤变硬形成结痂。

(2)淋巴结脓肿型。可见下颌淋巴结化脓性炎症,表现为局部肿胀隆起,触诊硬固,有热痛。发生在咽喉部、耳下及颈部淋巴结，表现一侧或两侧，影响病猪采食、咀嚼吞咽以及呼吸。当局部脓肿灶成熟后，中央质软，皮肤坏死，自行破溃流脓，脓汁绿色、稠厚、无臭味，不能引起死亡。

(二)宰后鉴定

病猪皮肤出现紫斑变，黏膜及实质器官出血。胸腔有大量淡黄色透明液体，出现纤维素性胸膜炎。全身淋巴结呈不同程度的肿大、出血。肺充血肿胀，呈实质性病变。心包积液，色淡黄，心内膜见出血斑点。脾脏色暗红、肿胀易脆。肠系膜水肿。脑膜充血、出血，脑脊髓液多量呈浑浊，脑实质化脓性脑炎。慢性病例则表现心内膜炎，可见心瓣膜增厚，表面粗糙，有菜花样赘生物。

(三)卫生处理

(1)宰前发现病猪扑杀后销毁；宰后鉴定为患猪的胴体及其副产品作工业用或销毁。

(2)病猪污染的场地、用具等应严格消毒，并采取预防性防疫措施。

(3)做好接触病猪的人员的防护工作，防止人被感染。

八、痘病

痘病是由痘病毒引起的各种家畜、家禽和人的一种急性、热性、接触性传染病。哺乳动物发病特征是在皮肤和黏膜上形成丘疹和痘疹，禽类发病则在皮肤表现增生性和肿瘤样病变。人感染痘病能引起天花。

(一)宰前鉴定

痘病中以绵羊痘、山羊痘、鸡痘较为多见，且危害较大。

1.绵羊痘和山羊痘

病初体温升高至 41～42 ℃，食欲不振，呼吸和脉搏增数，黏膜及结膜潮红，眼鼻流出黏性或脓性液体，无毛或少毛的部位出现丘疹、红斑。典型病例可表现病初期丘疹，变为水疱以至呈脓疱，干燥结痂后，痂皮脱落至痊愈。

2.鸡痘

潜伏期 4～8 d。根据病毒侵害部位不同分为皮肤型、黏膜型、混合型、败血型。

(1)皮肤型。以头部皮肤，或腿、翅、泄殖腔周围皮肤形成一种特殊的痘疹为特征(图 7-3)。病初在无毛和少毛部位，特别是冠、肉髯和眼睑、耳球及口角等处皮肤开始生成灰白色小结节，突出于皮肤表面，随后迅速扩大如豌豆大小的痘疹，并融合结痂，痂皮脱落后，留下白色瘢痕。重症病鸡(特别是仔鸡)可能出现精神委顿，食欲废绝，体重减轻，甚至死亡。产蛋鸡产蛋量下降。

图 7-3　皮肤型鸡瘟的症状

(2)黏膜型。又称白喉型。多发生于小鸡和青年鸡，病初呈鼻炎症状，在口腔、咽喉等处黏膜形成灰白色小结节，以后迅速增大并融合在一起，表面形成一层黄白色干酪样的假膜，假膜不易脱落，故称白喉。撕去假膜可露出出血的溃疡面（图 7-4）。随后假膜逐渐扩大和增厚，堵塞在口腔和咽喉部位，引起病禽呼吸和吞咽困难。死亡率较高。

（3）混合型。冠、肉髯、眼睑及皮肤上出现痘疹，同时口腔也发生白喉样病变。

（4）败血型。比较少见。以严重的全身症状开始，继而发生肠炎，病鸡多迅速死亡，或者转为慢性腹泻而死。

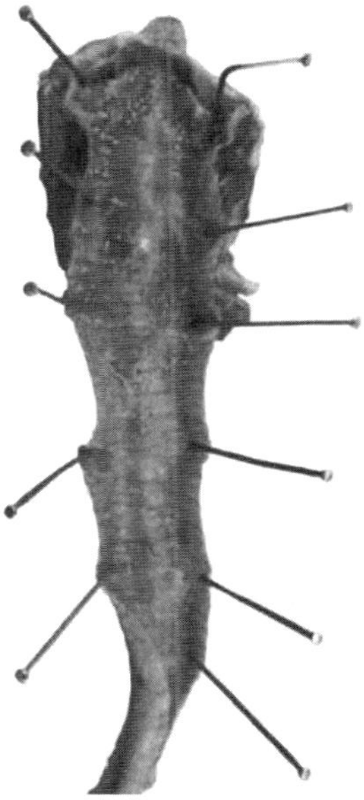

图 7-4　黏膜型鸡痘症状

（二）宰后鉴定

除皮肤有病变外，患病动物的口、咽、气管以及支气管黏膜也有痘疹病变，肺部可见干酪样结节及卡他性肺炎，胃黏膜常见大小不一的圆形或半球状坚实结节，有的渐变为痘疹或溃疡。

（三）卫生处理

（1）胴体有全身性出血或坏疽并确认为痘病者，作工业用或销毁。头、蹄有病变者，割除病变部分作工业用或销毁，其余部分不受限制出场。内脏有病变时，内脏化制或销毁，其他部分高温处理后出场。

（2）剥皮动物的皮张干燥后出场，或以不漏水工具直接运至制革厂加工。

九、沙门菌病

沙门菌病也称副伤寒，是沙门菌属细菌引起的发生于各种动物和人的一类传染病的总称，其主要临床表现为败血症和肠炎，孕畜也可发生流产。人主要经食用副伤寒动物性食品而感染本病，且极易引发食物中毒和败血症等症状。

（一）宰前鉴定

1. 猪沙门菌病

多发生于仔猪，急性型表现突然发病，体温升高至 41～42 ℃，呼吸困难，耳、腹部皮肤出血点或斑块；亚急性型体温升至 40.5～41.5 ℃，精神不振，恶寒战栗，结膜发炎；慢性型多为典型僵猪，被毛粗乱，贫血，长期腹泻，粪便中含纤维素、坏死组织、饲料凝块，呈灰绿色且有恶臭味，患猪消瘦，严重脱水。

2. 牛沙门菌病

成年牛患病体温升高至 40～41 ℃，之后发生腹泻。精神沉郁、食欲废绝、呼吸困难，体况迅速下降，下痢，粪便恶臭，含有纤维素絮片和黏膜，之后体温下降。有的病牛迅速脱水、消瘦，眼结膜充血。腹痛严重且常以后肢蹬踢腹部。怀孕母牛流产。犊牛常在 2 周龄左右发病，体温高达 41 ℃，脉搏、呼吸加快，排出有血丝和黏液的恶臭稀粪，之后出现拒食、卧地不起并迅速衰竭而死亡。病程长的出现腕、跗关节炎，有时可见支气管炎以及肺炎症状。

3. 羊沙门菌病

主要症状表现为下痢和母羊流产。

(二)宰后鉴定

1. 猪沙门菌病

急性型特征表现为败血症变化。肝、脾、肾有充血、出血现象,淋巴结出血。脾肿大,呈暗蓝色,脾髓不软化,有坚实感,切面蓝红色,脾间质增生。肠系膜淋巴结肿胀,呈索状,出现浆液性、出血性炎症。全身浆膜以及黏膜有不同程度的出血斑点;亚急性和慢性主要病变是坏死性肠炎。回肠、盲肠及结肠黏膜坏死。盲肠、结肠肠壁增厚。由散在坏死点连成大片的坏死灶,坏死处往往形成灰白色的溃疡,溃疡面上覆盖弥漫性坏死组织及饲料污垢。肠系膜淋巴结肿大,部分发生干酪样坏死。脾脏体积稍肿大。

2. 牛沙门菌病

成年牛的病变主要呈急性出血性胃肠炎。肠黏膜潮红、出血、脱落。肠系膜淋巴结表现不同程度的水肿、出血。肝脏脂肪性变或灶状坏死。胆囊壁增厚,胆汁浑浊呈黄褐色。脾脏体积肿大并伴有充血。病程稍长者,肺脏炎性病灶;犊牛的病变急性时主要呈一般败血性变化。在心壁、腹膜及腺胃、小肠和膀胱黏膜处有出血点。肠系膜淋巴结肿胀、出血。病程较长者,肝脏色泽变淡,胆汁黏稠浑浊。

3. 羊沙门菌病

呈现出血性胃肠炎病变。

(三)卫生处理

(1)宰前发现沙门菌患畜急宰,病变轻微者或无病变者,其胴体及内脏高温处理后可出场。

(2)病理变化明显的胴体、内脏和血液应作工业用或销毁处理。

十、巴氏杆菌病

巴氏杆菌病是由多杀性巴氏杆菌所引起的发生于多种动物和人类的一种传染病的总称。急性经过时呈败血症变化,慢性经过时则表现局部化脓性炎症。人的病例罕见,主要是被动物咬伤、抓伤或经皮肤黏膜的伤口感染发病,表现局部化脓性炎或脑膜炎。

(一)宰前鉴定

1. 猪巴氏杆菌病

猪巴氏杆菌病又称猪肺疫。最急性型,俗称“锁喉风”,通常不见症状,突然发病,且迅速死亡。急性型主要表现败血症和急性胸膜肺炎症状。体温升高至 40~41 ℃,病初痉挛性干咳,后变为湿咳。呼吸极度困难,呈犬坐姿势,可视黏膜发绀,耳根、腹侧及四肢内侧皮肤出现红斑,颈下咽喉部发热、红肿、坚硬,严重者向上延及耳根,向后可直达胸前。病猪一经出现呼吸症状,即病情迅速恶化,很快死亡。慢性型主要表现为慢性肺炎和慢性胃炎症状。常有持续性咳嗽和呼吸困难,下痢,进行性营养不良,极度消瘦。

2. 牛巴氏杆菌病

牛巴氏杆菌病又名牛出血性败血症。败血型病牛病初体温升高至 41~42 ℃,随之出现全身症状，精神沉郁，食欲废绝，反刍停止，鼻镜干燥，然后表现为腹痛、下痢，粪便混有黏液和血液，有时鼻孔内和尿中有血。腹泻开始后，体温下降，迅速死亡；肺炎型病牛因肺炎而出现呼吸困难、咳嗽、流鼻液等症状；浮肿型病牛除全身症状外，在颈部、咽喉部及胸前的皮下结缔组织出现弥漫性严重炎性水肿，舌及周围组织高度肿胀。

3. 羊巴氏杆菌病

以幼龄绵羊和羔羊多发。最急性型：多见于哺乳羔羊突然发病，呈现寒战、虚弱、呼吸困难等症状，数分钟至数小时内死亡。急性型：病羊精神沉郁，食欲废绝，体温升高至 41～42 ℃，呼吸急促，咳嗽，眼结膜潮红，有黏性分泌物，颈部、胸下部发生水肿。初期便秘，后期腹泻，常在严重腹泻后死亡。慢性型：病羊消瘦、食欲不振，流黏液脓性鼻液、咳嗽、呼吸困难。有时颈部和胸下部发生水肿，病羊腹泻，粪便恶臭，最后体温下降，极度衰弱死亡。

（二）宰后鉴定

一般在皮下有液体浸润和点状出血。胸腔内有黄色纤维素性渗出物。肺淤血、出血和肝病变，偶见有黄豆至核桃大的化脓灶。胃肠道急性卡他性炎或出血性炎。其他脏器呈水肿和淤血，脾脏不肿大。病程较长者尸体消瘦，常有纤维素性胸膜肺炎和心包炎。

（三）卫生处理

（1）宰后鉴定肌肉无病变或病变轻微时，病变部分割除作工业用或销毁，胴体及内脏高温处理后出场。

（2）全身特别是皮下以及肌肉有病变时，胴体、内脏与血液作工业用或销毁。

（3）皮张经消毒后出场。

十一、狂犬病

狂犬病俗称疯狗病或恐水症，是由狂犬病病毒侵害中枢神经系统引起的一种人畜共患的直接接触性传染病，各种家畜和人均可感染发病。其临床特征是患病动物出现神经兴奋、意识障碍，继而局部或全身麻痹死亡。

（一）宰前鉴定

患病动物有被咬伤史。患病后，病畜举动反常，表现异嗜、流涎、情绪不安、异常狂暴、常攻击其他动物或人，咬伤处奇痒。后躯、四肢麻痹，最后因呼吸中枢麻痹、衰竭而死亡。

（二）宰后鉴定

（1）剖检无特征性变化。多表现尸体消瘦，口腔、咽喉及胃黏膜充血或糜烂，牙齿折损，胃内有异物，脑膜肿胀、充血或出血。

（2）组织病理学检查可见非化脓性脑炎变化，血管周围淋巴细胞浸润。特征性变化是大脑海马角、小脑和延脑的神经细胞胞浆内可见包涵体。

（三）卫生处理

（1）宰前发现狂犬病病畜时，采取不放血的方法扑杀、销毁或深埋。

（2）被狂犬病或疑似狂犬病患畜咬伤的动物，在咬伤后未超过 8 d 或 6 个月后未发现狂犬病症状者，准予屠宰，其肉尸和内脏经高温处理后供食用；超过 8 d 或者不能证明其确实咬伤日期者，不准宰杀，按病畜处理。

十二、钩端螺旋体病

钩端螺旋体病是由致病性钩端螺旋体引起的多种家畜和人共患的一种自然疫源性传染病。其特征为发热、黄疸、血红蛋白尿、皮肤及黏膜坏死等。人也可经皮肤、黏膜或被污染的食物感染。

(一)宰前鉴定

(1)猪感染后,妊娠母猪表现为流产,产死胎、弱胎和木乃伊胎。哺乳猪发生腹泻,皮肤、结膜出现黄染、贫血,头颈或全身水肿,排深黄色尿液,耳、尾尖皮肤坏死。

(2)牛感染后,表现发热,鼻镜干燥,皮肤和黏膜黄染、贫血,出现血红蛋白尿。

(二)宰后鉴定

病畜宰后剖检,主要表现皮肤、皮下、浆膜和黏膜出血、黄染。肝肿大,黄褐色,胆囊充盈。脾轻度肿大,肺水肿,肾肿大、贫血,表面散布灰白色坏死灶。胸腔积液,膀胱积有血红蛋白尿。

(三)卫生处理

(1)处于急性期和高度衰弱的病畜,不准屠宰。

(2)宰后发现有明显病变且胴体呈黄色并在 24 h 内不能消失的家畜,其胴体及内脏作工业用或销毁。

(3)宰后未见黄疸或黄疸较轻且胴体放置 24 h 后基本消失或仅留痕迹的家畜,其胴体及内脏高温处理后出场,肝脏销毁。

(4)皮张可用浸渍法加工或盐腌或使其保持干燥状态,经 2 个月后出场。

十三、破伤风

破伤风又称强直症,俗称锁口风,是由破伤风梭菌经伤口感染引起的一种急性人畜共患病。临床上以骨骼肌发生持续性痉挛和神经反射兴奋性增高为特征。

(一)宰前鉴定

初期,病畜常从头部开始表现强直性痉挛,采食、咀嚼和吞咽均缓慢;病势逐渐发展,病畜全身肌肉呈现强直性痉挛,四肢硬直,状如木柱,且行走困难。严重者表现有牙关紧闭,瞬膜突出,流涎,颈强直,背僵直,腹部蜷缩,竖尾。有时倒卧不能站起并会出现典型角弓反张症状,四肢由前向后,强直收缩。通常患畜对外界刺激反应性增强,当有声、光、触动的刺激时,症状加剧。诊治不及时,多呈急性经过致使病情恶化后死亡。

(二)宰后鉴定

宰后无特征病变,可见黏膜、浆膜及脊髓膜有小出血点,肌间结缔组织有浆液浸润,肺呈充血、水肿变化。

(三)卫生处理

(1)肌肉无病变者,将创口割除作工业用或销毁,其他部分不受限制出场。

(2)肌肉有局部病变者,病变部分切除应作工业用或销毁,其余部分高温处理后可出场。

(3)肌肉多处有病变的病畜,其胴体及内脏作工业用或销毁。

十四、牛海绵状脑病

牛海绵状脑病俗称疯牛病，是由朊病毒所致的牛的一种神经性、渐进性、致死性疾病。其临床特征是精神状态失常、共济失调、触听视三觉过敏；病理组织学变化是大脑组织呈海绵状空泡变性。与疯牛病类似的人克雅氏病，可能是由于食用了患病牛肉而引起。

(一)宰前鉴定

病牛最常见的症状是触觉和听觉高度过敏，脖颈伸直，耳朵朝后。精神异常恐惧、烦躁不安、狂暴等。运动障碍表现为四肢伸展过度，后肢运动失调、肌肉震颤、起立困难、重者躺卧，不能站立。最常见的病牛对触摸、声音和光过度敏感。患牛体重和泌乳量日渐下降，最终机体因衰竭而死。

(二)宰后鉴定

主要以中枢神经系统脑组织呈海绵状空泡变性为特征。脑组织神经元数目减少，脑两侧灰质神经可见对称性海绵样病变，脑神经核的神经元核周围空泡化，一般在延髓、脑桥和中脑处的脑横切面的切片中较常见，变化也较一致，特别在延髓间脑部神经实质最严重。

本病确诊，对疑似病牛采取脑部组织制作切片，经 HE 染色、镜检，根据患牛脑干神经元空泡变化和海绵状变化的出现与否进行判定。

(三)卫生处理

(1)病牛或疑似病牛，应严禁食用，一律扑杀作销毁处理。

(2)牧场、畜舍的垫料、器具等被污染器物应尽量销毁，不可销毁的器具必须经 0.5%以上的次氯酸钠 2 h 或用 1～2 mol/L 苛性钠 1 h 消毒处理。

(3)若处理病例时发生意外的创伤用次氯酸钠彻底消毒。

十五、恶性水肿

恶性水肿是由腐败梭菌引起的家畜和人的一种创伤性急性传染病。特征是创伤及其周围呈现气性炎性水肿，并伴有全身性毒血症。

(一)宰前鉴定

在感染创伤的周围，出现弥漫性气性肿胀，肿胀迅速向周围蔓延。肿胀初期坚实有热痛感，后变为无热无痛，触之有捻发音。随着局部气性水肿的急性发展，全身症状也趋恶化。体温升高至 41～42 ℃，精神沉郁，食欲废绝，呼吸困难，心脏衰弱，有时腹泻，粪便恶臭。牛、羊在分娩时易感染本病，表现阴唇肿胀，阴道黏膜充血发炎，会阴部和腹下部呈现气性炎性水肿，从阴道排出污秽的红褐色恶臭液体。

(二)宰后鉴定

水肿部皮下及肌间结缔组织有大小不等的出血点及含有气泡的红黄色乃至暗红色液体浸润，呈酸臭味。病变部肌肉松软呈煮肉样，容易撕裂。局部淋巴结肿大，实质器官变性。肺充血、水肿。心包腔积液，心肌浊肿。因分娩而感染的，子宫水肿，黏膜上被覆有污秽的粥状物。

猪有时还发生胃型恶性水肿，胃壁显著增厚，硬似橡皮。

（三）卫生处理

（1）宰前发现病畜时禁止屠宰。

（2）宰后鉴定为恶性水肿患畜的胴体、全部内脏、毛皮、血液等应销毁。被污染的胴体、内脏作高温处理后出场。

任务二　其他传染病的鉴定与卫生处理

一、猪瘟

猪瘟是由猪瘟病毒引起的猪的一种急性、热性、高度接触性传染病，其特征为传播快、高热稽留、广泛出血、梗死和坏死。在发病过程中，常继发感染沙门杆菌。因此，当人们食用了未经适当处理的病猪肉及其产品，易引起沙门菌食物中毒。

（一）宰前鉴定

（1）最急性型。突然发病，呈高热稽留，皮肤和黏膜发绀、有出血点。

（2）急性型。体温升高，呈稽留热型。两眼无神，眼内有多量黏性、脓性分泌物。畏寒，喜卧。先便秘后腹泻。鼻端、耳、腹下、四肢、臀部和会阴等处皮肤充血、出血。公猪包皮积尿。

（3）亚急性型。较缓和，仅表现体温升高，皮肤有出血点。

（4）慢性型。消瘦，贫血，轻热，咳嗽，便秘与腹泻交替。有时皮肤出现紫斑或出血点。

（5）温和型。皮肤无出血，体温升高，口渴，食欲减退，尿黄。四肢及腹下有淤血斑。耳、尾坏死脱落。口腔、咽喉、软腭和扁桃体出现坏死点或溃疡。长期便秘，粪便混有血液、黏液或伪膜。

（二）宰后鉴定

（1）急性型和亚急性型。以全身性出血为特征。皮肤有出血斑，喉头、胆囊、膀胱黏膜和心内、外膜出血。淋巴结水肿、出血，黑红色，切面呈大理石样。脾不肿大或肿大不明显，边缘有出血性梗死。肺切面暗红色，间质水肿、出血。肾贫血色淡，有针尖大小出血点。

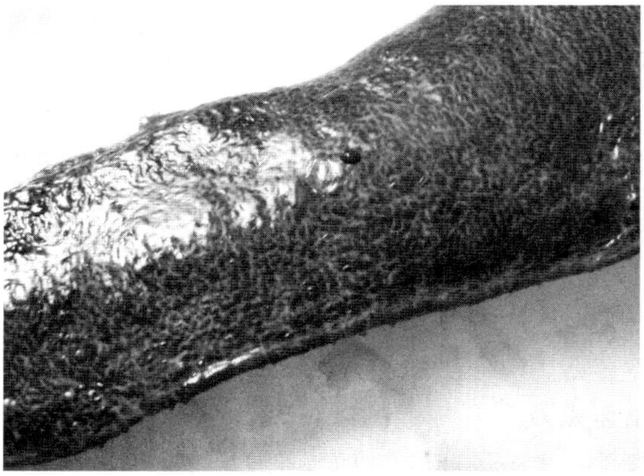

图 7-5　温和型猪瘟症状

（2）慢性型。在回肠末端、盲肠和结肠处呈坏死性肠炎。炎症从淋巴滤泡开始，向外发展，形成中央低、突出黏膜表面、呈同心轮层状的纽扣状溃疡。

（3）温和型。扁桃体充血、水肿、化脓性坏死、溃疡。胃底有片状充血、出血，大肠有纽扣状溃疡。脾周边梗死，胆囊肿胀、出血（图 7-5）。

(三)卫生处理

(1)患猪瘟病猪的整个胴体、内脏和血液作工业用或销毁。

(2)同群猪及怀疑被污染的胴体和内脏经高温处理后出场,皮张消毒后出场。

二、猪地方流行性肺炎

猪地方流行性肺炎又称猪气喘病,是由猪肺炎支原体引起猪的一种慢性、接触性传染病,因此也可称为猪支原体肺炎。主要症状为咳嗽和气喘,病变的特征是融合性支气管肺炎,肺脏的心叶、尖叶、中间叶、膈叶前下缘呈"肉样变"或"虾肉样变"。

(一)宰前鉴定

(1)急性型。常见于仔猪、妊娠母猪、哺乳母猪。表现为喘气,呼吸数增多,咳嗽,体温一般正常。

(2)慢性型。在老疫区常见,以架子猪、肥育猪多见。主要表现持续性咳嗽,特别在清晨进食或活动时更为明显。呼吸困难,腹式呼吸。体温和食欲正常,发育缓慢。

(二)宰后鉴定

病理变化主要在肺脏,呈不同程度的水肿和气肿,在肺的尖叶、心叶、中间叶和膈叶前部有对称性、融合性支气管肺炎病变,肉样红色或浅紫色。逐渐发生实变,实变区与正常肺组织界线很清楚。支气管淋巴结肿大、多汁,灰白色。

(三)卫生处理

(1)确诊为猪地方流行性肺炎病畜的胴体、内脏作工业用。

(2)并发其他传染病者,可与该种传染病结合处理。

三、恶性卡他热

恶性卡他热又名恶性头卡他或坏疽性鼻卡他,是由恶性卡他热病毒引起牛等反刍动物的急性、热性、高度致死性传染病。其特征为持续性高热,呼吸道和消化道黏膜发生卡他性纤维性炎症,角膜浑浊,非化脓性脑膜脑炎,淋巴结肿大。呈散发性,但死亡率很高。

(一)宰前鉴定

患牛病初,体温升高至 41～42 ℃,呈高热稽留,恶寒战栗。随后黏膜发炎,口腔、鼻腔黏膜充血、坏死、糜烂,口腔流出带有臭味的黏液,鼻腔流出黏稠脓状分泌物,待其分泌物干涸堵塞鼻腔,导致呼吸困难;所有典型病例均可见双眼炎症同时发病,表现畏光流泪,眼睑肿胀闭合,结膜充血潮红,角膜浑浊;体表淋巴结肿大,白细胞减少;患畜初便秘、后腹泻,排尿变频,有时见血尿和蛋白尿。母畜阴唇水肿,阴道黏膜潮红、肿胀,有的孕牛出现流产。

(二)宰后鉴定

除宰前具有诊断意义的眼部、鼻腔、口腔的特征性病变外,主要是口腔及鼻腔黏膜充血、出血、溃疡和糜烂,并有脓性纤维素性分泌物;全身淋巴结肿胀、出血;胃肠黏膜充血、出血;脑膜充血、出血。

(三)卫生处理

(1)若病变仅限于头部(包括鼻腔、口腔)或气管、肺、胃肠者,割除患部作工业用或销毁,其余部分经高温处理后出场。

(2)若病变范围广泛,多数器官与胴体(或淋巴结)有病变者全部作工业用或销毁。

四、 羊传染性胸膜肺炎

羊传染性胸膜肺炎也称为羊支原体性肺炎,是由多种支原体所引起的一种高度接触性传染病,主要特征为高热,咳嗽,肺及胸膜发生浆液纤维性炎症,并继发肺组织肉样变。尤以3岁以下的山羊最易感。

(一)宰前鉴定

病初患羊体温升高,呼吸急促而有痛苦的鸣叫,很快出现肺炎症状,呼吸困难、咳嗽,并流浆液带血的鼻液,黏附在鼻孔、上唇部,结成干固的棕色痂垢。一侧出现胸膜肺炎变化,叩诊呈浊音或实音区,听诊为支气管呼吸音和摩擦音,按压胸壁表现敏感,疼痛。此时高热稽留,眼睑肿胀、流泪,并有黏液、脓性分泌物。口半开张,流出泡沫状的唾液。头颈伸直,腰背拱起,表现呼吸极度困难。濒死前体温降至常温以下。

(二)宰后鉴定

胸腔常见有多量淡黄色液体,暴露于空气后见有纤维蛋白凝块。胸膜变厚而粗糙,黄白色纤维素附着,重者直至胸膜与肋膜,心包发生粘连。急性病例表现一侧或双侧纤维素性肺炎,肝变区突出于肺表面,颜色呈暗红、灰红色,切面呈大理石状。支气管扩张,支气管淋巴结与纵隔淋巴结肿大,切面多汁并有出血点。心包积液,心肌松弛、变性。

(三)卫生处理

(1)胴体和内脏有病变者,将病变部剔除作工业用或销毁,其余部分不受限制出场。

(2)胸腔出现炎症时,胸腔器官及周围部分器官作工业用或销毁。

(3)炎症渗出物已污染的胴体及内脏,洗净后作高温处理。

(4)羊皮需经消毒或者隔离条件下晒干出场,或以不漏水的工具运抵制革厂加工处理。

五、 气肿疽

气肿疽是由气肿疽梭菌引起反刍动物的一种急性、热性、败血性传染病,又称鸣疽,俗称黑腿病。特征是在肌肉丰满的部位发生气性肿胀。黄牛最易感。

(一)宰前鉴定

本病多见于3个月到4岁的牛。病牛体温高至41~42 ℃,反刍停止,多伴发跛行。在股、臀、肩、颈部等肌肉丰满的部位发生气性炎性水肿。肿胀部气体很快沿皮下及肌间向四周扩散,肿胀部皮肤变干硬、紧张,呈暗红色、黑色,触诊硬固,有捻发音。

(二)宰后鉴定

特征病变是在于肌肉丰满的部位发生出血性气性炎性水肿。患部皮肤肿胀,按压有捻发音，切开病变部时，肌肉切面呈暗红或黑褐色，流出带有气泡的酸臭味刺激性的液体。

(三)卫生处理

(1)宰前发现病畜时禁止屠宰。

(2)宰后鉴定为气肿疽患畜的胴体、全部内脏、毛皮、血液等应销毁。被污染的胴体、内脏作高温处理后出场。

六、羊快疫

羊快疫是由腐败梭菌引起的绵羊的一种急性传染病。其特征为突然发病，病程短，急性死亡，真胃黏膜出血性、坏死性炎。

(一)宰前鉴定

病羊突然发病，症状出现前即死亡，常在放牧时死于牧场或早晨发现死于圈舍内。病程稍缓者，表现为不愿行走、运动失调、腹痛、腹泻、磨牙抽搐，最后衰竭或昏迷而死。

(二)宰后鉴定

尸体迅速腐败，天然孔流出血样液体。剖检可见可视黏膜充血，呈蓝紫色，皮下有出血性胶样浸润。特征表现为真胃黏膜呈出血性炎性变化，真胃和十二指肠黏膜见充血肿胀，并散在有大小不等的出血斑点，黏膜下发生水肿，肠道内有大量气体。前胃黏膜常自行脱落，瓣胃内容物多干而硬。心内膜下和心外膜下有大量点状出血。

(三)卫生处理

(1)宰前发现病畜时应禁止屠宰。

(2)宰后鉴定为羊快疫病畜的胴体、内脏、毛皮以及血液销毁处理，被污染的胴体与内脏作高温处理。

七、羊肠毒血症

羊肠毒血症又称软肾病、类快疫，是由D型产气荚膜梭菌引起绵羊的一种急性、高度致死性传染病。特征为突然发病死亡、腹泻、惊厥、麻痹，死后肾脏软化如泥。

(一)宰前鉴定

该病潜伏期短，常无症状而突然发病并死亡。病羊腹部极度臌胀，腹痛，口吐白沫，倒地后发生痉挛，很快死亡。临死前步态不稳、全身肌肉震颤、磨牙，最后倒地或侧卧，四肢抽搐、痉挛，出现角弓反张、呼吸急促、口鼻流白沫、心跳加速，体温一般不高。

(二)宰后鉴定

尸体腹部膨大，真胃存有未消化的饲料，小肠黏膜特别是回肠黏膜呈急性出血性炎症变化，重症致使整个肠段内壁呈红色，有的还出现溃疡。心包腔积液，心内、外膜有小出血点。特征性病变是肾脏体积肿大、质地变软，似脑髓状甚至稀泥样。肝脏肿大，呈灰土色，质地脆弱，被膜下有带状或点状出血。脾脏肿胀，但不软化。

(三)卫生处理

(1)宰前发现病畜时应禁止屠宰。

(2)宰后鉴定为羊肠毒血症病畜的胴体、内脏、毛皮以及血液销毁处理,被污染的胴体与内脏作高温处理。

八、蓝舌病

蓝舌病是由蓝舌病病毒引起的一种以昆虫为传染媒介的反刍动物的病毒性传染病,主要发生于绵羊,其特征为发热、消瘦,口、鼻及胃黏膜的溃疡性炎症变化。因病畜舌、齿龈黏膜充血肿胀,淤血呈青紫色而得名。

(一)宰前鉴定

病羊初期体温升高至 40～42 ℃,稽留 2～6 d,同时白细胞明显降低。高温稽留后体温降至正常。病羊表现厌食、精神委顿,流涎,唇水肿,并蔓延到面颊和耳部,甚至颈部、胸部、腹部。口腔黏膜和舌充血、发绀,呈青紫色糜烂。鼻流炎性、黏性分泌物,鼻孔周围结痂。溃疡部位渗出血液。病羊消瘦、衰弱,呼吸、吞咽困难,便秘或腹泻。有时见蹄冠、蹄叶发炎,呈不同程度的跛行。牛通常缺乏症状。

(二)宰后鉴定

口腔出现糜烂区,舌、齿龈、硬腭、颊黏膜和唇水肿、出血。颌下、颈部皮下组织充血、胶样浸润。呼吸道、消化道和泌尿道黏膜以及心肌、心内、外膜均有小的出血点。瘤胃有暗红色区,表面有空泡变性、坏死。乳房和蹄冠等部位上皮脱落但不发生水疱,蹄部有蹄叶炎变化,并常溃烂。肌肉纤维变性。严重病羊消化道黏膜有坏死和溃疡。

(三)卫生处理

(1)宰前鉴定发现蓝舌病病畜时,患病动物和同群动物采用不放血方法全部扑杀销毁。

(2)宰后鉴定发现蓝舌病病畜时,立即停止生产,彻底清洗、严格消毒生产场地,患病动物胴体和内脏及其副产品全部销毁,同批产品及其副产品销毁。

任务三　家禽常见传染病的鉴定与卫生处理

一、新城疫

新城疫又称亚洲鸡瘟或伪鸡瘟,是由新城疫病毒引起的鸡、火鸡的一种急性高度接触性传染病。该病主要特征是呼吸困难、下痢、神经紊乱、产蛋下降;主要病变特征为喉、气管出血,消化道黏膜和浆膜出血及溃疡,腺胃乳头、腺胃与肌胃交界处出血。本病具有很高的发病率和死亡率。

(一)宰前鉴定

1. 最急性型

突然发病,常无特征症状而迅速死亡。多见于流行初期和雏鸡。

2. 急性型

病初体温升高至 43 ℃左右,精神委顿或昏睡,食欲减退或废绝,咳嗽、气喘,表现呼吸困难,鸡冠、肉髯呈青紫色或黑色。口、鼻腔和嗉囊积液,常做吞咽和摇头动作而发出咯咯声。若倒提病鸡,常从口角流有酸臭的暗灰色液体。排出黄绿色或灰黄色恶臭稀便(图 7-6),有时混血。有的病鸡出现神经症状,如翅、腿麻痹、头颈后仰、转圈等。

3. 慢性型

初期症状与急性型相似,不久后渐见减轻,但同时出现神经症状,患鸡翅、腿麻痹,站立不稳,头颈向后或向一侧扭转,常伏地旋转,反复发作,最后瘫痪,一般经 10～20 d 死亡。

(二)宰后鉴定

可见全身黏膜、浆膜和内脏出血,以消化道、呼吸道病变为显著。腺胃黏膜水肿,且出血溃疡最为常见(图 7-7)。肌胃角质层下可见出血点,小肠、盲肠为出血性坏死性炎症,有的形成假膜,脱落后形成溃疡灶。盲肠、扁桃体常见肿胀、出血和坏死灶。鼻腔、喉头、气管及支气管中存积有多量污黄色黏液。喉头和气管黏膜充血或有小出血点。心尖和心冠脂肪有出血点。

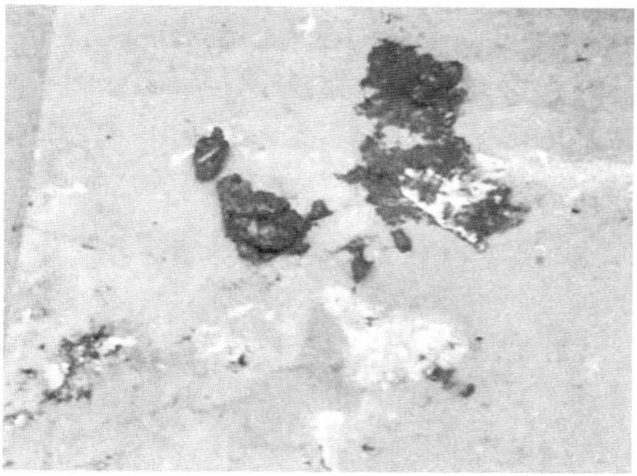

图 7-6　新城疫鸡粪便

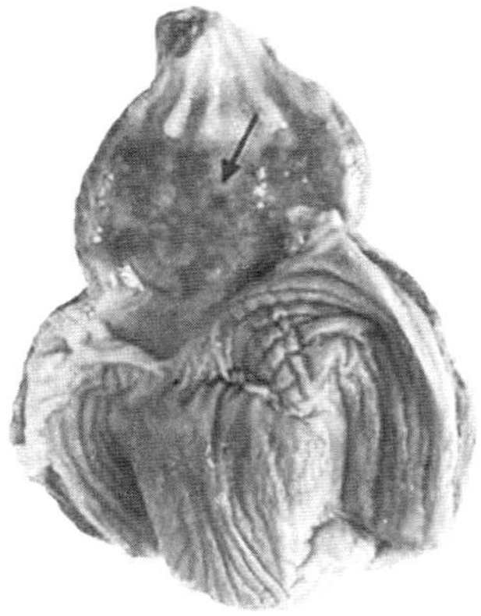

图 7-7　新城疫鸡腺胃

(三)卫生处理

(1)宰前发现时,病鸡采用不放血的方法扑杀后销毁。

(2)宰后发现时,整个胴体、内脏及副产品均销毁。

二、高致病性禽流感

禽流行性感冒简称禽流感,曾被称为欧洲鸡瘟、真性鸡瘟,是由 A 型流感病毒引起各种禽类的一种急性、高度接触性传染病。鸡和火鸡易感性高,鸭、鹅很少感染。禽流感病毒亚型很多，高致病性禽流感病毒主要是 H5 和 H7 亚型，也可感染人，引起人发病和死亡。本病的特征症状为发热、咳嗽，有不同程度的呼吸道症状。

（一）宰前鉴定

常急性暴发，初期鸡只突然死亡。病鸡体温升高，精神沉郁，采食量明显下降，甚至食欲废绝；头部及下颌部肿胀，冠髯发黑可见坏死区，皮肤及爪鳞片呈紫红色或紫黑色，粪便黄绿色并带多量的黏液；呼吸困难，甩头，严重者窒息死亡；产蛋鸡产蛋量下降或几乎停止。鹅和鸭等水禽主要表现为头颈部水肿，角膜炎，呼吸困难，下痢，头颈扭曲等。发病率和死亡率高。

（二）宰后鉴定

全身多个组织器官的广泛性出血与坏死。心外膜或冠状脂肪有出血点，心肌纤维坏死呈红白相间；胰腺有出血点或黄白色坏死点；腺胃乳头出血、腺胃与肌胃交界处及肌胃角质层下出血；输卵管中部可见乳白色分泌物或凝块；卵泡充血、出血、萎缩、破裂，有的可见“卵黄性腹膜炎”（图 7-8）；喉气管充血、出血；头颈部皮下呈胶冻样浸润。

图 7-8 高致病性禽流感引发的卵黄性腹膜炎

（三）卫生处理

（1）宰前发现时，病鸡采用不放血的方法扑杀后销毁。

（2）宰后发现时，病鸡整个胴体、内脏及副产品均销毁。

三、禽伤寒

禽伤寒是由鸡伤寒沙门菌引起的一种主要发生于鸡和火鸡的禽类败血性传染病。2～3 月龄小鸡和成年鸡多易感。

（一）宰前鉴定

病鸡表现为突然停食，体温升高，精神委顿，羽毛蓬乱，两翅下垂，冠和肉髯苍白，排出黄绿色稀粪，呼吸困难。

(二)宰后鉴定

急性型常见肝、脾、肾明显充血肿大。亚急性型及慢性型的特征病变是肝脏肿大呈青铜色,肝、心肌上有灰白色粟米粒大小坏死灶。卵泡出血变形。

(三)卫生处理

确诊为禽伤寒病禽的整个胴体、内脏及其他副产品做化制处理。

四、禽副伤寒

禽副伤寒是由鼠伤寒沙门菌、肠炎沙门菌、鸭沙门菌等引起的一种传染病。各种家禽、野禽均易感。

(一)宰前鉴定

1. 急性型

主要表现精神沉郁,食欲减退,昏睡,怕冷,口渴,呼吸困难,两翅下垂。初便秘,后腹泻,粪便呈粥状或黑色液状,肛门周围羽毛常被粪便污染。抽搐,头向后仰。

2. 慢性型

多见于成年鸡,表现消瘦,排出带血粪便,有时出现抽搐、转圈和麻痹。

(二)宰后鉴定

成年禽急性感染可出现出血性坏死性肠炎病变,肝、脾、肾充血肿大,慢性病禽可见肠道溃疡、坏死,肝、脾肿大,卵泡变形。

(三)卫生处理

确诊为禽副伤寒病禽的整个胴体、内脏及其他副产品做化制处理。

五、鸡白痢

鸡白痢是由鸡白痢沙门菌引起的一种各种年龄鸡均可发生的传染病,1～3 周龄雏鸡最易感,成年鸡呈慢性或隐性感染。

(一)宰前鉴定

雏鸡白痢主要表现畏寒,沉郁,呼吸困难,尖叫,减食或废食,排乳白色稀粥样或黏性粪便(图 7-9),肛门周围污秽。成年鸡白痢多呈慢性或隐性经过,无明显症状,而蛋鸡产蛋减少,产软蛋或停产。

(二)宰后鉴定

肝脏体积肿大,质地脆,易破裂,有条纹状出血,卵黄吸收不全,心脏、脾脏、胃和后段肠道有出血和坏死性结节。常伴有心包炎,心包液增多、浑浊等。成年母鸡卵泡变形,皱缩不整,有时滤泡膜充血,卵泡破裂引起腹膜炎及脏器的粘连。

(三)卫生处理

确诊为鸡白痢病的病禽的整个胴体、内脏及其他副产品做化制处理。

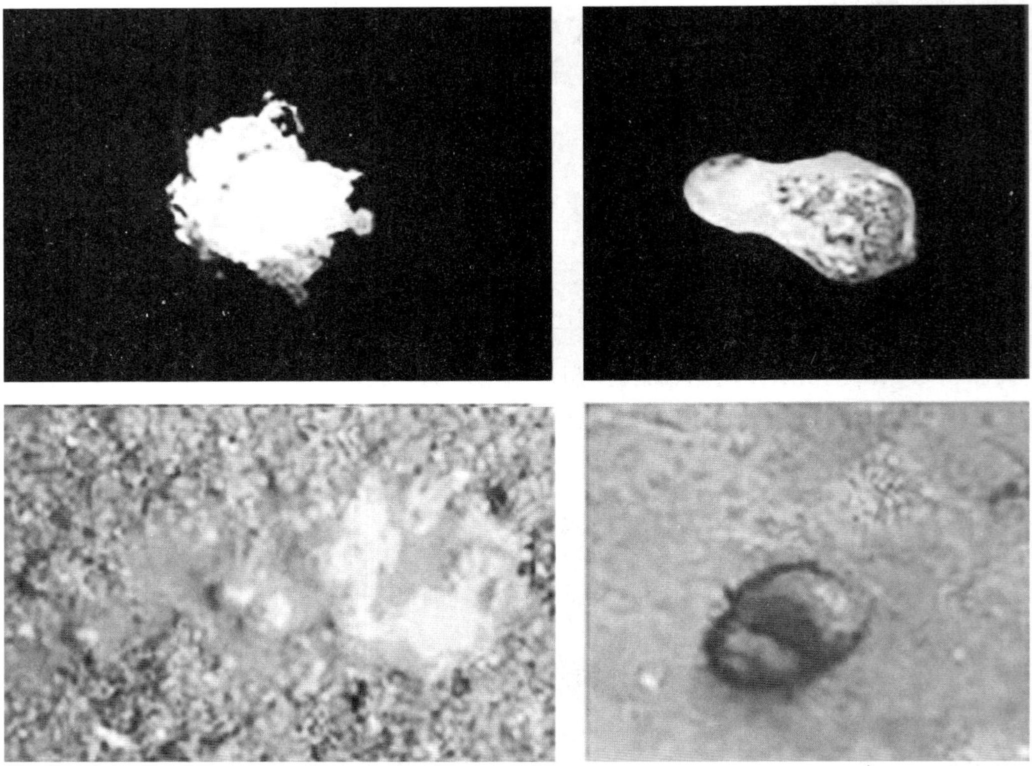

图 7-9　鸡白痢排出的粪便

六、禽霍乱

禽霍乱是由多杀性巴氏杆菌引起禽的一种急性传染病，以广泛性出血性炎症和剧烈下痢为主要特征，又称禽出血性败血症。发病率和死亡率都很高。

(一)宰前鉴定

临床上可划分为最急性型、急性型和慢性型。最急性型，见于流行初期，多发生于肥壮、高产鸡，表现为突然发病，迅速死亡。急性型，表现为高热(43～44 ℃)，口渴，昏睡，羽毛松乱，翅膀下垂。常伴有剧烈腹泻，排灰黄色甚至污绿色、带血样稀便。呼吸困难，口、鼻分泌物增多，鸡冠、肉髯发紫。病程 1～3 d。慢性型，见于流行后期，以肺、呼吸道或胃肠道的慢性炎症为特点。可见鸡冠、肉髯发紫、肿胀。有的发生慢性关节炎，表现为关节肿大、疼痛、跛行。

(二)宰后鉴定

剖检可见全身的皮肤、皮下肌肉、浆膜、黏膜(尤其呼吸道、消化道)均有出血点；肝脏肿大，质脆，表面常有密集或散在的针尖大小的黄白色或灰白色坏死灶。脾脏肿大，可见小的坏死点。多发性关节炎病例，常见关节肿大、变形和炎性渗出物以及干酪样坏死。

(三)卫生处理

(1)血液与内脏作工业用或销毁，胴体高温处理后出场。

(2)羽毛消毒后出场。

七、鸡马立克病

鸡马立克病是由马立克病毒引起鸡的一种高度接触性传染的淋巴样细胞增生的肿瘤性疾病。以外周神经、性腺、虹膜、各种脏器的单核细胞浸润及形成肿瘤为特征。

(一)宰前鉴定

1. 内脏型

冠髯苍白,机体消瘦,长期排稀便。

2. 神经型

侵害坐骨神经,表现劈叉姿势;臂神经丛受损,表现一侧或两侧翅下垂;迷走神经受侵害,可引起嗉囊扩张或喘息。

3. 眼型

虹膜呈同心圆状或点状褪色,瞳孔边缘不整齐,俗称"灰眼病"或"白眼病"。

4. 皮肤型

皮肤毛囊形成结节或瘤状物。

(二)宰后鉴定

神经型的常见坐骨神经横纹消失,水肿,局部或整体性增粗 2～3 倍,且病变常为单侧性;内脏型的多见在卵巢、心、肝、脾、肺、肾、胰、肠系膜、腺胃等器官和组织中形成大小不等的肿瘤结节,而法氏囊通常萎缩。

(三)卫生处理

确诊为鸡马立克病的病禽及其整个胴体、副产品,均做销毁处理。

八、禽痘

禽痘是禽痘病毒所致的禽的一种高度接触性传染病。雏禽最为易感。以口腔及咽喉黏膜纤维素性坏死性炎症,皮肤(尤以头部皮肤明显)的痘疹、结痂、脱落为特征。

(一)宰前鉴定

临床上可划分为皮肤型、白喉型、混合型。

1. 皮肤型

在冠、肉髯、面部、眼睑和泄殖腔等处可见灰白色小结节,结节干燥形成痂皮,多个痂皮融合成疣状痂,突出皮肤表面,即为痘。痘皮可留存 3～4 周而后脱落,留下灰白色的瘢痕。一般无明显的全身症状。

2. 白喉型

主要在口腔和咽喉处先形成黄色斑,后融合成黄白色隆起的斑块,其上覆有假膜。病鸡呼吸与吞咽困难,发出嘎嘎声。

3. 混合型

于冠、肉髯、眼睑及皮肤上出现痘疹,同时患鸡口腔也发生白喉样病变。

(二)宰后鉴定

可见病禽皮肤和黏膜上有痘样病变,一般病禽消瘦,内脏无肉眼可见的变化,但白喉型禽痘可出现严重的呼吸道纤维素出血性炎症。

(三)卫生处理

(1)病变仅限头部的病禽,头部作工业用或销毁,其余部分不受限制出场。

(2)内脏有病变者,内脏作工业用或销毁,胴体不受限制出场。

(3)胴体局部皮肤有病变,肌肉无变化的禽,病变部分销毁,其余部分经高温处理后出场。

(4)全身痘疹较多且内脏又有病变者应全部销毁。

九、传染性法氏囊病

传染性法氏囊病是由传染性法氏囊病毒引起的一种急性、高度接触性传染病。其特征为白色稀粪、极度虚弱,法氏囊肿大出血,肾脏肿大,腿肌、胸肌、腺胃肌胃交界处广泛出血。

图 7-10 鸡传染性法氏囊病症状

(一)宰前鉴定

病禽突然发病,高热,精神沉郁,废食,渴欲增强。伏地不起,排黄白色水样稀粪。极度虚弱,脱水严重,衰竭后死亡。病禽采食减少,畏寒,闭眼呈昏睡状态。排出白色黏稠和水样稀粪,泄殖腔周围的羽毛被粪便污染。在后期体温低于正常,严重脱水,极度虚弱,死亡率一般为15%～30%。

(二)宰后鉴定

腿部和胸部肌肉有不同程度的条状或斑点状出血;法氏囊肿大、出血,有淡黄色胶冻样渗出液,出血严重者呈“紫葡萄”样(图 7-10),囊内黏液增多,后期法氏囊萎缩,囊内有干酪样渗出物;肾肿胀,有尿酸盐沉积;腺胃和肌胃、腺胃与食道交界处有出血带。

(三)卫生处理

确诊为传染性法氏囊病的病禽的整个胴体、内脏及其他副产品均做化制处理。

十、鸡传染性支气管炎

鸡传染性支气管炎是由传染性支气管炎病毒引起的一种急性、高度接触性传染病。其特征是病鸡咳嗽、喷嚏、气管啰音及肾脏病变,产蛋鸡产蛋减少。

(一)宰前鉴定

1. 呼吸型

4 周龄以下雏鸡,常表现张口伸颈呼吸、咳嗽、喷嚏、呼吸道啰音,食欲减退,怕冷挤堆,昏睡。5～6 周龄及以上鸡,因气管内滞留大量分泌物,表现为明显的气管啰音,同时伴有气喘等症状。成年鸡感染后呼吸道症状轻微，还表现产蛋量下降，蛋壳颜色变浅，并产软壳蛋、畸形蛋或粗壳蛋。

2. 肾型

初期有轻微呼吸道症状，包括咳嗽、气喘、喷嚏等，易被忽视，呼吸症状消失后不久，鸡群突然大量发病，排白色稀粪，粪便中含有大量尿酸盐，迅速消瘦、脱水。

(二)宰后鉴定

1. 呼吸型

鼻腔、鼻窦、气管和支气管内有浆液性、黏液性或干酪样渗出物，多数死亡鸡在气管分叉处或支气管中有干酪样物质(图 7-11)；产蛋母鸡的腹腔内可以发现液状的卵黄物质，卵泡充血、出血、变形。

图 7-11　呼吸型鸡传染性支气管炎的症状

2. 肾型

肾肿大苍白，称为“花斑肾”，肾小管和输尿管因尿酸盐沉积而扩张。

(三)卫生处理

病变部分作工业用或销毁，胴体高温处理后出场。

十一、鸡传染性喉气管炎

鸡传染性喉气管炎是由传染性喉气管炎病毒引起的一种急性呼吸道传染病。其特征为呼吸困难，咳嗽，咳出血块或带血的黏液，喉头和气管黏膜肿胀、出血。

(一)宰前鉴定

病鸡表现为呼吸困难，鼻腔有分泌物，湿性啰音，咳嗽和气喘，咳出带血的黏液，若分泌物不能咳出而堵住气管时，可引起窒息死亡。

(二)宰后鉴定

初期喉头及气管上段黏膜充血、肿胀、出血，管腔中有带血的渗出物；病程稍长者，渗出物形成黄白色干酪样假膜，可能会将喉头甚至气管完全堵塞。

(三)卫生处理

(1)病变部分仅限于喉头与支气管的，病变部分作工业用或销毁，其他部分高温处理后出场。

(2)内脏出现病变时，连同喉头、支气管一并作工业用，其他部分高温处理后出场。

十二、鸡传染性贫血

鸡传染性贫血是由传染性贫血病毒所引起鸡的一种传染病。鸡是本病毒的唯一感染者，所有年龄的鸡均可感染，自然发病主要见于2～4周龄鸡，有混合感染时发病可超过6周龄。特征是再生障碍性贫血，全身淋巴组织萎缩，而导致免疫抑制。

（一）宰前鉴定

病鸡精神萎靡不振，发育受阻，鸡冠、肉髯及可视黏膜苍白，皮肤出血，有的皮下出血并继发坏疽性皮炎。血液学检查，红细胞和血红蛋白明显降低，白细胞和血小板减少。

（二）宰后鉴定

肌肉、内脏器官苍白，血液稀薄。胸腺萎缩或完全退化。骨髓萎缩是特征性变化，表现为骨髓脂肪化，呈淡黄色。肝脏体积肿大，发黄或有坏死斑点。腺胃黏膜出血，严重者肌肉和皮下出血。

（三）卫生处理

（1）宰前发现时，病禽采用不放血的方法扑杀后销毁。

（2）宰后发现时，胴体、内脏及副产品均销毁。

十三、鸡淋巴细胞性白血病

鸡淋巴细胞性白血病简称禽白血病，是由反转录病毒科的禽白血病病毒所致鸡的一种慢性肿瘤性疾病。其特征为淋巴母细胞增生形成肿瘤。自然发病多见于14周龄以后，以性成熟期的鸡发病率最高。

（一）宰前鉴定

本病无特征性症状，仅见冠和肉髯苍白、皱缩，偶有发绀。食欲不振或废绝，部分病鸡有下痢和腹部膨大现象，触诊时常可摸到肿大的肝脏。

（二）宰后鉴定

常侵害肝、脾和法氏囊，其他器官如肾、肺、性腺、心、肠系膜及骨髓等也可能受到损害，出现大小和数量不等的肿瘤病变。根据肿瘤的形态和分布，可分为结节型、粟粒型、弥漫型和混合型4种类型，其中以弥漫型最为常见。

1. 弥漫型

病变器官呈弥漫性增大，如肝脏可增大数倍（故称大肝病），质地脆弱，色泽灰红，表面和切面散在灰白色颗粒状病灶，肝脏外观呈大理石样。

2. 结节型

多呈球形扁平隆起，单个或大量散布于器官表面和实质，直径大小为0.5～5 cm。形状似结核结节，但质地柔软，切面光亮。

3. 粟粒型

多为直径不到2 cm的小结节，均匀分布于整个器官的实质，肝脏尤为多见。

4. 混合型

兼有上述 3 种类型病变的特征。

(三)卫生处理

确诊的病鸡，无论肿瘤病变的轻重和多少，一律作工业用或销毁。

考核评价

一奶牛长期患病，临床表现长期低烧、咳嗽、呼吸困难、渐进性消瘦和贫血、体表淋巴结肿大等。死后剖检可见其多种器官组织，尤其是肺、乳房等处有散在大小不等的结节性病变，切面有似豆腐渣样、质地松软的灰白色或灰黄色物质。结合症状及病变怀疑为结核分枝杆菌感染，经实验室诊断，确诊为结核病，为防止本病的传播和人员的感染，应采取怎样的综合防控措施。

案例分析

案例 1　某猪场大小猪突然出现发病，传播迅速，病猪有精神不振、体温升高、厌食等症状，有的猪跛行明显，有的表现蹄壳变形或脱落，病猪卧地不能站立。有的猪在鼻镜，吻突、母猪的乳房、乳头等处皮肤出现大小不一，豌豆大小的水疱，水疱充满清亮或微浊的浆液性液体，水疱很快破溃，露出边缘整齐的暗红色糜烂面，形成烂斑，死亡率较低，一般不超过 3%，有的发病仔猪出现死亡。剖检死亡猪，心包膜有弥散性出血点，心肌切面有灰白色或淡黄色斑点或条纹，心肌松软似煮肉状。由以上临床症状和病理变化可初步判定此病为(　　)。

A. 水疱病　　B. 口蹄疫　　C. 猪高热病　　D. 猪瘟　　E. 猪圆环病毒病

案例 2　一专业养鸡户的鸡群发现突然减食，闭目昏睡，精神高度抑制。一夜之后产蛋量大幅度下降，甚至停止，头面部水肿，无毛处皮肤和鸡冠、肉髯出血、发绀，流泪；呼吸极度困难，不断吞咽、甩头，口流黏液，叫声沙哑，头颈部上下点动，有的扭曲颤抖；排黄白或绿色稀粪。剖检：腺胃黏膜呈点状、片状出血，腺胃与食道交界处、腺胃与肌胃交界处有出血带或溃疡。整个肠道特别是小肠肠壁有大量的枣核样坏死。盲肠扁桃体肿胀、出血、坏死。由以上临床症状和病理变化可初步判定此病为(　　)。

A. 新城疫　　B. 减蛋综合征　　C. 鸡传染性支气管炎　　D. 鸡瘟

知识拓展

新城疫实验室诊断

(参考 GB/T 16550—2020)

新城疫(ND)是由新城疫病毒强毒株感染禽类引起的一种急性、烈性传染病，给世界养禽业造成巨大的经济损失。世界动物卫生组织(WOAH)将新城疫列为法定报告的动物疫病，我国将新城疫列为二类动物疫病。

新城疫实验室检测方法有血凝和血凝抑制试验、实时荧光 RT-PCR(Real-time RT-PCR)、反转录聚合酶链式反应(RT-PCR)等。这里主要介绍血凝和血凝抑制试验、实时荧光 RT-PCR。

一、血凝和血凝抑制试验

(一)血凝试验

某些病毒或病毒的血凝素能选择性地使某种动物的红细胞发生凝集,这种凝集红细胞的现象称为血凝(HA)。如新城疫病毒、高致病性禽流感病毒表面含有血凝素,能特异凝集红细胞。

1. 设备材料

鸡新城疫抗原(或病毒悬液)、1%鸡红细胞悬液(RBC)、0.01 mol/L pH 7.2 PBS(或生理盐水)、微量振荡器、微量移液器、吸头、96 孔 V 形血凝板。

1%鸡红细胞悬液(RBC)制备:用 Alserve 液(葡萄糖 2.05 g,柠檬酸钠 0.8 g,柠檬酸 0.055 g,NaCl 0.42 g,加蒸馏水至 100 mL,混匀,pH 调至 6.1,在 121 ℃、15 min 高压灭菌,置 4 ℃备用。)作为抗凝剂,采集至少 3 只 SPF 公鸡或无新城疫抗体的非免疫鸡的抗凝血液,放入离心管中,加入 3～4 倍体积的 PBS 混匀,以 2 000 r/min 离心 5～10 min,去掉血浆和白细胞层,重复以上过程,反复洗涤 3～4 次,至洗净血浆和白细胞 2 000 r/min 离心 10 min,最后吸取压积红细胞用 PBS 配成体积分数为 1%的悬液,于 4 ℃保存备用。

2. 操作方法

(1)在 96 孔 V 形微量血凝板的第 1～12 孔均加入 25 μL PBS(表 7-1)。

(2)在第 1 孔中加入 25 μL 抗原,吹打 3～5 次,充分混匀。

(3)将抗原在反应板上进行系列倍比稀释,即从第 1 孔中吸取 25 μL 悬液至第 2 孔,混匀后再吸取 25 μL 悬液至第 3 孔,依次进行倍比稀释到第 11 孔,最后从第 11 孔吸取 25 μL 弃去,第 12 孔不加抗原,作为 PBS 对照。

(4)每孔加入 25 μL PBS。

(5)每孔加入 25 μL 体积分数为 1%的鸡红细胞悬液(将鸡红细胞悬液充分摇匀后加入)。将微量反应板在微量振荡器上混匀或轻扣反应板混匀反应物。室温静置 20～30 min 或 2～8 ℃静置 60 min,当对照孔(第 12 孔)红细胞呈显著纽扣状时判定结果。

表 7-1 鸡新城疫血凝试验流程

μL

顺序	试剂	孔号											
		1	2	3	4	5	6	7	8	9	10	11	12
		1:2	1:4	1:8	1:16	1:32	1:64	1:128	1:256	1:512	1:1 024	1:2 048	
1	PBS	25	25	25	25	25	25	25	25	25	25	25	25
2	ND 抗原	25	倍比稀释至第 11 孔,第 11 孔混匀后弃去 25										红细胞对照
3	PBS	25	25	25	25	25	25	25	25	25	25	25	25
4	1%红细胞	25	25	25	25	25	25	25	25	25	25	25	25
振荡混匀后室温静置 20～30 min 或 2～8 ℃静置 60 min													
结果示例		++++	++++	++++	++++	++++	++++	++++	++++	++++	+++	++	−

注:++++表示 100%凝集,+++表示 75%凝集,++表示 50%凝集,+表示 25%凝集,−表示为不凝集。

3. 结果判定

将反应板倾斜,观察红细胞有无泪珠状流淌。以完全凝集(不流淌)的最高稀释倍数为抗原或病毒悬液的血凝效价。完全凝集的病毒的最高稀释倍数为 1 个血凝单位(HAU)。

(二)血凝抑制试验

当病毒的悬液中加入特异性抗体，且这种抗体的量足以抑制病毒颗粒或其血凝素时，则红细胞表面的受体就不能与病毒颗粒或血凝素直接接触。这时红细胞的凝集现象就被抑制，称为血凝抑制反应(HI)。

1. 设备材料

鸡新城疫抗原、鸡新城疫病毒标准阳性血清、鸡新城疫病毒标准阴性血清、待检血清、1%鸡红细胞悬液(RBC)、PBS(或生理盐水)、微量振荡器、微量移液器、吸头、96 孔 V 形血凝板。

待检血清：无菌采集禽类的血液，每只 2.0 mL，用于新城疫抗体检测。无菌分离血清，装入 2.0 mL 离心管中，加盖密封后冷藏或冷冻保存。

2. 操作方法

(1)配制 4 单位抗原。根据测得抗原或病毒悬液血凝效价配制 4 单位抗原(4 HAU)。4 HAU 的配制方法如下：假设抗原的血凝效价为 8 $\log_2$(1∶256)，则 4 HAU 抗原稀释倍数应是 1∶64(256 除以 4)，稀释时，将 1 mL 抗原加入 63 mL PBS 中即为 4 HAU 抗原(表 7-2)。

表 7-2 鸡新城疫血凝抑制试验流程 μL

<table>
<tr><th rowspan="2">顺序</th><th rowspan="2">试剂</th><th colspan="12">孔号</th></tr>
<tr><th>1</th><th>2</th><th>3</th><th>4</th><th>5</th><th>6</th><th>7</th><th>8</th><th>9</th><th>10</th><th>11</th><th>12</th></tr>
<tr><td>1</td><td>PBS</td><td>25</td><td>25</td><td>25</td><td>25</td><td>25</td><td>25</td><td>25</td><td>25</td><td>25</td><td>25</td><td>25</td><td>50</td></tr>
<tr><td>2</td><td>被检血清</td><td>25</td><td colspan="9">倍比稀释至第 10 孔，第 10 孔混匀后弃去 25</td><td>抗原对照</td><td>PBS对照</td></tr>
<tr><td>3</td><td>四单位抗原</td><td>25</td><td>25</td><td>25</td><td>25</td><td>25</td><td>25</td><td>25</td><td>25</td><td>25</td><td>25</td><td>25</td><td></td></tr>
<tr><td colspan="14">振荡混匀后室温静置至少 20 min 或 2～8 ℃静置至少 60 min</td></tr>
<tr><td>4</td><td>1%红细胞</td><td>25</td><td>25</td><td>25</td><td>25</td><td>25</td><td>25</td><td>25</td><td>25</td><td>25</td><td>25</td><td>25</td><td>25</td></tr>
<tr><td colspan="14">振荡混匀后室温静置 20～40 min 或 2～8 ℃静置 40～60 min</td></tr>
<tr><td colspan="2">结果示例</td><td>—</td><td>—</td><td>—</td><td>—</td><td>—</td><td>—</td><td>++</td><td>++++</td><td>++++</td><td>++++</td><td>++++</td><td>—</td></tr>
</table>

注：++++表示 100%凝集，+++表示 75%凝集，++表示 50%凝集，+表示 25%凝集，—表示为不凝集。

(2)4 单位抗原的标定。4 单位抗原应现用现配，在使用前进行标定。将配制的 4 HAU 进行系列稀释，最终稀释度分别为 1∶2、1∶3、1∶4、1∶5、1∶6、1∶7，然后按照前面的血凝试验进行试验(即从每一稀释度中取 25 μL，加入 PBS 25 μL，再加入 1%鸡红细胞悬液 25 μL，振荡混匀后室温静置 20～30 min 或 2～8 ℃静置 60 min)。如果配制的抗原液为 4 HAU，则 1∶4 为稀释度将给出凝集终点；如果 4 HAU 高于 4 个单位，可能 1∶5 或 1∶6 为终点；如果较低，可能 1∶2 或 1∶3 为终点。应根据试验结果将抗原稀释度做适当调整，使工作液确为 4 HAU。

(3)取 96 孔 V 形微量血凝板，用移液器在第 1～11 孔各加入 25 μL PBS，第 12 孔中加入 50 μL PBS。

(4)在第 1 孔中加入 25 μL 待检血清，充分混匀后移出 25 μL 至第 2 孔，依次类推，倍比稀释至第10孔，并从第10孔弃除25 μL。

(5)在第1～11孔各加入25 μL 4 HAU抗原，振荡15 s，使液体混合均匀，室温静置至少20 min或2～8 ℃静置至少60 min。

(6)在第1～12孔每孔加入25 μL 1%的鸡红细胞悬液(将鸡红细胞悬液充摇匀后加入)，振荡混匀，室温静置20～40 min或2～8 ℃静置40～60 min，对照孔红细胞呈显著纽扣状时判定结果。

(7)第11孔为抗原对照，第12孔为PBS对照，每次测定还应设已知效价的标准阳性血清和阴性血清作为对照。

3. 结果判定

将反应板倾斜，从背侧观察加样孔底部的红细胞是否呈泪痕状流淌。以完全抑制4 HAU抗原的最高血清稀释倍数为该血清的HI抗体效价。只有当阴性血清对照孔血清效价≤2 $\log_2$，阳性血清对照孔血清效价与标定效价相差≤1个滴度，红细胞对照无自凝现象时，试验结果有效。HI效价≤3 $\log_2$，判为HI试验阴性；HI效价≥4 $\log_2$ 判为HI试验阳性。

4. 结果分析

一般认为鸡新城疫的个体免疫合格的判定标准是免疫抗体效价≥5 $\log_2$，群体免疫合格率≥70%。

鸡群的HI抗体效价≥5 $\log_2$ 时可适当推迟新城疫免疫的时间，HI抗体效价<5 $\log_2$，须进行新城疫疫苗接种。在新城疫流行的地区或鸡场，鸡的免疫临界水平应稍提高。鸡群的HI抗体水平是以抽检样品的HI抗体效价的平均值表示的。

如果某鸡群的10份样品中，HI抗体效价为8 $\log_2$ 的有3份样品，为7 $\log_2$ 的有5份样品，为6 $\log_2$ 的有2份样品，则它们的平均值为：

$$\frac{3\times 8\ \log_2+5\times 7\ \log_2+2\times 6\ \log_2}{3+5+2}=7.1\ \log_2$$

平均水平在5 $\log_2$ 以上，说明该鸡群为免疫鸡群。若在检样中HI抗体效价的最高值与最低值相差太大，则不能用上法计算平均水平，应根据临界水平以下的样品数在全部样品中所占的百分比决定免疫与否。

大型养鸡场抽样率一般不低于0.1%～0.5%，小型鸡群抽样率应有所增加，一般认为理想的抽样率为2.0%。

鸡群接种新城疫疫苗后，经2～3周测血清的HI抗体效价，若提高2个滴度以上，表示鸡的免疫应答良好，疫苗接种成功；若HI抗体效价无明显提高，表示免疫失败。

二、实时荧光 RT-PCR

RT-PCR扩增时在加入一对引物的同时加入一个特异性的荧光探针，每扩增一条核酸链，就有一个荧光分子形成，通过对扩增反应中每一个循环产物荧光信号的实时累积，最后对未知模板进行定量或定性分析的方法。

1. 设备材料

样品、荧光定量PCR仪及配套反应管、台式高速冷冻离心机、Ⅱ级生物安全柜、微量移液器、无核酸酶离心管和吸头、Trizol法提取核酸相关试剂(Trizol、三氯甲烷、异丙醇、75%乙醇)

或商品化 RNA 提取试剂盒、实时荧光 RT-PCR 相关试剂(可选择商品化试剂盒)。

拭子样品采集:活禽样品时可采集口咽和泄殖腔拭子。取口咽拭子时应将拭子深入喉头及上腭裂来回旋转 2～3 次,要求可见明显黏液。采集泄殖腔拭子时应将拭子深入泄殖腔旋转一圈并蘸取少量粪便。对于鸽、珍禽等体型较小的禽鸟,采样时需用适合的拭子,避免因拭子取样给禽类造成损伤。将采集后的拭子放入盛有 2.0 mL 的 PBS(0.01 mol/L,pH 7.0～7.4,含青霉素 2 000 U/mL,链霉素 2 mg/mL,10%甘油)的采样管中,编号。用于病毒分离的拭子样品于－20 ℃冷冻保存,尽量避免反复冻融。

拭子样品的处理:将采集的拭子样品在振荡器上充分混合后,将拭子中的液体充分挤压后弃去拭子,室温静置作用 30 min,3 000 r/min 离心 5 min,取上清液转入无菌的 1.5 mL 离心管中,编号备用。

2. 操作方法

(1)样品准备。取处理后的拭子样品 3 000 r/min 离心 5 min,取 200 μL 离心后的上清提取 RNA。

(2)病毒 RNA 的提取。RNA 提取应保证无细菌及核酸污染,实验材料和容器应经过消毒处理并一次性使用。提取 RNA 时应避免 RNA 酶污染。用 Trizol 提取核酸 RNA 的操作步骤如下:

在无 RNA 酶的 1.5 mL 离心管中加入 200 μL 检测样品,然后加入 1 mL Trizol,振荡 20 s,室温静置 10 min。

加入 200 μL 三氯甲烷(氯仿),颠倒混匀,室温静置 10 min,12 000 r/min 离心 15 min。

管内液体分为 3 层,取 500 μL 上清液于离心管中,加入 500 μL 预冷(－20 ℃)的异丙醇,颠倒混匀,静置 10 min。12 000 r/min 离心 15 min 沉淀 RNA,弃去所有液体(离心管在吸水纸上控干)。

加入 700 μL 预冷(－20 ℃)的 75%乙醇洗涤,颠倒混匀 2～3 次。12 000 r/min 离心 10 min。

调水浴至 60 ℃。离心管在室温下干燥至没有水滴。加入 40 μL DEPC 处理水,60 ℃水浴中作用 10 min,充分溶解 RNA,－70 ℃保存或立即使用。

(3)实时荧光 RT-PCR 反应。根据我国流行的所有基因型新城疫强毒 *F* 基因序列设计引物、探针。正向引物 NDV-Ⅱa 序列为 5′-CTCAGACAGGGTCAATCATAGT-3′;反向引物 NDV-Ⅱb 序列为 5′-GCAACCCCAAGAGCTACA-3′;探针 NDV-Ⅱp 序列为 5′-ATRAAGCGTTTYTGYCTCCTTCCTCC-3′。探针 5′端连接 FAM 荧光基团,3′端连接 BHQ-1 淬灭基因,R、Y 为简并碱基(R:A/G;Y:C/T)。

按照表 7-3 配置实时荧光 RT-PCR 反应体系,盖紧盖子并做好标记。

表 7-3　实时荧光 RT-PCR 反应体系配置表

组分	体积/μL
DEPC 处理水	6
2×反应混合液	10
正向引物 NDV-Ⅱa(20 μmol/L)	0.5
反向引物 NDV-Ⅱb(20 μmol/L)	0.5

续表 7-3

组分	体积/μL
探针 NDV-Ⅱp(10 μmol/L)	0.5
RT/*Taq* Mix	0.5
模板 RNA	2
合计	20

按表 7-3 的加样顺序全部加完后，充分混匀，瞬时离心，使液体都沉降到 PCR 管底。同时设立阳性对照和阴性对照。将 PCR 管放在荧光定量 PCR 仪器上进行荧光 RT-PCR 扩增，反应条件为：50 ℃反转录 30 min；95 ℃预变性 3 min；然后 94 ℃变性 15 s，59 ℃退火 1 min，共进行 45 次循环。每次循环在 59 ℃ 1 min 时搜集信号。

因各组分加样体积小，为减少误差和便于操作，如需检测 n 份样品（含对照），建议按照 $n+1$ 个反应分别计算好各组分体积量，按表 11-14 的加样顺序加入无菌的 1.5 mL 离心管中，充分混匀，瞬时离心，然后按照每个 PCR 管 18 μL 进行分装，每管加 2 μL 模板 RNA，再进行后续荧光 RT-PCR 扩增。

质控标准：阳性对照扩增曲线呈标准的“S”形曲线，且 Ct 值≤30；阴性对照无 Ct 值，且无扩增曲线。

3. 结果判定

样品无 Ct 值或 Ct 值＞38，且无标准扩增曲线，判为阴性。

样品 Ct 值≤35，且出现标准的“S”形扩增曲线，判为阳性。

样品 35＜Ct 值≤38，且扩增曲线均呈标准的“S”形曲线，判为可疑，需重新检测。如重复后仍然为上述结果，判为阳性，否则判为阴性。

知识链接

1.《蓝舌病竞争酶联免疫吸附试验操作规程》SN/T 1165.1—2002

2.《口蹄疫检疫技术规范》SN/T 1181—2010

3.《禽流感检疫技术规范》SN/T 1182—2010

4.《鸡传染性支气管炎检疫技术规范》SN/T 1221—2016

5.《禽伤寒和鸡白痢检疫技术规范》SN/T 1222—2012

6.《布氏杆菌检疫技术规范》SN/T 1088—2010

7.《马立克氏病检疫技术规范》SN/T 1454—2011

8.《鸡法氏囊病检疫技术规范》SN/T 1554—2016

9.《鸡传染性喉气管炎检疫技术规范》SN/T 1555—2020

10.《鸡传染性鼻炎检疫技术规范》SN/T 1556—2020

项目八
屠宰动物常见寄生虫病的鉴定与卫生处理

学习目标

掌握屠宰动物常见寄生虫病的宰前、宰后鉴定要点；熟悉常见寄生虫病的卫生处理；了解相似症状的寄生虫病的鉴别诊断。

学习内容

项目八屠畜常见寄生虫病的鉴定与处理 PPT

任务一　人畜共患寄生虫病的鉴定与卫生处理

动物的寄生虫病，有些可经过肉品传染给人，有些可经过其他途径感染人，还有的虽不感染人，但可感染其他动物，因而造成重大的经济损失。所以有必要对其进行检验并做适当处理。

一、囊尾蚴病

囊尾蚴(囊虫)病是由绦虫幼虫寄生于肌肉组织所引起的人畜共患寄生虫病。中间宿主是猪、野猪和人，犬、猫也可感染，终末宿主是人。当人吃进生的或未经无害化处理的含囊尾蚴的肉，即可在肠道中发育成绦虫，出现贫血、消瘦、腹痛、消化不良、腹泻等症状。

(一)宰前鉴定

1. 猪囊尾蚴病

猪囊尾蚴病是由寄生于人体小肠内的有钩绦虫的幼虫——猪囊尾蚴在猪体内寄生所引起的疾病。轻症病猪，无特殊表现。重症病猪可见走路前肢僵硬，后肢不灵活，左右摇摆，似醉酒状，不爱活动，反应迟钝。若寄生在舌部，则咀嚼、吞咽困难；若寄生在咽喉，则声音嘶哑；若寄生在眼球，则视力模糊；若寄生在大脑，则出现痉挛。

2. 牛囊尾蚴病

牛囊尾蚴病是由寄生于人体小肠内的无钩绦虫的幼虫——牛囊尾蚴在牛体内寄生所引起的疾病，一般不表现临床症状。

3. 绵羊囊尾蚴病

绵羊囊尾蚴病是由绵羊带绦虫的幼虫——绵羊囊尾蚴在体内寄生引起的绵羊的一种疾病。人不感染此病。绵羊囊尾蚴病对羔羊有一定的危害，严重者可引起死亡，但成年羊感染后无明显症状。

(二)宰后鉴定

1. 猪囊尾蚴病

猪囊尾蚴多寄生于肩胛外侧肌、臀肌、咬肌、深腰肌、心肌、脑部、眼球等部位。我国规定猪囊尾蚴主要检验部位为咬肌、深腰肌和膈肌，其他可检部位为心肌、肩胛外侧肌和股内侧肌等。肌肉中可见多少不等的椭圆形的白色半透明的囊泡，囊内充满液体，囊壁上有一个圆形、粟粒大的乳白色头节。

2. 牛囊尾蚴病

牛囊尾蚴主要寄生在牛的咬肌、舌肌、颈部肌肉、肋间肌、心肌和膈肌等部位。我国规定牛囊尾蚴主要检验部位为咬肌、舌肌、深腰肌和膈肌。牛囊尾蚴与猪囊尾蚴的外形相似，囊泡为白色的椭圆形。

3. 绵羊囊尾蚴病

绵羊囊尾蚴主要寄生于心肌、膈肌，还可见于咬肌、舌肌和其他骨骼肌等部位。我国规定羊囊尾蚴主要检验部位为膈肌和心肌。绵羊囊尾蚴囊泡呈圆形或卵圆形，较猪囊尾蚴小。

(三)卫生处理

(1)患畜的整个胴体和内脏做化制处理。

(2)皮张不受限制出场。

二、旋毛虫病

旋毛虫病是由旋毛虫引起的一种人畜共患的寄生虫病。临床特征为发热，肌肉强烈痉挛。人感染旋毛虫多因食用未煮熟的含旋毛虫幼虫包囊的动物肉及其制品所致。

(一)宰前鉴定

动物感染后均有一定耐受性，往往无明显症状。感染严重者，表现为食欲减退、呕吐、腹泻，后因虫体移行而引起肌肉痉挛、麻痹、运动障碍、发热等症状；有的呈急性卡他性肠炎，严重者为出血性腹泻。有的眼睑和四肢水肿。

(二)宰后鉴定

猪旋毛虫常寄生于膈肌、舌肌、喉肌、咬肌、颈肌和腰肌等处。其中膈肌部位发病率最高，并多聚集在膈肌脚。被侵害的肌肉发生变性、肌纤维肿胀、横纹肌消失。

(三)卫生处理

(1)患畜的整个胴体和内脏做化制处理。

(2)皮张不受限制出场。

三、弓形虫病

弓形虫病是由刚地弓形虫引起的人、畜、野生动物共患的原虫病。中间宿主广泛但以猪为主。主要特征有发热、呼吸困难、肺炎、肝炎、淋巴结炎、死胎、流产、失明及神经症状。人可因接触和生食患本病动物的肉品而感染。

(一)宰前鉴定

多发生于断奶前后的仔猪,死亡率可达 30%～40%;成年猪急性发病较少,多呈隐性感染。病初体温升高至 41～42 ℃,呈稽留热型。精神委顿,食欲减退,最后废绝,多发生便秘,有时下痢。呼吸困难,有时咳嗽和呕吐。体表淋巴结尤其是腹股沟淋巴结肿大。妊娠母畜可发生流产和死胎。

(二)宰后鉴定

病理变化为全身皮肤呈紫红色或两耳、颈下、腹下、四肢、尾部皮肤呈紫红色;全身淋巴结肿大(可达鸡蛋大)、硬结而脆,切面呈髓样多汁,有橘红或灰黄色坏死灶;肾皮质苍白,表面有大小不一的出血点和灰白色坏死灶;肝肿大、变脆,表面有点状出血和坏死灶;肺高度充血、水肿,间质扩张,颜色灰白;胃底部出血,有溃疡;心包、胸腹腔有积液。

(三)卫生处理

(1)病变脏器及淋巴结割除后作工业用或销毁。

(2)胴体和内脏高温处理后出场,皮张不受限制出场。

四、住肉孢子虫病

住肉孢子虫病是由住肉孢子虫寄生于骨骼肌和心肌所引起的一种人畜共患的寄生虫病。猪、牛、羊等多种动物均可感染,人也可患此病。

(一)宰前鉴定

(1)猪住肉孢子虫病。患猪表现不安、腰无力、肌肉僵硬等症状。

(2)牛住肉孢子虫病。患牛表现厌食、贫血、发热、消瘦、水肿、淋巴结肿大等症状。

(3)羊住肉孢子虫病。症状与患牛相似。

(二)宰后鉴定

1. 猪住肉孢子虫病

猪住肉孢子虫的虫体较小,主要寄生于腹斜肌、膈肌、肋间肌、咽喉肌和舌肌等处。肉眼观察可在肌肉中看到与肌纤维平行的白色毛根状小体,显微镜检查虫体呈灰色纺锤形,内含无数半月形孢子。若虫体发生钙化,则呈黑色小团块。严重感染的肌肉,虫体密集部位的肌肉发生变性,颜色变淡似煮肉样,有时可见胴体消瘦,心肌脂肪呈胶样浸润等变化。

2. 牛住肉孢子虫病

牛住肉孢子虫主要寄生于食管壁、膈肌、心肌及骨骼肌，呈白色纺锤形，虫体大小不一，长3～20 mm不等。

3. 羊住肉孢子虫病

羊住肉孢子虫主要寄生于食道、膈肌和心肌等处，呈卵圆或椭圆形的半球状突起。小米粒至大米粒大，最大的虫体长达2 cm，宽1 cm。

(三)卫生处理

(1)虫体发现于全身肌肉，但数量较少时，不受限制出场。

(2)若较多虫体发现于全身肌肉，且肌肉有病变时，整个胴体化制或销毁；肌肉无病变时，则高温处理后出场。

(3)若较多的虫体发现于局部肌肉，该部高温处理后出场，其余部位不受限制出场。

(4)水牛食管有较多的虫体者，将食管化制或销毁。

五、棘球蚴病

棘球蚴病又称脑包虫病，是由棘球绦虫的幼虫棘球蚴引起的一种人畜共患寄生虫病。感染后棘球蚴主要寄生于宿主的肝、肺等器官。人的感染是通过误食含有棘球蚴的生肉或未煮熟肉而发生。

(一)宰前鉴定

绵羊、牛、猪，每年早春时可见大批死亡。特征是营养障碍、消瘦、发育不良、衰弱、呼吸困难。

(二)宰后鉴定

棘球蚴主要寄生于肝脏，其次是肺脏。受害脏器体积显著增大，表面凹凸不平，可在该处找到棘球蚴，有时也可在其他脏器如脾、肾、脑、皮下、肌肉、骨、脊椎管等处发现。虫体包囊大小不等，小的如豌豆粒大小，大的如排球样大小。切开棘球蚴可见有液体流出，将液体沉淀，用肉眼或在显微镜下可看到许多生发囊与原头蚴(即包囊砂)；有时肉眼也能见到液体中的子囊甚至孙囊。偶然还可见到钙化的棘球蚴或化脓灶。

(三)卫生处理

(1)患棘球蚴的器官，整个化制或销毁。

(2)在肌肉组织中发现有棘球蚴时，患部化制或销毁，其余部分不受限制出场。

六、肝片吸虫病

肝片吸虫病是由肝片吸虫寄生于牛、羊、鹿和骆驼等反刍动物的肝脏胆管内而引起的多种动物共患的一种寄生虫病。牛、羊最易感，兔、马和人也可感染。

(一)宰前鉴定

感染患畜严重时可见患畜营养不良、消瘦、贫血，颈、胸、腹下有水肿。

(二)宰后鉴定

牛、羊急性感染时,肝脏肿胀,被膜下有点状出血和不规则的出血条纹。肝片吸虫虫体扁平,外观呈柳叶状,自胆管取出时呈棕红色,固定后变为灰白色。虫体长 20～30 mm,宽 5～13 mm。慢性病例中,肝脏表面粗糙不平,颜色灰白,胆管发生慢性增生性炎症和肝实质萎缩、变性,导致肝硬化。

(三)卫生处理

(1)病变轻微者,割除病变部分,其余部分不受限制出场。

(2)病变严重者,整个脏器化制或销毁。

七、双腔吸虫病

双腔吸虫病是由矛形复腔吸虫所引起的一种人畜共患的寄生虫病。虫体寄生在牛、羊、猪、骆驼、马、鹿和兔等动物的肝脏胆管和胆囊内。多与肝片吸虫混合感染。这种吸虫主要见于反刍动物,偶见于人。

(一)宰前鉴定

轻度感染者无症状,严重感染者可见黏膜黄染、逐渐消瘦、水肿和腹泻等症状。

(二)宰后鉴定

剖检可见胆管壁轻度增生和黏膜卡他性炎症,胆管常呈粗细一致的条索状。病程较久或严重侵袭时,可导致不同程度的肝硬化,且以边缘部分最为明显。切开较大的胆管,可见虫体随胆汁流出。

(三)卫生处理

(1)病变轻微者,割除病变部分,其余部分不受限制出场。

(2)病变严重者,整个脏器化制或销毁。

八、孟氏双槽蚴病

孟氏双槽蚴病是由假叶目双槽科绦虫的幼虫——双槽蚴寄生于猪、鸡、鸭、泥鳅、蛙、鲨和蛇的肌肉中所引起的一种人畜共患的寄生虫病。成虫寄生于犬、猫和肉食动物的小肠中,人偶尔感染。幼虫寄生于哺乳动物包括人的肌肉、胸腹腔等处。猪主要是由于吞食了含有双槽蚴的蛙和鱼类而感染,人的感染主要是吃了生的或半生不熟的含有双槽蚴的肉品所致,也有因用蛙皮贴敷治疗而感染的。

(一)宰前鉴定

轻度感染时无症状,严重感染时表现营养不良、食欲不振、嗜睡等。

(二)宰后鉴定

孟氏双槽蚴主要寄生于腹肌、膈肌、肋间肌等肌膜下、肠系膜的浆膜下和肾周围等处,宰后检验中常于腹斜肌、体腔内脂肪和膈肌浆膜下发现,盘曲成团,如脂肪结节状,展开后如棉线样,如寄生于腹膜下,虫体则较为舒展,寄生数目不等。孟氏双槽蚴为乳白色,长带状，长 3～300 mm，宽 0.7 mm，头节与成虫头节相似。虫体不分节，但具有横皱纹。

(三)卫生处理

虫体较少时经高温处理后可出场，虫体数量较多时则应化制或销毁。

九、华支睾吸虫病

华支睾吸虫病是由华支睾吸虫寄生于肝脏胆管内引起的一种人畜共患的寄生虫病。犬、猫、猪、水貂和鱼等动物均可感染，人常因吃生的或未煮熟的肉品而感染。

(一)宰前鉴定

多数动物为隐性感染，常无症状表现。严重感染时，则表现为消化不良、食欲减退、腹泻、贫血、消瘦等症状。

(二)宰后鉴定

由于虫体寄生而引起胆管和胆囊发炎，管壁增厚。严重者，虫体阻塞胆管，使胆汁排泄障碍而引起黄疸。肝脏结缔组织增生，肝细胞萎缩、变性，毛细血管栓塞形成，引起肝硬化。切开胆管和胆囊，有许多虫体。华支睾吸虫形体较小，窄长，呈扁平的乳白色竹叶状，前端稍尖，后端钝圆。虫体长一般为 10～25 mm，宽为 3～5 mm。

(三)卫生处理

(1)病变轻微者，割除病变部分，其余部分不受限制出场。

(2)病变严重者，整个脏器化制或销毁。

任务二　其他寄生虫病的鉴定与卫生处理

一、细颈囊尾蚴病

细颈囊尾蚴病是由泡状带绦虫的幼虫——细颈囊尾蚴寄生于多种动物体内引起的一种常见寄生虫病。成虫寄生于犬、狼等肉食动物的小肠内，幼虫寄生于猪、黄牛、绵羊、山羊等多种动物的大网膜、肠系膜、肝、肺等部位。

(一)宰前鉴定

成年动物感染后一般无临床症状，但对羔羊、仔猪危害较大。幼虫在肝脏移行时，患畜表现不安、流涎、不食、腹泻和腹痛等症状，甚至死亡。幼虫到达腹腔和胸腔后，则可引起腹膜炎和胸膜炎。

(二)宰后鉴定

细颈囊尾蚴俗称水铃铛，呈囊泡状，黄豆至鸡蛋大，囊壁乳白色，囊泡内含透明液体。眼观可见囊壁上有一个不透明的乳白色结节，即其颈部及内凹的头节所在，翻转结节的内凹部，能见到一个相当细长的颈部与其游离端的头节。虫体寄生部位，形成较厚的包膜，包膜内虫体死亡、钙化。严重者可形成一片球形硬壳，破开后可见到许多黄褐色的钙化碎片，以及淡黄色或灰白色头颈残骸。

（三）卫生处理

（1）感染轻微者，可将患部割除，集中处理，不得随意丢弃或喂犬，其余部分不受限制出场。

（2）感染严重者，整个器官化制或销毁。

二、肺线虫病

肺线虫病是由各种肺线虫寄生于支气管、细支气管内引起的一种慢性支气管肺炎。牛、羊、猪均可感染，尤以羊和猪较为严重。严重感染时，引起肺炎，且能加重肺部其他疾病的危害。

（一）宰前鉴定

1. 羊肺线虫病

病羊主要表现为咳嗽，严重感染时呼吸急促、流涕。病羊逐渐消瘦、贫血、浮肿、呼吸困难等。

2. 猪肺线虫病

轻度感染者，症状不明显，但影响生长发育。严重感染时，患猪表现为咳嗽、呼吸困难、贫血、食欲废绝，即使痊愈，生长仍缓慢。

3. 牛肺线虫病

病牛最初出现的症状为咳嗽，初为干咳，后变为湿咳，流鼻涕、消瘦、贫血，严重者发生肺气肿而导致呼吸困难。

（二）宰后鉴定

1. 羊肺线虫病

支气管内含有黏性至黏脓性甚至混有血液的分泌物团块，其中含有大量的成虫、幼虫和虫卵。支气管黏膜肿胀、充血，并有小点状出血；支气管周围发炎，并有不同程度的肺膨胀不全和肺气肿。虫体寄生部位的肺表面隆起，呈灰白色，触诊有坚硬感，切开常见有虫体。

2. 猪肺线虫病

在肺膈叶腹面边缘有楔状肺气肿区，支气管壁增厚、管腔扩张，靠近气肿区还有坚实的灰色小结，小支气管周围呈淋巴样组织增生和肌纤维肿大。支气管内有虫体和黏液。虫体呈丝线状，肉眼病变一般不明显。

3. 牛肺线虫病

病理变化为肺脏气肿，肺门淋巴结肿大，有时胸腔积液。肺体积肿大，有大小不一的块状肝变区，切开大小支气管内可见虫体堵塞。虫体呈乳白色，细长，形如粗棉线，长达 40～80 mm 不等。

（三）卫生处理

（1）轻度感染者，割除患部，其余部分不受限制出场。

（2）严重感染者，且肺部病变明显，可将整个肺脏化制或销毁。

三、球孢子虫病

球孢子虫病又称贝诺孢子虫病，是贝诺球孢子虫或贝氏贝诺孢子虫所致牛、马、羊和骆驼的一种慢性寄生虫病。其特征是皮肤过度增生肥厚而表现为慢性皮炎、脱毛、皲裂等，因此又称厚皮病。本病不但可降低皮、肉质量，而且还可引起母牛流产，公牛精液质量下降。

（一）宰前鉴定

患部皮肤粗糙，被毛稀少，弹性消失，厚而坚硬，出现褶皱，严重者呈格子状，类似大象皮肤。在头部、四肢、背部、臀部、股部、阴囊、腰部等处，可见皮下结缔组织和表皮肌间结缔组织增生肥厚，其中有许多灰白色圆形砂粒状的坚硬球孢子虫小结节，外有结缔组织包囊。

（二）宰后鉴定

贝诺球孢子虫寄生于牛的皮肤、皮下结缔组织、筋膜、浆膜、呼吸道黏膜、眼结膜、巩膜等部位。虫体形成包囊，包囊为宿主组织所形成，故称为假囊。假囊呈灰白色，圆形，细砂粒样，散在、成团或串珠状排列。囊壁由两层构成，内层薄，含有许多扁平的巨核；外层厚，呈均质而嗜酸性着染，囊内无中隔。假囊中的滋养体为新月状或香蕉状，一端尖另一端圆，核偏中央。

（三）卫生处理

（1）虫体发现于全身肌肉，但数量较少时，不受限制出场。

（2）若较多虫体发现于全身肌肉，且肌肉有病变时，整个胴体化制或销毁；肌肉无病变时，则高温处理后出场。

（3）若较多的虫体发现于局部肌肉，该部分高温处理后出场，其余部分不受限制出场。

四、猪冠尾线虫病

猪冠尾线虫病又称为猪肾虫病，是由有齿冠尾线虫寄生于猪的肾盂、肾周围脂肪和输尿管等处所引起的一种线虫病。冠尾线虫无须中间宿主，多以幼虫经消化道或皮肤感染，幼虫在体内移行过程中可使许多器官尤其是肝和肺受到损害。

（一）宰前鉴定

病猪初期出现皮肤炎症，有血疹和红色小结节，体表局部淋巴结肿大，继而食欲不振，精神沉郁，逐渐消瘦，贫血，被毛粗乱。患猪后肢无力、跛行，不能站立，拖地爬行。严重者多因极度衰弱而死亡。

（二）宰后鉴定

经消化道重度感染的猪只，其肝脏呈现急性损伤性肝炎，肝出血并形成脓肿，甚至发生肝硬化。肝门淋巴结急性肿胀，周围结缔组织水肿并常被染成淡红色或灰褐色。肝表面和实质常见灰白色大小不等的结节，中心为出血灶，在较大的结节中可见到幼虫。在肝门结缔组织也可以见到较大的带虫包裹。肺脏受到侵袭时，初期胸膜下肺小叶间常见暗红色条状出血灶，切开后，可见灰白色幼虫。后期肺脏广泛性出血和炎症反应，肺胸膜明显增厚，病灶中的虫体也常发生钙化死亡，肺门淋巴结水肿。

（三）卫生处理

将病变组织或器官化制或销毁，其余部分不受限制出场。

五、前后盘吸虫病

前后盘吸虫病是由前后盘科各属的多种前后盘吸虫所引起的一种寄生虫病。成虫寄生于牛、羊等反刍动物的瘤胃、网胃和胆管壁上，一般危害不严重。但大量幼虫移行寄生于真胃、小肠、胆管、胆囊时，可引起较严重的疾病，甚至导致死亡。

(一)宰前鉴定

病畜主要表现为顽固性下痢，粪便呈粥样或水样，常有腥臭味。食欲减退，精神委顿，消瘦，贫血，下颌水肿，黏膜苍白，最后病畜极度衰弱，卧地不起，衰竭而死亡。

(二)宰后鉴定

剖检可见尸体消瘦，黏膜苍白，腹腔内含有淡红色的液体，真胃、十二指肠、胆管和胆囊中可见幼小虫体，有时在腹腔渗出液中甚至肾盂内也可发现幼小的虫体。真胃幽门部的黏膜有出血点和黏液。

(三)卫生处理

(1)感染轻微者，除去虫体。

(2)感染严重者，切除虫体侵害部分，其余部分不受限制出场。

六、蠕形螨病

蠕形螨病又称毛囊虫病或脂螨病，是由蠕形螨科中的各种蠕形螨寄生于毛囊或皮脂腺中引起的一种寄生虫病。各种家畜各有其固有的蠕形螨寄生。犬和猪的蠕形螨病较多见，羊、牛也常有此病发生。患蠕形螨病的牛皮和猪皮，在制革生产上很不适用，造成很大经济损失。寄生于人体的有毛囊蠕形螨和皮脂蠕形螨两种。

(一)宰前鉴定

1. 猪蠕形螨病

先发生于眼周围、鼻部和耳基部，而后逐渐向其他部位蔓延。病变部出现针尖大、米粒大甚至核桃大的白色囊。囊内含有很多蠕形螨、表皮碎屑及脓细胞，细菌感染严重时，成为单个小脓肿。有的患猪皮肤增厚、不清洁，凹凸不平而覆盖以皮屑，并且发生皱裂——毛囊炎为特征。猪蠕形螨病多发生于细嫩皮质的毛囊、皮脂腺或皮下结缔组织中。

2. 牛蠕形螨病

一般多发生于头部、颈部、肩部、背部或臀部，形成针尖大至核桃大白色小囊瘤，内含粉状物或脓样液，也有只出现鳞屑而没有疮疖的。切开皮肤上的结节或脓包，取其内容物做涂片镜检。可见蠕形螨身体细长，似蠕虫状，呈半透明的乳白色，虫体长 0.25～0.3 mm，宽约 0.04 mm。

(二)卫生处理

(1)轻度感染时，将病变的皮肤切除化制或销毁，其余部分不受限制出场。

(2)严重感染时且皮下组织有病变者，剥去病变部皮肤及切除病变组织化制，其余部分高温处理后可出场。

七、牛皮蝇蛆病

牛皮蝇蛆病是由皮蝇科皮蝇属的幼虫寄生于牛的背部皮下组织引起的一种体外寄生虫病，又称牛皮蝇蚴病。有时也可感染马驴及野生动物，人也有被感染的可能性。主要特征为引起患牛消瘦，生产能力下降，幼畜发育不良，尤其引起皮革质量下降。

（一）宰前鉴定

成蝇虽然不叮咬牛，但在夏季繁殖季节，成群围绕牛飞翔，尤其是雌蝇产卵时引起牛惊恐不安、奔跑，影响采食和休息，引起消瘦，易造成外伤和流产，生产能力下降等。幼虫钻进皮肤时，引起局部痛痒，牛表现不安。有时因幼虫移行伤及延脑或大脑可引起神经症状，严重者可引起死亡。

（二）宰后鉴定

幼虫在体内移行时，造成移行各处组织损伤，在背部皮下寄生时，引起局部结缔组织增生和发炎，背部两侧皮肤上有多个结节隆起。当继发细菌感染时，可形成化脓性瘘管，幼虫钻出后，瘘管逐渐愈合并形成瘢痕，严重影响皮革质量。幼虫分泌的毒素损害血液和血管，引起贫血。幼虫在食道壁穿行时，可引起食道壁发炎。

（三）卫生处理

切除患病组织和食道化制或销毁，其余部分不受限制出场。

任务三　家禽常见寄生虫病的鉴定与卫生处理

一、球虫病

球虫病是由艾美耳球虫属中的一些球虫引起的地方性急性流行性原虫病。主要侵害幼鸡，其他禽类如鸭、鹅、火鸡、鸽、鹌鹑、雉等均可感染发病。

（一）宰前鉴定

早期症状是全身衰弱，精神委顿，病鸡喜欢拥挤成堆，两翅下垂，羽毛蓬乱，闭眼嗜睡。特征性症状是下痢，便中带血。

青年鸡和成年鸡仅少数有临床表现。冠和肉髯苍白，食欲不振，形体消瘦，羽毛蓬乱，间歇性下痢，两腿无力或瘫痪。

（二）宰后鉴定

病变主要是盲肠显著肿大，呈棕红色或暗红色，肠壁增厚，质地坚实，黏膜呈现出血性卡他性坏死性炎，肠内充满凝血块或混有血液的坏死物（图 8-1）。

（三）卫生处理

病变脏器做化制处理，其余部分不受限制出场。

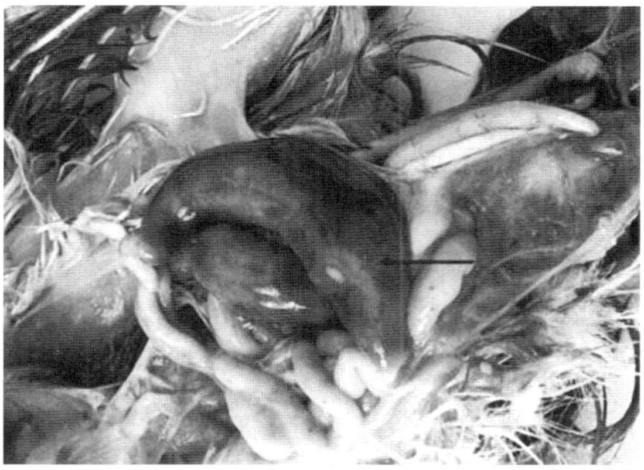

图 8-1　鸡球虫病的症状

二、组织滴虫病

组织滴虫病又名盲肠肝炎，俗称黑头病，是火鸡组织滴虫所致禽类的一种急性原虫病。火鸡最易感染，2 周龄到 3～4 月龄的幼鸡最易感染，成年鸡感染后病情较轻。

（一）宰前鉴定

病鸡精神委顿，食欲减退或废绝。羽毛蓬乱，无光泽，两翅下垂，身体蜷缩，畏寒，嗜睡。下痢，粪便呈淡黄色或淡绿色，严重者粪便带血色，甚至排出大量血液。后期由于循环障碍，病鸡的头部皮肤和冠髯呈蓝紫色或暗黑色，故有“黑头病”之称。

（二）宰后鉴定

病变主要在盲肠和肝脏。多见一侧盲肠发生严重的出血性炎症，盲肠内充满血液。典型病例，见盲肠肿大，肠壁变厚，坚实，形似香肠。剖开肠腔充满干燥、坚实、干酪样栓子。栓子横切面中心为黑红色凝血块，周围为灰白色或淡黄色的渗出物和坏死物。剖离栓子后，肠管只剩下菲薄的肠壁浆膜层，其黏膜层和肌层均被破坏。盲肠溃疡可使肠壁破裂，引起腹膜炎。

肝脏肿大，病变可见于整个肝表面。在肝被膜散在或密发圆形、不规则形微凹陷的淡黄色或绿色坏死灶，周围常有红晕环绕。有时坏死灶相互融合形成大片融合性坏死灶。

（三）卫生处理

病变器官化制或销毁，其余部分不受限制出场。

考核评价

患者，女，31 岁，养殖场技术员。因半年来鼻翼皮肤发红、微痒、有时轻微刺痛而前来就诊。观察发现鼻两翼皮肤有鲜红色斑片，鲜红色斑片中有若干散在性小丘疹。丘疹直径大小约 1 mm。本病例拟诊为什么病？如何确诊？

案例分析

案例 1　夏季，某养鸡场雏鸡下痢，呼吸困难，口流鲜血，鸡冠和肉髯苍白；剖检见全身性出血，内脏器官肿大，胸肌、腿肌和心包等处有针尖至粟粒大小的白色结节。该病可能是(　　)。

A. 新城疫　　B. 球虫病　　C. 盲肠肝炎　　D. 住白细胞虫病　　E. 传染性法氏囊病

案例 2　某养鸡场散养的 1 000 只肉仔鸡，30 日龄起大批鸡精神委顿，食欲减退，双翅下垂，羽毛逆立，下痢至排大量血便，1 周内死亡率达 30%以上。

(1)该鸡群最可能诊断为(　　)。

A. 鸡蛔虫病　　B. 鸡球虫病　　C. 组织滴虫病　　D. 隐孢子虫病　　E. 大肠杆菌病

(2)病死鸡剖检病变主要发生在(　　)。

A. 肝脏　　B. 腺胃　　C. 肌胃　　D. 盲肠　　E. 直肠

案例 3　一母猪已经产两胎，现又怀孕 3 个月，约 2 个月前，发现病猪蹄痛，行走困难，食欲下降；1 个月前，病猪瘫痪，不能站立和走动并逐渐消瘦，畜主卖给屠商作肉用。该母猪屠宰后，在例行宰后检验时发现：脾脏高度肿大，约为正常的 13 倍，类似圆柱形、黑色、质易碎，切开多汁；整个肝脏脂肪变性、质硬，切开有少量胆汁流出；下颌淋巴结、肠系膜淋巴结、腹股沟浅淋巴结稍肿大，周边有少量针尖状出血点，肋间肌出血，两侧及腹下皮肤有许多出血斑点，胎儿未见肉眼病变，胃肠充血、出血。

诊断：(1)采膈肌脚左右两侧各 20 g、左右腰肌各 20 g，撕去肌膜和脂肪对着阳光观察，发现有几粒针尖状灰白色斑点，在此处剪取 24 粒肉在低倍镜下观察发现有 15 粒肉中有圆形和椭圆形的包囊。(2)采脾和肝组织抹片镜检未发现细菌。(3)采脾组织接种于普通琼脂培养基，37 ℃培养 24 h，没有细菌生长。根据病史、剖检病变和实验室检验的结果诊断为猪旋毛虫病。

处理：根据《病死畜禽和病害畜禽产品无害化处理管理办法》，整个肉尸做深埋处理。该病例的脾脏和肝脏病变原因不明，未见该病有此病变的报道。

知识拓展

囊尾蚴的生活史

人是猪带绦虫唯一的终末宿主，猪和野猪是主要的中间宿主。成虫寄生于人的小肠中，孕节脱落后随粪便排出，当中间宿主吃入含有虫卵或孕节的人粪而感染，在小肠内六钩蚴逸出，钻入肠壁，经血液循环或淋巴循环到机体各处的肌肉组织，经 60～70 d 发育为成熟的囊尾蚴。人吃了含有囊尾蚴的肉品后，囊尾蚴在小肠经 2～3 个月发育为成虫。人体内成虫通常寄生一条，偶尔数条，并可在人体内存活 25 年之久。

人可作为中间宿主感染猪囊尾蚴的途径有：猪肉带绦虫虫卵污染人的手、蔬菜和食物，被误食后而感染；猪肉带绦虫患者因肠道逆蠕动使节片或虫卵进入胃内，发生自身感染。

知识链接

1.《羊寄生虫病防治技术规范》GB/T 19526—2004

2.《山羊寄生虫病防治技术规范》DB51/T 1297—2011

3.《猪寄生虫病防治技术规范》DB22/T 2011—2014

4.《规模化猪场寄生虫病防治技术规范》DB13/T 1373—2011
5.《寄生虫病诊断名词术语》WS/T 471—2015
6.《旋毛虫病的诊断》WS 369—2012
7.《家畜棘球蚴病流行病学调查及监测技术规范》DB63/T 1391—2015
8.《动物棘球蚴病诊断技术》NY/T 1466—2018
9.《囊尾蚴病的诊断》WS 381—2012
10.《弓形虫病检疫技术规范》SN/T 1396—2015
11.《鸡球虫病防治技术规范》DB62/T 2523—2014

项目九

肉与肉制品的卫生检验

学习目标

掌握肉在贮藏过程中的变化特征及肉新鲜度的检验方法；常见肉制品的加工卫生要求及卫生检验方法。熟悉常见肉及肉制品的感官检验；冷冻肉常见的异常变化。了解肉的冷冻加工方法及冷库的卫生要求；肉的形态结构和化学组成；动物油脂的变质形式与危害。

学习内容

项目九肉及肉制品的卫生检验 PPT

任务一　肉新鲜度的卫生检验

一、肉在贮藏时的变化

刚屠宰后的动物肉就烹调食用吃起来口感粗糙，缺乏风味。但在一定温度下放置一定的时间，使肉发生一系列生物化学变化，如糖原酵解、pH 变化、组织蛋白分解等，肉则随之发生僵直、解僵、成熟等变化，使肉的适口性和风味都得到了改善，这时的肉再烹调食用是比较科学的。另外，屠宰后的动物肉如果贮藏不当，则会发生自溶，使肉的品质降低。在微生物的作用下肉会发生腐败变质，以至不能食用。

(一)肉的僵直

1.概念与机理

(1)概念。屠宰后的动物肉，随着肌糖原的无氧酵解和各种生物化学反应的进行，肌纤维发生强直性收缩，使肌肉失去弹性，变得僵硬，这种状态称为肉的僵直，又称肉的僵硬。

(2)机理。动物死亡后，呼吸停止，肌糖原不能完全氧化分解，而是进行无氧酵解生成乳酸，使肉的 pH 下降，经过 24 h 后，肉的 pH 可从 7.0～7.2 降至 5.6～6.0。当乳酸生成达一定界线时，分解肌糖原的酶类活性逐渐消失，而另一酶类——无机磷酸化酶的活性大大增强，开始促使 ATP 迅速分解，形成磷酸，使肉的 pH 继续下降至 5.4 左右。肌肉中 ATP 的减少，肌纤维的肌质网体崩裂，其内部保存的 Ca^{2+} 释放出来，使肌浆中 Ca^{2+} 的浓度升高，促使肌球蛋白 ATP 酶的活化，更加快了 ATP 的减少，因而促使 Mg-ATP 复合体的解离。此时，肌球蛋白纤维粗丝和肌动蛋白纤维细丝结合成肌动-球蛋白复合体，ATP 的不断减少，这种反应为不可逆性，则引起肌纤维永久性的收缩，因而肌肉表现为僵直。

2. 影响肉僵直的因素

肌肉僵直出现的早晚和持续时间的长短与动物种类、年龄、环境温度、生前状态和屠宰方法有关。不同种类动物从死后到开始僵直的速度不同，一般来说，鱼类最快，依次为禽类、马、猪、牛。一般动物死后 1～6 h 开始僵直，到 10～20 h 达到最高峰，至 20～48 h 僵直过程结束，肉开始缓解变软进入成熟阶段。

肌肉僵直所需时间，还受其他因素的影响，如肌糖原含量、ATP 含量、环境温度、pH 等。肌肉僵直的速度与 ATP 含量有密切关系，ATP 减少的速度越快，僵直的速度也越快，而糖原含量直接影响 ATP 生成量。在正常有氧的条件下，每个葡萄糖单位可氧化生成 39 个 ATP，而在无氧条件下只能生成 3 个 ATP。因此，宰前处于患病、饥饿、过度疲劳的动物，宰后肌糖原在肌肉中含量明显减少，则 ATP 生成量更少，可大大缩短僵直期。动物宰前处于健康状态，并给予合理的饲养管理，宰后肉中糖原含量多，僵直持续时间也长。

3. 僵直肉的特点

处于僵直期的肉，由于肌糖原的无氧酵解产生乳酸，ATP 分解生成无机磷酸，则肉的 pH 下降，肉呈酸性。在不同的 pH 条件下，蛋白质对水的亲和力不同。肌肉 pH 为 7 时，其含水量为肌肉本身等容积；pH 为 6 时，肌肉含水量为肌肉容积的 50%；pH 为 5 时，肌肉含水量为肌肉容积的 25%。处于僵直期的肉 pH 约为 5.4，保水性降低。肉在僵直过程中，肌纤维强韧，肉质坚硬、干燥，缺乏弹性，加之系水性差，嫩度降低，此时的肉适口性差。这种肉在加热炖煮时不易转化成明胶，不易咀嚼和消化，肉汤也较浑浊，缺乏风味，食用价值及滋味都较差，因此，处于僵直期的肉不宜烹调食用。

(二)肉的成熟

1. 概念与机理

(1)概念。屠宰后的动物肉在一定的温度下贮藏一定的时间，继僵直之后肌肉组织变得柔软而有弹性，切面富有水分，易于煮烂，肉汤澄清透明，肉质鲜嫩可口，具有愉快的香气和滋味，这种食用性质得到改善的肉称为成熟肉，其变化过程称为肉的成熟。肉在成熟期发生的变化，实际上在解僵期已经开始了，所以从过程来讲，解僵期与成熟期不一定能够严格区分开来。

(2)机理。经过成熟之后的肉，游离氨基酸、10 个以下氨基酸的缩合物都有所增加，游离的低分子多肽形成，使肉的风味提高。这些非蛋白含氮物的增加，是在无菌条件下，完全消除了微生物的影响而产生的，是肌肉中水解蛋白酶的作用引起的。

肉中水解蛋白酶种类很多，它们必须在中性或酸性条件下才能表现出活性。肉在成熟过程中，蛋白质的水解作用主要与 3 种酶有关，即中性多肽酶(CAF)、组织蛋白酶 D 和组织蛋白酶 L。这三种酶的活性各有不同的适宜 pH，所以肉成熟过程中的 pH 的变化是决定酶活性和作用程度的主要因素。当肉的 pH 为 7 左右时，主要是 CAF 发挥作用；当肉的 pH 在 5.5～6 时，主要是组织蛋白酶 L 发挥作用；当肉的 pH 降至 5.5 以下时，主要由组织蛋白酶 D 发挥作用。正常屠宰后的肌肉，从死后直到 pH 5.5 左右，其间，蛋白质分解是这些酶依次作用的结果。由于这些酶的作用，蛋白质发生部分分解，产生游离氨基酸如谷氨酸、精氨酸、亮氨酸、缬氨酸、甘氨酸等，这些氨基酸都能增强肉的滋味与香气。同时，ATP 分解为肌苷，然后脱去核苷而成为次黄嘌呤，而次黄嘌呤是构成成熟肉香味和鲜味的主要成分。

肉在成熟过程中，pH 发生变化，从僵硬期开始慢慢地上升，但仍保持在 5.6 左右。在此过程中，由于蛋白质分解生成一些较小的单位，肌纤维的渗透压增高。此外，蛋白质的电荷发生变化，不同电荷的阳离子（Na^+、K^+、Ca^{2+}、Mg^{2+} 等）出入肌肉蛋白质，造成肌肉蛋白质净电荷的增加，使肌肉结构疏松并有助于蛋白质水合离子的形成。因而成熟的肉系水力增加。

肉在成熟过程中，酸性介质可增大肌细胞和肌肉间结缔组织的渗透性，使肌间粗硬的结缔组织吸水膨胀软化，促使溶酶体酶对胶原蛋白的末端肽链非螺旋部的横向交链水解和β-葡萄糖苷酸酶对基质的黏多糖分解，使肌肉中结缔组织结构松散。肌原纤维是由原来的数十个至数百个肌节沿长轴方向构成的纤维，由于相邻肌节变得脆弱，Z 线部分受外界机械力冲击或在持续的张力作用下发生断裂，肌原纤维变短，形成 1～4 个肌节的小片段。此外随着肉贮藏时间的延长，原来处于强直性收缩的肌动蛋白和肌球蛋白之间结合力减弱了，使肌动球蛋白的僵直复合体解离。这些过程使得肌肉由硬变得柔软鲜嫩，易煮熟，适口性也有所改善。

肉在成熟过程中，Ca^{2+} 在酸性介质下从蛋白质中脱出，使部分肌凝蛋白凝结析出，肌浆的液体部分分离出来，故成熟的肉切面水分较多、煮熟的肉汤也较透明。

2. 影响肉成熟的因素

影响肉成熟的因素主要是肉中肌糖原的含量和成熟过程中的环境因素。肌糖原含量与肉成熟过程有着密切的关系。动物在宰前休息的好、健康，宰杀时电麻深度适当，则宰后肌糖原含量多，有利于肉的成熟。相反，动物在宰前经过长途运输而疲劳，未经适当的休息管理，或患有疾病，或电麻过浅，在宰杀时剧烈挣扎，都会使肌糖原消耗过多，使肉的成熟过程延缓或不出现成熟变化，从而影响肉的品质。

在环境因素中，温度对肉成熟的速度影响最大。在 25 ℃以下，温度越高，肉的成熟速度越快。但在较高温度下促进肉的成熟是危险的，因为这样的温度（20～25 ℃）同样也适宜于微生物的大量繁殖，不利于肉的贮藏，甚至会发生腐败变质。因此，一般采用低温成熟的方法，0～2 ℃，相对湿度为 86%～92%，空气流速为 0.1～0.5 m/s，3 周左右，从开始到 10 d 90%成熟，10 d 后的商品价值高。在 3 ℃的条件下，小牛肉和羊肉的成熟期分别为 3 d 和 7 d。

为了加快肉的成熟，在 10～15 ℃下，2～3 d 即能成熟。在这样温度下，为了防止肉的表面有微生物生长繁殖，可用紫外线灯照射肉的表面，杀灭肉表面的微生物。成熟好的肉应立即冷却到 0 ℃冷藏，以保证其商品质量。

3. 成熟肉的特点

（1）胴体或大块肉表面形成一层干燥如羊皮纸样的薄膜，既可防止其下层水分蒸发，减少干耗，又可防止微生物的侵入。

（2）切面湿润多汁，肉的横断面有肉汁渗出。

（3）肌肉具有一定的弹性，并不完全松软。

（4）肉汤澄清透明，脂肪团聚于表面，具特有香味。

（5）肉呈酸性反应。

成熟肉提高了肉的食用价值，肉在供食用之前原则上都需要经过成熟过程来改进其品质，特别是牛肉和羊肉，成熟对提高风味是非常必要的。

(三)肉的自溶

1. 概念及机理

(1)概念。肉的自溶是指肉在不合理的条件下贮藏，使肉较长时间保持较高的温度引起肉中的组织蛋白酶活性增强而发生的自体组织蛋白强烈分解的过程。

(2)机理。自溶是承接或伴随成熟过程发展的，两者之间很难划清界线。动物屠宰后，如肉未经冷却即进行冷藏，或相互堆叠，肉中热量散不出来，这些情况都会引起肉的自溶。动物内脏中的组织蛋白酶较丰富，其组织结构也适合于酶类活动，故内脏存放时比肌肉更易发生自溶。肉在自溶过程中，主要是蛋白质发生强烈分解，除产生多种氨基酸外，还释放出硫化氢、硫醇等有不良气味的挥发性物质。硫化氢与血红蛋白结合，形成含硫血红蛋白(H_2S-Hb)时，能使肌肉和肥膘出现不同程度的暗绿色斑，故肉的自溶又称变黑。

2. 自溶肉的特点

自溶阶段的肉质地松软，缺乏弹性，暗淡无光泽。呈红褐色、灰红色或灰绿色，带有酸味，并呈强烈的酸性反应，硫化氢反应呈阳性，氨反应呈阴性。

3. 自溶肉的卫生评价

自溶肉轻度变色、变味时，应将肉切成小块，置于通风处，驱散其不良气味，割掉变色的部分后食用；如果具有明显异味，并变色严重时，则不宜食用。

(四)肉的腐败

1. 概念及产物

肉的腐败是指肉在腐败微生物的作用下引起肉中蛋白质、脂肪、碳水化合物的分解并形成多种不良产物的生化过程。肉在成熟和自溶阶段的分解产物，为腐败微生物的生长繁殖提供了良好的营养物质，随着时间的推移，微生物的大量生长繁殖，蛋白质不仅被分解成氨基酸，而且在微生物各种酶的作用下，将氨基酸进一步分解，经过脱氨基、脱羧基和氧化还原等作用，生成更低的产物，如吲哚、甲基吲哚、腐胺、尸胺、酪胺、组胺、色胺及各种含氮的酸和脂肪酸类，最后生成硫化氢、甲烷、硫醇、氨及二氧化碳等产物，使肉失去了食用价值。

肉的腐败过程是变质中最严重的形式，因为腐败分解的生成物，如腐胺、硫化氢、吲哚和甲基吲哚都具有强烈的令人厌恶的臭气。胺类还具有很大的生理活性，如酪胺是一种强烈的血管收缩剂，能使血压升高；组胺能使血管扩张；尸胺、腐胺等胺类化合物，即所谓尸毒，注射到组织时有毒性。

2. 肉腐败的原因

肉腐败的原因，虽然不是单一的，但主要是微生物作用造成的。只有被微生物污染，并且具有微生物繁殖的条件，腐败过程才能发展。微生物污染一般有两种形式：即外源性污染和内源性污染。

(1)外源性污染。健康动物屠宰后，胴体本应是无菌的，尤其是深部组织。但从解体到销售，要经过许多环节，即使设备非常完善、卫生制度相当严格的屠宰场或肉联厂也不能保证屠体表面绝对无菌。加工、运输、贮藏以至供销的卫生条件越差，细菌污染就越严重，耐贮性就越差。肉被微生物污染后，由于蛋白质是微生物极好的营养物质，如果温度和湿度适宜，微生物会大量的生长繁殖，并沿着结缔组织、血管周围或骨膜与肌肉间隙等疏松部位向深部扩散，生长繁殖，导致腐败现象更加严重。

（2）内源性污染。动物在宰前已经患病，病原微生物可能在生前即已蔓延至肌肉和内脏，或动物的抵抗力十分低下，肠道寄生菌趁机而入，或由于疲劳过度使肉的成熟过程进行得很慢，肉的 pH 没有能达到抑制微生物生长的程度，所以腐败速度加快。

3. 腐败肉的特点

（1）胴体表面非常干燥或腻滑发黏。

（2）表面呈灰绿色、污灰色甚至黑色，新切面发黏、发湿，呈暗红色、暗绿色或灰色。

（3）肉质松弛或软糜，指压后凹陷不能恢复。

（4）肉的外表和深层都有显著的腐败气味。

（5）呈碱性反应。

（6）氨反应呈阳性。

4. 腐败肉的卫生评价

肉在任何腐败阶段对人体都是有害的。无论是参与腐败的细菌及其毒素，还是腐败形成的有毒崩解产物，都能引起人的中毒和发病。因此，腐败变质的肉一律禁止食用，应化制或销毁。

二、肉新鲜度的检验

肉新鲜度的检验，一般是从感官性状、腐败分解产物的特征和数量、细菌的污染程度等三方面来进行。肉的腐败变质是一个渐进性的过程，变化又非常复杂，同时还受多种因素的影响。采用单一的检验方法很难获得正确的结果，只有采用感官检验和实验室检查相结合的方法，才能比较客观地对肉的新鲜度做出正确的判断。

（一）感官检验

肉在腐败变质过程中，由于组织成分的分解，肉的感官性状发生改变，如强烈的酸味、臭味、异常的色泽、黏液的形成、组织结构的崩解等，这些变化通过人的感觉器官进行鉴定。肉新鲜度的感官检验，主要借助人的嗅觉、视觉、触觉、味觉，通过检验肉的色泽、组织状态、黏度、气味、眼球（禽类）、煮沸后肉汤等来鉴定肉的卫生质量。

1. 色泽

将样品置于白色瓷盘中，在自然光线下观察肌肉的色泽、脂肪的色泽、肉表面的清洁度。

2. 组织状态

用手按压肉表面，观察指压凹陷的恢复速度和肌纤维的状态。

3. 黏度

观察肌肉表面有无干膜，有无发黏现象。

4. 气味

在常温下（20 ℃）检查肉的气味，首先嗅闻肉表面的气味，然后切开立即嗅闻肉的深层气味，特别注意检查关节周围组织的气味。

5. 煮沸后肉汤

称取 20 g 切碎的肉品，加入 100 mL 水，加盖，加热至 50～60 ℃，开盖检查气味。继续加热煮沸 20～30 min 后，迅速检查肉汤的气味、滋味、透明度及表面悬浮脂肪的状态、多少、气味和滋味。

我国食品卫生标准中规定了各种畜禽肉的感官指标，见表 9-1 至表 9-3。

表 9-1　猪肉感官指标(GB 2707—2016)

项目	鲜猪肉	冻猪肉
色泽	肌肉有光泽，红色均匀，脂肪乳白色	肌肉有光泽，红色或稍暗，脂肪白色
组织状态	纤维清晰，有坚韧性，指压后凹陷立即恢复	肉质紧密，有坚韧性，解冻后指压凹陷立即恢复
黏度	外表湿润，不黏手	外表湿润，有渗出液
气味	具有鲜猪肉固有的气味，无异味	解冻后具有鲜猪肉固有的气味，无异味
煮沸后肉汤	澄清透明，脂肪团聚于表面	澄清透明或稍有浑浊，脂肪团聚于表面

表 9-2　牛、羊、兔肉感官指标(GB 2707—2016)

项目	鲜牛肉、鲜羊肉、鲜兔肉	冻牛肉、冻羊肉、冻兔肉
色泽	肌肉有光泽，红色均匀，脂肪洁白或淡黄色	肌肉有光泽，红色或稍暗，脂肪洁白或微黄色
组织状态	纤维清晰，有坚韧性	肉质紧密，坚实
黏度	外表微干或湿润，不黏手，切面湿润	解冻后指压凹陷恢复较慢
气味	具有鲜牛肉、鲜羊肉、鲜兔肉固有的气味，无异味	解冻后具有冻牛肉、冻羊肉、冻兔肉固有的气味，无异味
煮沸后肉汤	澄清透明，脂肪团聚于表面，具特有香味	澄清透明或稍有浑浊，脂肪团聚于表面，具特有香味

表 9-3　鲜、冻禽产品感官指标(GB 2707—2016)

<table>
<tr><th colspan="2">项目</th><th>鲜禽产品</th><th>冻禽产品(解冻后)</th></tr>
<tr><td colspan="2">组织状态</td><td>肌肉富有弹性，指压后凹陷部位立即恢复原状</td><td>肌肉指压后凹陷部位恢复较慢，不易完全恢复原状</td></tr>
<tr><td colspan="2">色泽</td><td colspan="2">表皮和肌肉切面有光泽，具有禽类品种应有的色泽</td></tr>
<tr><td colspan="2">气味</td><td colspan="2">具有禽类品种应有的气味，无异味</td></tr>
<tr><td colspan="2">煮沸后肉汤</td><td colspan="2">澄清透明，脂肪团聚于液面，具有禽类品种应有的滋味</td></tr>
<tr><td rowspan="2">淤血</td><td>淤血面积大于 1 cm²</td><td colspan="2">不得检出</td></tr>
<tr><td>淤血面积小于 1 cm²</td><td colspan="2">片数不得超过抽样量的 2%</td></tr>
<tr><td colspan="2">硬杆毛(根/10 kg)</td><td colspan="2">≤1</td></tr>
<tr><td colspan="2">异物</td><td colspan="2">不得检出</td></tr>
</table>

注：淤血面积以单一整禽或单一分割禽体的 1 片淤血面积计。

(二)理化检验

肉新鲜度的感官检验虽然简便易行,也相当灵敏准确,但有一定的局限性。在许多情况下,尚需进行实验室检验,并且尽可能注意他们之间的相互联系和相互补充。

理化检验是根据肉中蛋白质等物质的分解产物,用物理方法和化学方法对肉的新鲜程度进行检验。物理学检验是根据蛋白质分解,低分子物质增多,导电率、黏度、保水量的变化来衡量肉的品质;化学检验是用定性或定量方法测定分解产物,如氨、胺类、挥发性盐基氮、硫化氢等来评定肉的新鲜度。

1.挥发性盐基氮的测定

挥发性盐基氮(简称 TVB-N)是指肉品中蛋白质分解而产生的氨及胺类等碱性含氮物的总称,在碱性条件下具有挥发性。其含量随腐败变质的进程而逐渐增加,与肉腐败程度成正比。检测方法有半微量凯氏定氮法和微量扩散法。

2.pH 的测定

畜禽生前肉的 pH 为 7.0~7.2。屠宰后由于肉中肌糖原无氧酵解产生乳酸,ATP 分解产生磷酸,肉的 pH 下降。如肉宰后在 20 ℃放置 24 h,肉的 pH 可降至 5.6~6.0,此 pH 在肉品工业中称为“排酸值”,它一直持续到肉发生腐败分解之前。所以新鲜肉浸出液的 pH 通常在 5.8~6.2。肉腐败时,由于蛋白质被分解为氨和胺类等碱性物质,肉的 pH 上升,可达到 6.7 以上。

此外,动物宰前过度疲劳、患病等因素,肉中肌糖原含量少,分解生成的乳酸量少,这种情况下,即使肉是新鲜的,pH 也较高。因此,在测定肉浸液 pH 时,要考虑这方面的因素。测定肉 pH 的方法,通常有比色法和酸度计法。

3.氨的检验

肉类腐败变质时,蛋白质分解生成氨和胺类等物质,称为粗氨。粗氨含量随着腐败变质的严重程度而增多,因此,可用来鉴定肉的新鲜程度。由于动物机体在正常状态下含有少量氨,并以谷氨酰胺形式贮存于组织中,另外,过度疲劳的动物肌肉中氨的含量比平常时多 1 倍,其宰前疲劳程度也影响测定结果。所以,检测氨的阳性结果不能作为肉腐败变质的绝对指标。肉中粗氨的测定采用纳氏试剂法,根据溶液颜色的深浅和沉淀物的多少来反映肉中氨的含量。

4.硫化氢检测

肉在腐败变质时,含硫氨基酸进一步分解,释放出硫化氢,其含量能反映出蛋白质的分解程度,因此,可用来鉴定肉的新鲜程度。肉中硫化氢检测采用醋酸铅试纸法,根据醋酸铅试纸颜色的变化进行判定。

5.球蛋白沉淀试验

肌肉中的球蛋白在碱性环境中呈溶解状态,而在酸性条件下则不溶解。新鲜肉呈酸性反应,蛋白质不溶解。肉在腐败过程中,由于肉的 pH 升高,蛋白质呈溶解状态,可与重金属离子 Cu^{2+} 结合成沉淀,根据肉浸液中有无沉淀及沉淀的多少来判断肉的新鲜程度。但是,宰前过度疲劳或患病的动物,宰后肉在新鲜状态下,也呈碱性反应,可使球蛋白试验呈阳性结果。所以,检测的结果不能作为肉腐败变质的绝对指标。

6.过氧化物酶反应

健康动物的新鲜肉中，含有过氧化物酶。不新鲜肉、严重病理状态的肉或过度疲劳的动物肉中，过氧化物酶显著减少，甚至完全缺乏。肉中的过氧化物酶能分解过氢化氢，释放出新生态氧，新生态氧使联苯胺指示剂氧化为二酰亚胺代对苯醌，后者与未氧化的联苯胺形成淡蓝色或青绿色化合物，经过一段时间后变为褐色。根据颜色的变化速度与深浅进行判定。

(三)微生物学检验

肉的腐败是细菌大量繁殖，导致蛋白质分解的结果。故检验肉的细菌污染情况，不仅是判断肉新鲜度的依据之一，也能反映肉在生产、运输、贮藏、销售过程中的卫生状况。常用的检验项目有菌落总数测定、大肠菌群最可能数(MPN)测定、致病菌检验及鲜肉压印片镜检等。

1.菌落总数测定、大肠菌群最可能数(MPN)测定

对无公害畜禽肉，应检测菌落总数和大肠菌群最可能数(MPN)。

(1)一般检验法。

①检样的采取和送检。按规定，如系屠宰场屠宰后的畜肉，可于开膛后，用无菌刀采取两腿内侧肌肉 50 g(或劈半后采取背最长肌 50 g)；如系冷藏或售卖的生肉，可用无菌刀取腿肉或其他部位的肌肉 100 g。检样采取后，放入灭菌容器内，立即送检，最好不超过 3 h，送检时应注意冷藏，不得加入任何防腐剂。检样送往实验室应立即检验或放置冰箱内暂存。

②检样的处理。先将样品放入沸水中烫 3～5 s(或烧灼消毒)进行表面灭菌，再用无菌剪刀取检样深层肌肉 25 g，放入灭菌乳钵内用灭菌剪刀剪碎后，加入灭菌海砂或玻璃砂少许研磨，磨碎后加入灭菌水 225 mL，混匀后为 1∶10 稀释液。

③检验方法。按 GB 4789.2—2022、GB 4789.3—2016 进行菌落总数、大肠菌群的检验。

(2)表面检验法。

①检样的采取。检验畜禽肉及其制品受污染的程度，一般可用板孔 5 cm^2 的金属制规格板压在受检物上，将灭菌棉拭子稍沾湿，在板孔 5 cm^2 的范围内揩抹多次，然后将板孔规板移压另一点，用另一棉拭子揩抹，如此共移揩抹 10 次。总面积为 50 cm^2，共用 10 支棉拭子，每支棉拭子在揩抹后立即剪断或烧断，均投入盛有 50 mL 灭菌水的锥形瓶或大试管中，立即送检。检验致病菌时，不必用模板，可疑部位用棉拭子揩抹即可。

②检样的处理。检验时先充分振摇，吸取瓶(管)中的液体作为原液，再按要求做 10 倍递增稀释。

③检验方法。按国家标准检验方法进行检验。

我国无公害畜禽肉的微生物指标见表 9-4。

表 9-4　无公害畜禽肉微生物指标(NY 5029/34/44/47—2008)

项目	指标								
	鲜猪肉	冻猪肉	鲜羊肉	冻羊肉	鲜牛肉	冻牛肉	鲜禽肉	冻禽肉	禽副产品
菌落总数/(CFU/g)	$\leqslant 1\times10^6$	$\leqslant 1\times10^5$	$\leqslant 1\times10^6$	$\leqslant 5\times10^5$	$\leqslant 1\times10^6$	$\leqslant 5\times10^5$	$\leqslant 5\times10^5$	$\leqslant 5\times10^5$	$\leqslant 5\times10^5$
大肠菌群/(MPN/100 g)	$\leqslant 1\times10^4$	$\leqslant 1\times10^3$	$\leqslant 1\times10^4$	$\leqslant 1\times10^3$	$\leqslant 1\times10^4$	$\leqslant 1\times10^3$	$<1\times10^4$	$<1\times10^3$	$\leqslant 1\times10^3$

2.鲜肉压印片镜检

(1)采样。

①如为半片或1/4胴体,可从胴体前后覆盖有筋膜的肌肉中割取不小于8 cm×6 cm×6 cm的瘦肉。

②大块肉则从瘦肉深部采样300 g。

③触片制备。从样品中切取3 cm^2左右大小的肉块,浸入酒精中并立即取出点燃烧灼,如此处理2～3次,从表层下0.1 cm处及3～4 cm剪取黄豆大小的肉样各一块。分别制得两个触片。

(2)染色镜检。将干燥的触片用火焰固定1 min,进行革兰氏染色后用油镜观察至少5个视野,同时分别计算出每个视野的球菌和杆菌数,然后求出一个视野中细菌的平均数。

(3)结果判定。

①新鲜肉。触片着色不良。看不到细菌或一个视野中只有几个细菌。

②次鲜肉。触片印记着色良好。表层见到20～30个球菌和少数杆菌,深层可见20个左右的细菌。

③变质肉。触片印记着色很浓。一个视野中的细菌数在30个以上,且以杆菌占多数。

3.致病菌检验

主要检测肉品中有无沙门菌,必要时检测志贺菌、金黄色葡萄球菌等致病菌。要求各致病菌均不得检出。

任务二 冷冻肉的卫生检验

肉类贮藏方法中,低温冷冻贮藏是目前应用最广泛、效果最好的一种。其特点是保存时间长,肉的组织结构和性质不发生根本变化,贮藏容量大,并已形成了完善冷藏转运系统——冷藏链,即企业的冷库—冷藏车(船)—商店的冷藏室—家庭的冰箱。所以采用低温贮藏肉类是现代化贮藏食品的最完善的方法之一。为了保证冷冻肉品的卫生安全,必须在做好肉品卫生检验的同时,加强对冷藏链的卫生监督。

一、冷冻肉的卫生要求

肉的冷冻加工包括肉的冷却和肉的冻结两个步骤。

(一)肉的冷却

肉的冷却是指将刚刚屠宰解体后的胴体(热鲜肉)深层的温度快速降低至0～4 ℃,这种肉称为冷却肉。

1.意义

冷却可以降低肉中酶活性,延缓肉的僵直期、成熟期以及微生物的生长繁殖速度。由于冷却时环境与肉表面温差较大，表面水分的蒸汽压很高而蒸发的水分又仅限于表层，冷却肉表面形成干膜，从而阻止了微生物的生长繁殖，减少了水分干耗。同时延缓了肉的理化和生化变化过程，故肉在一定时间能有效地保持其新鲜度，而且香味、外观和营养价值都很少变化。肉的冷却也是肉成熟和冻结前的预处理，以符合加工某些肉类制品的原料要求。

2. 方法

目前，国内对肉冷却的方法主要采用一段冷却法、两段冷却法和超高速冷却法。

(1)一段冷却法。国内的冷却方法是进肉前冷却库温度先降低到－3～－2 ℃，肉进库后，开动冷风机，使库温保持在 0～3 ℃，10 h 后稳定在 0 ℃左右，开始时相对湿度为 95%～98%，随着肉温下降和肉中水分蒸发强度的减弱，相对湿度降至 90%～92%，空气流速为 0.5～1.5 m/s。猪胴体和四分体牛胴体约经 20 h，羊胴体约 12 h，大腿最厚部中心温度即可达到 0～4 ℃。

(2)两段冷却法。第一阶段，冷却库温度多在－15～－10 ℃，空气流速为 1.5～3 m/s，经过 2～4 h 后，肉表面温度降至－2～0 ℃，大腿深部温度在 16～20 ℃。第二阶段，空气的温度升高，库温为－2～0 ℃，空气流速为 0.5 m/s，10～16 h 后，胴体内外温度达到平衡，4 ℃左右。两段冷却法的优点是干耗小，周转快，质量好，切割时肉流汁少。缺点是易引起冷缩，影响肉的嫩度。冷缩现象牛羊肉较严重；猪肉因皮下脂肪多，比较稳定。

(3)超高速冷却法。库温－30 ℃，空气流速为 1 m/s，或库温－25～－20 ℃，空气流速 5～8 m/s，约 4 h 即可完成冷却。此法能缩短冷却时间，减少干耗，缩减传送带的长度和冷却面积。国外常使用本法。

禽肉的冷却方法很多，如用冷水、冰水或空气冷却等。在国内，一般小型家禽屠宰加工厂常采用冷水池冷却光禽；中型和大型家禽屠宰厂，一般采用空气冷却法。

3. 肉冷却加工的卫生要求

肉的冷却是在装有吊轨并有足够制冷量的库房或隧道内完成的。其卫生要求如下。

(1)刚屠宰的胴体在冷却前要先经冷凉，再进行冷却。

(2)冷却室应保持清洁，符合卫生要求，必要时还要进行消毒。

(3)吊轨间的胴体按“品”字形排列，胴体和胴体之间保持 3～5 cm 的间距，不能互相紧贴，更不能堆叠在一处。

(4)不同等级，不同种类的肉要分别冷却，以确保在相近时间内及时冷却完毕。同一等级而体重差异十分显著的肉，应将大的吊挂在靠近风口处，以加快冷却。

(5)根据冷却方法，选择不同的空气流速和湿度。

(6)进肉速度快，并应一次完成进肉。冷却过程中尽量减少人员进出冷却间，减少微生物污染。

(7)在冷却间按平均 1 W/m^2 的功率安装紫外灯，每昼夜连续或间断照射 5 h。

4. 冷却肉的贮藏及贮藏期间的变化

(1)冷却肉的贮藏。经过冷却的肉类，一般贮藏在－1～1 ℃的冷藏间，冷藏期间温度要保持相对稳定，以不超出上述范围为宜。进肉或出肉时温度不得超过 3 ℃，相对湿度保持在 90%左右，空气流速保持自然循环。冷却肉的贮藏期见表 9-5。

表 9-5 冷却肉的贮藏条件和贮藏期

品种	贮藏温度/℃	贮藏相对湿度/%	预计贮藏期/d
牛肉	−1.5～0	90	28～35
羊肉	−1～0	85～90	7～14
猪肉	−1.5～0	85～90	7～14
腊肉	−3～−1	80～90	30
腌猪肉	−1～0	80～90	120～180
去内脏鸡	0	85～90	7～11

(2)冷却肉在贮藏期间常见的变化。

①变软。由于冷却时的僵硬和成熟,肉的坚实度发生变化。随着保存时间的延长,会出现胶原纤维的软化和膨胀。

②变色。开始时,肉中肌红蛋白和血红蛋白与空气中氧气作用形成氧合肌红蛋白和氧合血红蛋白,而使肉的颜色为鲜红色。随后继续氧化形成高铁肌红蛋白和肉表面水分的蒸发,色素的相对浓度增大使肉色变暗,并略带棕褐色。

③干耗。在冷却过程中,水分蒸发而导致的胴体重量的损失。

④形成干膜。由于冷却时的空气流动和胴体表面水分蒸发,造成胴体表面蛋白质浓缩和凝固,而形成一层干燥的薄膜。

⑤发黏和发霉。由于贮藏环境温度高、湿度较大,胴体间距小,微生物生长,肉容易发黏和发霉。

(二)肉的冻结

肉的冻结是指肉中的水分部分或全部变成冰,肉深层温度降至−15 ℃以下的过程。这种肉称为冻结肉或冷冻肉。

1. 意义

冷冻的作用在于减少肉中的游离水,并造成不适合细菌生长的温度,能有效地阻止细菌的生长繁殖,有利于肉的长期保存,调节市场需要,并适于长途运输。

2. 方法

有两步冻结法、一次冻结法和超低温一次冻结法。

(1)两步冻结法。鲜肉先行冷却,而后冻结。冻结时,肉应吊挂,库温保持−23 ℃,如果按照规定容量装肉,不到 24 h 后,便可使肉深部的温度降至−15 ℃。这种方法能保证肉的冷冻质量,但所需冷库空间较大,结冻时间较长。

(2)一次冻结法。肉在冻结时无须经过冷却,只需经过 4 h 风凉,使肉内热量略有散发,沥去肉表面的水分,即可直接将肉放进冻结间,吊挂在−23 ℃下,冻结 24 h 即成。这种方法可以减少水分的蒸发和升华,减少干耗 1.45%,结冻时间缩短 40%,但牛肉和羊肉会产生冷收缩现象。该法所需制冷量比两步法冻结法约高 25%。

(3)超低温一次冻结法。将肉放入−40 ℃冷库中,很快使肉温达到−18 ℃。冻结后,肉色泽好,冰晶小;解冻后,肉的组织与鲜肉相似。

3.肉冻结加工的卫生要求

(1)只有品质良好的肉方能进行冷冻。

(2)冷冻前应将胴体按大小分选,以保证所有的胴体同时冷冻完毕。

(3)速冻间卫生要求同冷却间,严格控制温度、湿度和空气流速。

(4)冷冻时的温度越低,冷冻损耗越小,肉质越好,故以快速冷冻为佳。

(5)应经常除去冷冻管上的霜。

4.冻结肉的贮藏及贮藏期间的变化

(1)冻结肉的贮藏。

①对冻结好的肉类应及时送往冷藏间冷藏,注意掌握安全贮藏期,执行先进先出的原则,并经常进行质量检查(一般每3个月检查1次)。冻结肉类的贮藏条件和贮藏期见表9-6。

表9-6　冻结肉类的贮藏条件和贮藏期

品种	贮藏温度/℃	贮藏期/个月	品种	贮藏温度/℃	贮藏期/个月
牛肉	−12	5～8	猪肉	−29	12～14
牛肉	−15	8～12	猪肉片	−18	6～8
牛肉	−24	18	碎猪肉	−18	3～4
包装肉片	−18	12	猪大腿肉(生)	−23～−18	4～6
小牛肉	−18	8～10	内脏(包装)	−18	3～4
羊肉	−12	3～6	猪腹肉(生)	−23～−18	4～6
羊肉	−18～−12	6～10	猪油	−18	4～12
羊肉	−23～−18	8～10	兔肉	−23～−20	<6
羊肉片	−18	12	禽肉(去内脏)	−12	3
猪肉	−12	2	禽肉(去内脏)	−18	3～8
猪肉	−18	1～6	油炸品	−18	3～4
猪肉	−23	8～10			

②冷藏时,一般采用堆垛的方式,以节省库房容积。堆垛时,底层用枕木垫起,肉垛与库内墙壁之间、垛与顶、垛与排管之间应有一定距离,垛间要留有通道。

③冷藏室温要低于−18 ℃,1 d内温度波动不得超过1 ℃,肉的中心温度在−15 ℃左右。空气相对湿度控制在85%～95%。

④外地调运的冻结肉,肉温偏高,肉的中心温度如低于−8 ℃,可以直接入库,高于−8 ℃的,须经过复冻结后,再入库。经复冻结的肉,在色泽和质量方面都有变化,不宜久存。

(2)冻结肉在贮藏期间的变化。

①干耗。肉类在冻结贮藏中水蒸发或升华而使肉重量减轻的现象称为干耗。冻结肉的干耗仅限于肉的表面,不伴有内层水分向表层的转移,因此经过较长时期贮藏的冻肉类,其表面形成脱水的海绵层,并随着贮藏时间的延长,海绵层逐渐加深。特别在无包装、肉块小、脂肪少的情况下,更容易发生。

②脂肪氧化。脂肪组织易被氧化,特别是含有较多不饱和脂肪酸的肉类更容易发生。脂肪氧化后,气味和滋味不良,外观由黄点至脂肪组织整体变黄,严重时出现强烈的酸味。

③颜色变化。冻结肉类在贮藏中颜色变化从表面开始，逐渐向深层发展，颜色由鲜红（氧合肌红蛋白）变成褐色（高铁肌红蛋白）。这种变化受温度的影响，温度越高变化越明显。

④发霉。胴体表面有霉菌生长，霉菌多见于胴体的一些凹陷处。

5. 冻结肉的解冻

解冻是冻结的逆过程，即冻肉中冰晶融化再吸收的过程。冻结肉在加工或食用之前必须经过解冻。解冻过程中也应注意车间卫生，并选择合适的解冻方法。肉的解冻方法根据解冻媒介不同可分为空气解冻、流水解冻、真空解冻、微波解冻等。

(1)空气解冻。该法是利用空气和水蒸气的流动使冻肉解冻。合理的解冻方法是缓慢解冻。开始时，解冻间空气的温度为 0 ℃左右，相对湿度为 90%～92%，随后逐渐升温，18 h 后，空气温度升至 6～8 ℃。并降低其相对湿度，使肉表面很快干燥。肉的内部温度达到 2～3 ℃，需 3～5 昼夜，解冻即完成。解冻后的肉，再吸收水分，能基本恢复鲜肉的性状，但需要较多的场地、设备和较长的时间。通常情况下，空气解冻在室温下进行，如在 20 ℃下采用风机送风使空气循环，一般一昼夜即可完成解冻。过快的解冻，会使冰晶融化形成的水分不能完全再吸收而流失，影响解冻肉的品质。

(2)流水解冻。该法是利用流水浸泡的方法使冻肉解冻。这种方法会造成肉中可溶性营养物的流失及微生物的污染，使肉的色泽和质量都受到影响。多用于带包装肉类的解冻。

(3)真空解冻。该法是利用低温蒸汽的冷凝潜热进行解冻。将冻肉挂在密封的钢板箱中，用真空泵抽气，当箱内真空度达到 94 kPa 时，密封箱内 40 ℃的温水，就产生大量低温水蒸气，使冻肉解冻，一般 −7 ℃的冻肉在 2 h 内即可完成解冻，而且营养成分流失少，解冻后肉色泽鲜艳，没有过热部位。是一种较好的解冻方法，但需要大量的设备和能量，用于大批量解冻还有一定难度。

(4)微波解冻。利用微波射向被解冻的肉品，造成肉分子振动或转动，而产生热量使肉解冻。一般频率 915 MHz 的微波穿透力较理想，解冻速度也快。但微波解冻耗电量大，费用高，并且易出现局部过热现象。

二、冷冻肉的卫生检验

(一)鲜肉的接收与检验

1. 库内卫生状况的检查

鲜肉在入库前，检验人员要事先检查冷却间、冻结间的温度和湿度，检查库内工具的卫生情况，冷却间内不应有霉菌生长，注意清理墙壁和管道上的积霜。

2. 肉品的检验及预处理

入库的鲜肉必须盖有清晰的检验合格印章，同时要有相应的检疫证明。凡是因有传染病可疑而被扣留的肉，应存放在隔离冷库内。肉在冷却间和冻结间要吊挂，肉间要保持一定的距离，不能互相接触。内脏必须在清洗后平摊在冷藏盘内，不得堆积。禁止有气味的商品和肉混装，防止异味污染，冷库内的温度要按规定进行调节和保持稳定。

(二)冻肉调出和接收时的检验

1. 冻肉调出时的检验

从生产性冷库调出冻肉时，检验人员必须进行监督，检查冻肉的冷冻质量和卫生状况，检查运输车辆、船只的清洁卫生状况，合格后冻肉装车后关好车门加铅封，方可开具检验证明书予以放行。

2. 冻肉接收时的检验

检验人员在冻肉到达时，要检查铅封和卫生检验证明书，然后打开车门进行检验。检验时要注意查看印章是否清晰，用木棒敲击冻肉或用温度计测肉深层温度检查冷冻质量，凡发音清脆，肉温低于－8 ℃的为冷冻良好。另外注意检查冻肉有无干枯、氧化、异物异味污染、加工不良、腐败变质和疾病漏检等。

3. 检验后处理

冷冻良好、无异常现象的冻肉可入库冷藏。对于冷冻不良的冻肉要立即进行复冻，复冻的产品应尽快出库，不得久存。对于不符合卫生要求的冻肉要提出处理意见，分别处理并做好记录，发出处理通知单，不准进入冷库。

(三)冻肉在冷藏期间的检验

(1)检查库内温度、湿度、卫生情况和冻肉情况。发现库内温度、湿度有变化时，要记录好库号和温度、湿度，同时抽检肉温，查看有无软化、变形等现象。已经存有冻肉的冷藏间，不应加装鲜肉或软化肉，以免原有冻肉发生软化或结霜。

(2)冷藏间内要严格执行先进先出原则，以免因贮藏过久而发生干枯和氧化。靠近库门的冻肉易氧化变质，要注意经常更换。

(3)注意各种冷藏肉的安全期，对临近安全期的冻肉要采样化验，分析产品质量，防止冻肉干枯、氧化或腐败变质。根据我国商业系统的冷库使用管理试行办法，各种肉的冷藏安全期见表 9-7。

表 9-7　各种肉的冷藏安全期

品名	库房温度/℃	安全期/个月
冻猪肉	－18～－15	7～10
冻牛肉、冻羊肉	－18～－15	8～11
冻禽、冻兔肉	－18～－15	6～8
冻鱼肉	－18～－15	6～9

(四)解冻肉的检验

解冻肉的检验可分为感官检查、微生物检验和理化检验三个方面，其检验方法同肉新鲜度的检验。

(五) 低温贮藏肉异常变化的鉴定与处理

1. 发黏

多发生于冷却肉，由于吊挂冷却时，胴体相互接触，降温较慢，通风不良，细菌在接触处生长繁殖，并在肉表面形成黏液样的物质，手触有黏滑感，严重时有丝状物并发出一种陈腐气味。这种肉若处于早期阶段，尚无腐败现象时，经洗净风吹发黏消失后，可以食用，或修割除去表面发黏部分后食用。一旦有腐败迹象则禁止食用。

2. 异味

异味是指腐败以外的污染气味，如鱼腥味、脏器味、氨味、汽油味等。若异味较轻，修割后煮沸试验中无异常气味的，可供作为熟肉制品原料。严重时作工业用。

3. 脂肪氧化

脂肪氧化是指冻肉因加工卫生不良，冻肉存放过久或日光照射等影响，脂肪变为淡黄色、有酸败味。若氧化仅限于表层，可将表层去除熬工业用油，深层经煮沸试验无酸败味的，可供食用。变化严重的作工业用。

4. 盐卤浸渍

冻肉在运输过程中被盐卤浸渍，肉色发暗，尝之有苦味，可将浸渍部分割去，其余部分高温后食用。

5. 发霉

霉菌在肉表面生长，经常形成白点、黑点或不同色泽的霉斑。白点多在表面，抹去后不留痕迹，可供食用。小黑点不多时，可修去黑点部分供食用。青霉、曲霉引起的霉变，不得食用。

6. 深层腐败

常见于股骨附近的肌肉，由宰后冷却不及时厌氧芽孢菌繁殖引起，这种腐败由于发生在深部，检验时不易发现，故检验时应注意抽检。深层腐败的肉不能食用。

7. 干枯

冻肉存放过久，特别是反复融冻，使肉中水分丧失过多所致。干枯严重者味同嚼蜡，形如木渣，营养价值低，不能供食用。轻者尽快发出利用。

8. 发光

在冷库中常见肉上有磷光，这是由一些发光杆菌所引起的。肉上有发光现象时，一般没有腐败菌生长，发光的肉经过卫生消除后可供食用。有腐败菌生长时，磷光便消失。

9. 变色

肉的变色是生化作用和细菌作用的结果，某些细菌生长后分泌水溶性或脂溶性色素，如黄、红、紫、绿、蓝、褐、黑等色素，使肉呈现各种颜色。变色的肉若无腐败现象，可在进行卫生消除和修割后加工食用。有腐败现象者禁止食用。

10. 氨水浸湿

冷库跑氨后，肉被氨水浸湿。解冻后，肉的组织如有松弛或酥软等变化则应放弃。如程度较轻，经流水浸泡，用纳氏试剂法测定，反应较轻的可供加工复制。

任务三　熟肉制品的卫生与检验

熟肉制品是指经过选料、初加工、切配以及蒸煮、酱卤、烧烤等加工处理，食用时不必再经加热烹调的肉品。我国的熟肉制品种类繁多,滋味各异,如灌肠、酱汁肉、酱牛肉、肉松、肉干、烤羊肉串、烧鸡、火腿肠等。熟肉制品是直接入口的食品,制作和检验时的卫生要求和卫生标准要比其他非熟制品严格。

一、熟肉制品的加工卫生

(一)原料肉

加工熟肉制品的原料必须来自健康的畜禽,并经兽医卫生检验合格。不得使用腐败变质肉、病畜肉、急宰动物、放血不良肉、劣质肉、有异味肉。冻肉解冻后方可使用。加工中发现有漏摘或残留的甲状腺、肾上腺及淤血、伤痕等病变组织应予摘除和修净。

(二) 辅佐料

食品添加剂的使用必须符合《食品添加剂使用标准》(GB 2760—2014)的规定。在肉制品加工中常加入焦磷酸钠、三聚磷酸钠和六偏磷酸钠等保水剂,复合磷酸盐使用量(以磷酸盐总计):肉制品≤1.0 g/kg,西式火腿≤8.0 g/kg。所选用的调味料,如糖、盐、味精、各种香料等也应符合卫生要求。肠衣和膀胱皮子应干净、新鲜、有弹性、完整。同时严格控制硝酸盐的用量。

(三)遵守卫生规程

在熟制过程中,要烧熟煮透,严格贯彻生熟两刀两案制,原料整理与熟制过程要分室进行,并要有专门的冷藏设备。操作人员的双手和操作工具必须保持清洁,防止污染。

(四)保持加工环境及器械的清洁卫生

注意加工场地和工具、容器的清洁消毒,地板上不准堆放肉块、半成品或制成品。凡接触或盛放熟肉制品的用具和容器,要求做到每使用一次消毒一次。

(五)严格运输及销售的卫生管理

熟肉制品的发送或提取时,须对车辆、容器及包装用具进行检查。运输过程中,要防止污染,须采用易于清洗消毒,没有缝隙的带盖容器装运,同时备有防晒、防雨设备。销售单位在接收熟肉制品时要严格验收,遇有不符合卫生要求的,应拒绝接收。在销售时注意用具和个人卫生,减少污染的机会。

(六)及时销售

除肉松、肉干等脱水制品外,要以销定产,随产随销,做到当天售完,隔夜者须回锅加热,夏季存放不得超过 12 h。若必须保存,要在 0 ℃以下冷藏,最长不超过 2 d,销售前应进行检验,以确保消费者食品安全。有些产品(如西式火腿等)销售前必须包装的,应在加工单位包装后出厂。

(七)注意个人卫生

所有加工熟肉制品的操作人员,必须遵守卫生制度,养成好的卫生习惯,定期检查身体,凡有肠道疾病、带菌或手上有外伤化脓的人员不准参加熟肉制品的生产和销售工作。

二、熟肉制品的卫生检验

熟肉制品的卫生检验，以感官检查为主，定期或必要时采样做理化检验和微生物学检验。

(一)感官检查

1. 检验内容

检查熟肉制品外表和切面的色泽、组织状态、气味、有无变质、发霉、发黏以及污物沾染等。夏秋季节，应特别注意有无苍蝇停留的痕迹，这对整鸡、整鸭更为重要，因为苍蝇常产卵于鸡鸭的肛门、口、耳、眼等部位，孵化后的幼蛆很快钻入体腔或深部。此时，熟肉制品外观、色泽和气味往往正常，但内部已被蝇蛆所带的微生物污染，故应特别注意检查。

2. 卫生标准及评定

感官指标要求无异味、无酸败味、无异物，熟肉干制品无焦斑和霉斑。对包装破坏、外观受损者不得销售。凡有上述变质征象者均不得销售和食用。

(二) 理化检验

1. 检验内容

熟肉制品种类不同，检测项目也不同。常检测项目有亚硝酸盐、水分、苯并芘、铅、无机砷、镉、汞、复合磷酸盐等，方法按熟肉制品卫生标准中规定的方法进行测定。

2. 卫生标准及评定

理化指标见表 9-8(GB 2726—2016)。对亚硝酸盐含量超标的灌肠和肴肉、水分含量超标的肉松，不得上市销售。

表 9-8　熟肉制品卫生检验的理化指标

项目		指标
水分/(g/100 g)	肉干、肉松、其他熟肉干制品	≤20.0
	肉脯、肉糜脯	≤16.0
	油酥肉松、肉粉松	≤4.0
复合磷酸盐[a](以 PO_4^{3-} 计)/(g/kg)	熏煮火腿	≤8.0
	其他熟肉制品	≤5.0
苯并芘[b]/(μg/kg)		≤5.0
铅/(mg/kg)		≤0.5
无机砷/(mg/kg)		≤0.05
镉/(mg/kg)		≤0.1
总汞(以汞计)/(mg/kg)		≤0.05
亚硝酸盐		按 GB 5009.33—2016 执行

注：a. 复合磷酸盐残留量包括肉类本身所含磷及加入的磷酸盐，不包括干肉制品；b. 限于烧烤和烟熏肉制品。

(三)微生物学检验

应定期进行细菌学检验。微生物学检验的项目主要包括菌落总数的测定、大肠菌群最可能数(MPN)的测定和致病菌的检验。

1. 熟肉制品样品的采取和送检

(1)家禽。用灭菌棉拭子采胸部、腹部各 10 cm^2，背部 20 cm^2，头、肛各 5 cm^2，共 50 cm^2。棉拭子采样方法：用板孔 5 cm^2 的金属制规板压在检样上，将灭菌棉拭子稍蘸湿，在板孔 5 cm^2 的范围内揩抹 10 次，然后另换一个揩抹点，每个规格板揩一个点，每支棉拭子揩抹 2 个点(即 10 cm^2)，一个检样用 5 支棉拭子，每支揩后立即剪断(或烧断)，均投入盛有 50 mL 灭菌水的三角瓶或大试管中，立即送检。

(2)烧烤肉制品。用灭菌棉拭子采正面(表面)20 cm^2，里面(背面)10 cm^2，四边各 5 cm^2，共 50 cm^2。

(3)其他熟肉制品(酱卤肉、肴肉)、灌肠、香肚及肉松等。一般可采取 200 g，做重量法检验(整根灌肠可根据检验需要，采取一定数量的检样)。

2. 检验方法

按国家标准 GB 4789 进行。

3. 卫生标准及评定

微生物指标见表 9-9(GB 2726—2016)。熟肉制品中检出的菌落总数、大肠菌群数超过国家规定指标，而无感官变化或感官变化轻微的，或无冷藏设备需要隔夜存放的，应回锅加热后即时销售。凡检出致病菌者，不得销售和食用。

表 9-9 熟肉制品卫生检验的微生物指标

项目		指标
菌落总数/(CFU/g)	烧烤、肴肉、肉灌肠	≤50 000
	酱卤肉	≤80 000
	熏蒸火腿、其他熟肉制品	≤30 000
	肉松、油酥肉松、肉粉松	≤30 000
	肉干、肉脯、肉糜脯、其他熟肉干制品	≤10 000
大肠菌群/(MPN/100 g)	肉灌肠	≤30
	烧烤肉、熏煮火腿、其他熟肉制品	≤90
	肴肉、酱卤肉	≤150
	肉松、油酥肉松、肉粉松	≤40
	肉干、肉脯、肉糜脯、其他熟肉干制品	≤30
致病菌(沙门菌、金黄色葡萄球菌、志贺菌)		不得检出

任务四 腌腊肉制品的卫生检验

腌腊肉制品是指肉经腌制、酱制、晾晒、烘烤等工艺加工而成的生肉类制品。有腊肉类、咸肉类、酱肉类、风干肉类等，如腌肉、火腿、风肉、腊肉、熏肉、香肠、香肚等，这既是肉类贮藏的形式，也是改善肉制品风味的一种手段。腌腊肉制品中加入一定量的盐对微生物有一定的抑制作用，但有一些耐盐菌和嗜盐菌在高浓度甚至饱和盐水中也能繁殖，因此，必须加强对腌腊肉制品加工和保存中的卫生监督和卫生管理。

一、腌腊肉制品的加工卫生

(一)原料肉

原料必须来自健康的畜禽,并经检验合格。使用鲜肉原料时,必须经过充分风凉,以免在盐渍作用之前自溶变质。冻肉原料的解冻应在清洁场所进行,切忌用火烤或汽蒸。加工时必须割净全部淤血、伤痕。不得使用腐败变质肉、病畜肉、急宰动物肉、放血不良肉、劣质肉、有异味肉。

(二)辅佐料

各种腌腊肉制品所用的辅料(如食盐、香料、酱油等)必须符合卫生质量标准。加工腊肠和腊肚的肠衣和膀胱皮子应干净、新鲜、有弹性、完整。现在广泛使用人造纤维肠衣,成本低、使用方便,加热过程中不受温度限制,生产规格化,是很好的肠衣替代品。

(三)加工卫生要求

1. 腌制室

原料间、腌制间的室温应控制在 2~4 ℃,防止腌制过程中半成品或成品腐败变质。

2. 注意室内清洁

所有设备、机械、用具以及工人的工作服和手套均应保持清洁。每天工作完毕,要用热水清洗整个车间及各种用具,每 5 d 全面消毒 1 次。仓库力求清洁、干燥、通风,并采取有效的防蝇、防鼠、防虫、防潮、防霉措施。

3. 严格控制硝酸盐的用量

腌腊制品中硝酸盐用量要求不超过 0.5 g/kg,亚硝酸盐的用量要求不超过 0.15 g/kg,近年研究证明,使用一氧化碳结合抗坏血酸,或者使用葡萄糖代替硝酸盐作为发色剂取得了良好的效果。但这两种发色剂均无抑菌作用,特别是不能抑制肉毒梭菌的生长。

4. 注意个人卫生

所有加工腌制品人员,应定期检查身体,肠道菌类疾病患者、带菌者及手上有肿胀化脓者不准参加制造腌腊制品的工作。工作服和手套应经常保持清洁。

二、腌腊肉制品的卫生检验

(一)感官检验

1. 检验内容及方法

常采用看、刺、切、煮、查的方法进行。

(1)看。从表面和切面观察腌腊制品的色泽和硬度,方法是取上、中、下三层有代表性的肉,看其表面和切面的色泽和组织状态。

(2)刺。检测腌腊肉深部的气味,将特制竹签刺入腌腊肉制品的深部,拔出后立即嗅察气味,评定是否有异味或臭味。在第二次插签前,擦去签上前一次沾染的气味或另行换签。当连续多次嗅检后,嗅觉可能麻痹失灵,故经一定操作后要有适当的间隙以免误判。

整片腌腊肉常用五签法。第一签,从后腿肌肉(臀部)插入髋关节及肌肉深处。第二签,从股内侧透过膝关节后方的肌肉插向膝关节。第三签，从胸部脊椎骨上方朝下斜向插入背部肌肉。第四签，从胸腔肌肉斜向前肘关节后方插入。第五签，从颈椎骨上方斜向插入肩关节。

火腿通常采用三签法：第一签，在蹄髈部分膝盖骨附近，插入膝关节处。第二签，在商品规格所谓中方段，髋骨部分，髋关节附近插入。第三签，在中方与油头交界处，髋骨与荐椎间插入。

风肉、咸腿等可参考上述方法进行，咸猪头可在耳根部分和额骨之间颞肌部以及咬肌外面插签。

当插签发现某处有腐败气味时，应立即换签。插签后用油脂封闭签孔以利保存。使用过的竹签应用碱水煮沸消毒。

(3)切。看、刺检发现质量可疑时，用刀切开进一步检查内部状况，或选肉层最厚的部位切开，检查断面肌肉与肥膘的状况。

(4)煮。必要时还可将腌腊肉品切成块状放入水中煮沸，以嗅闻和鉴定腌腊肉制品的气味和滋味。

(5)查。指对腌腊肉制品的生产场地和原料性状的追踪检查。

①腌制卤水检查。良好的腌肉，其卤水应当透明而带红色，无泡沫，不含絮状物，没有发酵、霉臭和腐败的气味，pH 为 5.0～6.2。已腐败的腌肉，其卤水呈血红色或污秽的褐红色，浑浊不清，有泡沫及絮状物，有腐败及酸臭气味，pH 多在 6.8 以上。卤水 pH 的测定方法与新鲜肉 pH 测定方法相同，但在测定前应先经水浴加热至 70 ℃使蛋白质凝结，用滤纸滤过，然后检查滤液的 pH。

②腌腊肉制品虫害的检查。各种腌腊肉制品在贮藏期间，由于回潮而容易出现各种虫害，如酪蝇、火腿甲虫、红带皮蠹、白腹皮蠹、火腿螨等。

为了发现上述害虫，可于黎明前在火腿、腊肉等堆放处静听和观察，有虫存在时常发出沙沙声，若发现成虫则可能有幼虫存在。对于蝇蛆的检查，主要是利用白天注意有无飞蝇逐臭现象，若有则表示制品可能有蛆存在，此时可翻堆进一步查明。

2. 卫生标准及评定

感官指标要求无黏液、无异味、无霉点、无酸败味。对感官变化明显、变质的腌腊肉制品不准出售食用，应予销毁；对腌腊肉制品表面出现发光、变色、发霉等情况但未腐败变质的，可进行卫生清除或修割后供食用。

(二)实验室检验

1. 检验内容

腌腊肉制品中的微生物不易生存和繁殖，因此主要是进行理化检验。腌腊肉制品种类不同，检测项目也不同。常测定的项目有：亚硝酸盐测定、过氧化值的测定、苯并芘的测定、铅、镉、汞、砷的测定、香肠及香肚中脂肪的酸价测定、三甲胺氮的测定等，方法按 GB 2730—2015《腌腊肉制品卫生标准》中规定的方法进行。

2. 卫生标准及评定

理化指标见表 9-10(GB 2730—2015)。腌腊肉制品的各项理化指标均应符合国家卫生标准。超过标准要求，可限期内部处理，但不得上市销售。凡亚硝酸盐含量超过国家卫生标准的，不得销售食用，作工业用或销毁。

表 9-10 腌腊肉制品卫生检验的理化指标

项目		指标
过氧化值(以脂肪计)/(g/100 g)	火腿	≤0.25
	腊肉、咸肉、灌肠制品	≤0.50
	非烟熏、烟熏板鸭	≤2.50
酸价(以脂肪计)/(mg/g)	腊肉、咸肉、灌肠制品	≤4.0
	非烟熏、烟熏板鸭	≤1.6
苯并芘[a]/(μg/kg)		≤5.0
三甲胺氮/(mg/100 g)		≤2.5
铅/(mg/kg)		≤0.2
无机砷/(mg/kg)		≤0.05
镉/(mg/kg)		≤0.1
总汞(以汞计)/(mg/kg)		≤0.05
亚硝酸盐残留量		按 GB 5009.33—2016 执行

注:a 指仅限于经烟熏的腌腊肉制品。

任务五 肉类罐头的卫生检验

罐头是指各种符合标准要求的原料经处理、分选、烹调(或不经烹调)、装罐(包括马口铁罐、玻璃罐、复合薄膜袋或其他包装材料容器)、密封、杀菌冷却而制成的具有一定真空度的食品。罐头食品是一种商业无菌食品。所谓商业无菌是一种无菌状态,即罐头食品经过适度的杀菌后,不含有致病微生物,也不含有常温下能在其中繁殖的非致病性微生物。肉类罐头是以食用动物肉为原料制作而成的罐头食品。在制作加工中,肉的各种酶类全部被破坏,并达到了商业无菌状态,因此基本消除了罐头内容物自溶、腐败变质以及氧化酸败的因素,可达到在一定期限内贮藏,并保持其固有风味为目的。

罐头食品是一种特殊形式的食品贮藏方法。由于各类罐头食品便于携带、运输和贮藏,节省烹调手续,能调节食品供应的季节和地区性余缺,而备受消费者喜爱,尤其能满足野外勘探、远洋航海、登山探险、边防部队及矿山井下作业的特殊需要。

一、肉类罐头的加工卫生

肉类罐头最基本的生产工艺流程是:原料验收(冻肉解冻)→原料处理→预热处理→装罐(加调味剂)→排气→密封→灭菌→冷却→保温检验→包装→入库。

(一)空罐的选择与处理

罐头容器按材料的性质,大体分为金属罐、玻璃罐和软质材料容器三大类。共同的要求是具有良好的机械强度、抗腐蚀性、密封性和安全无害。

1.金属罐

最常用材料为马口铁，其次为铝材及镀铬薄钢板罐。马口铁为镀锡薄钢板，其镀锡的质量直接关系到罐头产品的卫生质量。一般要求镀锡中含铅量不得超过 0.04%。焊锡应为低铅高锡焊料或用卡普隆尼龙黏结剂代替。肉类食品往往能使马口铁罐内壁产生硫化斑而影响外观和风味。因此，肉类罐头用的金属内壁表面常涂一层涂料。所用涂料必须抗腐蚀性强、无毒性、无异味、能耐灭菌时的高温、能形成均匀连续的薄膜以及与镀锡表面有紧密的黏合力。涂料多采用树脂，常用的有酚醛树脂、环氧酚醛树脂、乙烯树脂、环氧氨基树脂等。

常见马口铁罐是由罐身、盖和底三部分构成。罐身为罐镶嵌焊接，底和盖则用二重卷边法与罐身接合在一起。底、盖周边内侧涂以胶圈保证接合的严密性。涂料应具有良好的可塑性和对热稳定性，并能抗油、抗水，而且不含有害物质。

镀铬薄板又称无锡钢板，可用以代替马口铁。合金铝具有良好的延伸性，质量轻，能避免硫化斑或锈蚀，但强度较差，多用于制造小型冲底罐及易接罐盖等。

2.玻璃罐

玻璃的化学性质稳定，所以玻璃罐能保持食品原有风味，便于观察内容，并可以多次重复使用，比较经济，被广泛应用。但其机械性能较差，且不能长期保持密封性。

3.软质材料容器

软质材料容器通常由三层薄膜复合而成。外层为聚酯薄膜；中层为不透气，不透湿，隔光线的铝箔；内层为酸性聚乙烯或乙烯聚丙烯共聚物。也有在铝箔与聚乙烯层间再加一层聚酯薄膜的，成为四层式结构。由于软罐头具有质量轻，体积小，柔韧和易开启，安全无毒，保存期较长，易传热，携带和食用方便等特点，而在国内外发展十分迅速。

无论采用何种罐头容器，均应保持清洁。使用前，金属罐一般先用热水冲洗，然后用蒸汽消毒 30～60 min。玻璃罐可先用 2%～3%的热碱水浸泡 5～10 min，然后彻底冲洗。

(二)原料肉的选择与处理

(1)原料肉须来自非疫区的健康动物，并经卫生检验合格。凡是病畜肉、急宰动物肉、放血不良和未经充分冷却的鲜肉以及质量不好或经过复冻的肉，均不能作为生产罐头的原料肉。

(2)原料肉应保持清洁卫生，不得随地乱放或接触地面。不同种类的原料肉应分别处理，以免沾污。原料进场后要用流水清洗，以清除尘土和杂质。冷冻原料肉的洗涤可与解冻同时进行。经过处理的原料肉不得带有淋巴结、粗血管、粗大的组织膜、色素肉、奶脯肉、伤肉、血刀肉、鬃毛、爪甲及变质肉等。

(3)原料辅佐料应符合有关部门规定标准，凡生霉、生虫及腐败变质的材料都不能用于制作罐头食品。

(4)原料肉经预煮漂烫处理后，须迅速冷却至规定的温度，并立即投入下一道工序，防止堆积造成嗜热性细菌的繁殖。

(三)装罐与密封

1.装罐

装罐时应随时剔出混入的杂物和不合格的肉块，并严格控制干物质的重量和顶隙。所谓顶隙是指罐头器顶部未被内容物占有的空间。要注意保持密封口区的清洁，以保证密封，这对软罐头尤其重要。

2. 封罐

一般的方法是利用真空封罐机，在抽出罐内空气的同时将罐口密封。罐头的真空度一般要求不低于 26.66 kPa(200 mmHg)。

(四)杀菌与冷却

即杀灭罐头食品中致病性微生物和常温下可繁殖的非致病性微生物的技术方法。密封后的罐头必须经过严格灭菌，以杀灭罐内存留的绝大部分微生物，包括腐败菌、产毒菌、致病菌，并破坏食物的酶类，以利长期贮藏。罐头杀菌后可能会残留少量微生物或芽孢，但它们在罐内的特殊环境中，只形成半眠芽孢，不能生长与发芽。

肉类罐头多采用高温灭菌法，即由常温逐渐升温，在 15 min 后达到 120 ℃，保持此温度 60 min，然后在 20 min 内降至常温。为了保证灭菌公式的正确执行，灭菌锅应装置自动记录压力、温度和时间的仪表，并定期检查其性能。

肉类罐头多采用高温灭菌法一般肉类罐头的灭菌公式是：

$$\frac{15—60—20}{120}=\frac{\text{时间(min)}}{\text{温度(℃)}}$$

(五)成品检验

成品检验是在罐头生产结束时，对杀菌效果和产品质量的一种检查方法。即将从灭菌锅中取出的罐头迅速冷却，在(37±2)℃条件下保温 5～7 d，逐个进行敲击和观察，以剔除膨听、漏汁及有鼓音的罐头。

所谓膨听就是罐头的体积增大，外形改变的一种现象。膨听一般由罐头内微生物繁殖产生大量气体所引起称为生物性膨听。漏汁是内容物流出罐头以外的现象。鼓音多由排气不好或罐头漏气，以致真空度不够所造成。如出现漏汁，则为漏气的明显证据。以上情况应开罐检查处理。除生物性膨听外，还有物理因素和化学因素引起的膨听，但多发生在出厂之后。物理性膨听多因装罐时盛装内容物过多，筋肉纤维受热膨胀产生，或者因遇低温罐内食品冻结膨胀而形成。化学性膨听主要由于金属罐皮受到酸性食品的腐蚀产生了气体而引起。

(六)卫生管理

在肉类罐头加工中，还应加强生产车间的卫生管理，经常保持环境清洁。车间内不得积集残屑，不得有蚊、蝇和其他昆虫进入。工作人员要讲究个人卫生，定期进行健康检查，确保产品卫生质量。

二、肉类罐头的卫生检验

(一)物理检验

1. 检验内容及方法

(1)外观检验。首先检查商标纸及硬印是否完整和符合规定，确认生产日期和保质期。然后观察底和盖有无膨听现象，如有膨听现象，应确定是生物性膨听、化学性膨听还是物理性膨听。鉴别几种膨听的方法是进行 37 ℃保温试验和敲打试验。保温试验时若膨听程度增大，可能是生物性膨听；若膨听程度不变，则可能是化学性膨听；若膨听消失，则可能是物理性膨听。敲打试验是以木槌敲打罐头的盖面。良质罐头，盖面凹陷，发出清脆实音，不良质罐头，表面膨胀，发音不清脆，发出鼓音。最后，撕下商标纸，观察外表是否清洁，接缝及卷边有无漏水、透气、汤汁流出，以及罐体有无锈斑及凹瘪变形等。

(2)密封性检查。主要是检查卷合槽及接缝处有无漏气的小孔。肉眼往往看不见，应将商标纸除去后，洗净，放入加热至 85 ℃的热水中 3～5 min，水量应为罐头体积的 4 倍以上，水面应高出罐头 5 cm。放置期间，如任何部位出现气泡，即证明该罐头密封性不良。

(3)保温试验。在(37±2) ℃条件下保温 5～7 d，逐个进行敲击和观察。

(4)真空度测定。常有真空表测定。测定时，右手的拇指和食指夹持真空表，以其下端对准罐盖，以防空气进入罐内。各类罐头在室温下真空度为 27～50.8 kPa。

真空表

(5)内容物检查。

①组织形态检查。把罐头放入 80～90 ℃热水中，加热到汤汁溶化后(午餐肉、凤尾鱼等不需加热)，用开罐器打开罐盖，将内容物轻轻倒入搪瓷盘，观察其形态结构，并用玻璃棒轻轻拨动，检查其组织是否完整、块形大小和块数是否符合标准(鱼类罐头须检查脊骨有无外露现象，骨肉是否连接，鱼皮是否附着鱼体，有无黏罐现象)。

②色泽检查。在检查组织形态的同时，观察内容物中固形物的色泽是否符合标准要求，然后将被检罐头的汤汁收集于量筒中，静置数分后，观察其色泽和澄清程度。

③滋味和气味检查。先闻其气味，再品尝滋味，鉴定是否具有应有的风味。

④杂质检查。用玻璃棒仔细拨动内容物，注意观察有无毛根、碎骨、血管、血块、淋巴结、草、木、砂石及其他杂质等存在。

(6)容器内壁检验。观察罐身及底盖内壁镀锡层有无腐蚀和露铁，涂膜有无脱落现象，有无铁锈或硫化铁斑点。罐内有无锡粒和内流胶现象。容器内壁应无可见的腐蚀现象，涂料不应变色、软化和脱落，可允许有少量硫化斑存在。

2. 卫生标准及评定

感官指标要求无泄漏、膨听现象存在，容器内外表面无锈蚀，内壁涂料完整，无杂质。对膨听、漏气、漏汁的罐头应予以废弃，如确系物理性膨听，则允许食用；外观有缺陷，如锈蚀严重，卷边缝处生锈，碰撞造成瘪凹等，均应迅速食用；开罐检查，罐内壁硫化斑色深且布满的，内容物有异物、异味等感官恶劣的，均不得食用，应予以废弃。

(二)理化检验

1. 检验内容及方法

肉类罐头种类多，所需原料和加工工艺差别很大，所以理化检验项目不尽相同，一般包括重金属含量、亚硝酸盐残留量、苯并芘等检测项目。检验方法按《食品安全国家标准　罐头食品》(GB 7098—2015)中规定的方法进行。

2. 卫生标准及评定

理化指标见表 9-11(GB 7098—2015)。对理化指标超过标准的罐头，不得上市销售；超标严重的，应予以销毁。

表 9-11　肉类罐头卫生检验的理化指标

项目	指标
无机砷/(mg/kg)	≤0.05
铅(Pb)/(mg/kg)	≤0.5
锡(Sn)/(mg/kg)	
镀锡罐头	≤250
总汞(以汞计)/(mg/kg)	≤0.05
镉(Cd)/(mg/kg)	≤0.1
锌(Zn)/(mg/kg)	≤100
亚硝酸盐(以亚硝酸钠计)/(mg/kg)	
西式火腿罐头	≤70
其他腌制类罐头	≤50
苯并芘[a]/(μg/kg)	≤5.0

注：a 指仅限于烧烤和烟熏肉类罐头。

(三)微生物检验

1. 检验内容

检查是否达到商业无菌要求，其检验方法按国家标准 GB/T 4789.26 的规定进行。

2. 卫生标准及评定

微生物指标应符合罐头商业无菌的要求。微生物检验发现致病菌的，一律禁止出售食用，应予销毁。检出大肠杆菌或变形杆菌的，应进行再次杀菌后出售。

任务六　食用动物油脂的加工卫生与检验

一、食用动物油脂的加工卫生

生脂肪又称贮脂，是指皮下、大网膜、肠系膜、肾周围等处的脂肪组织。生脂肪通过炼制除去结缔组织及水分后所得的纯甘油酯称为油脂。食用动物油脂在保存时，受日光、水分、温度、金属、空气及外界微生物的作用，会发生一系列氧化过程而使油脂变质酸败，形成对人体有害的各种醛、醛酸、酮、酮酸及羟酸等化合物。

(一)炼制方法

动物性油脂的提取主要采用加热熔炼，根据生脂肪在炼制过程中是否加水可将脂肪炼制方法分为干炼法和湿炼法。

1. 干炼法

常用的有直接熔炼法、蒸汽熔炼法及真空熔炼法 3 种。

(1)直接熔炼法。是用特制锅或普通锅直接加热，适用于无蒸汽设备的小型厂。炼制温度一般不超过 120 ℃，熔炼时间视原料不同。此法的缺点是受热不均匀，易使油渣变焦而降低成品质量。

(2)蒸汽熔炼法。采用双层敞口锅，锅上装有搅拌机，熔炼时将蒸汽通入双层的夹层中供热，加料后温度维持在65～75 ℃约1 h，当大部分脂肪析出后，再将温度提高至80～90 ℃，维持20 min，使绝大部分脂肪从原料中分离出来，这种方法熔炼的油脂质量较高。

(3)真空熔炼法。一般为卧式密闭夹层锅，热能以蒸汽由夹层中供给，锅内装有搅拌器，锅顶部有装料口，装料口上接有真空泵和排气管。真空熔炼法不但无须外加水分，而且原料中的绝大部分水分能被蒸发掉，故熔炼的油脂和油渣不含水分。真空熔炼温度不超过70 ℃，熔炼过程还有脱臭作用，故此法炼制的油脂质量较高。

2. 湿炼法

即在炼制过程中加入少量水。常用方法有常压熔炼法、高压熔炼法和离心连续熔炼法三种。

(1)常压熔炼法。一般在普通敞口锅中进行，锅底装有蛇形蒸汽管，管上有排气孔，内通蒸汽。蒸汽除作为热源外，尚有搅拌作用。熔炼前先加水，使水平面高出蛇形蒸汽管2～3 cm，以避免原料中蛋白质受高温作用而变性黏附。

(2)高压熔炼法。该法只适用于有条件食用的次等原料。将原料放入密闭的高压锅，在112 kPa压力下，熔炼1.5～2 h，停止加热，再盐析1～1.5 h，即可分离。

(3)离心连续熔炼法。将生脂肪放入离心连续炼油系统中，经过机械搅碎，蒸汽加热熔化，再用离心力的原理，将油脂中渣、水、油分开，炼出的油脂可达到特级或一级标准的精致动物油脂。

(二)卫生要求

(1)炼油厂内应设有单独的原料堆放车间，原料不能触及地面。

(2)原料必须新鲜、干净，无污染和赘生物。炼制前将原料洗净，除去淋巴结、胰脏、肠管、残肉及寄生虫包囊等。盐腌的脂肪原料在熔炼前需浸泡，以除去盐分。

(3)炼制时将原料脂肪搅碎或切碎，以增加受热面，加速熔炼过程及改善油脂的食用品质。

(4)在炼制中不时搅拌，以防油渣黏底烧焦，影响油脂的色泽。

(5)车间的地面、工作台和设备每天应及时除去黏着的脂肪碎屑，然后用热水清洗2次，再用碱溶液洗涤消毒，清水冲净。

(6)敞口锅炼制油脂时，应注意温度要足够高，以达到灭菌的目的。

(7)食用油脂在发出前应进行感官检查、酸价和过氧化物值的测定，以判定其新鲜度。

(三)食用油脂的变质

油脂变质分解的主要形式为水解作用和氧化作用。

1. 水解作用

水解作用在生脂肪较易发生。因其本身含有大量的水分、脂肪酸和其他含氮物质，如果不及时熔炼，其中的甘油三酯便发生水解作用，产生游离脂肪酸及甘油。游离脂肪酸可使油脂酸价升高，气味和滋味发生异常，甘油溶于水中流失，使脂肪的重量减轻。

2. 氧化作用

氧化作用在炼制后的油脂中较易发生。由于光的作用，特别是紫色和黄色光线作用，混合甘油酯中的不饱和脂肪酸，在其双键处与氧结合形成过氧化物，进一步形成醛、醛酸、酮、酮酸及羟酸等产物，油脂的酸价、过氧化值、丙二醛含量及熔点增高，碘值降低。同时使油脂产生不愉快的气味和苦涩滋味。油脂的氧化过程通常称为酸败，根据油脂酸败的变化及所形成的产物不同分为醛化酸败、酮化酸败和酯化。

(1)醛化酸败。醛化酸败多发生于不饱和脂肪酸，其特征是形成醛和醛酸。

不饱和脂肪酸被氧化产生过氧化物；过氧化物在水的作用下，发生氧的转移，生成环氧化物和过氧化氢；在生成过氧化氢时，常游离出臭氧，臭氧与不饱和脂肪酸结合，生成臭氧化物；臭氧化物在水的作用下发生碳链断裂，生成醛及过氧化氢；部分醛被氧化，形成醛酸及二羟酸。油脂水解时释出的甘油，分解脱水形成丙烯醛，丙烯醛是一种有强烈臭味和焦味的物质，它可进一步氧化形成环氧丙醛。

(2)酮化酸败。酮化酸败发生于饱和脂肪酸和不饱和脂肪酸，其特征是形成酮和酮酸。

①由不饱和脂肪酸形成酮酸。不饱和脂肪酸被氧化生成脂肪酸的过氧化物，脂肪酸的过氧化物分解生成游离的氧和环氧化物，环氧化物经碳链重新排列生成酮酸。

②由饱和脂肪酸形成酮及酮酸。饱和脂肪酸氧化脱氢，生成不饱和脂肪酸和过氧化氢，不饱和脂肪酸在水的作用下生成醇酸，醇酸被氧化脱氢生成酮酸，酮酸脱羟基生成酮。

(3)酯化。酯化是脂肪的又一种氧化形式。其特征是形成羟酸，使油脂变硬，熔点增高，颜色变白，出现陈腐气味和滋味。

总之，油脂变质后产生的分解产物，对人体有毒害作用。环氧丙醛能引起人的胃肠炎；丙烯醛是人类癌症的诱发剂。因此，为了延缓油脂的氧化过程，常在油脂中加入抗氧化剂，以保持其稳定性。

二、食用动物油脂的卫生检验

(一)感官检验

1.检验的内容及方法

(1)生脂肪的感官检验。检查项目包括颜色、气味、组织状态和表面污染程度等。发生坏死病变的生脂肪，不得作为炼制食用油脂的原料。

(2)炼制油脂的感官检验。

①组织状态。在室温下(15～20 ℃)用刮子按压，判定其组织状态。

②气味与滋味。在室温下将油脂用压舌板或竹片在洁净的玻璃片上涂成薄层，检查其气味与滋味。如有可疑时，应将油脂溶化后再检查。

③透明度。取一定量的油脂于烧杯中，置于水浴锅中溶化后，注入无色、透明、干燥而洁净的试管中，先向着自然光线观察其透明度，然后置白色背景上观察。如无悬浮物及浑浊物，认为透明。

④凝固时的色泽。将上述试管置冷水中(15 ℃)2 h，使之恢复原来的组织状态，当油脂温度降至 15～20 ℃时，置白色背景上观察其色泽。

2.卫生标准及评定

感官指标要求食用油脂具有各种脂肪固有的气味与色泽，无异味、无酸败味。凡是感官检验有明显酸败的，无论实验室检验结果如何，一律不准食用。

（二）理化检验

1. 检验内容及方法

（1）酸价的测定。酸价是指中和 1 g 油脂中游离脂肪酸所需氢氧化钾的毫克数，是表示油脂分解和发生酸败的重要指标。用中和法测定。油脂在贮运过程中，发生水解产生游离脂肪酸，使油脂的酸价升高。

（2）过氧化值的测定。过氧化值是指 100 g 油脂中所含过氧化物从氢碘酸中析出碘的克数。用间接碘量法测定。油脂中不饱和脂肪酸被氧化后形成过氧化物。

（3）丙二醛测定。丙二醛是油脂氧化酸败的重要指标。用比色法测定。由于油脂中不饱和脂肪酸氧化分解产生丙二醛，在水溶液中以烯醇型存在，在酸性实验条件下，随水蒸气蒸发、冷凝收集后与 TBA（硫代巴比妥酸）试剂反应生成红色化合物，在波长 538 nm 处有吸收高峰，利用此性质即能测出丙二醛含量，从而推导出油脂酸败的程度。

2. 卫生标准及评定

理化指标见表 9-12（GB 10146—2015）。对理化指标超过标准的油脂，不得上市销售；超标严重的，应予以销毁。

表 9-12　食用动物油脂卫生检验的理化指标

项目		指标
总砷（以 As 计）/（mg/kg）		≤0.1
铅（Pb）/（mg/kg）		≤0.2
酸价（KOH）/（mg/g）	猪油	≤1.5
	牛油、羊油	≤2.5
过氧化物值/（g/100 g）		≤0.20
丙二醛/（mg/100 g）		≤0.25

任务七　肉新鲜度的检验

一、实训目的

掌握肉新鲜度综合检验的操作技术和对检验结果进行综合判定的技能。

二、实训材料

（一）挥发性盐基氮的测定

1. 半微量凯氏定氮法

半微量凯氏定氮器、微量滴定管（最小分度 0.01 mL）、1%氧化镁混悬液、2%硼酸溶液吸收液、甲基红指示液(0.2%甲基红乙醇溶液)、次甲基蓝指示液(0.1%次甲基蓝乙醇溶液,临用时将甲基红乙醇溶液和次甲基蓝乙醇溶液等量混合,即为混合指示液)、0.01 mol/L 盐酸标准溶液、无氨蒸馏水。

2.微量扩散法

扩散皿、微量滴定管(最小分度 0.01 mL)、水溶性胶(取 10 g 阿拉伯胶,加 10 mL 水、5 mL 甘油、5 g 无水碳酸钾或无水碳酸钠,摇匀)、饱和碳酸钾溶液(称取 50 g 碳酸钾,加 50 mL 无氨蒸馏水,微加热助溶。使用时取上清液)、吸收液、混合指示液、盐酸或硫酸标准滴定溶液、无氨蒸馏水同半微量定氮法。

(二)pH 的测定

精密 pH 试纸,pH 比色计,酸度计。

(三)粗氨测定(纳氏试剂法)

纳氏试剂:称取碘化钾 10 g 溶于 10 mL 蒸馏水中,再加入热的升汞饱和溶液至出现红色沉淀。过滤,向溶液中加入碘溶液(30 g KOH 溶于 80 mL 水中),并加入 1.5 mL 上述升汞饱和溶液。待溶液冷却后,加蒸馏水至 20 mL,贮藏于棕色玻璃瓶内,置暗处密闭保存。使用时取上清液。

(四)球蛋白沉淀试验(硫酸铜沉淀法)

10%硫酸铜溶液。

(五)硫化氢试验(醋酸铅试纸法)

碱性醋酸铅溶液(于 10%醋酸铅溶液加入 10%氢氧化钠溶液至析出白色沉淀)、醋酸铅滤纸条(将滤纸条浸入碱性醋酸铅溶液中,数分钟后取出阴干,保存备用)。

(六)过氧化物酶反应

1%过氧化氢溶液(取 1 份 30%过氧化氢与 2 份水混合即成,临用时配制)、0.2%联苯胺乙醇溶液(称取 0.2 g 联苯胺溶于 95%乙醇溶液 100 mL 中,置棕色瓶内保存,有效期不超过 1 个月)。

三、方法与步骤

(一)挥发性盐基氮(TVB-N)的测定

1.半微量凯氏定氮法

(1)原理。蛋白质分解产生的氨、胺类等碱性含氮物质,在碱性环境中具有挥发性,故称为挥发性盐基氮或总挥发性盐基氮。本测定方法是利用氧化镁的弱酸性环境,使碱性含氮物质游离并被蒸馏出来,被含有指示剂的硼酸溶液吸收,用标准盐酸滴定,通过计算求得含量。以确定肉品的新鲜度。

(2)方法。

①肉浸液制备。除去肉样中脂肪、筋腱、剪碎,称取 5~10 g,置 250 mL 锥形瓶中,加 10 倍的无氨蒸馏水,不时振摇,浸渍 30 min 后过滤,滤液备用。

②样品测定。半微量凯氏定氮装置在使用前，全部蒸馏装置必须用水蒸气发生器的蒸汽通入反应室洗涤 5 min 左右，目的在于洗去仪器中可能残留的氨。最后用无氨水冲洗冷凝管外口，关闭电源，拧开螺旋夹准备样品测定。将盛有 2%硼酸溶液 10 mL 并加甲基红-次甲基蓝混合指示剂 5～6 滴的锥形瓶置于冷凝管下端。精确称取上述样品滤液 5 mL，小心地从小玻杯加入蒸馏器反应室内，加 1%氧化镁混悬液 5 mL，迅速盖塞，并加少量水于小玻杯中以防漏气。接通电源，加热水蒸气发生器，沸腾后关闭螺旋夹，通入蒸汽，进行蒸馏，当冷凝管出现第 1 滴冷凝水时，迅速使冷凝管下端插入硼酸吸收液液面下，蒸馏 5 min。先移开接收瓶，用表面皿覆盖瓶口，然后关闭电源。吸收液用盐酸标准滴定溶液(0.01 mol/L)滴定，直至混合指示剂由绿色或草绿色变为蓝紫色为滴定终点。同时用无氨馏水代替样品溶液做试剂空白对照试验。

(3)计算。

$$X=\frac{(V_1-V_2)\times M\times 14}{m\times 5/100}\times 100$$

式中，X 为样品中挥发性盐基氨的含量(mg/100 g)；V_1 为测定用样液消耗盐酸标准溶液的体积(mL)；V_2 为试剂空白消耗盐酸标准溶液的体积(mL)；M 为盐酸标准溶液的实际浓度(mol/L)；14 为 1.000 mol/L 盐酸标准 1.00 mL 相当氮的毫克数；m 为样品质量(g)。

2. 康维氏(Conway's)微量扩散法

(1)原理。挥发性含氮物质可在碱性溶液中释放出来，利用饱和碳酸钾溶液(强碱)，使样品中含氮物质在 37 ℃恒温条件下游离并扩散至康维皿密闭空间中，并被硼酸溶液吸收。硼酸酸度改变引起其中指示剂的颜色发生变化。然后用标准酸溶液滴定中和所吸收的含氮物质。根据滴定终点，计算求得含量。

(2)方法。

①肉浸液制备。同半微量凯氏定氮法。

②样品测定。将水溶性胶涂于康维皿的边缘，在皿内室加入 2%硼酸溶液 1 mL 及 1 滴甲基红-次甲基蓝混合指示液。在皿外室一侧加入 1.00 mL 样品液，另一侧加入 1 mL 饱和碳酸钾溶液(注意勿使两侧液体接触)，立即加盖密封，将皿轻轻水平转动，使样品液与碳酸钾溶液混合，然后于 37 ℃温箱内放置 2 h，揭去盖，内室的吸收液用盐酸(0.01 mol/L)标准溶液滴定，滴定时，轻轻晃动内室的溶液，滴定至呈蓝紫色时为终点。同时做试剂空白对照试验。

(3)计算。

$$X=\frac{(V_1-V_2)\times M\times 14}{m\times 1/100}\times 100$$

式中，X 为样品中挥发性盐基氨的含量(mg/100 g)；V_1 为测定用样液消耗盐酸标准溶液的体积(mL)；V_2 为试剂空白消耗盐酸标准溶液的体积(mL)；M 为盐酸标准溶液的实际浓度(mol/L)；14 为 1.000 mol/L 盐酸标准 1.00 mL 相当氮的毫克数；m 为样品质量(g)。

3. 判定标准

见表 9-13。

表 9-13 各类新鲜肉的挥发性盐基氮国家标准

挥发性盐基氮/(mg/100 g)	鲜猪肉(GB 2707—2005)	鲜牛肉、鲜羊肉、鲜兔肉(GB 2708—2005)	鲜禽肉(GB 16869—2005)
	≤15	≤15	≤15

(二)pH 的测定

1. 原理

屠宰后的畜肉,由于肌糖原无氧酵解和 ATP 分解,乳酸和磷酸含量增加,肉的 pH 下降。肉腐败变质过程中,肉中蛋白质在细菌和酶的作用下被分解为氨和胺类化合物等碱性物质,使肉的 pH 升高,因此肉中 pH 的升降幅度,一定范围内可以反映肉的新鲜程度,但不能作为判定肉新鲜度的绝对指标和最终指标。因为宰后肉的 pH 受许多因素影响,如宰前健康状况、疲劳、衰弱、饥饿等均能影响肉的 pH 变化。因此 pH 可以作为肉质量鉴定的一项参考指标。但对鉴定 PSE 肉仍不失为一个重要指标。

2. 方法

(1)比色法。比色法是利用不同的酸碱指示剂来显示 pH。酸碱指示剂在溶液中随着溶液 pH 的改变而显示不同的颜色,而且溶液 pH 在一定范围内,某种指示剂的色度与 pH 成比例,因此,可以利用不同指示剂的混合物显示的各种颜色来指示溶液的 pH。根据这一原理,制成一种由浅至深的标准试纸或标准比色管,测定时以检样加指示剂后呈现的颜色与标准比较,即可得出被检样品的 pH。

①pH 试纸法。将选定的 pH 精密试纸条的一端浸入被检溶液中,数秒钟后取出与标准色板比较,直接读取 pH 的近似数值。本法简便,测定精确度在 pH±0.2(不能检冻肉)。

②溶液比色法。首先从 pH 比色计中选定适当指示剂,一般选用甲基红(pH 4.6~6.0)或溴麝香草酚蓝(pH 6.0~7.6),必要时可选用酚红(pH 6.8~8.4)。然后取 5 mL 被检样液加入与标准管质量相同的小试管内,根据预测的 pH 范围,加入适当的指示剂 0.25 mL,与标准比色管对光观察比较,当样品管与标准管色度一致时,标准管的 pH 即是样品的 pH。如色度介于两个比色管之间,则取其平均值。

(2)点位法。比色法只能测定粗略近似值,有一定局限性,而点位法对于有色、浑浊及胶状溶液的 pH 都能测定,其准确度较比色法高,点位法使用的仪器为酸度计,是将一只能指示溶液 pH 的玻璃电极作为指示电极,甘汞电极作为参比电极共同组成一个电池,浸入样品中产生的直流电动势,经放大器放大后,在点位差计上显示出相应读数或者直接转换为 pH 读数。

3. 判定标准

(1)新鲜肉,pH 5.8~6.2。

(2)次鲜肉,pH 6.3~6.6。

(3)变质肉,pH 6.7 以上。

(三)粗氨测定(纳氏试剂法)

1. 原理

肉腐败分解后产生的中氨及胺盐能与纳氏(Nessler's)试剂中碘化汞和碘化钾的复盐生成

黄色化合物，其颜色的深浅和沉淀物的多少能反应肉中氨的含量。

2. 方法

取试管2支，1支加入1 mL肉浸液，另一支加入1 mL无氨蒸馏水做对照。向两支试管中各加入纳氏试剂1～10滴，每加1滴后振荡试管，并比较试管中溶液颜色、透明度、有无浑浊或沉淀等。

3. 判定标准

如表9-14所示。

表9-14　纳氏试剂反应结果判定表

试剂滴数	颜色和沉淀	反应	氨含量/(mg/100 g)	肉的鲜度
10	淡黄色、透明	－	≤16	新鲜
10	黄色、透明	±	16～20	次鲜
10	黄色、轻度浑浊、稍有沉淀	＋	21～30	次鲜
6～7	明显的黄色、有沉淀	＋＋	31～45	变质
1～5	明显的黄色或橘黄色、有沉淀	＋＋＋	45以上	变质

(四)球蛋白沉淀试验(硫酸铜沉淀法)

1. 原理

利用蛋白质在碱性溶液中能和重金属离子结合，形成不溶性盐类的性质，以10%硫酸铜做试剂，使铜离子与检液中溶解状态的球蛋白结合形成稳定的蛋白质盐。

2. 方法

取试管2支，编号后向一支加入2 mL肉浸液，另一支加入2 mL水做对照。向2支试管中各加入10%硫酸铜溶液3～5滴，充分振荡后观察。

3. 判定标准

(1)新鲜肉，溶液呈淡蓝色，完全透明，以"－"表示。

(2)次鲜肉，溶液轻度浑浊，有时有少量絮状物，以"－"表示。

(3)变质肉，溶液浑浊并有白色沉淀，以"＋＋"表示。

(五)硫化氢试验(醋酸铅试纸法)

1. 原理

肉在腐败过程中含硫氨基酸进一步分解，释放出硫化氢。硫化氢在碱性条件下与可溶性铅盐反应，生成黑色的硫化铅，据此判断肉的质量鲜度。反应式为：

$$H_2S + Pb(CH_3COO)_2 \rightarrow PbS\downarrow + 2CH_3COOH$$

2. 方法

将待检肉样剪成米粒大小，置于100 mL锥形瓶中，达锥形瓶容积的1/3。取醋酸铅滤纸条，或取已剪好的定性滤纸条，用碱性醋酸铅溶液浸湿，稍干后插入锥形瓶内使其下端接近肉面，但不触及肉面，一般在肉上方 1～2 cm 处悬挂，立即将滤纸的另一端以瓶塞固定于瓶口。室温反应 15 min，观察滤纸条颜色变化。

3. 判定标准

(1)新鲜肉，滤纸条无变化。

(2)次鲜肉，滤纸条边缘呈淡褐色。

(3)变质肉，滤纸条下部呈褐色或黑褐色。

(六)过氧化物酶反应

1. 原理

新鲜健康的畜禽肉，含有过氧化物酶；不新鲜肉、严重病理状态的肉或濒死畜禽肉，过氧化物酶显著减少，甚至完全缺乏。过氧化氢在过氧化物酶的作用下，分解产生新生态氧，新生态氧将联苯胺指示剂氧化成二酰亚胺代对苯醌，后者与尚未氧化的联苯胺作用生成特异的蓝绿色或青绿色化合物，经过一定时间则变为褐色。

2. 方法

取 2 mL 肉浸液(1：10)于试管中，滴加 4～5 滴 0.2%联苯胺乙醇溶液，充分振荡后再加新配置 1%过氧化氢溶液 3 滴，稍振摇，立即观察结果，同时做空白对照试验。

3. 判定标准

(1)健康动物的新鲜肉，肉浸液立即或在数秒内呈蓝色或蓝绿色。

(2)次鲜肉，肉浸液无颜色变化，或在稍长时间后呈淡青色并迅速转变为褐色。

(3)变质肉，肉浸液无变化，或呈浅蓝色、褐色。

四、实训报告

采集检样进行检验，对结果进行分析、评价，写出实训报告。

任务八　菌落总数的测定

一、实训目的

掌握菌落总数测定的方法、菌落计数、报告方式，以及熟练操作技术。

二、实训材料

普通营养琼脂培养基、酒精灯、细菌培养箱、超净工作台、灭菌棉拭子、灭菌移液管、灭菌培养皿、盛有 90 mL 及 9 mL 灭菌蒸馏水的锥形瓶和试管。

三、方法与步骤

(一)样品的处理和稀释

1. 操作方法

(1)以无菌操作取检样 25 g(或 25 mL),放于 225 mL 灭菌生理盐水或其他稀释液的灭菌玻璃瓶内(瓶内预置适当数量的玻璃珠)或灭菌乳钵内,经充分振摇或研磨制成 1∶10 的均匀稀释液。固体检样在加入稀释液后,最好置灭菌均质器中以 8 000～10 000 r/min 的速度处理 1 min,制成 1∶10 的均匀稀释液。

(2)用 1 mL 灭菌吸管吸取 1∶10 稀释液 1 mL,沿管壁徐徐注入含有 9 mL 灭菌生理盐水或其他稀释液的试管内,振摇试管混合均匀,制成 1∶100 的稀释液。

(3)另取 1 mL 灭菌吸管,按上项操作顺序,制 10 倍递增稀释液,如此每递增稀释一次即换用 1 支 1 mL 灭菌吸管。

2. 无菌操作

操作中必须有“无菌操作”的概念,所用玻璃器皿必须是完全灭菌的。所用剪刀、镊子等器具也必须进行消毒处理。样品如果有包装,应用 75%乙醇在包装开口处擦拭后取样。

操作应当在超净工作台或经过消毒处理的无菌室进行。琼脂平板在工作台暴露 15 min,每个平板不得超过 15 个菌落。

3. 采样的代表性

如系固体样品,取样时不应集中一个点,宜多采几个部位。固体样品必须经过均质或研磨,液体样品须经过振摇,以获得均匀稀释液。

4. 稀释液

样品稀释液主要是灭菌生理盐水,有的采用磷酸盐缓冲液(或 0.1%蛋白胨水),后者对食品已受损伤的细菌细胞有一定的保护作用。如对含盐量较高的食品进行稀释,可以采用灭菌蒸馏水。

(二)倾注培养

1. 操作方法

(1)根据标准要求或对污染情况的估计,选择 2～3 个适宜稀释度,分别在做 10 倍递增稀释的同时,以吸取该稀释度的吸管移取 1 mL 稀释液于灭菌平皿中,每个稀释度做 2 个平皿。

(2)将凉至 46 ℃营养琼脂培养基注入平皿约 15 mL,并转动平皿,混合均匀。同时将营养琼脂培养基倾入加有 1 mL 稀释液(不含样品)的灭菌平皿内作空白对照。

(3)待琼脂凝固后,翻转平板,置(36±1)℃温箱内培养(48±2) h,取出计算平板内菌落数目,乘以稀释倍数,即得每克(每毫升)样品所含菌落总数。

2. 注意事项

(1)倾注用培养基应在 46 ℃水浴内保温,温度过高会影响细菌生长,过低琼脂易于凝结而不能与菌液充分混匀。如无水浴,应以皮肤感受较热而不烫为宜。

(2)倾注培养基的量规定不一,从 12～20 mL 不等,一般以 15 mL 较为适宜,平板过厚可影响观察，太薄又易于干裂。倾注时，培养基底部如有沉淀物，应将底部弃去，以免与菌落混淆而影响计数观察。

(3)为使菌落能在平板上均匀分布，检液加入平皿后，应尽快倾注培养基并旋转混匀，可正反两个方向旋转，检样从开始稀释到倾注最后一个平皿所用时间不宜超过 20 min，以防止细菌有所死亡。

(4)培养温度一般为 37 ℃(水产品的培养温度，由于其生活环境水温较低，故多采用 30 ℃)。培养时间一般为 48 h，有些方法只要求 24 h 的培养即可计数。培养箱应保持一定的湿度，琼脂平板培养 48 h 后，培养基失重不应超过 15%。

(5)为了避免食品中的微小颗粒或培养基中的杂质与细菌菌落发生混淆，不易分辨，可同时作一稀释液与琼脂培养基混合的平板，不经培养，而于 4 ℃环境中放置，以便计数时做对照观察。

有时，为了防止食品颗粒与菌落混淆不清，可在营养琼脂中加入氯化三苯四氮唑(TTC)，培养后菌落呈红色，易于分别。

3. 计数和报告

(1)培养到规定时间后，计数每个平板上的菌落数。可用肉眼观察，必要时用放大镜检查，以防遗漏。在记下各平板的菌落总数后，求出同稀释度的各平板平均菌落数，计算出原始样品中每克(或每毫升)中的菌落数，进行报告。

(2)到达规定培养时间，应立即计数。如果不能立即计数，应将平板放置于 0～4 ℃，但不得超过 24 h。

(3)计数时应选取菌落数在 30～300 个的平板(SN 标准要求为 25～250 个菌落)，若有两个稀释度均在 30～300 个时，按国家标准方法要求应以二者比值决定，比值小于或等于 2 取平均数，比值大于 2 则取较小数字(有的规定不考虑其比值大小，均以平均数报告)。

(4)若所有稀释度均不在计数区间。如均大于 300 个，则取最高稀释度的平均菌落数乘以稀释倍数报告之。如均小于 30 个，则取最低稀释度的平均菌落数乘稀释倍数报告之。如菌落数有的大于 300 个，有的又小于 30 个，但均不在 30～300 个，则应取最接近 300 个或 30 个的平均菌落数乘以稀释倍数报告之。如所有稀释度均无菌落生长，则应按小于 1 乘以最低稀释倍数报告之。有的规定对上述几种情况计算出的菌落数按估算值报告。

(5)不同稀释度的菌落数应与稀释倍数成反比(同一稀释度的两个平板的菌落数应基本接近)，即稀释倍数越高菌落数越少，稀释倍数越低菌落数越多。如出现逆反现象，则应视为检验中的差错(有的食品有时可能出现逆反现象，如酸性饮料等)，不应作为检样计数报告的依据。

(6)当平板上有链状菌落生长时，如呈链状生长的菌落之间无任何明显界线，则应作为一个菌落计，如存在有几条不同来源的链，则每条链均应按一个菌落计算，不要把链上生长的每一个菌落分开计数。如有片状菌落生长，该平板一般不宜采用，如片状菌落不到平板一半，而另一半又分布均匀，则可以半个平板的菌落数乘 2 代表全平板的菌落数。

(7)当计数平板内的菌落数过多(即所有稀释度均大于 300 个时)，但分布很均匀，可取平板的一半或 1/4 计数。再乘以相应稀释倍数作为该平板的菌落数。

(8)菌落数的报告，按国家标准方法规定菌落数在 1～100 个时，按实有数字报告，如大于 100 个时，则报告前面两位有效数字，第三位数按四舍五入计算。固体检样以克(g)为单位报告，液体检样以毫升(mL)为单位报告，表面涂擦则以平方厘米(cm^2)报告。

(三)菌落总数的其他检验方法

菌落总数的检验方法还有涂布平板法、点滴平板法、螺旋平板法。螺旋平板法是由一台机器完成的。

1. 涂布平板法

涂布平板法是将营养琼脂制成平板，经 50 ℃ 1～2 h 或 35 ℃ 18～20 h 干燥后，在上面滴加检样稀释液 0.2 mL，用“L”棒涂布于整个平板的表现，放置约 10 min，将平板翻转，放至(36±1) ℃温箱内培养(24±2) h[水产品用 30 ℃培养(48±2) h]取出，进行菌落计数，然后乘以 5(由 0.2 mL 换算为 1 mL)，再乘以样品稀释液的倍数，即得每克或每毫升检样所含菌落数。

这种方法比常规检验法效果好。因为菌落生长在表面，便于识别和检查其形态，虽检样中含有食品颗粒，也不会发生混淆。但是本法取样量比常规检验法少。代表性会受到一定影响。

2. 点滴平板法

点滴平板法与涂布平板法相似。不同的是点滴平板法只是用标定好的微量吸管或注射器针头按滴(使每滴相当于 0.025 mL)将检样稀释液滴加于琼脂平板上固定的区域(预先在平板背面用标记笔划成四个区域)。每个区域滴 1 滴，每个稀释度滴 2 个区域，作为平行试验。滴加后，将平板放平约 10 min，然后翻转平板，如涂布平板法一样移入温箱中，培养 6～8 h 后进行计数，将所得菌落数乘以 40(由 0.025 mL 换算为 1 mL)，再乘以样品的稀释倍数，即得每克或每毫升检样所含菌落数。

四、实训报告

采集检样进行检验，对结果进行分析、评价，写出实训报告。

任务九　大肠菌群的测定

一、实训目的

掌握大肠菌群的测定方法，能够规范化操作各个环节。食品中大肠菌群数是以 100 mL(g)检样内大肠菌群最可能数(MPN)表示。

二、实训材料

温箱、恒温水浴、电子天平、普通光学显微镜、均质器或乳钵、平皿、灭菌吸管、500 mL 的广口瓶或三角烧瓶、玻璃珠、载玻片、酒精灯、试管架。培养基和试剂：乳糖胆盐发酵管、伊红亚甲蓝琼脂平板、乳糖发酵管、EC 肉汤、磷酸盐缓冲稀释液、生理盐水、革兰氏染色液。

三、方法与步骤

1. 样品的稀释

以无菌操作将检样 25 mL(或 g)放于含有 225 mL 灭菌生理盐水或其他稀释液的灭菌玻璃瓶内(瓶内置适当数量的玻璃珠)或灭菌乳钵内,经充分振摇或研磨做成 1∶10 的均匀稀释液。固体检样最好用均质器,以 8 000～10 000 r/min 的速度处理 1 min,做成 1∶10 的均匀稀释液。

用 1 mL 灭菌吸管吸取 1∶10 稀释液 1 mL,注入含有 9 mL 灭菌生理盐水或其他稀释液的试管内,振摇试管混匀,做成 1∶100 的稀释液。另取 1 mL 灭菌吸管,按上条操作依次做 10 倍递增稀释液,每递增稀释 1 次,换用 1 支 1 mL 灭菌吸管。根据食品卫生标准要求或对检样污染情况的估计,选择 3 个稀释度,每个稀释度接种 3 管。

2. 乳糖发酵试验

将待检样品接种于乳糖胆盐发酵管内,接种量在 1 mL 以上者,用双料乳糖胆盐发酵管;1 mL 及 1 mL 以下者,用单料乳糖胆盐发酵管。每一稀释度接种 3 管,置(36±1)℃温箱内,培养(24±2) h,如所有乳糖胆盐发酵管均不产气,则大肠菌群为阴性,如有产气者,则按下列程序进行。

3. 分离培养

将产气的发酵管分别转种到伊红亚甲蓝琼脂平板上,置(36±1)℃温箱内,培养 18～24 h,然后取出,观察菌落形态,并做革兰氏染色和证实试验。

4. 证实试验

在上述平板上,挑取可疑大肠菌群菌落 1～2 个进行革兰氏染色,同时接种乳糖发酵管,置(36±1)℃温箱内培养(24±2) h,观察产气情况。凡乳糖管产气、革兰氏染色为阴性的无芽孢杆菌,即可确定为大肠菌群阳性。

5. 报告

根据证实为大肠菌群阳性的管数,查 MPN 检索表,报告每 100 mL(或 g)大肠菌群的 MPN 值。

四、实训报告

采集检样进行检验,对结果进行分析、评价,写出实训报告。

考核评价

某酒店参加婚宴的 94 人饭后出现疑似食物中毒症状。后经相关部门鉴定,食品中毒源为宴席中的“手撕兔肉”。经调查,是该酒店存放不当等原因造成“手撕兔肉”产生沙门菌。目前,5 名病情较重的患者仍在住院观察治疗。为防止类似事件的发生,在从事肉品生产、运输、销售的各个环节,相关人员应注意哪些地方?

案例分析

案例 1　某日下午，一名 8 岁女童和妈妈从游泳馆回家后不久就出现了精神不好、浑身乏力的症状。随即这名女童被送往当地医院，救治时已经出现呼吸肌麻痹的现象，院方立即给她用上了呼吸机。她妈妈几乎是同时起病，同样症状，经询问母女二人均在游泳后食用了路边摊贩卖的热狗。

根据这名女童的症状，该院专家会诊后确诊为肉毒杆菌中毒，建议使用多价抗肉毒毒素。肉毒杆菌是一种生长在常温、低酸和缺氧环境中的革兰氏阳性细菌，在不正确加工、包装、贮藏的罐装食品或真空包装食品里均能生长。对酸的抵抗力特别强，胃酸溶液 24 h 内不能将其破坏，故可被胃肠道吸收，损害健康。肉毒杆菌本身并不致病，但在厌氧环境下，它在繁殖过程中能分泌剧毒的肉毒毒素，这种毒素是目前发现的最强生物毒素，不到 1 μg 就能致人死亡。吸收这种毒素后，神经系统将遭到破坏，出现恶心、呕吐、头晕、呼吸困难和肌肉乏力等症状。肉毒毒素常见于腐败肉制品，特别是腌肉和香肠中。肉毒毒素毒性虽然强烈，但并不耐高温。因此，在食用腌制肉类食品前，最好彻底加热；加工后的食品应迅速冷却并低温贮藏；平时自己加工食品时更要注意卫生。

案例 2　常州市新北区有一家面馆在食物里私自添加亚硝酸盐，有两名食客在吃牛肉饭时突然中毒。新北区卫生局以及当地派出所立即对此事进行调查。近日，新北区河海派出所对此案调查的结果进行了通报。

据介绍，5 月 22 日中午 11 时，有两名互不认识的年轻男子来到这家面馆吃饭，两人各自点了一份牛肉饭，在吃饭的过程中两人突然感到不适，继而嘴角发紫，并出现头晕、胸闷等症状。两人立即被送往常州市第一人民医院救治，医生诊断为亚硝酸盐中毒，立即对两人采取静脉注射解毒剂，两人这才被抢救了过来。

常州市卫生局接到举报后立即赶往现场进行调查。5 月 29 日，检查人员在面馆的煤气表上发现一个白色塑料瓶，里面装的正是餐饮机构明令禁止的亚硝酸盐。当地派出所将面馆负责人庄某传唤至派出所接受调查。一开始，庄某不承认自己在肉类中添加亚硝酸盐，反而辩称这是同行恶意竞争，故意栽赃陷害她。但警方在调查中了解到，自从发生食物中毒事件后，庄某将店里所有的腌制肉类都转移到员工宿舍的冰箱中，民警从冰箱中采取了叉烧、回锅肉等样品送去检测，检测的结果是 4 份回锅肉和 1 份叉烧样品中都有亚硝酸盐的含量，其中一份回锅肉亚硝酸盐含量高达 17 mg。

在事实面前，庄某才承认这一切都是她指使厨师长滕某做的，而滕某也交代了自己犯罪事实。据了解，这家面馆从 2011 年初就开业了。滕某和庄某是老乡，在庄某的邀请下来此面馆当厨师长，为了让生意做得更好，他们便在叉烧等肉制品上下功夫，他们明知道亚硝酸盐是有毒的，而且从 2012 年 7 月起已经明令禁止使用，但他们依旧偷偷使用，因为凡是添加了亚硝酸盐的肉变得更加紧凑，口感更好。

知识拓展

肉的概述

一、肉的概念

从广义上说，凡是适合人类作为食品的动物机体的所有构成部分都可称为肉。在肉品工业和商品学中，肉是指去毛或皮、头、蹄、尾和内脏的家畜胴体，也称白条肉，把去掉羽毛、内脏及爪的家禽胴体称为光禽，而把头、蹄、内脏及爪统称为副产品或下水。因此，这里所说的肉包括肌肉、脂肪、骨、软骨、筋膜、神经、脉管和淋巴结等多种成分。而在肉制品中所说的肉，仅指肌肉以及其中的各种软组织，不包括骨及软骨组织。精肉则是指不带骨的肉，即指去掉可见的脂肪、筋膜、血管、神经的骨骼肌。在屠宰加工和肉的冷冻加工过程中，根据肉的温度将其分为热鲜肉、冷却肉和冷冻肉等。

二、肉的形态结构

从生物学角度来看，肉是由肌肉组织、脂肪组织、结缔组织和骨组织等组成的，其中肌肉组织占 50%～60%，脂肪组织占 20%～30%，结缔组织占 9%～14%，骨组织占 15%～22%。其组成的比例依畜禽的种类、品种、年龄、性别、营养状况、育肥程度而有所差异。

(一)肌肉组织

肌肉组织是构成肉的主要组成部分，不仅所占的比例大，而且是肉最有食用价值的部分。各种畜禽的肌肉平均占活体重的 27%～44%或胴体重的 50%～60%。肉用品种中肌肉组织所占比例高，而肥育过的较未肥育过的比例低，幼年与老年、公畜与母畜之间也有差异。肌肉组织在畜禽体内分布很不均匀，通常家畜在臀部、颈部、肩部和腰部的肌肉较丰满，而禽类则以胸肌和腿肌最为发达。

肌肉组织主要是指骨骼肌。完整的肌肉由多量的肌纤维(即肌细胞)和较少量的结缔组织及脂肪细胞、腱、血管、淋巴管、神经等构成的。肌纤维是构成肌肉组织的基本单位，每 50～100 根肌纤维集束由一结缔组织膜包被起来，称为初级肌束，数十根初级肌束再由较厚的结缔组织包被起来，成一个较大的束，称为次级肌束。包被初级肌束和次级肌束的结缔组织膜称为肌束膜。我们肉眼能够看到肌肉膜断面上的大理石样外观，就是由肌束和位于肌间的结缔组织与脂肪组织构成的。次级肌束再次集合，周围包以较厚而坚固的肌外膜，即构成完整的肌肉。肌纤维因动物种类与性别不同而有粗细之别，水牛的肌纤维最粗，黄牛肉、猪肉次之，绵羊肉最细，公畜肉粗，母畜肉细。故检验时常借助于这种特性来鉴别各种动物肉。

畜禽的肌肉通常呈不同程度的红色，这是由于肌纤维内含有肌红蛋白和残存于毛细血管的血红蛋白。肌红蛋白和血红蛋白含量越多肌肉颜色越深。放血不良畜禽，由于残存于血管的血红蛋白量多，故肌肉颜色较深。

(二)脂肪组织

畜禽的脂肪组织主要分布在皮下、肠系膜、网膜、肾周围等，有时也贮积于肌肉间和肌束间。肌间脂肪的贮积，使肉的断面呈所谓的大理石样外观，能改善肉的滋味和品质。不同动物体内脂肪含量差异很大，少的仅占胴体的 2%，多的可达 40%。一般来说，母畜比公畜的脂肪含量多，肥育的畜禽比不肥育的畜禽脂肪含量多。

脂肪组织是由大量的脂肪细胞填充于少量的疏松结缔组织中构成的。脂肪的气味、颜色、熔点、硬度与动物的种类、品种、饲料、个体肥育状况及脂肪在体内的位置不同而有差异。猪的脂肪呈白色，质地较软；牛的脂肪呈淡黄色，羊的脂肪呈白色，质地较硬；鸡、鸭、鹅等家禽的脂肪均为不同程度的黄色，其质地均较软。

（三）结缔组织

结缔组织广泛分布于畜禽机体各部，是构成肌腱、筋膜、韧带及肌外膜、脂肪组织中的网状基架、血管、淋巴管等的主要成分，主要起支持和连接作用，并赋予肌肉以韧性、伸缩性和一定的外形。结缔组织中除细胞成分和基质外，主要是胶原纤维、弹性纤维和网状纤维。胶原纤维在肌腱、软骨和皮肤等组织中分布较多，有较强的韧性，不能溶解和消化，在特定温度下，便发生收缩，70～100 ℃湿热处理能发生水解，硬度减退形成明胶。弹性纤维在血管、韧带组织中分布较多，不受煮沸、稀酸和碱的破坏，通常水煮不能产生明胶。网状纤维主要分布于内脏的结缔组织和脂肪组织中。富含结缔组织的肉，不仅适口性差，营养价值也不高。一般来说，结缔组织在动物前躯多于后躯，肢体下部多于肢体上部。使役、老年、瘦弱的动物肉中结缔组织的含量较多。

（四）骨组织

骨和软骨也是肉的组成部分，动物体内骨与净肉的重量比可决定肉的食用价值，而该价值与骨重量成反比。随着动物年龄的增长和脂肪的增加，骨组织所占的比例相对减少。动物屠体骨所占百分比：牛肉为15%～20%、犊牛肉为25%～50%、猪肉为12%～20%、羔羊肉为17%～35%、鸡肉为8%～17%、兔肉为12%～15%。

骨是由外部的骨密质和内部的骨松质构成。前者致密、坚实，后者疏松如海绵状，两者的比例依骨的机能而异。因为骨内腔和骨松质里充满骨髓，所以骨松质越多，食用价值越高。骨中一般含5%～27%的脂肪和10%～32%骨胶原，其他成分为矿物质和水。故骨煮熬时出现大量的骨油和骨胶，赋予肉汤滋味和香味，并使之具有凝固性。

上述4种组织中，肌肉组织和脂肪组织是肉的营养价值之所在，其比例越大，肉的商品价值和食用价值越高，质量越好。结缔组织和骨组织所占比例越大，肉的质量越差。

三、肉的化学组成

无论是何种动物的肉，其化学组成都包括水分、蛋白质、脂类、矿物质（灰分）、少量的碳水化合物及某些种类的维生素。这些物质的含量，因动物的种类、品种、性别、年龄、个体、机体部位及营养状况而异。各种畜禽肉类化学成分见表9-15。

表9-15　畜禽肉类化学成分表（每100 g）

品种	水分/g	蛋白质/g	脂肪/g	碳水化合物/g	灰分/g	食部/%
猪肉（肥瘦）	46.8	13.2	37.0	2.4	0.6	100
猪肉（肥）	8.8	2.4	90.4	0	0.2	100
猪肉（瘦）	71.0	20.3	6.2	1.5	1.0	100

续表 9-15

品种	水分/g	蛋白质/g	脂肪/g	碳水化合物/g	灰分/g	食部/%
牛肉(肥瘦)	68.1	18.1	13.4	0	1.1	100
牛肉(瘦)	75.2	20.2	2.3	1.2	1.1	100
羊肉(肥瘦)	66.9	19.0	14.1	0	1.2	90
羊肉(瘦)	74.2	20.5	3.9	0.2	1.2	90
马肉	74.1	20.1	4.6	0.1	1.1	100
驴肉(瘦)	73.8	21.5	3.2	0.4	1.1	100
兔肉	76.2	19.7	2.2	0.9	1.0	100
犬肉	76.0	16.8	4.6	1.8	0.8	100
鸡	69.0	19.3	9.4	1.3	1.0	66
鸡(肉鸡,肥)	46.1	16.7	35.4	0.9	0.9	74
鸭	63.9	15.5	19.7	0.2	0.7	68
鹅	62.9	17.9	19.9	0	0.8	63
鸽	66.6	16.5	14.2	1.7	1.0	42
鹌鹑	75.1	20.2	3.1	0.2	1.4	58

(一)蛋白质

肉的化学成分除水分外,固体部分约有4/5是蛋白质,其含量在18%左右。根据蛋白质存在的位置和在盐溶液中的溶解度不同,分为3种主要蛋白质:肌原纤维蛋白质,占总蛋白质的40%～60%;肌浆蛋白质,占总蛋白质的20%～30%;基质蛋白质(结缔组织),哺乳动物占总蛋白质的10%～17%,禽肉和鱼肉占总蛋白质的1%～7%。

1.肌原纤维蛋白质

这种蛋白质是肌原纤维的结构蛋白质,是肌肉收缩的物质基础,负责将化学能转变为机械能。肌原纤维蛋白质中50%为肌凝蛋白,23%为肌动蛋白,6%为结合蛋白,5%为原肌凝蛋白,5%为肌钙蛋白,其余为α和β辅肌动蛋白等。

(1)肌凝蛋白。肌凝蛋白与球蛋白相似,故又称肌球蛋白,是构成肌原纤维的主要结构蛋白质,并具有ATP酶活性,能分解三磷酸腺苷为二磷酸腺苷和无机磷酸,并释放出能量,供肌肉收缩时消耗。肌凝蛋白易与肌动蛋白结合,形成肌纤凝蛋白复合物后,具有弹性和收缩性,与肌肉收缩有关,结合时肌凝蛋白与肌动蛋白的比例为(2.5～3.0)∶1。

肌凝蛋白是肌肉中极其重要的蛋白质,它关系到宰后肉的僵硬和成熟过程及肉加工中的嫩度变化,与肌肉的生物化学性质有关。

(2)肌动蛋白。肌动蛋白又称肌纤蛋白,是构成肌原纤维细丝的主要成分,在肌肉中约占2.5%,它不具有ATP酶的性质。有两种不同存在形式,即球形和纤维形,肌肉收缩时以球形出现,肌肉松弛时以纤维形出现。

2.肌浆蛋白质

由新鲜的肌肉中压榨出含有可溶性蛋白质的液体,称为肌浆。肌浆中的蛋白质包括肌溶蛋白、肌红蛋白、肌球蛋白及肌粒中的蛋白质等。这些蛋白质易溶于水或低离子强度的中性盐溶液中，是肉中最容易提取的蛋白质，又因为这些蛋白质提取时黏度很低，常称为肌肉的可溶性蛋白质。肌浆蛋白质的主要功能是参与肌纤维中的物质代谢，大部分与肌肉收缩时的能量供应有关。

(1)肌溶蛋白。肌溶蛋白即肌清蛋白(肌清是肌浆凝固后剩下的液体部分)，占肌浆蛋白质的大部分，在肌肉中约占4%。肌溶蛋白属于简单蛋白，是完全营养蛋白质。可溶于水，不稳定，在其等电点(pH 约 6.3) 时极易变性，加热至 52 ℃即凝固，很容易从肌肉中分离出来。具有酶的性质，大多数是与糖代谢有关的酶。

(2)肌红蛋白。肌红蛋白与血红蛋白相似，系血红素与珠蛋白结合的一种含铁的结合性蛋白，是肌肉呈现红色的主要成分。肌肉中的肌红蛋白的含量因动物种类而异，猪肉为 0.06%～0.4%，羔羊为 0.20%～0.60%，牛肉为 0.30%～1.00%，家禽肉为 0.02%～0.18%，公畜比母畜含量高，成年动物比幼年动物含量高，经常运动的肌肉比运动少的肌肉含量高。其与氧的结合力较血红蛋白为强，它与血红蛋白的不同之处在于肌红蛋白分子中只有 1 个铁原子，而血红蛋白则含有 4 个铁原子。

肌红蛋白在加热时遭受破坏，从而导致熟肉和肉制品变为灰褐色。这是由于肌红蛋白有多种衍生物，即正常状态下呈鲜红色的氧合肌红蛋白[Mb(Fe^{2+})]，加工成腌腊制品时呈鲜亮红色的一氧化氮肌红蛋白[NO-Mb(Fe^{2+})]，加热后呈灰褐色的高铁肌红蛋白[Mb(Fe^{3+})]等，这些衍生物与肉及肉制品的颜色有直接关系。

3.基质蛋白质

基质蛋白质又称间质蛋白质，是指肌肉磨碎之后在高浓度的中性盐溶液中充分抽出之后的残渣部分，包括肌束膜、肌膜、毛细血管壁等结缔组织，其主要成分是胶原蛋白、弹性蛋白和网状蛋白等。

(1)胶原蛋白。胶原蛋白属于硬蛋白类，胶原蛋白不溶于一般的蛋白质溶剂，将湿胶原蛋白加热至 60 ℃，即骤然收缩至原来长度的 1/4～1/3；在碱或盐的影响下，即吸收膨胀；与水共煮(70～100 ℃)可变成明胶，此种变化在胃内也能进行。胶原可被胃蛋白酶水解，但胰蛋白酶对它则没有作用，而明胶可被各种非特异性蛋白酶水解。明胶在干燥状态下很稳定，潮湿状态下易被细菌分解。明胶不溶于冷水，但加水后逐渐吸水膨胀软化。明胶在加热后熔化，冷却后即凝成胶块，熔点 25～30 ℃。

(2)弹性蛋白。弹性蛋白是呈黄色的弹性纤维，在很多组织中与胶原蛋白共存，在韧带、血管组织中数量多，而在皮肤、腱、肌肉膜、脂肪组织等分布较少，约占弹性组织总固体重量的25%。弹性蛋白的弹性很强，但强度不如胶原蛋白，其抗断力只为胶原蛋白的 1/10。其化学性质很稳定，一般不溶于水，即使在热水中煮沸也不能变为明胶，不易被胃蛋白酶或胰蛋白酶水解，只能在加热至 160 ℃时才开始水解。

(3)网状蛋白。网状蛋白对酸、碱、蛋白酶较稳定，在湿热时也不能变为明胶。这类蛋白质含有大量的羟脯氨酸，故后者常被作为结缔组织含量的指示剂。

此外，在肌基质中还有存在于肌束和肌纤维间使肌肉易于滑动的黏蛋白和类黏蛋白，以及作为神经纤维组成成分的神经角蛋白等。

(二)脂类

脂类是脂肪与类脂的总称。脂肪是各种脂肪酸的甘油三酯(如硬脂、软脂等)。广义的脂肪包括中性脂肪和类脂，狭义的脂肪仅指中性脂肪。类脂包括磷脂、糖脂、脂蛋白、胆固醇、游离脂肪酸等。脂肪和类脂统称为脂类，中性脂肪是脂类的主要成分。肌肉组织中的脂肪含量和品质因动物种类、肥度、性别、年龄、使役和饲养的不同而有所差异，阉割的动物和幼小动物脂肪均匀地分布在各个肌群之间，使肉柔软而有香味。

脂肪的性质主要受各种脂肪酸含量的影响。动物脂肪的熔点差不多接近体温，但经常接触寒冷部位的脂肪熔点较低。动物脂肪熔点越接近人的体温，其消化率越高，熔点在 50 ℃以上者则不易消化。动物脂肪以饱和脂肪酸为主。当脂肪中含有大量高级饱和脂肪酸（如硬脂酸）时，脂肪熔点较高，常温时多呈凝固较硬状态（如牛脂、羊脂）；脂肪中含有大量的油酸（不饱和脂肪酸）或低级脂肪酸时，脂肪呈软膏状（如猪脂肪和禽类脂肪）。动物肉品的脂肪根据存在的部位不同又可分为沉积脂肪（如皮下脂肪、大网膜脂肪及肌间脂肪）和组织脂肪（如肌肉组织及脏器组织内的脂肪）。动物脂肪组织中一般中性脂肪占 90%左右，水分占 7%～8%，蛋白质占 3%～4%。脂肪的沉积量及组成、性质也因动物种类、品种、性别、年龄、饲料营养、环境以及沉积部位不同而差异很大。

（三）碳水化合物

畜禽肉中的碳水化合物是以糖原（动物淀粉）形式存在的，其含量一般不足 1%。同种动物因肥瘦程度和疲劳程度不同，其糖原含量也有差异。动物宰前休息越好，屠宰放血时挣扎越少，则肉中糖原消耗越少而积累越多。肌肉中糖原的含量对宰后肉的成熟过程有非常重要的作用。动物宰前经过长途运输、过度疲劳而休息不好，或患有疾病，以及放血时过度挣扎等，都会引起肌糖原过多地消耗，使肌肉中糖原量减少，导致动物宰后肉不能发生正常的成熟过程，而 pH 偏高，这样的肉不耐贮藏，品质低，口感差。

（四）矿物质

畜禽肉中的矿物质含量约占鲜肉重的 1%，主要有钾、钠、钙、镁、硫、磷、氯、铁、锌、铜、锰等，其中以钾、钠、磷、硫含量较多，这些常量或微量矿物质的存在，与肌肉的功能和肉品质的变化有关系。

（五）维生素

畜禽肉中含有各种维生素，但在不同的肉品或脏器中含量差异较大。肉品中脂溶性维生素含量很少，但除维生素 C 外其他水溶性维生素的含量比较丰富。畜禽脏器中维生素含量较多，特别是肝脏中各种维生素的含量都很丰富。

肉品的加工和贮藏会造成维生素的损失，造成维生素损失的主要因素有氧化、加热、金属离子的催化作用、pH、酶的作用、水分、辐射作用等，冷藏肉维生素损失较小。

（六）含氮浸出物

肌肉的组成成分中，除蛋白质等成分外，还有一些能用沸水从磨碎肌肉中提取的物质，包括很多种有机物和无机物，这些统称为浸出物。其中含氮的有机物在肌肉中约占 1.5%，主要有各种游离氨基酸、肌酸、磷酸肌酸、核苷酸类物质（ATP、ADP、AMP、IMP）、肌肽、组胺等。这些物质可溶于盐水，而不被三氯乙酸沉淀，这表明它们不是蛋白质，而是含氮物组成的复合物，故称为非蛋白含氮物。肉中含氮浸出物越多，味道越浓。

除含氮浸出物外，尚有约占 0.5%的无氮浸出物，属于这类物质的有动物淀粉、糊精、麦芽糖、葡萄糖、琥珀酸、乳酸等。

(七)水分

水分是肌肉中含量最多的组成成分,约占 70%。水分虽不是肉品中的营养物质,但肉品中的水分含量及其保水性能直接关系到肉及肉制品的组织状态、品质和风味。水在肌肉中以结合水和自由水的形式存在,结合水以氢键结合力与蛋白质多糖类化合物牢固地结合,构成胶粒周围水膜的水,在冰点以下或更低的温度不结冰,不具有溶剂作用,不能被微生物利用。结合水越多,肌肉的保水性越大。保水性与烹调失重及熟化的肉制品稳定性有关。自由水被蛋白质、纤维网状结构机械地吸着,能自由运动,具有溶剂作用,可被微生物利用。因此,影响肉品贮藏的水分主要是自由水。肉品中的自由水不仅作为纯水存在,而且还溶解了肉品中的可溶性物质。

四、肉的食用价值

肉类中包含人体生长、发育和保健所需要的蛋白质、脂肪、碳水化合物、矿物质和维生素等全部营养物质,对人类具有很高的营养价值。它的食用价值具体体现在营养价值和保健功能两个方面。

蛋白质是肌肉中最重要的部分,一般含量高达 18%,尤其重要的是,构成肉类蛋白质的氨基酸中含有丰富的人体不能合成的必需氨基酸,而且各种氨基酸的比例适合人类的需要,因而蛋白质的生理价值很高。

家畜脂肪除羊脂肪消化率较低为 88%外,猪脂肪、牛脂肪的消化率分别是 97%和 93%。畜禽脂肪的基本食用价值是供应能量,在改善肉的适口性和味道方面也起着重要作用。当吃肉时,由于咀嚼,肌膜被破坏,液化的油脂就会顺势流出,在咀嚼和吞咽时成了一种润滑剂,提高了肉的细嫩感;同时肉类脂肪还含有许多成味物质,也增加了肉的风味。

肉中还含有较丰富的矿物质,如骨及软骨中含有较多的磷和钙,血液中含有较丰富的铁,肌肉中含有较丰富的锌。更为重要的是,肉类食品中矿物质的利用率优于植物性产品,是人体获取钙、磷和某些微量元素的重要来源。

肉也是大部分 B 族维生素的良好来源,维生素 B_1、维生素 B_2、维生素 PP、泛酸、维生素 B_{12} 等都有一定的含量,尤其以维生素 B_1 含量较多,肉类几乎是人类维生素 B_{12} 的唯一来源。动物肝脏中含有丰富的维生素 A、维生素 D。这些都是动物性食品的营养价值所在。

总之,肉是营养价值很高的食品,它不仅供给人类大量的全价蛋白质、脂肪、矿物质和维生素,还具有吸收率高、耐饥、适口性好等特点。另外,肉类产品易于加工,几乎适合于各种方法的烹饪,适合制作多种菜肴,这更增加了肉类食品的食用价值。

知识链接

1.《肉品品质检验人员岗位技能要求》SB/T 10359—2011

2.《肉制品生产管理规范》GB/T 29342—2012

3.《酱卤肉制品》GB/T 23586—2009

4.《肉与肉制品　取样方法》GB/T 9695.19—2008

5.《肉与肉制品感官评定规范》GB/T 22210—2008
6.《食品 pH 的测定》GB 5009.237—2016
7.《食品安全国家标准　腌腊肉制品》GB 2730—2015
8.《食品安全国家标准　熟肉制品》GB 2726—2016
9.《肉与肉制品卫生标准的分析方法》GB/T 5009.44—2003

项目十

市场肉类的兽医卫生检验

学习目标

掌握各种劣质肉的卫生处理原则；熟悉各种劣质肉的鉴定要点；了解市场肉类监督检查的程序和要点。

学习内容

项目十市场肉类的卫生检验 PPT

任务一 市场肉类卫生监督检验的程序与要点

一、市场肉类卫生监督检验的程序

(一)询问情况

在进行市场肉类的监督检验时，首先要以询问的方式向货主了解有关方面的情况。比如屠宰动物的来源、产地以及有无疫情以及疫病流行情况等，畜禽宰前的健康状况，是否在定点屠宰场屠宰和检疫，屠宰动物运输方法等。对于这些情况的了解，有助于判断病情、分析病理变化。如屠猪购于旋毛虫疫区，监督检验时还要着重检查膈肌、腰肌；在夏季炎热中暑后急宰的猪，往往会出现放血不良，但淋巴结却无明显的病理变化；粗暴赶畜，在宰后体表上会出现一些伤痕和出血斑；宰前长期患病动物，胴体消瘦，脂肪很少。根据这些情况都可为卫生监督检疫人员分析判断提供一定的依据。

(二)检查证件

(1)检查经营者是否具有合法经营资格，即是否取得“营业执照”。

(2)检查经营者是否有健康证明，即是否取得“健康检查合格证”。

(3)检查有无“动物防疫合格证”和“动物检疫合格证明”(产品 A/B)。

(4)检查经营单位卫生状况是否合格，即是否取得“食品卫生许可证”。

（三）检查验讫标志

（1）查验动物胴体上是否加盖或加封验讫标志。

（2）查验验讫标志与检疫证明是否相符。

（四）胴体和内脏的检查

检查胴体和内脏的应检部位有无检验刀痕，三腺是否摘除干净，然后检查胴体的放血程度和放血部位的状态，再检查皮肤、脂肪、肌肉、胸腹膜等，注意观察胴体的卫生状况，有无腐败变质。在检验中，若发现漏检、误检、局部有病变，以及病、死畜禽肉或疑似某种传染病时，应进行全面认真的检查，并取材进行实验室检验。当发现胴体放血不良、皮下和肌间组织有浆液性或出血性胶样浸润时，必须做炭疽杆菌和沙门菌等致病菌检验。

（五）处理

（1）经检查各项均合格，可以出售。

（2）凡无印章、涂改或伪造印章、印章不清、证物不符的一律按未经检验肉处理。

（3）经检查确认为未进行检验的肉，一律不得上市，必须到指定地点补检，合格后方可上市，不合格的按有关规定处理。

（4）对经检验，但不合格仍上市的肉品，肉品按规定处理。同时依法追究出售人员与检疫人员的责任，并根据情节轻重依法做出处理。

（5）腐败变质的肉品一律不准上市销售。

监督检疫人员必须做好肉品卫生监督检验登记工作。登记内容主要包括肉品的种类、数量、产地，经营者和生产者的姓名、地址、证件，检验结果和处理意见。

二、市场肉类卫生监督检验的要点

（一）猪肉

剖检颌下淋巴结和咽喉部，以检查慢性或局限性炭疽；视检鼻盘、齿龈、舌面，以检查是否患有口蹄疫或水疱病；剖检咬肌、腰肌、肩胛外侧肌、股内侧肌、心肌等，以检查是否患有猪囊尾蚴病；采取横膈膜肌脚，以检查有无旋毛虫病。检查猪的胴体时，应注意猪瘟、猪丹毒、猪肺疫所表现出的皮肤、肌肉、淋巴结等的变化。

（二）牛肉

剖检颌下淋巴结、咽后内侧淋巴结以及咽后外侧淋巴结，视检唇、齿龈、舌面、咽喉黏膜和上下颌骨状态，以检查是否患有口蹄疫、结核病、巴氏杆菌病和放线菌病；剖检腰肌、臀肌、横膈膜肌脚、颈肌、咬肌和舌肌，以检查是否患有牛囊尾蚴病。检查胴体时，注意放血不良、皮下和肌间有无浆液性或出血性胶样浸润、淋巴结的病理变化等，以检查是否患有炭疽。

（三）羊肉

视检唇、齿龈、舌面、头部皮肤状态，以检查是否患有口蹄疫或羊痘；视检皮下、肌间组织、胸膜状态，以检查是否患有炭疽或各种性质的炎症等。

（四）禽肉

检查皮下组织、天然孔、体腔浆膜、体内残留脏器和腹部脂肪状态，着重检查病死光禽。

(五)马属动物和骆驼肉

检查鼻中隔、鼻甲骨和颌下淋巴结,以检查是否患有鼻疽。骆驼肉还需检查咬肌、颈肌、腰肌等,以检查是否患有囊尾蚴病。

(六)兔肉

视检胸腹腔和脂肪,以检查各种性质的炎症或黄疸。

(七)犬肉

采取横膈膜肌脚,用来检查是否患有旋毛虫病。

肉品通过上述检查以后,仍然不能判断者,还需要进行进一步的实验室检验,如细菌学检验、理化检验及血清学检验。

任务二　劣质肉的鉴定与处理

一、气味和滋味异常肉的鉴定与处理

气味和滋味异常肉,在动物屠宰后和贮藏期间均可发现。其种类主要有饲料气味、性气味、病理性气味、特殊气味(如汽油味、油漆味、烂鱼虾味、消毒药物味)等。

(一)鉴定

鉴定气味异常肉依靠人的嗅觉,必要时可切取小块肉煮沸嗅闻来判定。

1. 饲料气味

动物宰前长期饲喂带有浓厚气味的饲料,如萝卜、甜菜、油饼渣、鱼粉及剩菜、剩饭的泔水等,使肉和脂肪产生相应的气味。将肉切成小块,放置 2～3 d,这种气味可减轻或消失。

2. 性气味

见于未去势或晚去势的家畜肉,特别是老公猪肉、老母猪肉、公山羊肉,常散发出难闻的性臭气味。一般认为肉的性气味在去势后 2～3 周消失,脂肪的性气味在去势后 2～5 个月消失,实际上要晚得多,唾液腺的性气味则消失更慢。

3. 病理性气味

当畜禽患某种疾病时,肉和脂肪带有特殊气味。如患气肿疽和恶性水肿时,肉有陈腐油脂气味;患创伤性脓性心包炎和腹膜炎时,肉有腐尸臭味;患蜂窝织炎、瘤胃臌气时,肉有腥臭味;患酮血病时,肉有烂苹果味;砷中毒时,肉有大蒜味;患尿毒症时,肉有尿臊臭味;禽患卵黄性腹膜炎时,肉有恶臭气味。

4. 药物气味

动物在屠宰前注射或服用具有芳香或其他有特殊气味的药物,如乙醚、樟脑、氯仿、松节油,可以使肌肉带有药物的气味,这种情况在动物急宰后最为常见。

5. 附加气味

将肉在贮运时置于具有特殊气味(如消毒药、漏氨冷库、鱼虾、烂水果、葱、蒜、油漆、煤油)

的环境中，因吸附作用而使肉具有异常的附加气味。

6. 发酵性酸臭

见于新鲜胴体凉挂冷却时，吊挂过密或堆放，胴体间空气不流通，使其深部余热不能及时散失，引起自身产酸发酵，使肉质软化，色泽深暗，带有酸臭味。

(二)卫生处理

气味和滋味异常肉的卫生处理可依据不同情况分别对待。在排除禁忌症候(如病理性因素、毒物中毒)的情况下，先将有异常气味的肉置于通风处，24 h 后切块煮沸后嗅闻，如果仍然保持原有气味者，不得上市销售，胴体化制或销毁；如果仅有个别部分有气味，则将该部分割除化制，其余部分不受限制出售食用。

二、色泽异常肉的鉴定与处理

(一)鉴定

1. 黄脂肉

黄脂肉又称为黄膘肉，是指皮下或腹腔脂肪发黄，质地较硬，稍呈浑浊，而其他组织器官不发黄的一种色泽异常肉。一般认为，是由于长期饲喂黄玉米、棉籽饼、南瓜、胡萝卜等饲料，或饲喂鱼粉、蚕蛹、鱼肝油下脚料等所致。也有认为，某些品种的猪易发生与遗传因素、饲料中不饱和脂肪酸甘油酯过多及维生素 E 缺乏等有关。黄脂尤以背部和腹部皮下脂肪最为明显。黄脂肉放置时间延长，颜色会逐渐减退或消失。

2. 黄疸肉

由于体内胆红素生成过多、处理障碍或排泄障碍所引起。见于大量溶血、某些中毒病、传染病或胆汁排除受阻时，黄疸肉除脂肪组织发黄外，全身皮肤、巩膜、结膜、黏膜、浆膜、关节囊液、腱鞘及内脏器官均染成不同程度的黄色。黄疸肉存放时间越长，其颜色越深。黄脂肉和黄疸肉的鉴别见表 10-1。

表 10-1 黄脂肉和黄疸肉的鉴别

项目	黄脂肉	黄疸肉
着色部位	皮下、腹腔脂肪	全身各部位皮肤、脂肪、可视黏膜、巩膜、关节液、肌腱、实质器官等
发生原因	与饲料及猪的品种有关	溶血、某些中毒病、传染病、胆汁排泄受阻
放置后变化	放置时间稍长，颜色变淡或消退	放置时间越长，颜色越黄越深
氢氧化钠鉴别法	上层乙醚为黄色，下层液无色	上层乙醚为无色，下层液黄色或黄绿色
硫酸鉴别法	滤液呈阴性反应	滤液呈绿色，加入硫酸，适当加热变成淡蓝色

3. 红膘肉

红膘肉是指皮下脂肪由于充血、出血或血红素浸润而呈现粉红色的肉。红膘肉常见于急性猪丹毒、猪肺疫等传染病，还可由于背部受到冷、热等机械性刺激而引起，特别在烫猪水温超过 68 ℃时，常可见到。以上两种情况，可通过检查内脏和主要淋巴结有无病理变化来加以区别。

4. 白肌肉

白肌肉又称 PSE 肉、水煮样肉。仅见于猪，主要特征是肌肉苍白，质地柔软，肌肉切面有较多液体渗出，多发生于半腱肌、半膜肌和背最长肌。发生的原因都是因为猪在宰前受到强烈刺激（如驱赶、恐吓、冲淋、电击）等应激后，肾上腺素分泌增多，导致肌肉中肌糖原的无氧酵解过程加速，产生大量乳酸，使肉的 pH 下降至 5.7 以下，肌纤维膜变性，肌浆蛋白凝固收缩，肌肉游离水增多而渗出。另外，宰前高温和僵直热可加速这一变化的发生。

5. 白肌病肉

白肌病主要发生于幼龄动物，特征是骨骼肌和心肌发生变性和坏死，病变常发生于负重较大的肌肉群，主要是后腿的半腱肌、半膜肌和股二头肌，其次是背最长肌。病变表现为骨骼肌呈白色条纹或斑块，严重的整个肌肉呈弥漫性黄白色，切面干燥，似鱼肉样外观，左右两侧肌肉常呈对称性发生。一般认为，白肌病是缺乏维生素 E 和微量元素硒，或维生素 E 利用障碍而引起的一种营养代谢病。

6. 黑色素异常沉着

在动物的皮肤、被毛、视网膜、脉络膜和虹膜以外的其他组织或器官里，有黑色素沉着，使组织或器官呈黑斑者称为黑色素异常沉着或称为黑变病。常见于犊牛等幼畜或深色皮肤动物及牛、羊的肝脏、肺脏、胸膜和淋巴结。黑色素沉着的组织或器官由于色素沉着的数量及分布状态不同，而呈现棕褐色或黑色，分布由斑点到整个器官不等。

（二）卫生处理

（1）黄脂肉胴体放置 24 h 颜色变淡或消失时，肉可食用，可上市销售。放置 24 h 色素消退不快或有异味的不允许上市，其胴体、内脏可经高温处理后销售。

（2）黄疸肉胴体和内脏不能食用。应结合具体疾病作为工业用或销毁。

（3）传染病引起的红膘肉，应结合该传染病处理；物理因素引起的红膘肉，病变轻者可以食用，病变严重者高温处理后出场。

（4）白肌肉味道不佳，品质差，如果感官变化轻微，在切除病变部位后，胴体和内脏可不受限制出场。病变严重，在切除病变部位后，胴体和内脏可作复制品出售，但不宜作腌腊制品的原料。

（5）白肌病肉病变轻微而局部的，经修割后可食用。全身肌肉有病变者，胴体作工业用或销毁。

（6）黑色素异常沉着轻度的组织和器官可以食用。重度者局部修割或废弃病变器官，其余部分可供食用。

三、注水肉的鉴定与处理

注水肉是指宰前向畜禽等动物活体内注水，或屠宰加工过程中向屠体及肌内注水后的肉。注水方式有多种：直接注水肉，即在宰后不久用注射器连续给肌肉丰厚部位注水；间接注水肉，即在宰前向活体动物的胃肠内连续灌水，或者切开股动脉、颈动脉放血后，通过血管注水或向尚未死亡的畜禽心脏内注入大量的水，使之通过血液循环进入组织中；有的是将胴体在水中长期浸泡，或往分割肉的肉卷中掺水，然后冷冻。注水肉不仅侵害了消费者的利益，而且还严重地影响了肉品的卫生安全，属于严重的不法行为。

(一)注水肉的鉴定

1. 视检

(1)肌肉。凡注过水的新鲜肉或冻肉，在放肉的场地上将肉移开，下面会显得特别潮湿，甚至出现积水，将肉吊挂起来后向下滴水。注水肉嫩而发胀，表面湿润，不具有正常猪肉的鲜红色和弹性，而呈淡红色，表面光亮。

(2)皮下脂肪及板油。正常猪肉的皮下脂肪和板油质地洁白，而注水肉的皮下脂肪和板油呈现轻度充血、呈粉红色，新鲜切面的小血管有血水流出。

(3)心脏。正常猪心冠脂肪洁白，而注水猪的心冠脂肪充血，心血管怒张，有时在心尖部可找到注水口，剖检心脏，于切面处可见心肌纤维肿胀，挤压时有水流出。

(4)肝脏。严重淤血、肿胀，边缘增厚，呈暗褐色，切面有鲜红色血水流出。

(5)肺脏。明显肿胀，表面光滑，呈浅红色，用手按压气管中有泡沫状液体流出，切开肺叶可见有大量淡红色液体流出。

(6)肾脏。经心脏或大动脉注水后，肾肿胀，淤血，呈暗红色，切面可见肾乳头呈深紫红色。剖检可见肾盂部积液。

(7)胃肠。经心脏或大动脉注水后，胃肠的黏膜充血，胃肠壁增厚。

2. 触检

用手触摸注水肉，缺乏弹性，有湿润感，指压后凹痕恢复很慢或不能完全恢复，常伴有多余水分流出。

3. 刀切检验法

将待检肉用检验刀将肌纤维横切一个深口，数分钟后切口可见有水渗出，正常肉看不见切口渗水。

4. 加压检验法

取 500～1 000 g 的待检精肉块，用干净的塑料纸包盖起来，上面压 5 kg 的重物，待 10 min 后观察，注水肉会有较多血水被挤压出来，而正常肉则无血水流出或仅有几滴血水流出。

5. 试纸检验法

将定量滤纸剪成 1 cm×10 cm 的长条，在待检肉的新切口处插入 1～2 cm 深，停留 2～3 min，然后观察被肉汁浸润的情况。正常肉只有插入部分的滤纸条湿润，不超出插入部分或超出不超过 1 mm；轻度注水肉，滤纸条被水分和肌汁湿透，超出插入部分 2～4 mm，且纸条湿的速度快、均匀一致；严重注水肉，滤纸条被水分和肌汁浸湿，均匀一致，超出插入部分 4～6 mm。

(二)卫生处理

(1)凡注水肉，无论注入的水质如何，掺入何种物质，均予以没收，做化制处理。

(2)对经营者给予经济处罚，造成后果者，同时还要追究其相关的法律责任。

四、公母猪肉的鉴定与处理

(一)公母猪肉的鉴定

(1)看皮肤。淘汰公母猪的皮肤一般都比较粗糙，松弛且缺乏弹性，多皱襞且较厚，毛孔粗。公猪的颈部和肩部皮肤特别厚且有黑色素及皱襞，母猪胴体在皮肉结合处较疏松。

(2)看皮下脂肪。公母猪胴体的皮下脂肪含量较少，且有较多的白色疏松结缔组织。肥膘较硬，公猪的背部脂肪特别硬。母猪皮下脂肪呈青白色，皮与脂肪之间常见有一薄层呈粉红色，俗称“红线”。

(3)看乳房。公猪最后一对乳房大多并在一起；母猪的乳头长而硬，乳头皮肤粗糙，乳头孔很明显，而育肥猪的乳头短而软，乳头孔不明显。

(4)看肌肉。公母猪的瘦肉，色泽较深，一般呈深红色，肌纤维较粗，肌间脂肪比较少。而育肥猪的瘦肉呈鲜艳的红色，肌纤维粗细适中，肌间脂肪较多。

(5)嗅性气味。老公母猪肉一般都有强烈臊气味，且以唾液腺、脂肪和臂部肌肉最明显。除直接嗅检外，也可用加热方法来鉴定。

(6)寻找生殖器官残迹和阉割疤。仔细检查时，可发现公猪肉有时还可见到阴囊被切的瘢痕；母猪则可见子宫韧带的固着瘢痕。如果是淘汰的公母猪经阉割催肥后出售，公猪在阴囊部位可见较大而明显的阉割瘢痕，阴茎萎缩不明显，若预先摘除，则仍可见发达的阴茎退缩肌和球海绵肌；而母猪则可在腹侧发现较大的阉割疤。

(7)看腹部特征。母猪的腹围较育肥猪宽一些，并且其腹直肌往往筋膜化，而公猪的腹直肌则特别发达。

(二)卫生处理

(1)公母猪肉挂牌标明，可上市销售。

(2)未生育的小母猪肉在割掉乳腺部分后，初产母猪育肥 4 个月后，其肉可鲜销。

(3)性气味轻或晚阉猪肉，在割除筋腱、脂肪、唾液腺后，可作为灌肠等复制品原料。

(4)公母猪肉脂肪可炼制食用油。

五、病死动物肉的鉴定与处理

临时上市销售病死动物肉的经营者往往没有“四证”，销售点和台案工具也是临时的。对病死动物肉的最终检验鉴定，以肉品感官检查结合快速的实验室检查来进行。

(一)感官检查

(1)宰杀口状况。健康动物肉宰杀口外翻，切面粗糙，周围浸染血液。病死动物肉宰杀口比较平整而不外翻，附近也无血液污染。

(2)放血程度。病死动物肉都有放血不良的现象。肌肉组织呈暗红色或黑红色，肌肉切面可见多处暗红色血液浸润区，有的有暗红色小血珠，脂肪不洁白，呈淡红色；剥皮的胴体表面有血珠，个别微细血管内充满黑红色血液，胸膜、腹膜上小血管充盈、显露。

(3)血液坠积情况。重病急宰或冷宰的动物其卧侧皮下、肌肉、胸腹膜、浆膜、内脏可见到血液坠积现象，尤其是对称性器官(如肾脏)尤为明显。开始血液滞留于血管中呈树枝状充血，随后则浸润于组织中使卧地一侧出现大片紫红色区域。

(4)淋巴结状态。病死动物的淋巴结呈现水肿、充血、出血等病变。不同性质的疾病在淋巴结上还会出现特有的变化。

(二)实验室检验

1. 细菌学检验

无菌操作取有病理变化的淋巴结、实质器官和组织触片(每个检样制备2个以上的触片),干燥,火焰固定,染色后置油镜下观察。此方法对炭疽杆菌、猪丹毒杆菌、巴氏杆菌、链球菌等致病菌的检出具有重要意义。

2. 放血程度检验

放血程度检验方法有滤纸浸润法和愈创木脂酊反应法。

滤纸浸润法:取干滤纸条(宽0.5 cm,长5 cm),将其插入被检肉的新切口处1~2 cm深,经2~3 min后观察结果。结果判定:①放血不良,滤纸条被血样液浸润且超出插入部分2~3 mm;②严重放血不良,滤纸条被血样液严重浸润且超出插入部分5 mm以上。

愈创木脂酊反应法:用镊子将肉固定后,用检验刀切取前肢或后肢瘦肉1~2 g,置于小瓷皿中;用吸管吸取愈创木脂酊(5 g愈创木脂溶于75%乙醇100 mL中)5~10 mL,注入瓷皿中,此时肌肉不发生任何变化;加入3%过氧化氢溶液数滴,此时肉片周围会产生泡沫。结果判定:①放血良好,肉片不变颜色,肉片周围溶液呈淡蓝色环或无变化;②放血不良,数秒钟内肉片颜色呈深蓝色,全部溶液也呈深蓝色。

3. 微生物毒素呈色反应

有病动物肉及变质肉中大多含有微生物及其内毒素,这些内毒素能降低肉浸出液的氧化还原势能,如果在除去蛋白质的肉浸液中加入硝酸银溶液则形成氧化性毒素,这种毒素具有阻止氧化还原指示剂褪色作用。当肉浸液中有氧化性毒素时,与高锰酸钾反应,浸出液呈现指示剂的颜色(蓝色);如果肉浸液中无氧化性毒素时,则指示剂被还原褪色呈现高锰酸钾的红色。

4. 过氧化物酶反应

过氧化物酶只存在于健康动物的新鲜肉中,有病动物肉一般无过氧化物酶或者含量甚微,当肉浸液中有过氧化物酶存在时,可以使过氧化氢分解,产生新生态氧,将指示剂联苯胺氧化成为淡蓝绿色化合物,经过一定时间后变成褐色,而病死动物肉无此现象。

5. pH 测定

病死动物肉中糖原含量低,产生乳酸少,因此肉的pH较高。

6. 肉汤硫酸铜反应

患病的动物宰后肉在新鲜状态下,呈碱性反应,可使球蛋白试验结果呈阳性。

(三)横死肉的鉴别

横死即物理性致死,如电击、摔死、勒死。凡横死动物在胴体上均可观察到致死痕迹,如电击有灼伤,摔死有骨折性出血损伤,勒死有勒痕,撞死有挫伤。

(四)病死家禽肉尸的鉴别

病死家禽的鸡冠、肉髯呈紫黑色,眼球下陷,眼睛全闭且污秽不洁,皮下充血,体表铁青,表面无光不湿润,毛孔突出,拔毛不净,翅下小血管淤血,肌肉不丰满,外观干瘪,胴体一侧有坠积性充血,肛门松弛,周围污秽不洁,嗉囊空虚,内有恶臭液体。

(五)病死动物肉的卫生处理

(1)凡病死动物肉,无论是何种原因,一律不准上市销售,若检出是恶性传染病(如炭疽、狂犬病)时,应在检疫人员的监督下就地销毁。对污染的一切场地、车辆、工具、衣物等进行消毒,并报告上级主管部门,严密监视其疫情动态,凡与恶性传染病畜接触过的人员,必须接受卫生防护。

(2)对一般性疫病急宰的胴体,可依据相关规程处理,对物理性致伤的肥猪,可在检验人员的监督下,按不同情况进行无害化处理后利用。

(3)固定摊点销售病死动物肉时,除按规定处理胴体外,有关部门依据具体情况处以罚款,没收非法所得,吊销营业执照,直至追究刑事责任。

六、中毒动物肉的鉴定与处理

(一)常见的动物中毒病

1.氰化物中毒

氰化物中毒多见于牛、羊等草食动物。常因采食了富含氰苷的植物,如高粱或玉米的幼苗、三叶草、刀豆、木薯及亚麻籽饼等,在胃内由于胃酸和氰苷酶的作用,氰苷类分解生成剧毒的氢氰酸,细胞的呼吸酶受到抑制,引起组织的急性缺氧,尤其是脑细胞对缺氧特别敏感,机体发生急剧性中毒。

2.亚硝酸盐中毒

亚硝酸盐中毒又称饱溺症,是一种青饲料中毒。猪最为敏感,猪饱食富含硝酸盐的青饲料,如小白菜、萝卜叶、甘蓝、芥菜等十字花科植物,往往在食后不久发病,并以迅速死亡为结局。上述青饲料在堆积时间过长或焖煮过夜后,由于硝酸盐还原菌的作用而将硝酸盐还原成亚硝酸盐。亚硝酸盐能氧化血红蛋白,使之变为高铁血红蛋白,高铁血红蛋白失去与氧结合的能力,结果引起全身组织缺氧而发生中毒。

3.有机磷农药中毒

动物常因误食喷施过农药的牧草、农作物、饲料,误饮施用农药后污染的水源,用含有机磷的农药灭虱或驱除体表寄生虫而引起中毒。中毒途径主要是有机磷通过消化道、呼吸道、皮肤和黏膜进入动物体内,有机磷在动物体内能抑制胆碱酯酶的活性,使神经末梢释放的乙酰胆碱不能水解,体内乙酰胆碱蓄积而中毒。

4.生物碱中毒

生物碱是一类含氮的有机化合物,存在于各种植物内,又称“植物毒”。它们具有特殊的生理功能,呈碱性,能与有机酸或无机酸结合生成盐类,使毒性减弱或消失。常见的生物碱有士的宁、麻黄碱、莨菪碱、乌头碱等,多为药用植物,其有效成分有剧毒;吲哚里西啶生物碱存在于棘豆属和黄芪属植物中,俗称疯草。这些植物广泛分布于草原牧草中,可引起牛、羊发生中毒。生物碱主要侵害动物的神经系统,同时也涉及呼吸、消化及泌尿器官。动物常因误食了有毒的植物或治疗疾病时用量过大、炮制方法不当而引发中毒。

5.霉饲料中毒

动物吃了霉变饲料中霉菌的有毒代谢产物而引起的中毒，最常见的为黄曲霉毒素，作用于动物的肝脏引起肝细胞变性、坏死，作用于血管引起血管变脆，通透性增强，并能引起红细胞减少和血凝时间延长，从而表现出中毒症状。慢性黄曲霉毒素中毒还可引起动物患肝癌等。

6.有害金属及其盐类中毒

动物通过各种途径摄入或接触有害金属及其盐类，如汞、砷、铅、镉等而引起动物中毒，甚至死亡。重金属及其盐类可通过消化道、呼吸道、皮肤、黏膜进入动物体内，抑制机体酶的活性、腐蚀组织器官等，而引发急性或慢性中毒。

(二)中毒动物肉的检验

来自毒动物的胴体称为中毒动物肉。中毒动物肉的鉴定一般比较困难，因为中毒病虽然具有群发性、共同性、同因性、无热性、无传染性等发病特点，但是动物中毒原因、中毒后临床表现和死后病理变化多种多样，而且在农贸市场销售此类肉多不带头蹄、内脏，胴体上的病理变化常不完整，检验中正确判别是何种毒物中毒存在一定困难，所以对可疑中毒动物肉的鉴定，必须全面收集病因、中毒动物宰前症状，在掌握宰后病理变化的基础上进行必要的毒物检验，综合判定。中毒动物肉主要从以下 4 个方面进行检验。

1.调查询问

调查询问时态度要热情、诚恳，注意引导和启发，要特别讲明中毒动物肉的危害和有关法律。

(1)饲草饲料的来源、种类、调制方法及喂量等情况。

(2)使用和接触化肥、农药的数量、程度、持续时间。

(3)周围“三废”的排放情况。

(4)圈舍附近是否安放灭鼠药及消毒剂使用情况。

2.收集情况

了解病情，掌握动物发病及死亡情况，即发病时间、病程、发病后的表现、治疗经过以及死亡头数等，进行分析推断中毒种类。常见毒物中毒主要症状见表 10-2。

表 10-2 常见毒物中毒主要症状

毒物名称	中毒症状	患病器官
氰化物	发病急、死亡快，生前呼吸困难，眼结膜发绀，极度兴奋，狂叫，心功能衰竭、衰弱、昏迷	神经系统、血液、呼吸系统
有机磷、有机氯农药、亚硝酸盐、汞砷制剂、食盐等	流涎、呕吐、口腔黏膜发炎、充血、糜烂、狂躁不安、全身抽搐、瞳孔缩小、腹痛、腹泻、粪臭有血样黏液	消化系统、神经系统和眼
毒蕈、麦角、颠茄、麻黄、马钱子、乌头等生物碱	兴奋不安、呈强直性或阵发性肌肉痉挛、震颤、后躯不全麻痹、角弓反张	神经系统、肌肉系统
芥子油、秋水仙素、升汞等	血尿、血红蛋白尿、多尿、无尿(升汞)	泌尿系统
荞麦、苜蓿、三叶草、马铃薯、	红斑性皮疹、黄染、脓包	皮肤
毒蛇、其他毒虫	咬伤处肿胀、出血、剧痛、兴奋不安	皮肤、皮下组织

3.感官检验

动物中毒多突然死亡，中毒动物肉放血不良，胴体肌肉呈暗红色，主要淋巴结肿大、出血、切面呈紫(暗)红色。其宰杀口状态、血液坠积等现象，基本与病死动物肉相同。另外，胃肠内脏上常常有特征性变化，可以为诊断中毒病提供可靠依据，故检验时应尽可能地追踪内脏检查。一般表现为与毒物接触的口腔、食道、胃肠黏膜有不同程度的充血、出血、变性、坏死、黏膜脱落、溃疡等变化。心、肝、肾、脑等组织器官有充血、出血、水肿、变性、坏死等变化。某些毒物对某些组织器官有特殊的选择性，会引起这些组织器官特征性病理变化应注意观察，中毒动物肉的特征性病理变化见表10-3。

表10-3　中毒动物肉的特征性病理变化

毒物名称	主要特征性病理变化
氰化物	血液、肌肉呈鲜红色
亚硝酸盐	血液呈黑褐色，如酱油状凝固不良
有机磷	肝肿大、脂变，肾肿大、质脆，心、肌肉、胃肠黏膜出血，肺水肿
有机氯	肝、肾、脾肿大，体表淋巴结肿大，肺气肿充血，肠呈蓝紫色
食盐	胃肠产生出血性炎症，脑、延髓水肿、充血
灭鼠药	肝、肺肿大、淤血，胃肠壁出血
霉玉米	内脏器官广泛充血，脑膜、脑实质出血、软化
砷	肝、肾、脾呈不同程度变性、坏死，胃肠壁严重穿孔
汞	肾肿大、苍白，肺充血、出血，肝贫血，胃肠道黏膜脱落
毒蛇咬伤	咬伤处局部肿胀，伤口附近肌肉呈煮肉样

4.毒物检验

(1)样品的采取、包装、保存和送检。

样品采取:采取胃肠内容物、粪便、血液、尿液、心、肝、肾、淋巴结等，必要时采取可疑的剩余饲料。检样应无菌采取，采取样品时，应具有代表性，应多点采取，并采取足够数量。液体样品50～200 mL，固体或半固体50～200 g。

样品包装:将采取的样品装入清洁、无菌、无残留药物的容器内，并分别进行无菌包装密封，并详细标注采集样品名称、采集人、采集地点和采集时间等。

样品保存和送检:样品采取后，冷藏并尽快送检。注意一般不要加防腐剂，同时将调查情况和病理剖检变化记录一并送检。

(2)常见毒物检验方法。纸上呈色反应、薄层层析法、色谱法等。

(三)中毒动物肉的卫生处理

(1)确认中毒致死或死因不明的中毒动物肉，禁止上市销售，其肉尸、内脏应全部销毁。

(2)如发现中毒濒死急宰的肉尸及被食物中毒性微生物污染的肉尸，禁止上市销售，其肉尸、内脏应全部销毁。

(3)某些饲料中毒如食盐中毒、酒精中毒、尿素中毒、棉籽饼中毒、霉玉米中毒、甘薯黑斑病中毒等，其肉尸经高温处理后利用，内脏、头蹄化制或销毁。

(4)被毒蛇、毒虫咬伤而急宰的肉尸，将咬伤局部和病变组织修割后，肉尸高温处理后利用，内脏、头蹄全部销毁。

任务三　肉品种类的鉴别

在市场的肉类交易中，肉类品种相当多，而有些不法的经营者为了获取更多的经济利益，常常会出现以“挂羊头，卖狗肉”，或者以低价位的肉品充当高价位的肉品来出售的方式欺骗消费者。因为，经营中经常会出现一些因肉品种类而引发的纠纷问题，所以进行肉品种类的鉴别是十分必要的。

一、外部形态学特征比较

不同动物肉品及脂肪的形态学特征受到动物品种、年龄、性别、育肥度、使役、饲料、放血程度和屠畜应激反应等因素的影响，都不尽相同。所以只是作为肉类品种鉴别的参考。牛肉与马肉，羊肉、猪肉与犬肉，兔肉与禽肉的外部形态学特征的比较见表 10-4、表 10-5、表 10-6。

表 10-4　牛肉与马肉的外部形态学特征的比较

肉品种类	肌肉			脂肪		气味
	色泽	质地	肌纤维性状	色泽和硬度	肌间脂肪	
牛肉	淡红色、红色或深红色（老年牛），切面有光泽	质地坚实，有韧性，嫩度较差	肌纤维较细，肌肉断面有颗粒感	黄色或白色（幼龄牛和水牛），硬而脆，揉搓时易碎	明显可见，横断面大理石样花纹	具有牛肉固有的气味
马肉	深红色、棕红色，老年马颜色更深	质地坚实，韧性较差	肌纤维比牛肉粗，肌肉切面颗粒明显	浅黄色或黄色，软而黏稠	成年马少，营养好的马较多	具有马肉固有的气味

表 10-5　羊肉、猪肉与犬肉的外部形态学特征的比较

肉品种类	肌肉			脂肪		气味
	色泽	质地	肌纤维性状	色泽和硬度	肌间脂肪	
绵羊肉	淡红色、红色或暗红色，肌肉丰满，肉黏手	质地坚实	肌纤维较细短	白色或微黄色，质硬而脆，油发黏	少	具有绵羊肉固有的膻味
山羊肉	红色、棕红色肌肉发散，肉不黏手	质地坚实	比绵羊的粗长	除油不黏手外，其余同绵羊肉	少或无	膻味浓
猪肉	鲜红色或淡红色，切面有光泽	嫩度高	肌纤维细软	纯白色，质硬而黏稠	富有脂肪，瘦肉切面呈大理石样花纹	具有猪肉固有的气味
犬肉	深红色或砖红色	质地坚实	比猪的粗	灰红色，柔软而黏腻	少	具有犬肉固有的气味

表 10-6　兔肉与禽肉的外部形态学特征的比较

肉品种类	肌肉			脂肪		气味
	色泽	质地	肌纤维性状	色泽和硬度	肌间脂肪	
兔肉	淡红色或暗红色(放血不全或老年兔)	质地松软	细嫩	黄白色、质软	沉积极少	具有兔肉固有的土腥味
禽肉	淡黄色、淡红灰白色或暗红色等,急宰肉多呈淡青色	质地坚实,较细嫩	纤维细软,水禽的肌纤维比鸡的粗	黄色、质甚软	肌间无脂肪沉积	具有禽肉固有的气味

二、骨的解剖学特征比较

不同动物的骨骼都有其固定的种类特征,通过骨的解剖学特征来鉴别肉品种类是准确而可靠的方法,几种动物骨骼的解剖学特征的比较见表 10-7、表 10-8。

表 10-7　牛骨与马骨的解剖学特征的比较

部位	牛	马
第一颈椎	无横突孔	有横突孔
胸骨	胸骨柄肥厚,呈三角形(水牛为卵圆柱形),不突出于第 1 肋骨,胸骨体扁平形,向后逐渐变宽	胸骨柄两侧压扁,呈板状,且向前突出,胸骨体的腹嵴明显,整个胸骨呈舟状
肋骨	13 对,扁平,宽阔,肋间隙小。水牛更小	18 对,肋骨窄圆,肋间隙大
腰椎	6 个,横突长而宽扁,向两侧呈水平位伸出,以 2～5 腰椎最长。1～5 腰椎横突的前角处有钩突。黄牛钩突不明显	6 个,横突比牛短,3～4 腰椎最长,后 3 个向前弯,无钩突
肩胛骨	肩胛冈高,肩峰明显而发达	肩胛冈低,无肩峰
臂骨	大结节非常大,有 1 条臂二头肌沟。三角肌粗隆	大、小结节的体积相似,有 2 条臂二头肌沟,三角肌粗隆发达
前臂骨	尺骨比桡骨细,且比桡骨长。有 2 个前臂间隙,上间隙非常明显	尺骨短,近端粗,远端尖细,只有 1 个前间隙
坐骨结节	奶牛为等腰三角形,水牛为长三角形,有 2 个突起,内下方窄。延为坐骨弓	只有 1 个结节,为上宽下窄的长椭圆形
股骨	无中转子和第三转子,小转子圆形突出	有中转子和第三转子,小转子呈嵴状
小腿骨	腓骨近端退化,只有 1 个小突起,远端形成踝骨	腓骨大。呈细柱状,下端与胫骨远端的外踝愈合,有小腿间隙
指(趾)骨	有 2 趾,每趾有 3 节	有 1 趾,每趾有 3 节

表 10-8 羊骨、猪骨和犬骨的解剖学特征的比较

部位	羊	猪	犬
寰椎	无横突孔	横突孔在寰椎可见,向寰椎翼后缘突出	有横突孔。寰椎翼前方有翼切迹
胸骨	无胸骨柄,胸骨体扁平	胸骨柄向前钝突.两侧稍扁呈楔形,胸骨体扁平	胸骨柄为尖端向前的三角形,胸骨体两侧略呈圆柱状
肋骨	与胸骨相连处呈锐角,楔形。肋骨 13 对肋骨,真肋 8 对	肋扁圆,14~15 对肋骨,7 对真肋。第 1 肋的下部很宽,封闭胸廓前口的下部	第 1 肋与胸骨相连处呈前弧形,肋骨 13 对,真肋 9 对,最后肋常为浮肋
腰椎	6 个,横突向前低,末端变宽,棘突低宽	5~7 个,一般为 6 个,横突稍向下弯曲,前倾,棘突稍前倾,上下等宽	7 个,横突较细,微伸向前下方,棘突上窄下宽
肩胛骨	肩峰明显	肩峰不明显,冈结节非常发达,向后弯曲	肩峰呈钩状,肩胛冈高,将肩胛骨外表面分成二等份
臂骨	大结节较直,且比小结节高出得多	大结节发达,臂二头肌沟深	骨干呈螺线形扭转,大小结节高度一致
前臂骨	微弯曲。尺骨比桡骨长且细	尺骨弯曲且比桡骨长,前臂间隙很小	较直,尺骨比桡骨长而稍细
坐骨结节	扁平且外翻,呈长三角形	明显向后尖突	与马的坐骨结节相似
股骨	大转子略低于股骨头,第三转子不明显,髁上窝浅	大转子与股骨头呈水平位,无第三转子,髁上窝不明显	大转子低于股骨头,无第三转子无髁上窝
小腿骨	腓骨近端退化成 1 个小隆突,远端变为踝骨	胫骨和腓骨长度相等。腓骨比胫骨细,上半部呈菱形	胫骨和腓骨长度相等,但尺骨很细
掌(跖)骨	2 个大掌骨愈合成 1 块,背面有血管沟,无小掌(跖)骨	大掌(跖)骨 1 对,小掌(跖)骨位于大掌(跖)骨后两侧	有 4 个大掌(跖)骨和 1 个很小的小掌(跖)骨
指(趾)骨	1 对主指(趾)骨。悬指骨退化变形	1 对全指(趾)骨和 1 对悬指(趾)骨	4 个主指(趾),悬指(趾)非常小

三、淋巴结特征鉴别

对淋巴结特征的比较,主要适用于牛肉与马肉的鉴别。牛淋巴结是单个完整的淋巴结,多呈椭圆形或长圆形,切面呈灰色或黄色,往往有灰褐色或黑色的色素沉着。马淋巴结是由多个大小不同的小淋巴结联结成的淋巴结团块,呈扭结状,比牛的淋巴结小,切面色泽灰白或黄白。

四、脂肪熔点的测定

各种动物脂肪中所含有的饱和脂肪酸和不饱和脂肪酸的种类和数量不同,其熔点也有所区别,因此,可作为鉴别肉品种类的依据。

(一)直接加热测定法

从肉品检肉中取脂肪数克，剪碎，放入烧杯中加热，待熔化后，加适量冷水(10℃以下)，使液态油脂迅速冷却凝固。插入一支水银温度计，使液面刚好浸没其水银球。将烧杯放在电热板上加热，并随时观察温度计水银柱上升和脂肪熔化情况。当脂肪刚开始熔化和完全熔化时，分别读取温度计所示读数，即为被检脂肪的熔点范围。

(二)毛细管测定法

将毛细管直立插入已熔化的油样中，当管柱内油样达 0.5～1.5 cm 高时，小心移入冰箱内或冷水中冷却凝固，取出后，将毛细管固定于温度计上，并使油样与水银球在同一水平面上，然后将其插入盛有冷水的烧杯中，使温度计水银球浸没于液面下 3～4 cm 处。文火加热，并不断轻轻搅拌，使水温传热均匀并保持水的升温速度为每分钟 0.5～1 ℃，直至接近预计的脂肪熔点时，分别记录毛细管内油样刚开始熔化和完全澄清透明时的温度。将毛细管取出，冷却。再按上述方法复检 3 次，取平均温度，即为该脂肪样品的熔点。

(三)结果判定

各种动物脂肪的熔点与凝固点温度见表 10-9。

表 10-9　各种动物动物脂肪的熔点与凝固点温度　℃

动物脂肪名称	熔点温度	凝固点温度	动物脂肪名称	熔点温度	凝固点温度
猪脂肪	34～44	22～31	羊脂肪	44～55	32～41
马脂肪	15～39	15～30	犬脂肪	30～40	20～25
牛脂肪	45～52	27～38	鸡脂肪	30～40	—
水牛脂肪	52～57	40～49	兔脂肪	35～45	—

五、免疫学方法鉴别

使用免疫学鉴别的方法较多，用于市场上肉品种类鉴别的方法，首推沉淀反应和琼脂扩散反应。前者是一种单相扩散法，即以相应动物的特异性蛋白作抗原接种家兔，以获得特异性抗体，再用这种已知的抗血清检测未知的肉样。后者是一种双相扩散法，不仅能检测单一肉样，还能同时与有关抗原做比较，分析混合肉样中的抗原成分。琼脂扩散反应在形成沉淀线之后不再扩散，并可保存。

任务四　肉类交易市场的兽医卫生监督

一、肉品批发交易市场的兽医卫生监督

肉类批发交易市场是随着我国市场经济的发展而形成的一种肉类交易模式，是流通的一个重要环节。肉类产品不同于其他任何商品，肉品的卫生情况与广大消费者的身体健康和食用安全有着密切的关系。为保障消费者的身体健康，必须加强对肉类交易市场以及肉类交易

过程的兽医卫生监督。

(一)肉类交易市场的卫生要求

(1)根据有关规定,从事肉类批发的市场,必须申报领取“动物防疫合格证”,市场批发的经销商须具有健康体检合格证。

(2)具有便于交易、布局合理的交易大厅,大厅外要有足够的场地,以便于进出和停放交通车辆,需有两道门以上,便于进出流动。

(3)在交易大厅内要根据交易的内容划分不同的区域,如猪白条肉交易厅、小包装肉类交易厅、其他肉类交易厅等。

(4)地面要保持清洁,便于冲洗和消毒,每天交易完成后地面要进行消毒、冲洗,四周墙壁用不易腐蚀的白色瓷砖等材料贴壁。

(5)屋顶要留有一定的高度,便于空气流通。

(6)灯光用白色的光源,便于进行肉品的卫生检验。

(7)设有悬挂横梁,便于肉品悬挂,或有堆放的固定场所,堆放地点须有清洁的木垫,肉品不得落地,以免造成交叉污染。

(8)市场中须配有专门的兽医卫生监督检验人员,并设有相应的检验室,配备常规的实验室检验设备。

(9)交易大厅外面设有专用的存放病害肉的地方,便于隔离。

(10)设有专用的冷冻(藏)设备和场所,便于交易完成后剩余肉品的存放。

(二)肉类批发市场的防疫工作要求

(1)摊位光线充足、通风、避雨、整洁,并设有防尘、防蝇和防鼠设施,场地宽敞平整,有车辆冲洗消毒设施等。

(2)配备经县级以上兽医行政部门考核合格的兽医卫生检疫人员。

(3)建立肉类兽医卫生检疫检验报告制度,按期向辖区兽医卫生监督部门报告。

(4)建立防疫消毒制度,每天清洗内外环境,定期消毒和消灭“四害”,保持内外环境的卫生。

(三)肉类经营者的法定要求

(1)经营者应当持有“动物防疫合格证”“食品卫生许可证”“营业执照”以及本人健康体检合格证。

(2)经营场所应当保持清洁卫生,容器清洁,肉品不落地,地面保持干净,有畅通的下水系统,经营者个人衣着整洁卫生,挂牌经营。

(3)进场肉品,必须有畜禽产品检疫检验证明;来自外省的肉品不可直接进入市场销售,须进行补检,凡无证、无章,来路不明的肉品,一律不得进场交易和上市销售。

(4)肉品进场后,应当有吊钩悬挂,做到头蹄、胴体和内脏不落地,货主主动向兽医卫生监督部门报检,经复检合格后,签发一猪一证,方可批发、销售。

(5)发现病害的肉类,在停止销售的同时,应及时向兽医卫生监督检验人员报告,并协助进行无害化处理。

(6)不得将病死畜禽肉及变质的肉品带入市场销售。

(7)接受有关执法部门的监督和管理。

二、违章处理

(一)对批发市场违章经营者的处罚

(1)责令停业整顿。

(2)按照相关规定进行相应的处罚。

(3)情节严重的根据规定,吊销“动物防疫合格证”。

(二)对市场经营法人的处理

(1)对于由于传染病、中毒死亡或死因不明的畜禽肉,检验证明不符合规定的,无检验证明的或伪造、涂改检验证明、无统一格式的“验讫印章”的,来自封锁疫区的畜禽产品,一律不得上市销售。

(2)对于违反以上规定的,根据规定做出相应的处罚,并吊销“动物防疫合格证”,同时对病害肉类及毒死或死亡原因不明的动物肉类,进行无害化处理。

任务五　黄脂肉与黄疸肉的鉴别

一、实训目的

掌握黄脂肉和黄疸肉的感官检查,碱法和酸法的操作方法及判定标准。

二、实训材料

5%氢氧化钠溶液、乙醚、50%乙醇溶液、浓硫酸。

三、方法与步骤

(一)感官检查

详见项目十任务二的相关内容。

(二)氢氧化钠-乙醚法

1. 原理

脂肪中胆红素能与氢氧化钠结合,生成黄色的胆红素钠盐,可溶于水,在氢氧化钠水层中呈现黄色,为黄疸。天然色素属于脂溶性物质,不溶于水,只溶于乙醚,在乙醚层中呈现黄色,为黄脂。

2. 操作方法

取猪肥膘或脂肪组织 2 g 于平皿中剪碎,置于试管中,向试管内加入 5%氢氧化钠溶液 5 mL,煮沸约 1 min,使脂肪全部溶化,并不时振摇试管,防止液体溅出。取下试管,置于流水下冲淋,使之冷却至 40～50 ℃(手触摸有温热感),小心加入乙醚 2～3 mL,摇匀,加塞静置,待溶液分层后观察其颜色的变化,并同时做空白对照试验。

3. 判定标准

(1)若上层乙醚液为黄色,下层液无色,则系天然色素所致,证明是黄脂。

(2)若上层乙醚液无色,下层液体染成黄色或黄绿色,则存在胆红素,为黄疸。

(3)若上、下两层均为黄色,则表明检样中两种色素同时存在,既有黄疸,也有黄脂。

(三)硫酸法

1. 原理

胆红素在酸性环境下呈绿色或蓝色反应。故可在肉浸液中加入硫酸后使之显色而进行检查。

2. 操作方法

取被检脂肪 5～10 g,剪碎,置于具塞锥形瓶中,加入 50%乙醇溶液约 40 mL,振摇浸抽 10～15 min,将浸出液过滤,量取滤液 8 mL 置于试管中,滴加浓硫酸 10～20 滴,振摇混匀,观察溶液颜色变化。

3. 判定标准

当溶液中存在胆红素时,滤液呈现绿色,如继续加入硫酸,经适当加热,则变为淡蓝色。若无胆红素时,则溶液无颜色反应。

四、实训报告

采取样品,进行感官检查和实验室检验,对检验结果进行综合评价,书写实训报告。

任务六　病死动物肉的检验

一、实训目的

掌握病死动物肉实验室检验的操作方法。

二、实训材料

(一)细菌学检验

器材:显微镜、具盖搪瓷盘、酒精灯、镊子、剪子、载玻片。

药品:革兰氏染色液、瑞特氏染色液。

(二)放血程度检验

器材:滤纸、镊子、检验刀、搪瓷盘、瓷皿、吸管、吸球、量筒。

药品:愈创木脂酊(称取 5 g 愈创木脂,加入 75%乙醇至 100 mL 溶解后备用)、3%过氧化氢溶液(量取 30%过氧化氢溶液 3 mL,用蒸馏水稀释至 30 mL,现用现配)。

(三)细菌毒素检验

器材:天平、水浴锅、剪子、镊子、试管、三角瓶、平皿或广口瓶(带玻璃珠)、吸管。

药品:

(1)鲎试剂(TAL 试剂):将冻干制品,临用时从冰箱内取出,锯开安瓿,加入稀释液 0.5 mL 溶解后备用(可保存 2 周)。

(2)去离子蒸馏水。

(3)大肠杆菌内毒素的制成品,临用前从冰箱内取出。

(4)健康新鲜肉浸液:除去肉样中的脂肪、筋腱、绞碎,称取 10 g,置于 250 mL 锥形瓶中,加入 100 mL 中性蒸馏水,不时振摇,浸渍 15 min 后过滤,滤液待测。

(5)生理盐水。

三、方法与步骤

(一)细菌学检验

1.操作方法

(1)利用无菌操作的方法,取有病理变化的淋巴结、实质器官和组织、触片(每个检样制备 2 个以上的触片)。

(2)将自然干燥并经火焰固定的触片,用革兰氏染色液进行染色(也可将自然干燥的组织触片经瑞特氏染色液进行染色),油镜下检查。

2.判定标准

根据动物性食品微生物学检验标准进行炭疽杆菌、猪丹毒杆菌、巴氏杆菌、链球菌等各种致病菌的判定。

(二)放血程度检验

滤纸浸润法与愈创木脂酊反应法详见项目十任务二的相关内容。

(三)细菌毒素检验

1.原理

鲎试剂中含有内毒素敏感因子凝固酶原、凝固蛋白等凝固素。微量的内毒素可将其依次激活,产生胶冻样凝集现象,其程度与被检物中毒素含量成正比。本法不但可以定性,还可以依据凝集的最小需要量,推算出检样中毒素含量。

2.操作方法

(1)检验液的制备:检验者以无菌法从被检肉中心剪取 3 cm^2 大小肉 1 块,用去离子蒸馏水冲洗表面后,置于经处理的平皿中剪成肉泥,称取 10 g 置于广口瓶中,加入去离子蒸馏水 90 mL 混匀,在 5 ℃下放置 15 min(每 5 min 振荡一次)后静置 2 min,取上清液过滤备用。

(2)取 3 支小试管,第 1 支加入检样液 0.1 mL,第 2 支加入大肠杆菌内毒素稀释液 0.1 mL 做阳性对照,第 3 支加入去离子蒸馏水 0.1 mL 做空白对照。

(3)依次向上述 3 个试管中加入鲎试剂 0.1 mL 稀释液,立即用透明胶带封好试管口,防止污染和蒸发。

(4)轻轻摇匀后将试管置于 37 ℃水浴中保温 1 h,取出试管慢慢倾斜呈 0°～45°,观察结果。

3. 判定标准

(1)完全凝固。试管中凝胶完全凝固不变形,为强阳性(+++)。

(2)80%凝固。倾斜试管,凝胶稍变形,但不流动,为阳性(++)。

(3)40%凝固。倾斜试管,凝胶呈半流动状态,具有黏性,为弱阳性(+)。

(4)无凝固。倾斜试管,凝胶不凝固,为阴性(—)。

四、实训报告

采取样品,进行感官检查和实验室检验,对检验结果进行综合评价,书写实训报告。

任务七 注水肉的检验

一、实训目的

掌握注水肉的各种检验方法。

二、实训材料

(1)放大镜观察法。检验刀、镊子、放大镜、注射器、大瓷盘。

(2)滤纸贴检验法。检验刀、镊子、滤纸。

(3)燃纸检验法。检验刀、镊子、吸水纸、瓷盘。

(4)加压检验法。干净塑料袋、重 5 kg 的哑铃或铁块。

(5)熟肉率检验法。锅、电炉、检验刀、秤、量筒。

(6)肉的损耗检验法。吊钩、秤。

(7)SY-01 型肉类注水测定仪检测法。SY-01 型肉类注水测定仪。

(8)鲜猪、牛、羊前后肢精瘦肉。

三、方法与步骤

(一)感官检查

详见项目十任务二的相关内容。

(二)放大镜观察法

1. 操作方法

(1)将正常肉、注水肉或光禽放到搪瓷盘内,以备检验人员观察。

(2)检验人员用镊子固定住被检肉样，用检验刀顺着肌纤维方向切开肌肉后用放大镜观察。

2. 判定标准

(1)正常肉。肌纤维排列均匀，结构致密紧凑无断裂、无变细增粗等形态变化，色泽呈鲜红或浅红色，看不到血液和渗出液。

(2)注水肉。肌纤维肿胀、粗细不匀、结构纹理不清、有大量血水和渗出液。

(三)滤纸贴检验法

1. 操作方法

(1)用镊子将被检肉样固定，用检验刀切开肌肉。

(2)立即将滤纸条插入切口内 2 cm 深贴紧肉面 1～2 min。

(3)观察滤纸条被浸润情况，将滤纸条揭下后用两手均匀拉，检验其拉力。

2. 判定标准

(1)正常肉。滤纸条稍湿润且有油渍，揭后耐拉。

(2)注水肉。滤纸条立即被水分和肌汁浸湿，均匀一致，超过插入部分 2～5 mm(注水越多，湿得越快，超过部分越高)，揭后不耐拉，易断。

(四)燃纸检验法

1. 操作方法

(1)用镊子将被检肉样固定，用检验刀顺着肌纤维切开肌肉。

(2)将吸水纸贴于肉的新鲜切面上，取下后点火燃烧。

2. 判定标准

(1)正常肉。吸水纸贴后有油渍，点火后易燃烧。

(2)注水肉。吸水纸贴后立即湿润，点火后不易燃烧。

(五)加压检验法

1. 操作方法

(1)取 10 cm×10 cm×5 cm 的正常肉和注水肉分别装在干净塑料袋内扎紧。

(2)将哑铃压在塑料袋上，10 min 后观察袋内情况。

2. 判定标准

(1)装正常肉的塑料袋内无水或有非常少的几滴血水。

(2)装注水肉的塑料袋内有水被挤出。

(六)熟肉率检验法

1. 操作方法

(1)称取正常肉和注水肉各 0.5 kg，放在锅内，加 1 000 mL 水。

(2)水煮沸后继续煮 1 h，捞出晾凉后称取熟肉重量。

2. 计算

$$熟肉率=(熟肉重/鲜肉重)\times 100\%$$

3.判定标准

(1)正常肉:熟肉率>50%。

(2)注水肉:熟肉率<50%。

(七)肉的损耗检验法

1.操作方法

(1)取相同大小的正常肉和注水肉各1块,分别称重。

(2)将其分开挂在15～20 ℃通风良好的阴凉处的吊钩上,24 h后分别称重。

2.计算

$$损耗率=\frac{晾前肉重-晾后肉重}{晾前肉重}\times100\%$$

3.判定标准

(1)正常肉。损耗率为0.5%～0.7%。

(2)注水肉。损耗率为4.0%～6.0%。

(八)SY-01型肉类注水测定仪检测法

1.原理

应用电导原理进行测量。正常情况下,瘦肉中含水量一般为70%左右,正常肉电导度$S<1/51$ V,电阻$R>51\ \Omega$,加入不洁水质的肉电导度$S\geqslant1/51$ V,电阻$R\leqslant51\ \Omega$。

2.操作方法

将检测探头插入被检部位的精瘦肉中,按下测量键。表头指针所指为检测结果。

3.判定标准

(1)正常肉。表头指针停在蓝色带上。

(2)注入少量水的肉。表头指针停在黄色带上。

(3)严重注水肉。表头指针停在红色带上。

四、实训报告

采集检样进行检验,对结果进行分析、评价,写出实训报告。

任务八 免疫学方法鉴别肉种类

一、实训目的

掌握免疫学方法鉴别不同种类肉的操作技术。

二、实训材料

器材：显微镜、剪刀、镊子、电炉、琼扩打孔器、恒温箱、锥形瓶、玻璃小漏斗、吸管、毛细管、载玻片、滤纸。

药品：牛蛋白原沉淀素血清、马蛋白原沉淀素血清（如欲测其他动物肉，也应有相应的血清准备）、生理盐水、硝酸、琼扩反应用琼脂平板。

三、方法与步骤

（一）沉淀反应

1. 原理

这是一种单相扩散法，以相应动物的血清作抗原接种家兔，然后分离兔血清作为特异抗体。用这种已知的抗血清测未知的肉样浸出液（抗原），凡能在 10 min 内以 1∶1 000 的稀释度与同源抗原呈现显著沉淀反应的抗血清，即认为是适用的。

2. 操作方法

(1)待检肉浸出液的制备，将除去脂肪和结缔组织的肌肉剪碎，按 1∶10 的比例加入灭菌生理盐水内，浸泡 1～3 h，并不断搅拌，将浸出液通过双层滤纸过滤。按下述方法测定其稀释度：于 1 mL 的浸出液内加入 1 滴密度为 1.2 的硝酸，并煮沸，如出现轻度乳白色，证明其中含有 1∶1 000 蛋白质，说明适于反应用。如发生浑浊或沉淀，证明蛋白质含量高于 1∶300，应作适当稀释。若无乳白色而完全透明，则说明其中含蛋白质过少，须将盐水的比例减少，重新制备浸出液。如果肉浸液呈蔷薇色，则应置于 70 ℃水浴上加热 30 min，过滤，滤液待测。

(2)反应方法。

①沉淀管法。取沉淀小试管，分别加入 0.1 mL 特异沉淀素血清（勿使产生气泡），用毛细吸管吸取等量待检肉浸液，沿管壁徐徐流下重叠于各试管的血清层上，在室温下静置 15～30 min 后，对光观察结果。阳性者于两液面之间出现白色沉淀轮环。然后振摇混合，于次日检查管底有无沉淀。

②平板法。在载玻片上置数滴特异血清，并置于 37 ℃恒温箱内干燥（制成的玻片可置于干燥处长期保存）。进行检验时，将数滴透明抗原（肉浸液）加在干燥的血清上，并用玻璃棒搅拌，此后将玻片放入湿盒内（用湿纱布垫在盒底即可），置于 37 ℃温箱中 30 min，取出后，在显微镜下观察。阳性反应者可见浑浊的云雾状物。

（二）琼脂扩散反应

1. 原理

琼脂扩散反应是一种双相扩散，不但能检测单一肉种，还能同时与有关抗原做比较，便于分析混合肉样的抗原成分，比单相扩散更为敏感。琼脂扩散反应形成沉淀线以后不再扩散，并可保存作为永久记录。

2. 操作方法

在琼脂平板上打孔，中间 1 个孔，周围 6 个孔，孔间距离为 4 mm，孔直径为 4 mm。将制备好的被检肉浸液(同沉淀反应法)分别注入外周的 5 个孔内,第 6 个孔注入已知肉浸液作为阳性对照,中央孔加入已知特异性抗血清。每次加样时,均以刚好加满为宜。加样完毕后,将琼脂平板放入湿盒中,置于 25 ℃恒温箱或 15 ℃室温下,8～72 h 内观察结果。

3. 判定标准

阳性反应在中央孔和外周孔之间形成一白色沉淀线。

四、实训报告

采集检样进行检验,对结果进行分析、评价,写出实训报告。

考核评价

市场检验时,见猪胴体的二分体颜色不同,其中一半颜色比较淡,另一半红染,切开断面有血液外渗,请设计一检验方案,并判断其发生原因,给出处理意见。

案例分析

五起典型肉制品犯罪案例

一、内蒙古包头腾达食品有限公司制售假劣牛肉案

内蒙古包头公安机关成功破获腾达食品有限公司制售假劣食品案,现场查获冷冻肉 6.4 t、成品假牛肉干 14.6 t 以及“一滴香”“牛膏 1 号”等调味料。经鉴定,假牛肉干中大肠杆菌等严重超标。经查,该公司使用鸭肉等为原材料,生产假劣牛肉干、羊肉干,通过 18 家物流公司销往全国 15 个省(自治区、直辖市),案值 600 余万元。

二、江苏无锡卫某等制售假羊肉案

江苏无锡公安机关在无锡、上海两地统一行动,打掉一特大制售假羊肉犯罪团伙,抓获犯罪嫌疑人 63 名,捣毁黑窝点 50 余处,现场查扣制假原料、成品半成品 10 余吨。经查,犯罪嫌疑人卫某从山东购入狐狸、水貂、老鼠等未经检验检疫的动物肉制品,添加明胶、胭脂红、硝盐等冒充羊肉销售至江苏、上海等地农贸市场,案值 1 000 余万元。

三、贵州贵阳袁某制售“毒鸡爪”案

贵州贵阳公安机关成功捣毁 2 个制售“毒鸡爪”黑窝点,当场抓获犯罪嫌疑人 6 名,查扣成品、半成品“毒鸡爪”8 000 kg 及非法添加物质一批。经查,袁某等将采购的鸡爪浸泡在按比例勾兑的过氧化氢溶液中,掺入香料、醋酸、辣椒红等加工后,运到农贸市场销售或向各地批发,每天制售约 300 kg,案值 400 余万元。

四、福建漳州林某等制售病死猪肉案

福建漳州公安机关成功捣毁 2 处制售病死猪“黑作坊”,抓获犯罪嫌疑人 5 名。经查,犯罪嫌疑人林某先后伙同陈某、吴某等利用受雇农业农村部门专门负责检病死猪和到养猪户收病死猪进行无公害处理的工作人员身份,将没收、买来或捡来的病死猪,进行非法屠宰,并将屠宰好的猪肉和排骨转运至福建协鑫冷冻食品有限公司冻库寄存，再作为食品或食品原材料销往周边省份，累计销售近40 t，案值300余万元。

五、辽宁沈阳张某等制售病死鸡案

辽宁沈阳公安机关成功破获一起加工销售病死鸡案件，当场缴获原料鸡1 000余只（经检验均为病死鸡），扣押脱毛机、冰柜等加工工具和贮藏设备8套。经查，犯罪嫌疑人张某夫妇先后从多家养鸡场大量收购病死鸡，加工成熏鸡后销往沈阳一些市场和饭店。截至案发时，该犯罪团伙累计制售病死鸡2万余只。

知识拓展

牛肉的种类

菲力牛排：是来自牛的腰部的小块里脊肉，菲力是牛身上运动量最少的一块，质地超嫩，精瘦、油花极少。

肋眼牛排：取自牛肋脊部位，或许比不上腰脊肉那样嫩，但“骨边肉”向来好吃，肋眼就有这种味道，油油嫩嫩的肉丝中夹着Q而有劲的油筋，油花十分丰郁。

T骨牛排：取于牛腰部后面的肉，在分割的时候会保留一块“T”形的牛骨，T骨牛排通常分量比较大。肉质细嫩粗犷，或油腴或爽利。

沙朗牛排：取自“后腰脊肉”，也是牛只运动量极少的部位，肉质细嫩还油花满布，像大理石纹般华丽、精致，相对于菲力的精瘦，沙朗是超嫩鲜腴到入口即化的地步。

牛小排：取自牛只胸腔左右两侧的牛小排，它带骨带筋又够肥腴的肉质，本来就多汁耐嚼，特别是采用牛的第六、第七根肋骨烹制成牛小排，嫩而不涩。

知识链接

1.《中国兽医卫生行政处罚办法》

2.中国食品安全网

项目十一

乳与乳制品的卫生检验

学习目标

掌握鲜乳与掺假掺杂乳的卫生检验方法；熟悉鲜乳的加工卫生；了解乳的物理性质与化学组成以及乳制品的加工卫生。

学习内容

项目十一乳与乳制品的卫生检验 PPT

任务一　鲜乳的卫生检验

一、乳的概述

(一)乳的概念

乳是哺乳动物分娩后，从乳腺中分泌出来的一种白色或稍带黄色的不透明的具有胶体特性的生物学液体。乳微甜，有特殊的香气，含有幼畜生长的全部营养成分，是哺乳动物出生后，最适于消化吸收的全价食物。现今，乳及其制品已成为人类营养的主要来源之一。

在泌乳期内，按哺乳动物泌乳期前后的生理、病理和其他因素的影响，乳的成分发生变化分为初乳、常乳、末乳和异常乳。

1. 初乳

初乳又称胶奶，是哺乳动物在产犊后 7 d 内所分泌的乳。初乳色黄而且浓厚、黏稠，有特殊气味。初乳中的蛋白质含量远远高出常乳，特别是乳清蛋白质含量高。初乳内含比常乳多 5 倍的蛋白质，尤其是其中含有比常乳更丰富的免疫球蛋白、乳铁蛋白、生长因子、巨噬细胞、中性粒细胞和淋巴细胞。这些物质都有防止感染和增强免疫的功能；另外，初乳中含有丰富的维生素 A、维生素 C、维生素 D 以及较高的无机质，特别富含镁盐，能促进消化管蠕动，有利于消化活动。初乳极有利于幼畜的生长发育，但由于初乳感官不佳，口感微咸，以及热稳定性差等特点，所以不适于加工成日常饮用乳。

2. 常乳

初乳期过后至干奶期前1周所产的乳称为常乳。其成分及性质基本趋向稳定，是乳制品加工的原料和人们日常饮用的乳。

3. 末乳

末乳又称老乳，是哺乳动物泌乳停止前1周左右所产的乳。末乳的化学成分与常乳有显著差异。其成分除脂肪外，均较常乳高，有苦而咸的味道，含酯酶多，常有油脂氧化味，不宜贮藏。末乳也不适于作为乳制品加工原料的乳。

4. 异常乳

动物泌乳过程中由于饲养管理、疾病、气温、污染及其他原因造成乳的成分和性质发生异常的乳，统称为异常乳。

(1)生理异常乳。一般是指初乳、末乳以及营养不良乳。

(2)病理异常乳。包括乳腺炎的乳及患其他疾病动物的乳。

(3)微生物异常乳。指被微生物污染，以致不能用作乳制品加工原料的乳。

(4)化学异常乳。包括高酸度酒精阳性乳、低酸度酒精阳性乳、冻结乳、高酸度乳、低成分乳、混入异物乳、风味异常乳等。

(二)乳的化学组成

乳的化学成分复杂，主要包括水分、脂肪、蛋白质、乳糖、盐类、维生素、酶及其他微量成分等组成。其中水是分散剂，其他各种成分分散在乳中，形成一种复杂的分散体系。正常乳中各种成分是基本稳定的，但会受到品种、泌乳期、年龄、季节、气温、健康状况、饲料变化及挤奶等因素的影响而略有变化，其中脂肪变动最大，蛋白质次之，乳糖和无机盐相对比较稳定。乳的营养价值和质量主要取决于乳中的干物质。正常乳的几种主要成分的平均值见表11-1。不同的分类标准可分为不同的类型。

表11-1　正常乳的几种主要成分的平均值　　%

成分	山羊乳	绵羊乳	牛乳	水牛乳	牦牛乳	马乳	骆驼乳	人乳
水分	86.8	83.1	87.5	81.4	81.6	89.7	86.9	87.4
脂肪	4.1	3.9	3.8	7.47	7.8	1.6	3.77	3.76
蛋白质	3.7	6.2	3.3	7.1	5.0	1.9	3.65	2.23
盐	0.8	1.0	0.7	0.84	—	0.34	0.76	0.31
乳糖	4.6	5.0	4.7	4.15	5.0	6.4	4.92	6.29

乳是一种复杂的胶体分散体系。在这个分散体系中，水是分散介质，乳中各成分在这个分散体系中的存在状态如图11-1所示。

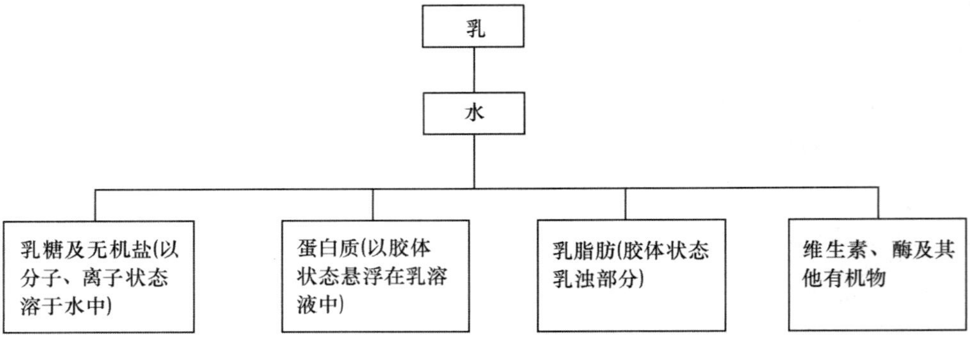

图 11-1 乳的化学成分及其存在状态

(三)乳的物理性质

乳的物理性质主要包括以下几个方面,见表 11-2。

表 11-2 乳的重要物理性质

物理性质	参数
渗透压/kPa	700
沸点/℃	100.15
冰点/℃	−0.522
密度(20 ℃)/(kg/m^3)	1 030
相对密度(20 ℃)	1.032 1
黏度/(mPa·s)	2.127
表面张力/(N/m)	52
滴定酸度/(mmol/mL)	1.3～2.0 (0.14%～0.16%乳酸)
pH	6.6
离子强度/(mol/L)	0.08

1. 色泽

新鲜正常的乳呈不透明白色或淡黄色,乳的色泽与季节、饲料及泌乳动物的品种有一定的关系。

2. 气味与滋味

乳具有特殊的乳香味,主要是挥发性脂肪酸及其他挥发性物质所形成,这种香味随温度的高低而异,乳经加热后香味强烈,冷却后减弱。乳中含有乳糖而新鲜纯净的乳稍带甜味;除甜味外,因其含有氯离子而稍带咸味,常乳中的咸味受乳糖、脂肪、蛋白质等因素的调和而不易觉察,但异常乳如乳腺炎乳中氯的含量较高,故而咸味浓厚;乳中的苦味来自 Mg^{2+}、Ca^{2+},而酸味是由柠檬酸及磷酸所产生。

3. 冰点与沸点

牛乳的冰点一般为−0.565～−0.525 ℃,平均约为−0.545 ℃。牛乳中的乳糖和盐类是导致冰点下降的主要因素,正常的牛乳其乳糖及盐类的含量变化较小,所以冰点较稳定,掺水后冰点就会变化，乳中每掺加 1%水分时，冰点上升约 0.005 4 ℃，故而可用测定冰点的方法检验乳中是否掺水。掺水量可用公式计算：

$$W=\left|\frac{T-T'}{T}\right|\times 100\%$$

式中，W 为加水量（%）；T 为正常乳的冰点；T' 为被检测乳的冰点。

牛乳的沸点在 101.33 kPa（1 个大气压）下约为 100.55 ℃。乳的沸点受乳中固形物含量的影响，当乳浓缩时，沸点会相应上升，浓缩到原体积 1/2 时，沸点上升到 101.05 ℃。

4. pH 与酸度

刚挤出的新鲜乳的酸度称为固有酸度或自然酸度，主要由乳中的蛋白质、柠檬酸、磷酸盐及 CO_2 等酸性物质所造成，与贮藏过程中微生物繁殖所产生的乳酸无关，乳的酸度通常是指以酚酞作指示剂中和 100 mL 牛乳所需 0.1 mol/L 氢氧化钠的毫升数，以°T 表示，牛乳的酸度通常为 16～18 °T。牛乳在存放过程中，微生物作用，分解乳糖产生乳酸而使酸度升高，称为发酵酸度。自然酸度与发酵酸度之和，称为总酸度。通常所说的牛乳酸度是指其总酸度。

新鲜牛乳的 pH 为 6.5～6.7，平均为 6.6，初乳和酸败乳在 6.5 以下；山羊乳 6.65～6.95；绵羊乳平均 6.41；马乳 6.83～7.42；骆驼乳 6.3～6.7。

乳的酸度增高，可使乳对热的稳定性大大降低，也会降低乳的溶解度和保存期，对乳品加工及乳制品的质量有很大影响，故而乳酸度是乳品卫生质量的重要指标，在贮藏鲜乳时需防止酸度升高。

5. 表面张力与黏度

测定乳的表面张力有助于鉴别乳中是否混有其他添加物。在 20 ℃时，乳的表面张力为 0.04～0.06 N/m，乳的表面张力随温度上升而降低，随含脂率的减少而增加。

乳的黏度实际上是指乳中各分子的变形速度与切变应力之间的比例关系。在 20 ℃时正常乳的绝对黏度为 0.001 5～0.002 Pa·s，随温度升高而降低，乳中蛋白质、脂肪含量越高，黏度也越高。初乳、末乳、病牛乳的黏度都较高。在加工中，乳的黏度受脱脂、杀菌、均质等操作的影响。

6. 密度

乳的密度是指乳在 20 ℃时的质量与同等容积水在 4 ℃时的质量之比。正常乳的密度为 1.028～1.032，平均为 1.030。乳密度的大小由乳中无脂干物质的含量决定。乳中无脂干物质越多，则密度越高，乳中脂肪增加时，密度变小。因此，在乳中掺水或脱脂，都会影响乳的密度，此外，乳的密度还随温度的变化而变化，温度每变化 1 ℃，乳的密度就相差 0.000 2。

乳密度测定

二、鲜乳的初加工卫生

（一）原料乳的验收

原料乳必须来自健康动物，畜舍及畜体的卫生直接影响鲜乳的卫生质量。为最大限度地减少乳的污染，阻止微生物在乳中生长繁殖，必须注意以下几个方面的卫生质量。

1. 畜体的卫生

畜体的卫生状态主要取决于畜舍的卫生状况，畜舍中的灰土及尘埃的飞扬，昆虫的大量存在，会使畜舍土壤、粪便、垫草受到污染，而带有大量细菌，从而在挤乳过程中污染乳汁。所以畜舍必须保持干燥、通风，垫草应常换，粪便应及时清理，饲槽要保持清洁，畜舍每年消毒 2 次，限制非工作人员进入畜舍。在撒布驱虫剂时，应防止药剂污染乳。

2. 挤乳员的卫生

挤乳员的卫生直接影响乳的品质，凡患有传染病、化脓性疾病及腹泻的人员，不得参加挤乳，同时挤乳员必须严格遵守卫生制度，定期检查身体，保持个人卫生。

3. 挤乳用具的卫生

乳头导管中常存在较多的微生物，故应把最初乳废弃或挤入专用容器中，另行处理，从而减少乳的含菌量。盛乳容器应彻底刷洗消毒后备用。自动挤乳机清洁消毒必须彻底，防止黏附、残留乳汁。

(二)乳的过滤净化

为了除去乳中的机械杂质，减少微生物的数量，验收后的原料乳必须立即进行净化。净化的方法分为过滤净化和离心净化 2 种。

1. 过滤净化

在奶牛场中，刚挤出的乳要及时过滤，除去乳中的粪便、饲料、垫草、蚊蝇、乳牛的毛、泥土等肉眼可见的机械杂质。常用的方法有常压(自然)过滤、减压(吸滤)过滤和加压过滤等。要注意滤布或滤网的清洗和消毒，否则滤布或滤网将成为微生物和杂质的污染源，通常滤布或滤网应在过滤 5 000～10 000 L 牛乳后进行更换、清洗和消毒。

2. 离心净化

离心净化使用离心净机进行，在离心力的作用下，乳中相对密度较大的细微机械杂质、脱落的体细胞等可被除去，能显著提高净化效果，增强杀菌效果。

(三)乳的冷却

刚挤下的乳，因乳汁中有抑制微生物繁殖的抗菌物质，使细菌的发育和繁殖受到抑制，此期称为抗菌期。抗菌期的长短与贮藏温度和细菌污染程度有关。所以，为延长抗菌期，最好的办法是在挤奶后将生乳迅速冷却。这样，既可以抑制微生物的繁殖，又可延长乳中抑菌酶的活性。因此，冷却可以使鲜乳的新鲜状态保持较长时间。其效果见表 11-3。

表 11-3 乳的冷却与乳中细菌数的关系 个/mL

乳的贮藏时间	冷却乳	未冷却乳
刚挤出的乳	11 500	11 500
挤出 3 h 以后的乳	11 500	18 500
挤出 6 h 以后的乳	6 000	102 000
挤出 12 h 以后的乳	7 800	114 000
挤出 24 h 以后的乳	62 000	1 300 000

乳中抑菌酶所产生的抑菌特性不仅与温度有关，还与乳污染程度有关。乳被污染的程度和冷却温度越低，其维持时间也越长。乳的抗菌特性与污染程度的关系见表 11-4。

表 11-4　乳的抗菌特性与污染程度的关系

乳温/℃	抗菌特性的作用时间/h	
	挤奶时严格遵守卫生制度	挤奶时未严格遵守卫生制度
37	3.0	2.0
30	5.0	2.3
16	12.7	7.6
13	36.0	19.0

冷却只能暂时使微生物的生命活动停止，当温度升高时，微生物又开始活动，因此，冷却后的乳应尽可能保存于低温处，并防止温度升高。乳的冷却温度与酸度的关系见表 11-5。

表 11-5　乳的冷却温度与酸度的关系

乳的贮藏时间	乳的酸度/°T		
	未冷却乳	冷却到 18 ℃的乳	冷却到 13 ℃的乳
刚挤出的乳	17.5	17.5	17.5
挤出 3 h 以后的乳	18.3	17.5	17.5
挤出 6 h 以后的乳	20.9	18.0	17.5
挤出 9 h 以后的乳	22.5	18.5	17.5
挤出 12 h 以后的乳	变酸	19.0	17.5

(四)乳的杀菌与灭菌

为了防止乳的腐败变质，生乳应尽早予以杀菌或灭菌。目前，常用的杀菌和灭菌方法有以下几种。

1. 巴氏杀菌法

巴氏杀菌法是一种既能达到消毒目的又不损害食品品质的方法，其优点是能够最大限度地保持新鲜乳原有的理化特性和营养成分。

(1)低温长时间杀菌法(LTLT)。将乳加热至 61～65 ℃，维持 30 min。此法所用时间长，虽可保持乳的状态和营养，但不能有效地杀灭某些病原微生物，目前已较少使用。

(2)高温短时间杀菌法(HTST)。将乳加热至 72～75 ℃维持 15～16 s，或 80～85 ℃维持 10～15 s。这种方法，可杀灭大部分微生物，但会引起部分蛋白质及少量磷酸盐沉淀。

2. 超高温瞬时灭菌法(UHT 灭菌法)

该法不仅能保持食品风味，还能将病原菌和具有耐热芽孢的形成菌等有害微生物杀死。灭菌温度一般为 130～150 ℃。灭菌时间一般为数秒。此方法可杀灭全部微生物，但对乳有一定影响，部分蛋白质被分解或变性，色、香、味不如巴氏杀菌法，脱脂乳的亮度、浊度和黏度受到影响。

3. 保持灭菌(二次灭菌)法

该法可分为两类：一类为灭菌后无菌包装；另一类是把杀菌后的乳装入容器中，再用

110～120 ℃温度维持 10 min 以上加压灭菌。

(五)乳的贮藏与运输

新鲜生乳应贮藏于密闭、洁净、经消毒的容器中，贮藏温度为 2～6 ℃。乳在运输时必须使用密闭的、洁净的经消毒的保温奶槽车或奶桶。运输乳应遵循的原则：①防止乳在途中升温，特别是在夏季，应将运输安排在夜间或清晨，且用隔热材料遮盖；②运输的容器必须清洁卫生，并加以严格消毒，夏季容器必须装满盖严，防止因振荡而发生乳脂分离，冬季不得装得太满，避免因冻结而使容器破裂。

三、鲜乳的卫生检验与处理

(一)采样

采样前应首先将乳充分混合，并按被检乳量的 0.02%～0.1%进行取样。每份样品不得少于 250 mL，若为小包装乳，取整件原装的样品按生产班次分批取样或按批号取样。所取样品分为 3 份，分别供检验、复检和备查用。

所取各批样品均应进行容器或重量的鉴定，实际容量与标签上标示的容量差不超过±1.5%，此批样品中至少有 1 瓶做微生物学检验，其余做感官检验及理化检验。

(二)感官检验

将乳样置于 15～20 ℃水浴 10～15 min 并充分摇匀，充分摇匀后检查乳的色泽、气味、滋味有无异常。用搅拌棒搅动观察有无红色、绿色或明显的黄色。有无杂质、凝块或发黏现象。正常乳，应为白色或稍黄色的均质胶态液体，微甜，具有固有的乳香味，无杂质，无沉淀，无发黏现象。

根据我国食品卫生标准规定，巴氏杀菌乳应符合表 11-6、灭菌乳应符合表 11-7 所示的卫生指标要求。

表 11-6　巴氏杀菌乳的卫生指标

项目	全脂巴氏杀菌乳、部分脱脂巴氏杀菌乳、脱脂巴氏杀菌乳
色泽	呈均匀一致的乳白色
滋味和气味	具有乳固有的滋味和气味，无异味
组织状态	均匀的液体，无沉淀，无凝块，无黏稠现象
酸度/°T	牛乳≤18.0，羊乳≤16.0
硝酸盐(以 $NaNO_3$ 计)/(mg/kg)	≤10
亚硝酸盐($NaNO_2$ 计)/(mg/kg)	≤0.2
黄曲霉毒素 M1/(μg/kg)	≤0.5
菌落总数/(CFU/mL)	≤30 000
大肠菌群/(MPN/100 mL)	≤90
致病菌(指肠道致病菌和致病性球菌)	不得检出

表 11-7　灭菌乳卫生指标

项目	灭菌纯牛乳	灭菌调味乳
色泽	呈均匀一致的乳白色或微黄色	均匀的液体，呈均匀一致的乳白色或具有调味乳应有的色泽
滋味和气味	具有牛乳固有的滋味和气味，无异味	具有调味乳应有的滋味和气味
组织状态	均匀的液体，无凝块，无黏稠现象，允许有少量沉淀	
酸度/°T	≤18.0	—
硝酸盐(以 $NaNO_3$ 计)/(mg/kg)	≤11.0	
亚硝酸盐($NaNO_2$ 计)/(mg/kg)	≤0.2	
黄曲霉毒素 M1/(μg/kg)	≤0.5	
微生物	商业无菌	

(三)理化检验

鲜乳的理化检验主要包括密度、乳脂率、酸度等，其理化指标应当符合表 11-6 中的要求。

1. 密度的测定

一般多使用 20 ℃/4 ℃乳稠计来测定乳的密度。正常牛乳的密度为 1.028～1.032，掺水或脱脂可使密度下降。

2. 乳脂率的测定

乳脂肪的测定方法较多，有盖勃氏(Gerber's)法、哥特里-罗紫(Gotflile-Roess)法、巴勃科克(Babcock)法等。盖勃氏法因测定简便迅速而在检验工作中较为常用，但因糖容易焦化，故此法不适用于含糖量高的样品，而适用于酸性的液态或粉状和脂肪含量高的样品。

3. 酸度的测定

乳中酸的含量是乳新鲜度的重要指标，同时也是反映乳质量的一项重要指标。正常牛乳的酸度因品种、饲料、挤乳和泌乳期的不同而有差异，但一般均在 16～18 °T。

酸度的测定方法主要有滴定法、酒精试验法和煮沸试验法。

(四)微生物检验

对乳和乳制品的微生物学检验包括菌落总数测定、大肠菌群测定、沙门菌检验以及其他致病菌和霉菌的检验。

(五)鲜乳的卫生标准

1. 感官指标(表 11-8)

表 11-8　鲜乳的感官指标

项目	指标
色泽	呈乳白色或微黄色
滋味及气味	具有乳固有的香味，无异味
组织状态	呈均匀一致胶态液体，无凝块、无沉淀、无肉眼可见异物

2. 理化指标(表 11-9)

表 11-9 鲜乳的理化指标

项目	指标
相对密度(20 ℃/4 ℃)	≥1.028
蛋白质/(g/100 g)	≥2.95
脂肪/(g/100 g)	≥3.1
非脂乳固体/(g/100 g)	≥8.1
酸度/°T	
牛乳	≤18
羊乳	≤16
杂质度/(mg/kg)	≤4.0
铅(Pb)/(mg/kg)	≤0.05
无机砷/(mg/kg)	≤0.05
黄曲霉毒素 M1/(μg/kg)	≤0.5
六六六/(mg/kg)	≤0.02
滴滴涕/(mg/kg)	≤0.02

3. 微生物指标(表 11-10)

表 11-10 鲜乳的微生物指标

项目	指标
菌落总数/(CFU/g)	$\leqslant 5\times 10^5$
致病菌(沙门菌、金黄色葡萄球菌、志贺菌)	不得检出

任务二 掺假掺杂乳的卫生检验

为增加乳量或掩盖其缺陷,一些不法经营者人为地在牛乳中加入非乳物质,影响了乳及其乳制品的质量,危害消费者的身体健康,这就要求对乳样进行快速、准确地检验、分析并做出结论。

一、常见掺假掺杂物质

1. 电解质类

常见的电解质类物质是中性盐及强碱弱酸盐类。加入这类物质可提高牛乳的密度,以便掩盖掺水或者改变乳的酸度,比较有代表性的物质有食盐、石灰水、芒硝、白矾、苏打及洗衣粉等。

2. 非电解质晶体类

非电解质晶体类物质在乳中以溶液的形式存在，如蔗糖、尿，主要目的在于增加乳的密度。

3. 胶体类

胶体类物质为大分子溶液，可改变牛乳的黏度，同时又能增加乳的密度，如豆浆、米汤、淀粉、动物胶。

4. 防腐剂类

防腐剂类物质是用于抑制或杀灭乳中的微生物，如各种防腐剂、抗生素。

5. 杂质

如粪土、沙石、白土。

二、掺假掺杂乳的卫生检验

（一）掺水乳检验

乳中掺水检出的方法有计算法、二苯胺法、乳清比浊法、冰点测等。其中以计算法配合感官检查是检验乳中是否掺水的较简易、快速的方法。

感官检查时，掺水的乳色淡呈稀薄状态。

计算法是利用正常乳和被检乳的比重之差进行计算。正常乳常温比重平均值为 1.034。

$$掺水的百分数(\%)=\frac{正常乳比重-被检乳比重}{正常乳比重-1}\times 100\%$$

式中，计算的掺水百分数为体积百分数。

（二）掺碱乳的检验

溴麝香草酚蓝是一种酸碱指示剂，其变色范围为 pH 6.0～7.6，相应的颜色变化由红到蓝。当乳中加碱后，用溴麝香草酚蓝作指示剂，乳中氢离子浓度发生变化，因而指示剂显示不同的颜色，根据颜色的不同来判断加碱量。

乳中掺碱的检验

取被检乳 3 mL 于试管中，将试管倾斜，沿管壁小心加 0.04%溴麝香草酚蓝乙醇溶液 2～3 滴，将试管轻轻转动，使试管内液面与指示剂充分重叠，切勿使其相互混合，然后将试管垂直放置，2 min 后观察两液面间环状色层的颜色特征。同时用未掺碱乳做空白对照实验。判定标准见表 11-11。

表 11-11　掺碱乳中含碱量与环状色层的关系

乳中含碱量浓度/%	0	0.03	0.05	0.1	0.3	0.5	0.7	1.0	1.5
环状色层颜色	黄色	黄绿色	淡绿色	绿色	深绿色	青绿色	淡蓝色	蓝色	深蓝色

（三）掺淀粉乳的检验

乳掺水后变得稀薄，掺伪者为了掩盖这种掺假，往往用先掺水后加淀粉糊的办法来增加乳的稠度（也有直接加入淀粉糊的）。

先称取碘化钾 2 g 溶于少量水中，溶解后，加入结晶碘 1 g，待结晶碘完全溶解后，加水稀释至 100 mL，混匀，制成碘溶液。

取乳样 3 mL 于试管中，加碘溶液 1～2 滴，观察反应，同时做空白对照实验。乳中如有淀粉存在，立即呈现蓝色。

(四)掺盐乳的检验

1. 掺 Cl^- 乳的检验

乳样中的 Cl^- 含量较多时，可与硝酸银作用，生成氯化银沉淀，并与铬酸钾作用呈黄色。取 5 mL 0.01 mol/L 硝酸银溶液与 2 滴 10%铬酸钾溶液于试管中混匀，加被检乳 1 mL，充分混匀，观察试管中颜色变化，同时做空白对照试验。如试管中溶液呈黄色，说明乳中 Cl^- 的含量大于 0.14%，正常乳中 Cl^- 含量为 0.09%～0.12%。

2. 掺芒硝乳的检验

掺入芒硝的乳中含有较多的 SO_4^{2-}，可与氯化钡作用，生成硫酸钡沉淀，并与玫瑰红酸钠作用呈玫瑰红色。取被检乳 5 mL 于试管中，加 1～2 滴 20%醋酸，4～5 滴 1%氯化钡溶液，2 滴 1%玫瑰红酸钠乙醇溶液，混匀，静置，观察试管中颜色变化，同时做空白对照试验。不含芒硝的乳为淡褐黄色，如乳呈玫瑰红色，则说明乳中掺入芒硝。

3. 掺碳酸铵乳的检验

称取 45.5 g 碘化汞，34.9 g 碘化钾溶于约 100 mL 水中，在另一大烧瓶内加约 500 mL 水，加 112 g 氢氧化钾，混匀，使溶解，此液会发热，待冷至室温时将上述两液混合，并用水补足至 1 000 mL，静置 2～3 d 后，取上清液贮于聚乙烯塑料瓶中，备用。

取 5 mL 被检测乳于试管中，加 6～7 滴纳氏试剂，摇匀，观察颜色及浑浊情况，同时做空白对照试验。如乳中掺有碳酸铵，则试管中溶液呈黄色或淡橙色，正常乳颜色无变化。

(五)乳中掺豆浆的检验

由于豆浆中含有皂角素，皂角素与氢氧化钠（钾）作用呈黄色反应。利用这一性质，在检验中采用显色法来证实乳中是否掺豆浆。

取检样乳 2 mL 注入试管中，加乙醇醚等量混合液、25%氢氧化钠溶液各 1 mL，混匀，在数分钟内观察颜色变化，同时做空白对照试验。如乳中掺豆浆则显黄色，无豆浆则呈原色。

(六)掺尿素乳的检验

在酸性条件下，乳样中的尿素与亚硝酸钠作用，生成黄色物质。而当乳样中无尿素时，亚硝酸钠与对氨基苯磺酸发生重氮反应，其产物与萘胺起偶氮作用，生成紫红色。称取 89 g 酒石酸、10 g 对氨基苯磺酸、1 g 萘胺，混合研磨成粉末，贮藏于棕色试剂瓶中，暗处保存。

取 3 mL 待检乳于试管中，加 1 mL 1%亚硝酸钠溶液，1 mL 浓硫酸，摇匀放置 5 min，待泡沫消失后，加 0.5 g 格里斯试剂，摇匀，观察试管中液体颜色的变化，同时作空白对照试验。如乳中掺有尿素，则试管中颜色呈黄色，正常乳试管中颜色为紫红色。

(七)掺蔗糖乳的检验

将 250 g 醋酸铅溶解于 600 mL 水中，再加入 250 mL 15%的氢氧化铵，制成醋酸铅-氨水溶液备用；10 mL 10%的联苯胺酒精溶液、25 mL 醋酸及 65 mL 浓盐酸混合成联苯胺试剂备用；费林氏液：甲液，取 34.64 g 硫酸铜溶于水中，加入 0.5 mL 浓硫酸，加水至 500 mL；乙液，取 173 g

酒石酸钾钠及 50 g 氢氧化钠溶解于水中，稀释至 500 mL，静置 2 d 后过滤，备用。

取 30 mL 乳，在水浴上加热到 80～90 ℃，加入 30 mL 醋酸铅-氨水溶液，用力摇动 30 s，过滤。取无色透明滤液 3 mL，加入等体积的联苯胺试剂，摇匀，并在沸水浴上保持 10 min 后观察结果，若乳中掺有糖，则变为深蓝色，当在水浴中保持时间超过 10 min 以上时，由于乳糖的存在也可能出现淡蓝色。为了排除乳糖等还原糖的干扰，可设对照，即取 4 mL 滤液加入等体积的费林氏液置沸水浴内加热，如果联苯胺的反应明显（呈蓝色），而没有还原费林氏液的颜色时，则证明有蔗糖存在，此法可检测出 0.1%～1.0%的蔗糖。

（八）掺过氧化氢乳的检验

过氧化氢在硫酸的作用下，可使碘化物氧化，游离出碘，碘和淀粉作用呈蓝色。

取 1 mL 被检乳于试管中，加入 3%碘化钾淀粉溶液 3～5 滴，混匀，再加入稀硫酸 1 滴，立即观察变化，同时做空白对照实验。通过检验，如怀疑乳中有微量过氧化氢存在，应先将被检乳放置 80～85 ℃数分钟后再做检验。因为通过煮沸或巴氏消毒均可除去乳中过氧化氢。一般乳中含有 0.1%～1%过氧化氢，即可检出。如果立即呈蓝色，则表明乳中含有过氧化氢。如果 10 min 内，仍为白色，则表明乳中无过氧化氢。

（九）乳中抗生素的测定

1. 乳中抗生素的残留

在防治动物疾病时，经常使用抗生素，特别是治疗乳腺炎时，有时将抗生素直接注射到乳房内。因此，经抗生素治疗过的动物，在一段时期内其乳中会残存着抗生素，它会影响发酵乳品的生产，会引起人体过敏反应，也会使某些菌株产生耐药性等，所以，对鲜乳进行抗生素残留的检验，非常有必要。

2. 抗生素残留乳的检验

往检样中先后加入菌液和 TTC 指示剂（2，3，5-氯化三苯四氮唑），如检样中有抗生素存在，则会抑制细菌的繁殖，TTC 指示剂不被还原、不显色；反之，则细菌大量繁殖，TTC 指示剂被还原而显红色，从而可以判定有无抗生素残留。

3. 乳中抗生素残留的卫生处理

应用抗生素等对乳有影响的药物进行治疗期间，抗生素残留的检验为阳性及停药 3 d 内所产的乳不得食用，应予以废弃或销毁。

（十）乳腺炎乳的检验

乳腺炎是乳房组织产生炎症而引起的疾病，主要由细菌所引起。

乳牛乳腺炎可分为临床性、非临床性、潜在性、慢性、急性、细菌性等。临床性乳腺炎使乳产量剧减且牛乳性状有显著变化，因此不能作为加工用。非临床性或潜在性乳腺炎在外观上无法区别，只在理化或细菌学上有差别。

乳腺炎乳的检验方法如下。

1. 氯糖数的测定

氯糖数即乳中氯与乳糖的百分数之比。正常鲜牛乳氯糖数不超过 4，患乳腺炎的乳氯糖数则高达 6～10。

2. 血与脓的检验

乳腺炎乳中含有血和脓，在二氨基联苯试剂中，加入 4～5 mL 乳，20～30 s 后，如有血与脓时，液体呈深蓝色。

3. NaOH 凝乳检验法

在碱性条件下，乳腺炎乳出现沉淀。取乳样 3 mL 于白色平皿中，加 0.5 mL NaOH 试液，立即回转混合，10 s 后观察，判定标准见表 11-12。

表 11-12　乳腺炎乳的判定标准

现象	结果
无沉淀及絮片	－(阴性)
稍有沉淀发生	±(可疑)
有片条状沉淀	＋(阳性)
发生黏稠性团块，并继而分为薄片	＋＋(强阳性)
有持续性黏稠性团块(凝胶)	＋＋＋(强阳性)

4. 体细胞计数

乳中细胞含量的多少是衡量乳房健康状况及乳卫生质量的标志之一。正常乳中体细胞含量一般不超过 50 万个/mL，平均 26 万个/mL。当患有乳腺炎时，乳中体细胞数超过 50 万个/mL。

乳腺炎乳区所产的乳不可食用，应予以废弃或经 70 ℃加温 30 min 后作饲料。

三、乳的卫生评定与处理

乳的卫生评定应以感官检查、理化检验和微生物检验进行综合评定，乳必须符合相应国家标准或行业标准。

(一)合格乳的标准

(1)乳的色泽、滋味、气味均应正常，无沉淀，无杂质，无凝块。

(2)20 ℃乳的密度为 1.028～1.032，全乳固体物质≥11.20%，乳脂肪 3.0%，乳酸度应符合标准规定。

(3)巴氏杀菌乳的菌落总数不超过 3×10^4 CFU/mL，大肠菌群不超过 90 MPN/100 mL，致病菌不得检出。

(4)乳中不得检出掺假掺杂物质。

(二)不合格乳的卫生评定与处理

有下列缺陷者的乳，不得食用。

1. 感官性状异常

乳出现黄色、红色或绿色等异常色泽，乳汁黏稠、有凝块或沉淀，有血或脓、有肉眼可见异物或杂质，或有明显的饲料味、苦味、酸味、霉味、臭味、涩味及其他异常气味或滋味。

2. 理化指标异常

生鲜乳中铅、汞、无机砷等有害化学物质超标；杀菌乳、灭菌乳中黄曲霉毒素、硝酸盐和亚硝酸盐等有害化学物质超标。

3. 微生物指标异常

乳中检出致病菌，菌落总数或大肠菌群超标。

4. 病畜乳

乳畜患有炭疽、鼻疽、口蹄疫、狂犬病、钩端螺旋体病、开放性结核病、布鲁氏菌病、李氏杆菌病、乳房放线菌病等疫病时所产的乳。

5. 生鲜乳中掺入对人体有害的物质

如硝酸盐、亚硝酸盐、甲醛等。

6. 异常乳

开始挤出的一两把乳汁、初乳、末乳、应用抗生素治疗期间或停药后在休药期内所产的乳、乳腺炎乳及变质乳等。

任务三　乳制品的卫生检验

乳制品种类众多，主要有乳粉、酸乳、奶油、炼乳、干酪、干酪素、乳糖和冰激凌等乳制品。我国民族地区还有传统的乳制品，如扣碗酪（奶酪）、乳扇、奶皮子、奶豆腐（乳饼）、酥油、奶子酒等。各种乳制品的生产均须使用符合卫生要求的原料奶和添加剂制作，并应做好生产过程中的卫生监督与管理。

一、乳粉的卫生检验

乳粉（奶粉）是以牛乳或羊乳为原料经杀菌、浓缩、喷雾干燥制成的粉末状产品。为防止乳粉氧化变质，包装材料要求密封、避光、符合卫生要求，可采用真空包装或充氮包装。注意防止乳粉发生褐变、酸度偏高或微生物污染。

（一）乳粉的检验项目

1. 感官检验

检查乳粉色泽、气味和滋味、组织状态及溶解度是否符合卫生质量要求。

2. 理化检验

按 GB/T 5009.46—2003 和 GB 5410—2008 规定检验乳粉的蛋白质、脂肪等一般成分和铅、铜、硝酸盐、黄曲霉毒素、亚硝酸盐等有害物质的含量。

3. 微生物检验

按 GB/T 4789.18—2010 规定检验乳粉的菌落总数、大肠菌群、致病茵、酵母和霉菌。

(二)乳粉的卫生质量标准

乳粉的各项指标应符合国家规定(表 11-13、表 11-14)。

表 11-13 乳粉的感官指标

项目	指标			
	全脂乳粉	脱脂乳粉	全脂加糖乳粉	调味乳粉
色泽	呈均匀一致的乳黄色			具有调味乳粉应有的色泽
滋味和气味	具有纯正的乳香味			具有调味乳粉应有滋味和气味
组织状态	干燥、均匀的粉末			
调冲性	经搅拌可迅速溶解于水中,不结块			

表 11-14 乳粉的理化和卫生指标

	项目		全脂乳粉	脱脂乳粉	全脂加糖乳粉	调味乳粉	
						全脂	脱脂
理化指标	蛋白质/%	≥	非脂乳固体[①]的 34		18.5	16.5	22.0
	脂肪/%		≥26.0	≤1.5	≥20.0	≥18.0	—
	蔗糖/%	≤	—	—	20.0	—	—
	复原乳酸度/°T	≤	18.0	20.0	16.0	—	
	水分/%	≤	5.0				
	不溶度指数/mL	≤	1.0				
	杂质度/(mg/kg)	≤	16				
	铅/(mg/kg)	≤	0.5				
	铜/(mg/kg)	≤	10				
	硝酸盐/(mg/kg)	≤	100				
	亚硝酸盐/(mg/kg)	≤	2				
卫生指标	酵母和霉菌/(CFU/g)	≤	50				
	黄曲霉毒素 M1/(μg/kg)	≤	5.0				
	菌落总数/(CFU/g)	≤	50 000				
	大肠菌群/(MPN/100 g)	≤	90				
	致病菌(指肠道致病菌和致病性球菌)		不得检出				

注:①非脂乳固体=100(%)-脂肪实测值(%)-水分实测值(%)。

(三)乳粉的卫生评定

(1)原料乳必须是新鲜常乳,不得使用末乳和分娩后 1 周内的初乳。原料乳的各项卫生指标必须符合国家标准。

(2)符合国家或行业有关标准规定的所有项目指标。

(3)乳粉中检出含有防腐剂、重金属残留量超标者均不得供食用。对检出黄曲霉毒素、致病菌及严重污染者,应予以销毁。

(4)发现哈喇味、酸败臭味、发霉、吸潮结块、生虫和褐色变化经者,应予以销毁。

二、酸乳的卫生检验

以鲜乳为原料,经过预处理然后接入纯粹培养的保加利亚乳杆菌和嗜热链球菌作为发酵剂,并保温一定时间,因产生乳酸而使酪蛋白凝结的成品称为酸乳。按照不同的分类标准,酸乳的分类有以下几种:按生产方法分为凝固型酸乳和搅拌型酸乳两类;按脂肪含量高低将酸乳分为:高脂酸乳、全脂酸乳、低脂酸乳、脱脂酸乳 4 类;按口味分为纯酸乳和风味酸乳两类。酸乳容易被机体消化吸收,具有抑制肠道有害微生物的活动,促进胃肠功能,增强人体免疫能力,提高钙、磷、铁的吸收、利用,以及降低血清胆固醇等作用,是一种非常理想的营养食品。

(一)酸乳的检验项目

1. 感官检验

从色泽、滋味和气味、组织状态等方面来检验其卫生质量。

2. 理化检验

酸乳的蛋白质、脂肪、非脂固体、酸度按 GB/T 5009.46—2003、GB/T 5413.1—1997 规定检验,山梨酸、苯甲酸按 GB/T 5009.29—2003 检验,硝酸盐和亚硝酸盐按 GB/T 5413.32—1997 检验,黄曲霉毒素 M1 按 GB/T 5009.24—2016 检验。

3. 微生物检验

酸乳不做菌落总数检验。大肠菌群按 GB/T 4789.3—2016 检验;肠道致病菌和致病性球菌按 GB/T 4789.4—2016、GB/T 4789.5—2012、GB/T 4789.10—2016、GB/T 4789.11—2016、GB/T 4789.18—2010 检验;乳酸菌是反映酸乳的特异性指标,其检验按 GB/T 16347—1996 规定操作。

(二)酸乳的卫生质量标准

酸牛乳的各项指标应符合 GB 2746—1999 规定(表 11-15 至表 11-17)。

表 11-15　酸牛乳的感官指标

项目	纯酸牛乳	调味酸牛乳、果料酸牛乳
色泽	呈均匀一致的乳白色或微黄色	呈均匀一致的乳白色,或调味酸牛乳、果料酸牛乳应有的色泽
滋味和气味	具有酸牛乳固有的滋味和气味	具有调味酸牛乳或果料酸牛乳应的滋味和气味
组织状态	组织细腻、均匀,允许有少量乳清析出	果料酸牛乳有果块或果粒

表 11-16　酸牛乳的理化指标

项目		纯酸牛乳			调味酸牛乳、果料酸牛乳		
		全脂	部分脱脂	脱脂	全脂	部分脱脂	脱脂
脂肪/%		≥3.1	1.0～2.0	≤0.5	≥2.5	0.8～1.6	≤0.4
蛋白质/%	≥		2.9			2.3	
非脂固体/%	≥		8.1			6.5	

酸度/°T	≥	70.0

表 11-17 酸牛乳的卫生指标

项目		纯酸牛乳、调味酸牛乳	果料酸牛乳
苯甲酸/(g/kg)	≤	0.03	0.23
山梨酸/(g/kg)		不得检出	≤0.23
硝酸盐(以 $NaNO_3$ 计)/(mg/kg)	≤	11.0	
亚硝酸盐(以 $NaNO_2$ 计)/(mg/kg)	≤	0.2	
黄曲霉毒素 M1/(μg/kg)	≤	0.5	
大肠菌群/(MPN/100 mL)	≤	90	
致病菌(指肠道致病菌和致病性球菌)		不得检出	

注:乳酸菌数不得低于 1×10^6 CFU/mL。

(三)酸乳的卫生评定

(1)生产酸牛乳的原料乳要求同乳粉。

(2)酸牛乳必须符合国家或行业的有关标准规定的所有项目指标。

(3)感官及微生物指标不合格或表面发霉的产品,不得供食用,应作工业用或销毁。

(4)每批样品至少有 1 瓶做细菌检验,其余做感官和理化检验。

(5)检出致病菌者,应做销毁处理。

三、奶油的卫生检验

奶油是以牛乳稀奶油为原料,经过发酵或不发酵,加工制成的固态乳制品,又称为黄油。产品可分为奶油和无水奶油。因为生乳静置一段时间之后,密度较低的脂肪便会浮升到顶层。在工业化制作程序中,这一步骤通常被分离器、离心机完成。在许多国家,奶油都是根据其脂肪含量的不同分为不同的等级。而国内市场上常见的淡奶油、鲜奶油其实是指动物性奶油,即从天然牛奶中提炼的奶油。

(一)奶油的检验

(1)感官检验。观察奶油的色泽、组织状态、气味和滋味。

(2)理化检验。水分、脂肪和酸度按 GB/T 5416—1985 规定检验。

(3)微生物检验。检验项目和方法与乳粉相同。

(二)奶油的卫生质量标准

奶油的各项指标应符合国家规定(表 11-18)。

表 11-18　奶油的感官、理化和卫生指标

项目			指标	
			奶油	无水奶油
感官指标	色泽		呈均匀一致的乳白色或乳黄色	
	滋味和气味		具有奶油的纯香味	
	组织状态		柔软、细嫩，无孔隙，无析水现象	
理化指标	水分/%	≤	16.0	1.0
	脂肪/%	≥	80.0	98.0
	酸度①/°T	≤	20.0	—
卫生指标	菌落总数/(CFU/g)	≤	50 000	
	大肠菌群/(MPN/100 g)	≤	90	
	致病菌(指肠道致病菌和致病性球菌)		不得检出	

注：①不包括以发酵稀奶油为原料的产品。

(三)奶油的卫生评定

(1)奶油的各项卫生指标应符合国家规定的各项标准要求。

(2)腐败、发霉或有其他异味的应废弃。

(3)混有尘埃、杂质者不准销售。

(4)微生物超标者，应视污染严重程度加工成重制奶油，或作工业用或废弃。

四、炼乳的卫生检验

炼乳是用鲜牛奶或羊奶经过浓缩制成的黏稠状液体产品，一般分为全脂无糖炼乳和全脂加糖炼乳两种，它的特点是可贮藏较长时间。炼乳是“浓缩奶”的一种，是将鲜乳经真空浓缩或其他方法除去大部分的水分，浓缩至原体积 25%～40%的乳制品，再加入 40%的蔗糖装罐制成的。炼乳太甜，必须加 5～8 倍的水来稀释。但当甜味符合要求时，往往蛋白质和脂肪的浓度也比新鲜牛奶下降了一半。如果在炼乳中加入水，使蛋白质和脂肪的浓度接近新鲜牛奶，那么糖的含量又会偏高。

(一)炼乳的检验

1. 感官检验

开盖检验气味，然后将样品倒入烧杯检验其色泽和组织状态，并尝其滋味。

2. 理化检验

按 GB 5009.46—2003 检验蛋白质、脂肪、全乳固体、蔗糖、水分、酸度、杂质度、有害金属、硝酸盐和亚硝酸盐、黄曲霉毒素等理化指标。

3. 微生物检验

检验项目和方法同乳粉。

(二)炼乳的卫生质量标准

炼乳的各项指标应符合国家规定(表 11-19)。

表 11-19 炼乳的各项指标

<table>
<tr><td colspan="3" rowspan="2">项目</td><td colspan="2">指标</td></tr>
<tr><td>全脂无糖炼乳</td><td>全脂加糖炼乳</td></tr>
<tr><td rowspan="3">感官指标</td><td colspan="2">色泽</td><td colspan="2">呈均匀一致的乳白色或乳黄色，有光泽</td></tr>
<tr><td colspan="2">滋味和气味</td><td>具有牛乳的滋味和气味</td><td>具有牛乳的香味，甜味纯正</td></tr>
<tr><td colspan="2">组织状态</td><td colspan="2">组织细腻、质地均匀，黏度适中</td></tr>
<tr><td rowspan="8">理化指标</td><td>蛋白质/%</td><td>≥</td><td>6.0</td><td>6.8</td></tr>
<tr><td>脂肪/%</td><td>≥</td><td>7.5</td><td>8.0</td></tr>
<tr><td>全乳固体/%</td><td>≥</td><td>25.0</td><td>28.0</td></tr>
<tr><td>蔗糖/%</td><td>≤</td><td>—</td><td>45.0</td></tr>
<tr><td>水分/%</td><td>≤</td><td>—</td><td>27.0</td></tr>
<tr><td>酸度/°T</td><td>≤</td><td colspan="2">48.0</td></tr>
<tr><td>杂质度/(mg/kg)</td><td>≤</td><td>4</td><td>8</td></tr>
<tr><td>乳糖结晶颗粒/μm</td><td>≤</td><td>—</td><td>25</td></tr>
<tr><td rowspan="10">卫生指标</td><td>铅/(mg/kg)</td><td>≤</td><td colspan="2">0.5</td></tr>
<tr><td>铜/(mg/kg)</td><td>≤</td><td colspan="2">10.0</td></tr>
<tr><td>锡/(mg/kg)</td><td>≤</td><td colspan="2">10.0</td></tr>
<tr><td>硝酸盐/(mg/kg)</td><td>≤</td><td colspan="2">28.0</td></tr>
<tr><td>亚硝酸盐/(mg/kg)</td><td>≤</td><td colspan="2">0.5</td></tr>
<tr><td>黄曲霉毒素 M1/(μg/kg)</td><td>≤</td><td colspan="2">1.3</td></tr>
<tr><td>菌落总数/(CFU/g)</td><td>≤</td><td>—</td><td>50 000</td></tr>
<tr><td>大肠菌群/(MPN/100 g)</td><td>≤</td><td>—</td><td>90</td></tr>
<tr><td colspan="2">致病菌(指肠道致病菌和致病性球菌)</td><td>—</td><td>不得检出</td></tr>
<tr><td colspan="2">微生物</td><td>商业无菌</td><td>—</td></tr>
</table>

(三)炼乳的卫生评定

(1)炼乳的各项卫生指标均应符合国家规定的各项标准要求。

(2)在贮藏期内若出现胀袋及感官指标异常，如有颜色、苦味、腐臭味、金属味，则不得销售，应废弃。

(3)因原料乳酸高或预热加工时的灭菌温度不足，微生物作用致使炼乳凝结成块，应予以废弃。

(4)甜炼乳中不得添加防腐剂，检出者不得食用。

任务四 乳的卫生检验

一、乳密度的测定

(一)实训目的

熟练掌握乳的密度测定方法。

(二)原理

利用乳稠计在乳中取得的浮力与重力相对平衡的原理测定乳的密度。

(三)实训材料

乳稠计(20 ℃/4 ℃),玻璃圆筒或 200～250 mL 量筒(圆筒高度应大于乳稠计的长度,其直径大小应使乳稠计沉入时和圆筒内壁的距离不小于 5 mm),0～100 ℃温度计。

(四)方法与步骤

(1)取混匀并调温为 10～25 ℃的试样,倒入容积为 250 mL 的量筒内并加到容积的 3/4 处,勿使发生泡沫并测量试样中心温度。

(2)小心将乳稠计沉入乳样中,至刻度 1.030 处,然后让其自然浮动,但不能与桶内壁接触,静置 2～3 min。

(3)眼睛对准量筒内乳样表面层与乳稠计刻度接触处,即在乳的弯月面的上缘读取乳稠计刻度。如图 11-2 所示。

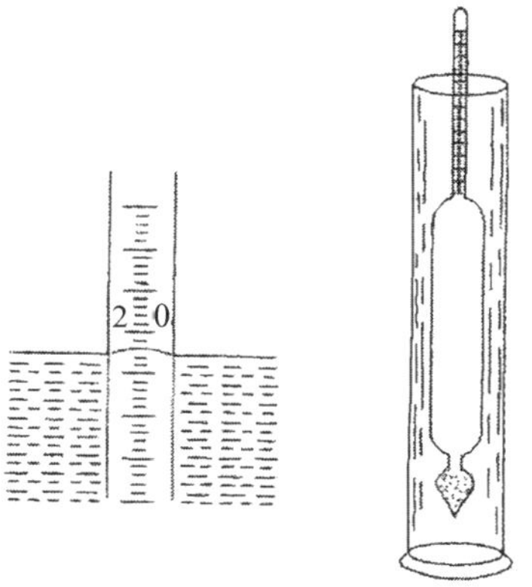

图 11-2　乳密度的测定

乳的相对密度与乳稠计度数的关系式为:

$$X=(\rho_4^{20}-1.000)\times 1\,000$$

式中,X 为乳稠计读数,ρ_4^{20} 为试样的相对密度。

(4)根据乳稠计读数和乳温,查乳稠计温度换算表(表 11-20)。将乳稠计读数换算成 20 ℃时的度数。

表 11-20　乳稠计读数转换为温度 20 ℃时的度数换算表

乳稠计读数	鲜乳的温度/℃															
	10	11	12	13	14	15	16	17	18	19	20	21	22	23	24	25
	换算为 20 ℃时乳稠计度数															
25.0	23.3	23.5	23.6	23.7	23.9	24.0	24.2	24.4	24.6	24.8	25.0	25.2	25.4	25.6	25.8	26.0
25.5	23.7	23.9	24.0	24.2	24.4	24.5	24.7	24.9	25.1	25.3	25.5	25.7	25.9	26.1	29.3	26.5
26.0	24.2	24.4	24.5	24.7	24.9	25.0	25.2	25.4	25.6	25.8	26.0	26.2	26.4	26.6	26.8	27.0
26.5	24.6	24.8	24.9	25.1	25.3	25.4	25.6	25.8	26.0	26.3	26.5	26.7	26.9	27.1	27.3	27.5
27.0	25.1	25.3	25.4	25.6	25.7	25.9	26.1	26.3	26.5	26.8	27.0	27.2	27.5	27.7	27.9	28.1
27.5	25.5	25.7	25.8	26.1	26.1	26.3	26.6	26.8	27.0	27.3	27.5	27.7	28.0	28.2	28.4	28.6
28.0	26.0	26.1	26.3	26.5	26.6	26.8	27.0	27.3	27.5	27.8	28.0	28.2	28.5	28.7	29.0	29.2
28.5	26.4	26.6	26.8	27.0	27.1	27.3	27.5	27.8	28.0	28.3	28.5	28.7	29.0	29.2	29.5	29.7
29.0	26.9	27.1	27.3	27.5	27.6	27.8	28.0	28.3	28.5	28.8	29.0	29.2	29.5	29.7	30.3	32.2
29.5	27.4	27.6	27.8	28.0	28.1	28.3	28.5	28.8	29.0	29.3	29.5	29.7	30.0	30.2	30.5	30.7
30.0	27.9	28.1	28.3	28.5	28.6	28.8	29.0	29.3	29.5	29.8	30.0	30.2	30.5	30.7	31.0	31.2
30.5	28.3	28.5	28.7	28.9	29.1	29.3	29.5	29.8	30.0	30.3	30.5	30.7	31.0	31.2	31.5	31.7
31.0	28.8	29.0	29.2	29.4	29.6	29.8	30.1	30.3	30.5	30.8	31.0	31.2	31.5	31.7	32.0	32.2
31.5	29.3	29.5	29.7	29.9	30.1	30.2	30.5	30.7	31.0	31.3	31.5	31.7	32.0	32.2	32.5	32.7

续表 11-20

乳稠计读数	鲜乳的温度/℃															
	10	11	12	13	14	15	16	17	18	19	20	21	22	23	24	25
	换算为 20 ℃时乳稠计度数															
32.0	29.8	30.0	30.2	30.4	30.6	30.7	31.0	31.2	31.5	31.8	32.0	32.3	32.5	32.3	33.0	33.3
32.5	30.2	30.4	30.6	30.8	31.1	31.3	31.5	31.7	32.0	32.3	32.5	32.8	33.0	33.3	33.5	33.1
33.0	30.7	30.8	31.1	31.3	31.5	31.7	32.0	32.2	32.5	32.8	33.0	33.3	33.5	33.8	34.1	34.3
33.5	31.2	31.3	31.6	31.8	32.0	32.2	32.5	32.7	33.0	33.3	33.5	33.8	33.9	34.3	34.6	34.7
34.0	31.7	31.9	32.1	32.3	32.5	32.7	33.0	33.2	33.5	33.7	34.0	34.3	34.4	34.8	35.1	35.3
34.5	32.1	32.3	32.6	32.8	33.0	33.2	33.5	33.7	34.0	34.2	34.5	34.8	34.9	35.3	35.6	35.7
35.0	32.6	32.8	33.1	33.3	33.5	33.7	34.0	34.2	34.5	34.7	35.0	35.3	35.5	35.8	36.1	36.3
35.5	33.0	33.3	33.5	33.8	34.0	34.2	34.4	34.7	35.0	35.2	35.5	35.7	36.0	36.2	36.5	36.7
36.0	33.5	33.8	34.0	34.3	34.5	34.7	34.9	35.2	35.6	35.7	36.0	36.2	36.5	36.7	37.0	37.3

(五)判定标准

正常生鲜牛乳的密度(20 ℃/4 ℃)≥1.028;消毒鲜牛乳的密度(20 ℃/4 ℃)≥(1.028~1.032)。

二、乳脂肪含量的测定

(一)实训目的

掌握哥特里-罗紫法和盖勃氏法测定乳脂肪含量的方法。

(二)方法与步骤

1.盖勃氏法

(1)原理。应用方法,使牛乳中脂肪分离、聚合,然后测定其体积。在牛乳中加入一定浓度的硫酸,使乳脂肪球周围包裹的一层蛋白膜破坏,脂肪游离出来,在热和离心力的作用下,使游离的脂肪聚合在一起。同时硫酸与乳中酪蛋白作用,生成硫酸酪蛋白化合物,有促进脂肪结合的作用。

(2)器材与试剂。盖勃氏乳脂计(最小刻度为 0.1%),乳脂计架,11 mL 特制牛乳吸管,10 mL 吸管,1 mL 异戊醇自动吸管,10 mL 硫酸自动吸管,乳脂离心机,电热恒温水浴箱(锅);硫酸(相对密度 1.820~1.825),异戊醇(相对密度 0.811~0.812,沸程 128~132 ℃)。

(3)操作方法。将乳脂计置于乳脂计架上,于乳脂计中先加入 10 mL 硫酸,再沿着管壁小心准确加入 11 mL 试样(若试样为酸乳,加入量为 5 mL,再吸 6 mL 水,仔细洗涤吸试样的吸管,洗液注入乳脂计中),使试样与硫酸不要混合,然后加 1 mL 异戊醇,塞上橡皮塞,使瓶口向下,同时用湿毛巾裹好乳脂计,以防橡皮塞冲出,用力振摇使呈均匀棕色液体,瓶口向下静置数分钟,置 65~70 ℃水浴 5 min(注意水浴水面应高于乳脂计脂肪层),取出后放乳脂离心机中,以 1 000 r/min 的转速离心 5 min,再置 65~70 ℃水浴 5 min 后取出,立即读数,即为脂肪的百分数(酸乳应乘以 2.2)。

(4)评定标准。正常生鲜牛乳、全脂巴氏杀菌牛乳和全脂灭菌牛乳含脂率均≥3.1%。

2.哥特里-罗紫法(碱性乙醚抽取法)

(1)原理。利用氨溶液使乳中酪蛋白的钙盐成为可溶性钙盐,然后用乙醚抽出乳中脂肪,挥去乙醚后称其脂肪质量,计算脂肪含量。加入乙醇以消除乙醚提取的醇溶解物,加入石油醚可降低水分在乙醚中的溶解度,使分层清晰。

(2)器材与试剂。抽脂瓶(内径 2.0～2.5 cm,容积 100 mL),10 mL 牛乳吸管,吸管(2 mL、10 mL),电热恒温烘箱,电热恒温水浴箱(锅);氨水,95%乙醇,乙醚(不含过氧化物),石油醚(沸程 30～60 ℃)。

(3)方法与步骤。吸取 10 mL 试样于抽脂瓶中,加入 1.25 mL 氨水,充分摇匀,置 60 ℃水浴中加热 5 min,再振摇 2 min,加入 10 mL 乙醇,充分摇匀,于冷水中冷却后,加入 25 mL 乙醚,振摇 0.5 min,加入 25 mL 石油醚,再振摇 0.5 min,静置 30 min,待上层液澄清时,读取醚层体积。放出醚层至一已恒量的烧瓶中,记录放出醚层的体积。蒸馏回收乙醚后,置脂肪烧瓶于 98～100 ℃干燥 1 h 后称量,再置 98～100 ℃干燥 0.5 h 后,冷却称量,直至前后两次质量相差不超过 1.0 mg。

(4)计算。

$$X=\frac{m_1-m_0}{m_2\times\frac{V_1}{V_0}}\times 100\%$$

式中,X 为试样中脂肪的含量(g/100 g);m_1 为烧瓶加脂肪质量(g);m_0 为烧瓶质量(g);m_2 为试样质量(吸取体积乘以牛乳的相对密度)(g);V_0 为读取乙醚层总体积(mL);V_1 为放出乙醚层体积(mL)。

结果保留两位有效数字。在重复性条件下获得的两次独立测定结果的绝对差值不得超过算术平均值的 5%。

(5)评定标准。同盖勃氏法。

三、乳新鲜度的检验

(一)实训目的

掌握乳的感官检验、中和滴定试验、酒精试验和煮沸试验的方法。

(二)方法与步骤

1.感官检验

正常乳应为乳白色或略带黄色的胶状液体,具有特殊乳香味,稍有甜味,组织状态均匀一致,无凝块、无沉淀、无杂质,不黏滑。

(1)色泽的检查。将少量乳倒于白瓷皿中观察其颜色。

(2)气味的检查。将乳加热后,闻其气味。

(3)滋味的检查。取少量乳用口尝之。

(4)组织状态的检查。将乳倒于小烧杯内静置 1 h 左右,再小心将其倒入另一小烧杯内,仔细观察第一个小烧杯内底部有无沉淀和絮状物。再取1滴乳于大拇指上，检查是否黏滑。

2.乳酸度的测定

(1)中和滴定试验(直接滴定法)。

①原理。利用酸碱中和的原理，以酚酞作指示剂，用0.1 mol/L氢氧化钠标准溶液滴定100 mL乳中的酸，至终点时，根据所消耗的氢氧化钠标准溶液的毫升数即可算出乳的酸度。

②器材与试剂。微量碱式滴定管、滴定架、吸管(1 mL、10～20 mL)、250 mL锥形瓶；0.1 mol/L氢氧化钠标准溶液、0.5%酚酞乙醇溶液。

乳酸度的测定

③操作方法。将0.1 mol/L氢氧化钠溶液注入碱式滴定管内，并调整活塞使液面至整数刻度。精密吸取10 mL乳样，加入250 mL锥形瓶中，加20 mL蒸馏水，滴入0.5%酚酞乙醇溶液3～5滴，用0.1 mol/L氢氧化钠溶液滴定，至呈现淡红色，并在1 min内不消失为止。

④计算。将滴定所消耗的0.1 mol/L氢氧化钠标准溶液的毫升数乘以10，即为被检乳的滴定酸度。

⑤评定标准。生鲜牛乳≤18 °T，生鲜羊乳≤16 °T，巴氏杀菌乳和灭菌牛乳≤18 °T，巴氏杀菌乳和灭菌羊乳≤16 °T。

(2)酒精试验。

①原理。乳中的酪蛋白胶粒带负电荷，周围形成一水化层，酒精有脱水作用，可将酪蛋白周围水化层脱掉，乳中的H^+或Ca^{2+}与负电荷作用，使酪蛋白发生变性而沉淀。

②器材与试剂。5 mL吸管，中试管，68%、70%、72%中性酒精。

③操作方法。分别吸取试样3 mL于3支试管中，编号，各加等量68%、70%、72%的酒精，迅速混合，观察有无絮状物出现。

④评定标准。如加68%酒精出现絮状物，说明乳酸度高于20 °T，未出现絮状物，说明乳酸度低于20 °T。如加70%酒精出现絮状物，说明乳酸度高于19 °T，未出现絮状物，说明乳酸度低于19 °T。如加72%酒精出现絮状物，说明乳酸度高于18 °T，未出现絮状物，说明乳酸度低于18 °T。

(3)煮沸试验。

①原理。乳的酸度越高，乳中的蛋白质对热的稳定性越低，越易凝固。

②器材。10 mL吸管，试管(或小烧杯)，水浴箱。

③操作方法。取10 mL乳样于试管(或小烧杯)中，置于沸水浴中加热5 min，取出，观察管壁有无絮片出现或发生凝固现象。

④评定标准。如产生絮片或发生凝固，酸度大于26 °T，表示乳样不新鲜。

四、乳中还原酶的检测

(一)实训目的

掌握亚甲蓝试验法检测牛乳中还原酶的操作步骤，并根据结果判断乳中细菌总数指标范围。

(二)原理

细菌在乳中生长繁殖时，产生还原酶，还原酶能使亚甲蓝褪色。乳中污染的细菌越多，产生的还原酶越多，亚甲蓝褪色越快。因此，根据亚甲蓝褪色时间的长短，判定乳被细菌污染的程度。

(三)实训材料

灭菌试管，5 mL 吸管，水浴锅(恒温箱)；2.5%亚甲蓝溶液(2.5 mL 亚甲蓝乙醇饱和溶液加 97.5 mL 水，混匀)。

(四)方法与步骤

吸取试样 5 mL 于灭菌试管中，加入亚甲蓝溶液 0.25 mL，塞紧棉塞混匀，置于 37.5 ℃水浴锅或恒温箱中，每隔 10～15 min 观察褪色情况。

(五)评定标准

根据褪色时间将乳汁分为 4 个等级，见表 11-21。

表 11-21　亚甲蓝褪色时间与乳中细菌数的关系

级别	乳的质量	褪色时间	相当于每毫升乳汁中的细菌总数
1	良好	＞5.5 h	$<5\times10^5$
2	合格	2～5.5 h	$5\times10^5\sim4\times10^6$
3	差	20 min 至 2 h	$4\times10^6\sim2\times10^7$
4	劣	＜20 min	$>2\times10^7$

五、乳腺炎乳的检验

(一)实训目的

掌握乳腺炎乳的检验方法，并能进行正确判定。

(二)方法与步骤

1. 溴甲酚紫法

(1)器材与试剂。吸管(5 mL)，白色平皿。称取 60 g 碳酸钠($Na_2CO_3\cdot10H_2O$)溶于 100 mL 蒸馏水中，另取 40 g 无水氯化钙溶于 300 mL 蒸馏水中。二者须均匀搅拌、加温、过滤，然后将两种滤液倾注一起，混合、搅拌、加温和过滤，于第二次滤液中加入等量的 15%氢氧化钠溶液，继续搅拌、加温和过滤即为试液。加入溴甲酚紫于试液内，有助于结果的观察。试剂宜放在棕色玻璃瓶内贮藏。

(2)操作方法。吸取试样 3 mL 于白色平皿内，加 0.5 mL 试剂，立即回转混合，约 10 s 后观察结果。

(3)评定标准。结果判定见表 11-22。

表 11-22 溴甲酚紫法检验乳腺炎乳结果判定

结果	判定
无沉淀及絮片	一（阴性）
稍有沉淀	±（可疑）
肯定有沉淀（片条）	+（阳性）
发生黏稠性团块并继之分为薄片	++（强阳性）
有持续性黏稠性团块（凝胶）	+++（强阳性）

2. 氯糖数的测定

(1)器材与试剂。吸管(10 mL),100 mL 量筒,250 mL 锥形瓶,200 mL 容量瓶,50 mL 滴定管;石蕊试纸,20%硫酸铝溶液,0.2 mol/L 氢氧化钠溶液,10%铬酸钾溶液,0.028 17 mol/L 硝酸银溶液(每 1 000 mL 溶解 4.788 g 硝酸银,标定后使用)。

(2)方法与步骤。用吸管吸取乳样 20 mL 于 200 mL 容量瓶中,加入 10 mL 20%硫酸铝溶液及 8 mL 0.2 mol/L 氢氧化钠溶液,混合均匀,加水至刻度,摇匀后过滤。取 100 mL 滤液,用 0.028 17 mol/L 硝酸银溶液滴定至砖红色(1 mL 0.028 17 mol/L 硝酸银溶液相当于 1 mg 氯)。滴定前须用石蕊试纸测定溶液酸碱性,如果呈酸性,则须事先用氢氧化钠溶液中和至中性。

(3)计算。

$$\text{氯}(\%)=\frac{V\times 10}{1.030\times 1\,000}$$

式中,V 为滴定时用去硝酸银的量(mL);1.030 为正常乳密度;$V\times 10$ 为每 100 mL 牛乳中含氯量(mg)。

$$\text{氯糖数}=\frac{X\times 100}{L}$$

式中,X 为氯的百分含量(%);L 为乳糖的百分含量(%)。

(4)评定标准。健康牛乳中的氯糖数不超过 4,乳腺炎乳的氯糖数则增高。

六、乳中三聚氰胺的检验

(一)原理

用乙腈作为原料乳(或不含添加物的液态乳制品)中的蛋白质沉淀剂和三聚氰胺提取剂,强阳离子交换色谱柱分离,高效液相色谱-紫外检测器/二极管阵列检测器检测,外标法定量。

(二)器材与试剂

除另有说明外,所用试剂均为分析纯或以上规格,水为 GB/T 6682 规定的一级水。

1. 乙腈(CH_3CN)

色谱纯。

2. 三聚氰胺标准物质($C_3H_6N_6$)

纯度大于或等于 99%。

3. 三聚氰胺标准贮备溶液(1.00×10^3 mg/L)

称取 100 mg 三聚氰胺标准物质(准确至 0.1 mg),用水完全溶解后,100 mL 容量瓶中定容至刻度,混匀,4 ℃条件下避光保存,有效期为 1 个月。

4. 标准工作溶液(使用时配制)

(1)标准溶液 A(2.00×10^2 mg/L)。准确移取 20.0 mL 三聚氰胺标准贮备溶液,置于 100 mL 容量瓶中,用水稀释至刻度,混匀。

(2)标准溶液 B(0.50 mg/L)。准确移取 0.25 mL 标准溶液 A,置于 100 mL 容量瓶中,用水稀释至刻度,混匀。

(3)按表 11-23 分别移取不同体积的标准溶液 A 于容量瓶中,用水稀释至刻度,混匀。按表 11-24 分别移取不同体积的标准溶液 B 于容量瓶中,用水稀释至刻度,混匀。

表 11-23　标准工作溶液配制(高浓度)

标准溶液 A 体积/mL	0.10	0.25	1.00	1.25	5.00	12.5
定容体积/mL	100.00	100.00	100.00	50.00	50.00	50.00
标准工作溶液浓度/(mg/L)	0.20	0.50	2.00	5.00	20.00	50.00

表 11-24　标准工作溶液配制(低浓度)

标准溶液 B 体积/mL	1.00	2.00	4.00	20.00	40.00
定容体积/mL	100.00	100.00	100.00	100.00	100.00
标准工作溶液浓度/(mg/L)	0.005	0.01	0.02	0.10	0.20

5. 磷酸盐缓冲液(0.05 mol/L)

称取 6.8 g 磷酸二氢钾(准确至 0.01 g),加水 800 mL 完全溶解后,用磷酸(H_3PO_4)调节 pH 至 3.0,用水稀释至 1 L,用滤膜过滤后备用。

6. 一次性注射器(2 mL)

7. 滤膜(水相,0.45 μm)

8. 针式过滤器(有机相,0.45 μm)

9. 具塞刻度试管(50 mL)

(三)仪器

(1)液相色谱仪。配有紫外检测器/二极管阵列检测器。

(2)分析天平。感量 0.000 1 g 和 0.01 g。

(3)pH 计。测量精度±0.02。

(4)溶剂过滤器。

(四)方法与步骤

1. 试样的制备

称取混合均匀的 15 g 原料乳样品(准确至 0.01 g),置于 50 mL 具塞刻度试管中,加入 30 mL 乙腈,剧烈振荡 6 min,加水定容至满刻度,充分混匀后静置 3 min,用一次性注射器吸取上清液用针式过滤器过滤后,作为高效液相色谱分析用试样。

2. 高效液相色谱测定

(1)色谱条件。

①色谱柱。强阳离子交换色谱柱,SCX,250 mm×4.6 mm(I'd.),5 μm,或性能相当者。

注:宜在色谱柱前加保护柱(或预柱),以延长色谱柱使用寿命。

②流动相。磷酸盐缓冲溶液-乙腈(70+30,体积比),混匀。

③流速。1.5 mL/min。

④柱温。室温。

⑤检测波长。240 nm。

⑥进样量。20 μL。

(2)液相色谱分析测定。

①仪器的准备。开机,用流动相平衡色谱柱,待基线稳定后开始进样。

②定性分析。依据保留时间一致性进行定性识别的方法。根据三聚氰胺标准物质的保留时间,确定样品中三聚氰胺的色谱峰。必要时应采用其他方法进一步定性确证。

③定量分析。校准方法为外标法。

A. 校准曲线制作。根据检测需要,使用标准工作溶液分别进样,以标准工作溶液浓度为横坐标,以峰面积为纵坐标,绘制校准曲线。

B. 试样测定。使用试样分别进样,获得目标峰面积。根据校准曲线计算被测试样中三聚氰胺的含量(mg/kg)。

试样中待测三聚氰胺的响应值均应在方法线性范围内。

注:当试样中三聚氰胺的响应值超出方法的线性范围的上限时,可减少称样量再进行提取与测定。

按以上步骤,对同一样品进行平行试验测定和空白试验(除不称取样品外,均按上述步骤同时完成空白试验)。

3. 结果计算

结果按下列公式计算:

$$X=\frac{A\times c\times V\times 1\,000}{A_s\times m\times 1\,000}\times f$$

式中,X 为试样中三聚氰胺的含量,单位为毫克每千克(mg/kg);A 为样液中三聚氰胺的峰面积;c 为标准溶液中三聚氰胺的浓度,单位为微克每毫升(μg/mL);V 为样液最终定容体积,单位为毫升(mL);A_s 为标准溶液中三聚氰胺的峰面积;m 为试样的质量,单位为克(g);f 为稀释倍数。

通常情况下计算结果保留 3 位有效数字;结果在 0.1～1.0 mg/kg 时,保留 2 位有效数字;结果小于 0.1 mg/kg 时,保留 1 位有效数字。

(五)判定标准

本方法定量检测范围为 0.30～100.0 mg/kg,方法检测限为 0.05 mg/kg。

七、乳中抗生素残留检验

(一)实训目的

掌握用 TTC 试验检测乳中抗生素残留的方法,并能正确判定。

(二)实训材料

水浴锅、灭菌试管、灭菌吸管、恒温培养箱、嗜热乳酸链球菌、4% TTC 指示剂(称取 TTC 即 2,3,5-氯化三苯四氯唑 1 g,溶于 5 mL 灭菌蒸馏水中,装褐色瓶内于 7 ℃冰箱保存,临用时用灭菌蒸馏水稀释至 5 倍。如遇溶液变为玉色或淡褐色,则不能再用)、脱脂乳、被检乳样。

(三)方法与步骤

1.原理

乳中有抗生素存在,则检样中虽加菌液培养物,但因细菌的繁殖受到抑制,因此指示剂 TTC 不还原,不显色。与此相反,如果没有抗生素存在,则加入菌液即行增殖,TTC 被还原而显红色。也就是说,检样呈乳的原色时为阳性,呈红色为阴性,从而可以判定有无抗生素残留。

2.操作方法

(1)菌液制作。将菌种移种脱脂乳,经(36±1) ℃培养 15 h 后,以灭菌脱脂乳 1∶1稀释待用。

(2)检验程序。抗生素残留检验程序如图 11-3 所示。

(3)操作步骤。取乳样 9 mL,置于试管内,置 80 ℃水浴 5 min。然后冷却至 37 ℃以下,加入菌液 1 mL,(36±1) ℃水浴锅中培养 2 h。加入 4% TTC 指示剂 0.3 mL,置(36±1) ℃水浴锅中培养 30 min。观察牛乳颜色的变化。

(4)结果判定。加入 TTC 指示剂并于水浴锅中保温 30 min 后,如检样呈红色反应,说明无抗生素残留,即报告结果为阴性;如检样不显色,再继续保温 30 min 作第二次观察,如仍不显色,则说明有抗生素残留,即报告结果为阳性,反之则为阴性。显色状态判断标准如表 11-25 所示。

表 11-25　显色状态判断标准

显色状态	判断
未显色者	阳性
微红色者	可疑
桃红色→红色	阴性

(5)注意事项。

①掌握好观察时间,第一次观察时间应在加入 TTC 后 0.5 h,这一时间既不宜过短,也不宜过长,过短则显色尚未充分,过长则不仅延长了检验时间,也会错失显色高峰。

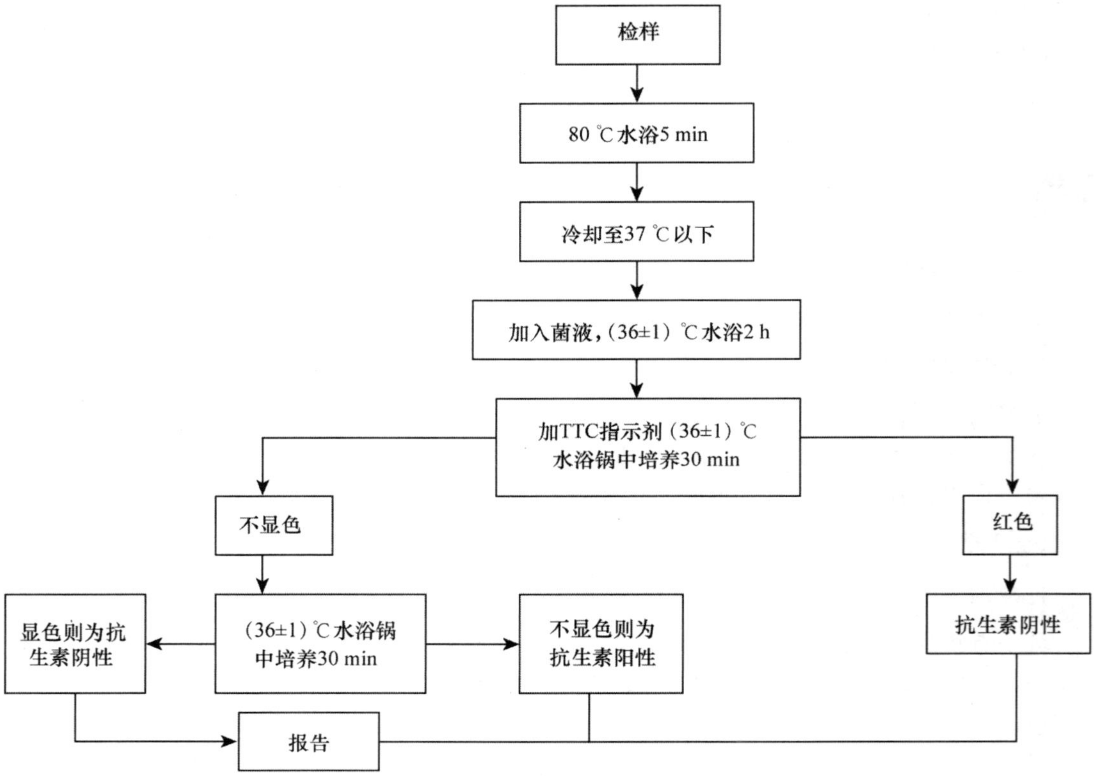

图 11-3　抗生素残留检验程序

②检验过程中应防过多的光照。因 TTC 试剂需避光照，所以在试管内加入 TTC 试剂后的检验过程，宜在光线较暗处进行。每次取出观察时，动作要快，以防光照的干扰。

考核评价

奶牛场每日所产的牛奶需采样进行卫生检验，如何进行鲜乳的卫生检验？如何鉴别掺假掺杂乳？

案例分析

乳品中抗生素超标引起广泛关注

根据一项对我国北方市场的检测调查结果显示，在近 800 份乳品采样中，抗生素残留超标居不合格项目第一位，其次是汞和铅超标。据有关资料显示，因为抗生素对人体的严重危害，美国 FDA 早在 20 世纪 40 年代就对食品的抗生素含量做了规定，不允许生产及出售抗生素含量超标大于 5 ppb 的乳制品，此后发达国家纷纷立法控制食品中的抗生素残留。

相关部门从安全、卫生的角度对原料乳提出了更高的要求，对生鲜牛奶的卫生指标要求，除汞、六六六、滴滴涕外，又增加了砷、铅、铬、硝酸盐、亚硝酸盐、黄曲霉毒素等 11 项指标，明确指出抗生素不得检出。

知识拓展

如何区分牛奶过敏和乳糖不耐症？

牛奶蛋白引起的过敏症状是一种变态反应，它首先发生于皮肤，接着是胃肠道、呼吸道，而乳糖不耐症是因机体缺乏乳糖酶引起的，它主要表现为上腹部紧张、疼痛、呕吐、腹泻等胃肠道症状。一般来说，人类胃肠道中的乳糖酶在婴儿期后慢慢消失并因此不能消化乳糖。而有些婴幼儿失去乳糖的时间比正常宝宝早。牛奶、羊奶和母乳的基本糖分都是乳糖，这些婴幼儿由于不能消化乳糖就会产生和牛奶过敏的婴儿类似的胃肠道反应，要注意结合其他症状鉴别。对于乳糖不耐受的婴儿，使用大豆为基础的配方奶粉即可解决问题，这些奶用葡萄糖代替了乳糖，但它的营养成分有所欠缺。

另外，还有一种低过敏蛋白水解配方奶粉，它不仅可对付牛奶蛋白过敏，还可对付植物蛋白引起的过敏。它的原理是将蛋白质的分子结构变小，使之易于消化，但这必须在医生指导下食用。

乳铁蛋白

乳铁蛋白是乳清蛋白的主要成分之一，占总乳蛋白的 10%～15%，广泛存在于人乳汁和哺乳动物乳汁中，是乳汁中一种重要的非血红素铁结合，是母体中非特异免疫系统的重要成员之一，是母乳中的核心免疫蛋白。具有抗菌、抗病毒和调节机体免疫等功能，被誉为“健康的第一道防线”，对初生婴儿的营养需求和生长发育极其重要。

(1)乳铁蛋白具有抗病毒作用。乳铁蛋白通过抑制病毒进入细胞，减轻对人体肝细胞的损害，这一结论被日本国立癌症中心研究所和京都大学病毒研究所的科研人员经过动物实验和临床试验在 1998 年研究成果报告中所证实。

(2)乳铁蛋白具有抗氧化作用。研究结果显示，乳铁蛋白能抑制铁诱导的脂质过氧化过程所产生的硫代巴比妥酸和丙二醛的生成。另外，牛乳铁蛋白能降解酵母中的转运 RNA，具有核糖果核酸酶的活性，且能抑制超氧离子的形成。所有这些都可降低人体内自由基对动脉血管壁弹性蛋白的破坏，达到预防和治疗动脉粥样硬化和冠心病的目的。

(3)乳铁蛋白具有抗癌作用。铁与其他微量元素的平衡，在补充机体缺铁、降低铁在机体内沉积引起的铁过负荷，以及由此引发的一系列临床疾病中均发挥重要的预防和治疗作用。另外，乳铁蛋白对消化道肿瘤，如结肠癌、胃癌、肝癌、胰腺癌，具有化学预防作用，并可抑制由此引发的肿瘤转移。最后，乳铁蛋白在启动宿主防御系统的初始活化反应，调控不同类型淋巴细胞比例的改变对机体免疫反应的影响，提高免疫力和在预防丙型肝炎病毒的感染，治疗慢性肝炎方面都起到了积极作用。

(4)乳铁蛋白调节机体免疫反应。经研究显示，乳铁蛋白对抗体生成 T 细胞成熟、淋巴细胞中自然杀伤细胞比例都具有调节作用。

(5)乳铁蛋白调节胃肠道铁的吸收。乳铁蛋白通过它的氨基和羧基末端两个铁结合区域能高亲和性地、可逆地与铁结合，并维持铁元素在一个较广的 pH 范围内而完成铁在十二指肠细胞的吸收和利用。

(6)乳铁蛋白同药物的协同作用。研究显示，乳铁蛋白能同多种抗生素和抗病毒药物协同作用，减少药物用量，降低抗生素或抗病真菌制剂对人体肝、肾功能的损害。同时，增强体内微生物对药物的敏感性。

知识链接

1.《中华人民共和国食品卫生法》
2.《乳制品行业整顿和规范工作方案》
3.《关于公布婴幼儿配方乳粉生产许可检验机构的公告》
4.《进出口乳品检验检疫监督管理办法》
5.《乳制品工业产业政策》
6.《乳制品生产企业良好生产规范(GMP)》

项目十二

蛋与蛋制品的卫生检验

学习目标

掌握蛋新鲜度的检验方法与劣质蛋的鉴定和处理方法；熟悉蛋制品的加工卫生检验；了解蛋的构造与化学组成。

学习内容

项目十二蛋与蛋制品卫生检验 PPT

任务一　鲜蛋的卫生检验

蛋作为人类主要的动物性食品之一，可以给人体提供必需的各种的营养成分，如蛋白质、脂肪以及维生素。但是，不符合卫生要求的蛋类不仅会引起人类食物中毒，还可以成为禽类疾病流行的因素。因此，加强蛋类的卫生检验，是非常重要的。

一、蛋的形态结构

禽类的蛋均呈卵圆形。纵切面为一头稍尖一头稍钝的椭圆形，横切面为圆形。横径与长径之比称为蛋形指数。鸡蛋的蛋形指数为 71%～76%，鸭蛋为 63%～83%。商品蛋中破蛋、裂纹蛋的多少与蛋形指数有一定关系。蛋形指数越小，蛋越不耐压而易破裂。蛋的纵轴向较横轴向耐压，所以在装箱时，蛋应直立存放，以免在运输中振动和挤压而破裂。

蛋主要由蛋壳、蛋白及蛋黄 3 部分组成(图 12-1)。

(一)蛋壳

蛋壳是包裹在蛋内容物外面的壳内膜、硬蛋壳和壳外膜的总称。蛋壳的颜色与禽蛋的种类和品种有关，与营养成分关系不大。鸡蛋因品种不同而呈白色或深浅不同的褐色，而鸭蛋和鹅蛋一般均呈青灰色或白色。蛋壳的厚度与家禽的种类、品种及饲养条件有关，鸡蛋平均厚度

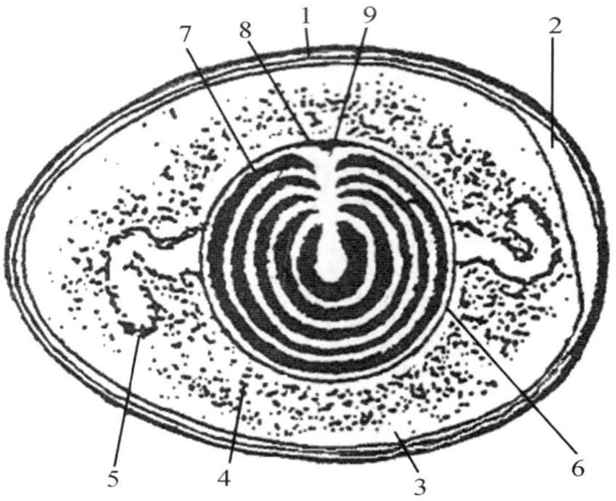

1.硬壳及壳内膜　2.气室　3.稀薄蛋白层　4.浓厚蛋白层　5.系带
6.系带蛋白层　7.蛋黄　8.胚胎　9.白蛋黄

图 12-1　蛋的构造

为 0.35 mm，鸭蛋壳为 0.43 mm，鹅蛋壳为 0.62 mm。鸡褐色蛋的蛋壳较厚，白色蛋的蛋壳较薄。

1.壳外膜

在硬蛋壳表面涂布着一层胶性干燥黏液，称为壳外膜。它是一种无定形、透明、可溶性的胶质蛋白，干固而呈粉末状，黏贴在蛋壳表面。它可阻止微生物的侵入和防止蛋内水分的蒸发。壳外膜是一种水溶性的胶质膜，若遇潮湿、雨淋、水洗或摩擦，将会溶解或脱落而消失，因而失去保护作用。

2.硬蛋壳

硬蛋壳又称石灰质硬蛋壳，是包裹在蛋内容物外面的一层硬壳，它使蛋保持着固定的形状，并保护着蛋白和蛋黄。硬蛋壳由碳酸钙(占 94%)、碳酸镁、磷酸钙、磷酸镁等无机物和少量有机物组成，质脆而不耐碰撞和挤压。

3.壳内膜

轻轻将硬蛋壳击破，并将硬蛋壳剥去后，即可见到在硬蛋壳的里面有一层白色的半透明的网状薄膜包裹着蛋内容物，这就是壳内膜。壳内膜分为两层：外层紧贴硬蛋壳内壁，称为蛋壳膜，较厚，结构致密，细菌不易通过；内层包裹着蛋白，称为蛋白膜，较薄，结构疏松，细菌能自由通过。

(二)蛋白

蛋白又称蛋清，它是由胶体构成的，是蛋白质的典型代表，约占蛋内容物的 60%。蛋白在蛋黄周围以同心层形式积累。蛋白分为浓蛋白和稀蛋白两种，共有 4 层结构，由外向内依次为外稀蛋白、外浓蛋白、内稀蛋白和内浓蛋白。

系带与紧裹在蛋黄外的系带层浓蛋白相连，位于蛋白纵轴、蛋黄的两端，具有固定蛋黄的作用。当蛋存放时间延长，外界温度又较高的情况下，系带受蛋白酶的作用被溶解而失去固定卵黄的作用，因而蛋黄上浮，并发生贴壳现象。

浓蛋白呈浓稠胶状，含有溶菌酶，自身具有抑制和杀灭微生物的作用，随着蛋存放时间的延长，或受较高气温的影响，溶菌酶也逐渐减少，以至于完全消失，蛋便失去了抑菌和杀菌的能力。浓蛋白变稀的过程，就是鲜蛋失去自身抵抗力和开始陈化及变质的过程。因此，浓蛋白的多少也是衡量蛋新鲜程度的标志之一。

稀蛋白约占蛋白总量的45%，呈水样胶体，不含溶菌酶。当蛋存放较久或环境温度较高时，浓蛋白减少而稀蛋白增加，使蛋的品质下降。

（三）蛋黄

蛋黄由蛋黄膜、蛋黄液和胚珠（或称胚盘）构成。新鲜蛋的蛋黄呈球形，两端由系带牵连，所以总是被固定在蛋的中央。

1. 蛋黄膜

蛋黄膜为一层透明而韧性很强的薄膜，紧裹着蛋黄液，所以新鲜蛋的蛋黄紧缩成球形。蛋黄膜起着保护蛋黄和胚珠的作用，防止蛋黄与蛋白混合。打开鲜蛋，将内容物置于平板上，可见蛋黄高高隆起。随着贮藏时间的延长，蛋黄膜韧性降低，弹性减弱，蛋黄在平板上的高度降低而呈扁平状。若蛋黄膜的韧性和弹性显著降低时，蛋黄内容物外溢，形成散黄蛋。如果因微生物侵入，在细菌酶的作用下使蛋白质分解和蛋黄膜破裂，则形成泻黄蛋。因此，蛋黄膜韧性的大小和完整与否，也是蛋新鲜度的标志之一。

2. 蛋黄液

蛋黄液是一种鲜黄色半透明胶状物，约占蛋总重量的32%。蛋黄液有黄色和浅黄色两种，彼此相间，由里向外分层排列成非完全封闭式球状。在蛋黄液的中心部分为白蛋黄，形似细颈瓶状，称为淡蛋黄柱或蛋黄芯。淡蛋黄柱向外延伸至蛋黄膜下，其喇叭形的口部托着胚珠。煮熟的蛋，在蛋黄与蛋白之间有层灰绿色的物质，这是蛋白质中的硫化氢与铁化合形成的产物。

3. 胚珠或胚盘

在蛋黄表面的蛋黄芯喇叭口部有一乳白色的小点，为次级卵母细胞，未受精或完全新鲜蛋的次级卵母细胞呈圆形，称为胚珠，直径约2.5 mm；受精卵经多次分裂后形成胚盘，直径3.0～3.5 mm。当环境温度达25 ℃以上时，胚胎逐渐发育增大，蛋的品质随之下降。

二、蛋在贮藏时的变化

（一）蛋的污染

家禽的生殖器官与泄殖腔相邻，所以蛋在检验时常常检出具有多种细菌和霉菌，其中包括致病菌和引起人类食物中毒的病原菌。在贮藏过程中，受温度、湿度等因素的影响，从而引起蛋的变质。

1. 微生物污染

蛋被微生物污染，可通过两个途径：一是产前污染，即患病家禽生殖器官中的病原微生物或健康家禽生殖器官中的寄生菌，在蛋液形成过程中进入蛋内。此餐，某些寄生虫如绦虫、线虫、吸虫,也可以产前进入蛋内。二是产后污染,即当蛋产出后,外界微生物通过气孔进入蛋内。当蛋被微生物污染后,在适宜的条件,微生物迅速生长繁殖,并释放出蛋白水解酶,使蛋白发生溶解、蛋典破裂,黄白混合,蛋壳膜形成霉斑,蛋白变黑,并具有霉味。

2. 化学污染

蛋白质分解产生的硫化氢,可使蛋白变为绿色甚至黑绿色,蛋黄也由橘黄色变为黑绿色或黑色的液状物,并发出浓厚的臭蛋气味,可以引起人体过敏反应。

(二)蛋在贮藏过程中的变化

蛋在贮藏过程中,外界温度、湿度、包装材料的状态、收购时蛋的品质和保存时间等的影响,会使蛋发生物理变化、生理变化、化学变化和腐败变质。

1. 物理变化

蛋的物理变化包括重量、气室、蛋白和蛋黄的变化。随着时间的推移,壳外膜逐渐消失,气孔暴露,蛋内水分蒸发,使蛋的重量减轻,气室扩大。蛋白层的比例发生显著变化,浓蛋白减少,稀蛋白逐渐增加,蛋的耐贮性也大大也降低。由于蛋黄膜的弹性下降,蛋黄的高度明显降低,蛋黄指数减少。蛋黄指数(又称蛋黄系数)是指蛋黄高度与蛋黄横径的比值。正常鲜蛋的蛋黄指数在 0.44 以上,当蛋黄指数下降到 0.36 以下时,蛋黄膜就会破裂。

2. 生理变化

蛋在贮藏期间,若贮藏温度较高,则使受精蛋的胚胎周围形成血丝,以至于发育形成雏禽;若是未受精蛋,则使未受精的胚珠出现膨胀现象(热伤蛋)。

3. 化学变化

蛋在贮藏期间,pH 不断发生变化,尤其是蛋白 pH 变化较大。一般情况下,鲜蛋白的 pH 为 7.8～8.0。在贮藏初期,CO_2 的快速蒸发,可使 pH 上升到 8.5 左右,但随着贮藏时间延长,蛋白质被蛋白酶分解,产生小分子的酸性物质,反而使 pH 下降,可降到 7 左右。蛋黄的 pH 也发生缓慢变化。蛋随贮藏时间延长,蛋内含氨量、游离脂肪酸、可溶性磷酸都会不同程度的增加。

4. 腐败变质

当微生物侵入蛋内生长繁殖时,释出蛋白水解酶,使蛋白逐渐水解,导致蛋白黏度消失,蛋黄的位置改变。蛋黄膜失去韧性而破裂,形成散黄蛋。而后蛋白质先被分解为氨基酸,继而形成酰胺、氨和硫化氢等,使蛋产生强烈的臭气,并形成某些有毒性的活性物质。由于氨和硫化氢不断积聚,最终引起蛋壳的爆裂。

为防止蛋的腐败变质,应采取包括保持蛋禽的健康,改善贮蛋的卫生条件,杀灭蛋壳表面及环境中的微生物,控制蛋的贮藏环境的温度和湿度等综合性措施。

三、蛋新鲜度的检验与处理

(一)样品的采取

由于经营鲜蛋的环节多,数量大,往往来不及一一进行检验。故可采取抽样的方法进行检验。对长期冷藏的鲜蛋、化学方法贮藏的鲜蛋,在贮藏过程中也应经常进行抽检,以便发现问题及时处理。

采样数量：50件以内者，抽检2件；50～100件者，抽检4件；101～500件者，每增加50件增抽1件（所增不足50件者，按50件计）；500件以上者，每增加100件增抽1件（所增不足100件者，按100件计算）。

（二）感官检验

主要凭借检验人员的感觉器官（视觉、听觉、触觉、嗅觉）来鉴别蛋的质量。

1. 检验方法

依次拿出待检蛋，观察其形态、大小、色泽、蛋壳的完整性和清洁度等情况；用手指摸蛋的表面和掂重，必要时可用手握住蛋互相碰撞听其响声；还可嗅闻蛋有无异常气味，最后将蛋打破轻轻倒入平皿内，观察蛋白和蛋黄的状态。

2. 蛋新鲜度的判定

（1）新鲜蛋。蛋壳表面常有一层粉状物，蛋壳完整而清洁，无粪污、无斑点；蛋壳无凹凸而平滑，壳壁坚实，相碰时发出清脆音而不发哑声；手感发沉。

（2）破蛋类。

①裂纹蛋（哑子蛋）：鲜蛋受压或振动使蛋壳破裂成缝而壳内膜未破，将蛋握在手中相碰发出哑声。

②硌窝蛋：鲜蛋受挤压或振动使鲜蛋蛋壳局部破裂凹下而壳内膜未破。

③流清蛋：鲜蛋受挤压、碰撞而破损，蛋壳和壳内膜破裂，蛋白液外流。

（3）劣质蛋。外观往往在形态、色泽、清洁度、完整性等方面有一定的缺陷。如腐败蛋外壳常呈乌灰色；受潮发霉蛋外壳多污秽不洁，常有大理石样斑纹；经孵化或漂洗的蛋，外壳异常光滑，气孔较显露。腐败变质的蛋甚至可嗅到腐败气味。

鲜蛋的感官指标和理化指标分别见表12-1和表12-2。

表12-1　鲜蛋感官指标

项目	指标
色泽	具有禽蛋固有的色泽
组织形态	蛋壳清洁、无破裂，打开后蛋黄凸起、完整、有韧性，蛋白澄清透明、稀稠分明
气味	具有产品固有的气味，无异味
杂质	无杂质，内容物不得有血块及其他组织异物

表12-2　鲜蛋理化指标

项目		指标
无机砷/(mg/kg)	≤	0.05
铅(Pb)/(mg/kg)	≤	0.20
镉(Cd)/(mg/kg)	≤	0.05
总汞(以Hg计)/(mg/kg)	≤	0.05
六六六、滴滴涕		按GB 2763规定执行

(三)灯光透视检验

在灯光透视下,可视检蛋壳、气室高度、蛋白、蛋黄、系带和胚胎的状况,鉴别蛋的品质。

1. 检验方法

(1)照蛋。检验是在暗室里或弱光的环境中进行,方法是将蛋的大头紧贴照蛋器的洞口上,使蛋的纵轴与照蛋器约成30°倾斜,先观察气室大小和内容物透光程度,然后上下左右移动,根据内容物移动来判断气室的稳定状态和蛋黄、胚盘的稳定程度以及蛋内有无污斑、黑点和游动物等。

(2)气室测量。蛋在贮藏过程中,蛋内水分不断蒸发,致使气室空间日益增大。因此,测定气室的高度,有助于判定蛋的新鲜度。

2. 蛋新鲜度的判定

(1)最新鲜蛋。透视全蛋呈橘红色,蛋黄不显现,内容物不流动,气室高度为4 mm以内。

(2)新鲜蛋。透视全蛋呈红黄色,蛋黄所在处颜色稍深,蛋黄稍有转动,气室高度为5～7 mm。系产后约2周以内的蛋。

(3)普通蛋。内容物呈红黄色,蛋黄阴影清楚,能够转动,且位置上移,不再居于中央。气室高度在10 mm以内,且能移动。系产后2～3个月的蛋。

(4)可食蛋。因浓蛋白完全水解,蛋黄显见,易摇动,且上浮而接近蛋壳(靠黄蛋)。气室移动,高度达10 mm以上。

(5)次品蛋(结合将蛋打开检查)。

①热伤蛋。鲜蛋因受热时间较长,胚胎变大,但胚胎不发育(胚胎死亡或未受精)。照蛋可见胚胎增大,但无血管。

②早期胚胎发育蛋。受精蛋因受热或孵化而使胚胎发育。照蛋时,轻者呈现鲜红色小血圈(血圈蛋),稍重者血圈扩大,并有明显的血丝(血丝蛋)。

③红贴壳蛋。蛋在贮藏时未翻动或受潮所致。蛋白变稀,系带松弛。因蛋黄密度小于蛋白,蛋黄上浮,且靠边贴于蛋壳上。照蛋时见气室增大,贴壳处呈红色。打开后蛋内壁可见蛋黄粘连痕迹,蛋黄与蛋白界线分明,无异味。

④轻度黑贴壳蛋。红贴壳蛋形成日久,贴壳处变黑,照蛋时贴壳部分呈黑色阴影,其余部分仍呈深红色。打开后可见贴壳处有黄中带黑的粘连痕迹,蛋黄与蛋白界线分明,无异味。

⑤散黄蛋。蛋受剧烈振动或蛋贮藏时空气不流通,受热受潮,蛋白变稀,蛋黄膜破裂。照蛋时蛋黄不完整或呈不规则云雾状。打开后蛋黄、蛋白相混,但无异味。

⑥轻度霉蛋。蛋壳外表稍有霉迹。照蛋时见壳膜内壁有霉点,打开后蛋液内无霉点,蛋黄蛋白分明,无异味。

⑦绿色蛋白蛋。透视时蛋白发绿,蛋黄完整;打开后除蛋白颜色发绿外,其他与鲜蛋无异,这是由饲料原因造成的。

(6)变质蛋和孵化蛋。

①重度黑贴壳蛋。由轻度黑贴壳蛋发展而成,其粘贴着的黑色部分超过蛋黄面积1/2以上,蛋液有异味。

②重度霉蛋。外表霉迹明显。照蛋时见内部有较大黑点或黑斑。打开后蛋膜及蛋液内均有霉斑,蛋白液呈胶冻样霉变,并带有严重霉气味。

③泻黄蛋。蛋贮藏条件不良，细菌侵入所致。引起蛋黄膜破裂而使蛋黄与蛋白相混。照蛋时蛋内透光度差，呈灰黄色。打开后蛋液呈灰黄色，变稀，有不愉快气味。

④黑腐蛋。又称老黑蛋、臭蛋，是由上述各种劣质蛋和变质蛋继续变质而成。蛋壳呈乌灰色，甚至因蛋内产生的大量硫化氢气体而膨胀破裂。照蛋时全蛋不透光，呈灰黑色。打开后蛋黄蛋白分不清，呈暗黄色、灰绿色或黑色水样弥漫状，并有恶臭味或严重霉味。

⑤晚期胚胎发育蛋(孵化蛋)。照蛋时，在较大的胚胎周围有树枝状血丝、血点，或者已能观察到胚胎的眼睛，或者已有成形的死胚。

(四)蛋密度的测定

鲜鸡蛋的平均密度为 1.084 5。蛋在贮藏过程中，由于蛋内水分不断蒸发和 CO_2 的逸出，蛋的气室逐渐增大，密度降低。可利用不同密度的盐水，观察蛋在其中沉浮的情况，推知蛋的密度。

1. 操作方法

先把蛋放在密度 1.073(约含食盐 10%)的食盐水中，观察其沉浮情况。若沉入密度 1.073 的食盐水中，则移入密度 1.080(约含食盐 11%)的食盐水中，观察其沉浮情况；若在密度 1.073 的食盐水质漂浮，则移入密度 1.060(约含食盐 8%)的食盐水中，观察其沉浮情况。

2. 新鲜度判定

(1)在密度 1.073 的食盐水中下沉的蛋，为新鲜蛋。

(2)在密度 1.080 的食盐水中仍下沉的蛋，为最新鲜蛋。

(3)在密度 1.073 和 1.080 的食盐水中都不下沉的蛋，而只在密度为 1.060 的食盐水中下沉的蛋，表明介于新陈之间，为次鲜蛋。

(4)如在上述 3 种食盐水中都悬浮不沉，则为陈蛋或腐败蛋。

(五)哈氏单位测定

哈氏单位系蛋白高度对蛋质量的比例指数，哈氏单位的测定是根据蛋白的高度与蛋质量之间的回归关系来计算出一个蛋的蛋白高度。以此来衡量蛋品质的好坏。哈氏单位越高，表示蛋白黏稠度越大，蛋的品质越好。

(六)蛋黄指数的测定

蛋黄指数代表蛋黄的强度大小，可用来判断蛋的新鲜度。蛋越新鲜，蛋黄膜包得越紧，蛋黄指数越高；反之，蛋黄指数越低。新鲜蛋的蛋黄指数一般为 0.36～0.44。

(七)pH 的测定

蛋在贮藏过程中，蛋内 CO_2 逸出，加之蛋白质在微生物和酶的作用下，产生氨和氨态化合物，使蛋内 pH 上升。因此，测定蛋白和全蛋的 pH，有助于蛋新鲜度的检验。

将蛋打开，取 1 份蛋白(全蛋或蛋黄)与 9 份蒸馏水混合，用酸度计测定其 pH。

新鲜蛋的 pH 为：蛋白 7.2～7.6，蛋黄 5.8～6.0，全蛋 6.5～6.8。

(八)鲜蛋的质量评定

1. 内销鲜蛋的质量评定

(1)一级蛋。鸡蛋、鸭蛋、鹅蛋均不分大小，以新鲜、清洁、干燥、无破损为主要标准(仔鸭蛋除外)。在夏季,鸡蛋虽有少量小血圈、小血筋,仍可看作一级蛋。

(2)二级蛋。质量新鲜,蛋壳上的泥污、粪污、血污面积不超过50%。

(3)三级蛋。新鲜雨淋蛋、水湿蛋(包括洗白蛋)、仔鸭蛋(每10个不足400 g)和污壳面积超过50%的鸭蛋。

2. 出口鸡蛋的分级标准

依据蛋的重量以及蛋壳、气室、蛋白、蛋黄、胚胎的状况而分为三级(表12-3)。

表12-3 出口鸡蛋分级标准

项目		一级蛋	二级蛋	三级蛋
蛋重	单个重	60 g以上	50 g以上	38 g以上
	10个重	不少于600 g	500 g以上	380 g以上
蛋壳		清洁、坚固、完整	清洁、坚固、完整	污蛋不大于全蛋的1/10
气室		高度5 mm以上者不超过全蛋的10%	高度5 mm以上者不超过全蛋的10%	高度7~8 mm,不大于全蛋的1/4
蛋白		色清明、浓厚	色清明、较浓厚	色清明、稍稀薄
蛋黄		不显露	略明显,但仍坚固	明显而移动
胚胎		不发育	不发育	微有发育

(九)鲜蛋的卫生评价

1. 新鲜蛋

可鲜售供食用。

2. 一类次蛋

裂纹蛋、硌窝蛋、轻度流清蛋、热伤蛋、血圈蛋、血筋蛋,应标明品质,限期销售。二类次蛋(血环蛋、严重流清蛋、红贴壳蛋、轻度黑贴壳蛋、散黄蛋、轻度霉蛋、血筋蛋)不许鲜售,可供高温复制品利用。

3. 变质和劣质蛋

如泻黄蛋、黑腐蛋、重度霉蛋、重度黑贴壳蛋、孵化蛋、细菌性绿色蛋白蛋,均不得供食用,可作非食品工业用或作肥料。孵化蛋,原则上按上述劣质蛋处理,但有食用习惯的地区,经当地卫生健康部门同意后,按规定条件方可供食用。为防止由水禽蛋引起沙门菌食物中毒,在制作冰激凌、奶油点心、煎蛋饼、煎荷包蛋等时,不得使用鸭蛋或鹅蛋。

4. CO_2贮藏蛋

用浓度较高的CO_2贮藏的鲜蛋,在销售、加工或食用之前,应先放置一定时间,使其异味散发。

5. 细菌检验

凡发现肠道致病菌、沙门菌、志贺菌的蛋不得销售。应在卫生健康部门监督下,供高温复制利用,但必须保证充分加热煮熟烧透,并防止生熟交叉污染。此外,也可按有关规定,制作冰蛋制品、干蛋制品。

任务二　蛋制品的卫生检验

将鲜蛋加工成蛋制品，主要是延长蛋的保存时间，还可以改善风味，满足不同消费者的需求，所以蛋制品在动物性食品加工业中占有重要的地位，主要包括冰蛋品、干蛋品和再制蛋。除冰蛋品和咸蛋在食用前需加热烹调外，其他蛋制品一般为直接食用的食品，其卫生质量直接关系着广大消费者的身体健康。因此，对蛋制品加工过程中的卫生监督和产品的卫生检验，具有十分重要的意义。

一、再制蛋的卫生检验

再制蛋主要包括咸蛋、皮蛋和糟蛋3种，都是我国传统的禽蛋制品，不仅在国内有很大的消费市场，而且在国际市场上的销路也很广，是我国蛋制品出口的拳头产品。

(一)咸蛋的卫生检验

1. 加工卫生

咸蛋又名盐蛋、腌蛋、味蛋，与新鲜蛋相比，其应用价值极为接近，制作简便，费用低廉，耐贮藏，四季均可食用，尤其是夏令佳肴。煮熟后的咸蛋，蛋白细嫩，蛋黄鲜红，油润松沙，清爽可口，咸度适中，深受消费者的喜爱。江苏省的高邮咸蛋，全国闻名，远销国外。咸蛋的加工方法有很多，主要有稻草灰腌制法、盐泥涂包法、盐水浸渍法。

(1)原料蛋的挑选。加工咸蛋的原料应选择蛋壳完整的新鲜蛋，只有用新鲜的原料蛋才能加工出品质优良的咸蛋。因此，加工咸蛋用的鲜蛋应经过严格检验，挑选的方法一般采用感官检验、照蛋检验和大小分级。

(2)辅料的卫生要求。咸蛋加工的主要辅料是食盐。食盐的作用是增加蛋的耐藏性，并使其具有一定的风味，因而咸蛋便由贮蛋方法变成了加工再制蛋的方法。黄泥和草木灰能使食盐在较长的时间内均匀地向蛋内渗透，并可阻止微生物向蛋内进入，也有助于防止咸蛋在贮藏、运输、销售过程中的破损。加工咸蛋的食盐要求纯净，氯化钠含量高(96%以上)，必须是食用盐，不能用工业盐加工咸蛋。草木灰和黄泥要求干燥，无杂质，受潮霉变和杂质多的不能使用。加工用水达到生活饮用水卫生标准。

2. 卫生检验

(1)感官检验。就是对成批的咸蛋进行感官检查，看包着的灰泥是否过于干燥，有无脱落现象，有否破损。检验咸蛋的成熟程度，也就是咸味是否适中，以决定是否还要继续腌制。

(2)光照透视检验。一般抽咸蛋样品5%左右，除去包着的灰泥后灯光透视。正常的蛋可见透亮鲜明，蛋黄红色带黄，随蛋的转动而转动，蛋白清晰。

(3)摇晃检验。将咸蛋拿在手中，轻轻摇动，听到有拍水声的是成熟的蛋(因盐分渗入，蛋白呈水样所致)，无振荡拍水声的是混蛋。

(4)去壳检验。抽取几枚蛋，打开蛋壳，见蛋白、蛋黄分明，蛋白水样透明，蛋黄坚实，色红或橙黄者为好蛋；略有腥气味，蛋黄不坚实的为未成熟蛋；蛋黄、蛋白不清，蛋黄发黑，有臭气的是变质咸蛋。

(5)煮熟后检验。取几枚样品蛋洗净后煮熟，良质咸蛋蛋壳完整，烧煮的水洁净透明，切开后蛋白鲜嫩洁白，蛋黄坚实，色红或橙黄，周围有油珠；裂纹蛋有蛋白外溢凝固，烧煮水浑浊；变质蛋烧煮时炸裂，内容物全黑或黑黄，煮蛋的水浑浊而有臭气。

3. 感官质量的评定

(1)良质咸蛋。蛋壳完整，无裂纹，无发霉现象；轻摇时因蛋白稀薄流动而有轻度水荡声；灯光透视时蛋白透明而无斑点，气室小，蛋黄缩小；打开后，见蛋白稀薄，浓蛋白层消失、透明，蛋黄呈红色或淡红色，浓缩，黏度增加，但不硬固。煮熟后有香味，蛋黄呈朱砂色，富有油脂，食时有沙感。咸淡适中而无异味。

(2)次劣变质咸蛋。

①泡花蛋。透视时可见内容物有水泡花，并能随蛋转动，煮熟后蛋内容物呈蜂窝状。产生的原因主要是鲜蛋检验时没能剔除水泡蛋，另外，贮藏时间过长也是原因之一。这种蛋仍可食用。

②混黄蛋。混黄蛋是原料蛋不新鲜，盐分含量不足，加工后存放时间过长所引起的。在透视时蛋内容物模糊不清，颜色发暗，打开后蛋白呈白色和淡黄色相混粥状物。蛋黄缩小或变形，外部呈乳白色，质地稀薄，带有恶臭。混黄蛋原则上禁止食用，初期如无腥味时，可煮熟后食用。

③黑黄蛋。在加工时，鲜蛋检验不严格，以及在腌制过程中温度过高所造成。轻度黑黄蛋，灯光透视时见蛋黄发黑，蛋白尚清晰透明，打开蛋后见蛋黄黑而硬，蛋白较清晰、透明，有腐败味。这种黑黄蛋称为“清水黑黄蛋”，应充分煮熟后食用。重度黑黄蛋，蛋黄与蛋白皆成水样，呈黄黑或黑绿色，有强烈的臭味。这种黑黄蛋称为“混水黑黄蛋”，严禁食用。

此外，还有损壳咸蛋、红贴壳咸蛋、黑贴壳咸蛋等。

(二)皮蛋的卫生检验

1. 加工卫生

皮蛋又名松花蛋、彩蛋或变蛋，在我国深受广大消费者的喜爱。

皮蛋因加工用料及条件不同，其产品有不同的种类。按蛋黄部分的软硬来分，有硬心皮蛋(俗称湖彩蛋)和溏心皮蛋(俗称京彩蛋)；按加工用禽蛋种类不同，可分为鸭皮蛋、鸡皮蛋和鹅皮蛋；按加工用辅料的不同，可分为有铅皮蛋、无铅皮蛋、烧碱皮蛋、五香皮蛋、糖皮蛋及清凉解毒皮蛋等。皮蛋的制作方法主要有生包法、浸泡法和涂抹法 3 种。

(1)原料蛋的挑选。加工皮蛋的原料蛋一般选用鸭蛋，也有用鸡蛋和鹅蛋的。原料蛋质量的好坏直接关系着成品皮蛋的质量，因此，在加工皮蛋前必须对原料蛋进行认真地挑选。具体检验方法与咸蛋加工的原料蛋挑选方法相同。

(2)加工辅料。鲜蛋在辅料的作用下，通过一系列的化学反应后而成为皮蛋。加工皮蛋的辅料主要有纯碱(或生石灰，或烧碱)、食盐、红茶末、植物灰(或干黄泥)、谷壳。加工含铅皮蛋时，氧化铅(黄丹粉)作为重要辅料。所有辅料都必须保持清洁、卫生。氧化铅的加入量要按有关规定执行，以免皮蛋中铅含量超出国家卫生标准，危害人体健康。

2. 卫生检验

(1)感官检验。皮蛋主要用作拼盘凉菜食用，所以对它的外观特征、色泽及滋味有严格的要求。

先仔细观察皮蛋外观（包泥，形态）有无发霉，敲摇检验时注意颤动感及响水声。皮蛋刮泥后，观察蛋壳的完整性（注意裂纹），然后剥开蛋壳，要注意蛋体的完整性，检查有无铅斑、霉斑、异物和松花花纹。剖开后，检查蛋白的透明度、色泽、弹性、气味、滋味，检查蛋黄的形态、色泽、气味、滋味。

（2）理化检验。皮蛋的理化检验项目有 pH、游离碱度、挥发性盐基氮、总碱度、铅、砷等，其测定按 GB/T 5009.47—1996 操作。

（3）微生物检验。皮蛋的微生物检验项目有菌落总数、大肠菌群和致病菌（系指沙门菌），其检验按 GB 4789.2—2022、GB 4789.3—2016 和 GB 4789.4—2016 操作。

3.感官质量的评定

（1）良质皮蛋。蛋外包泥或涂料均匀洁净，蛋壳完整无霉变，敲摇时不得有响水声。剖检时，蛋体完整，蛋白呈青褐、棕褐或棕黄色半透明体，有弹性，蛋黄呈深浅不同的绿色或黄色略带溏心或凝心。具有皮蛋应有的滋味和气味，无异味。

（2）次劣皮蛋。

①损壳皮蛋。皮蛋的蛋壳出现裂纹、凹壳、破壳、脱壳等现象，食用时碱味很浓，有涩味。当只见有裂纹、凹壳、蛋壳破裂而蛋体完整时，应及时食用。一旦发现蛋壳破裂，且蛋体部分脱落者，需经烧煮后方可食用。

②烂头皮蛋（又称碱伤蛋）。蛋白不坚韧，甚至有黑水，蛋黄结成黄色蜡丸样。这种碱伤蛋，轻微的可食用。生包蛋中有部分蛋壳完整，蛋白呈液状，蛋黄硬结，摇晃时有拍水声的碱伤蛋不能食用。

③回气皮蛋。蛋壳多数完整，但弹性差，气室大，色泽呈青黄色，无光泽，蛋白发黏。切开后见蛋黄有黑色液体流出，有异味。严重的回气皮蛋，稍加振动就会爆裂。回气皮蛋一般不能食用。

④响水皮蛋。在摇晃时有水响的声音，灯光透视时，蛋白不凝固或凝固不好，色浅，有的蛋黄随蛋体的转动而转动，有的黄白混杂。严重者蛋内呈黑色。轻度的响水皮蛋与其他菜烹调后可食用，严重的响水皮蛋禁止食用。

⑤黄次皮蛋。这种蛋多发于冬天，其蛋白与蛋黄凝结正常，但是整个蛋体呈黄色，色、香、味较差。这种蛋对食用无害。

⑥呆白、寡绿皮蛋。蛋白呈呆白状态的称为呆白皮蛋，蛋白色泽绿而不鲜的称为寡绿皮蛋。这种蛋一般蛋壳完整，离壳不好，不宜做较长时期的存放。

⑦变质皮蛋。气室大，剖检时可见蛋黄有黑色液体流出，甚至只残留少部分蛋白和蛋黄，散发刺鼻的臭味。严重变质皮蛋因产硫化氢较多，稍加振动就会有爆裂声。变质皮蛋不允许食用。

（三）糟蛋的卫生检验

1.加工卫生

糟蛋具有蛋壳柔软、蛋质细嫩、醇香可口、回味悠长的特点，是选用新鲜鸭蛋经裂壳后，用优质糯米制成的酒糟腌渍慢泡而成的一种再制蛋，是我国具有独特风味的产品。

（1）原料蛋的卫生要求。通过照蛋检验，剔除各种次劣蛋和变质蛋，选用新鲜、大小均匀的鸭蛋为原料，一般要求每 1 000 枚鸭蛋重 65～75 kg，并且按重量分级，以便成熟时间一致。将挑选的新鲜鸭蛋用清水刷洗净，蛋壳不得留有泥沙、禽粪、杂质和其他污物。洗净后单层放置，晾干水分。

(2)辅料的卫生要求。加工糟蛋的辅料主要有糯米及其酒糟、食盐、红砂糖。糯米是制作酒糟的原料，应选用优质糯米，以当年新米最好，要求色白，颗粒饱满，气味好，无杂米粒。这样的糯米制成的酒糟，能产生较多的酸、醇、糖。糯米制成酒糟需用酒药，制糟蛋用的酒药有绍药和甜药 2 种。食盐质量应符合卫生标准。红砂糖总糖分不应低于 89%。

2. 卫生检验

(1)良质糟蛋的感官质量。蛋形态完整，蛋膜无破裂，蛋壳脱落或基本脱落；蛋白呈乳白色、浅黄色，色泽均匀，呈糊状或凝固状；蛋黄完整，呈橘红色或黄色的半凝固状；具有醇香味，无异味。

(2)次劣糟蛋。

①矾蛋。糟与蛋及蛋壳黏结在一起，如烧过的矾一样。这种糟蛋是因酒糟含醇量低或蛋坛有漏缝所致，不可食用。

②水晶蛋。蛋内全部或大部分都是水。色由白转红，蛋黄硬实，有异味，不宜食用。

③空头蛋。蛋内只有萎缩了的蛋黄，没有蛋白。这种糟蛋不宜食用。

二、冰蛋制品的卫生检验

冰蛋制品主要包括冰全蛋、冰蛋黄和冰蛋白 3 种，其区别仅在所用的原料不同，但加工方法完全相同。主要用于食品工业，如用于生产面包、饼干、糕点、冰激凌、糖果等。

(一)加工卫生

1. 半成品加工的卫生监督

半成品即对原料蛋进行检验、清洗、消毒、晾干，然后去壳所得的蛋液。半成品质量的好坏直接影响着成品的质量，因此，必须加强半成品加工的卫生监督。

(1)原料蛋的检验。先进行感官检验，剔除感官上不合格的劣质蛋。然后进行照蛋检验，剔除所有次劣蛋和腐败变质蛋。

(2)蛋的清洗和消毒。经检验挑选出来的新鲜蛋，在流水槽中洗净蛋壳，然后放在含 1%～2%有效氯的漂白粉液或 0.04%～0.1%过氧乙酸液中浸泡 5 min，再于 45～50 ℃并加有 0.5% 硫代硫酸钠的温水中浸洗除氯。

(3)凉蛋。将消毒后的蛋送至凉蛋室晾干，凉蛋室的所有工具均应清洁无菌。

(4)去蛋壳。去蛋壳有手工打蛋和机械去蛋壳 2 种方法。手工打蛋时，操作人员应严格遵守卫生制度，防止蛋液人为的污染。去蛋壳后所得的全蛋液或蛋白液、蛋黄液即为半成品，可分别加工为冰全蛋、冰蛋白、冰蛋黄。

2. 成品加工的卫生监督

(1)搅拌过滤。对半成品蛋液，工厂均采用搅拌器搅拌均匀，再通过 0.1～0.5 cm^2 的筛网，滤净蛋液内的蛋壳碎片、壳内膜等杂质。

(2)预冷。及时预冷可以阻止细菌繁殖，保证产品质量，并缩短速冻时间。预冷在冷却罐内进行，罐内装有蛇形管，蛇形管内通以－8 ℃的冷盐水不停地循环，使罐内的蛋液很快就降温至 4 ℃左右。

(3)装听(桶)。蛋液冷却至 4 ℃时即可装听(桶)，一般有 5 kg、10 kg、20 kg 装 3 种，装听(桶)后即可送入速冻间冷冻。

(4)速冻。将装有蛋液的听或桶送至速冻间冷冻排管上，听(桶)之间要留有一定的间隙，以利于冷气流通。速冻间温度要保持在－20 ℃以下，冷冻 36 h 后，将听(桶)倒置，使其四角冻结充实，防止膨胀，并可缩短冷冻时间。冷冻时间不超过 72 h，听(桶)内中心温度达－18～－15 ℃时，速冻即可完成。

(5)冷藏。将速冻后的听(桶)用纸箱包装，然后送到冷藏库冷藏。冷藏库的温度需保持在－15 ℃以下。

(二)卫生检验

冰蛋制品的卫生检验包括感官检验、理化检验和微生物检验。理化检验要进行水分含量、脂肪含量、游离脂肪酸含量和汞含量的测定，按 GB/T 5009.47—2003、GB/T 5009.17—2021 操作。微生物检验要进行菌落总数、大肠菌群和致病菌(指沙门菌)的检验，按 GB 4789.2—2022、GB 4789.3—2016 和 GB 4789.4—2016 操作。

三、干蛋制品的卫生检验

干蛋制品是将蛋液中大部分水分除去而成的蛋制品。主要包括干蛋粉(全蛋粉、蛋白粉、蛋黄粉)和干蛋白(蛋白片)。

(一)加工卫生

干蛋制品的加工工艺包括半成品和成品的加工。其中半成品加工方法与冰蛋制品相同，不再赘述。现将干蛋制品加工工艺中成品加工的卫生监督介绍如下。

1. 干蛋粉加工的卫生监督

干蛋粉的加工可采用压力喷雾法或离心喷雾法进行喷雾干燥，即先将蛋液经过搅拌过滤，除去蛋壳及杂质，并使蛋液均匀，然后喷入干燥塔内，形成微粒与热空气相遇，瞬时即可除去水分，落入底部形成蛋粉，最后经晾粉、过筛即为成品。但生产蛋白粉时，需将蛋白液进行发酵，以除去其中的碳水化合物及其他杂质，发酵方法可参照下述干蛋白的加工。

2. 干蛋白加工的卫生监督

(1)发酵。加工干蛋白时，对半成品需进行发酵。发酵的目的是除去混入蛋白中的蛋黄、胚盘、黏液质、碳水化合物及其他杂质，使干燥时便于脱水，增加成品的溶解度，提高打擦度，防止成品色泽变深等。

(2)中和。蛋白液经发酵后呈酸性，在烘制干燥过程中会产生气泡，酸度高也不耐贮藏，因此，需用氨水中和 pH 达 7.0～7.2。

(3)烘干。用浅盘水浴干燥(也称流水烘架)。将经过发酵、中和后的蛋白液注入烘盘中，每盘约 2 kg。为了使水分迅速蒸发，在蛋白不凝固的情况下，尽量提高温度。水流的前后温度差不应超过 1 ℃，盘内温度从 51 ℃开始，逐渐提高，要求在 4～6 h 内达 53～54 ℃，直至第 1 次揭片。在烘干过程中，必须将液面上的泡沫和油层杂质刮去，即在浇盘后 2 h 刮去泡沫，

9 h后刮去油层和杂质。蛋白液经12～24 h的蒸发后，逐渐凝结成一层薄片，再经2～3 h薄片变厚，至其中心厚度达1.5～2 mm时，即可揭第1次蛋白片；再经1～2 h，揭第2次，依次类推，直至清盘为止。

(4)热晾和拣选。烘干后的蛋白片，还有很多水分(24%左右)，必须平铺在布盘上，放在温度为40～45 ℃的温室内热晾4～5 h，至蛋白片发碎裂声，水分降至15%左右时，进行拣选。拣选是将大片捏成约1 cm长的小块，并将碎屑、厚块、潮块等拣出，分别处理。

(5)焐藏和包装。拣选后的大片，称重后倒入木箱，上盖白布或木盖，放置48～72 h，使水分均匀，这个过程称为焐藏。最后检验水分和打擦度，合格后即可包装。

(二)卫生检验

干蛋制品的卫生检验包括感官检验、理化检验和微生物学检验。理化检验应测定水分含量、脂肪含量、游离脂肪酸含量、汞含量和溶解度指数，对鸡蛋白片还应测定水溶物含量和总酸度。干蛋制品的微生物检验需测定菌落总数、大肠菌群和致病菌(系指沙门菌)。具体检验方法详见冰蛋品中的国家标准检验方法(GB 2749—2015)。

四、蛋制品的卫生标准

(一)适用范围

本标准适用于巴氏杀菌冰全蛋、冰蛋黄、冰蛋白、巴氏杀菌鸡全蛋粉、蛋黄粉、蛋白片、皮蛋(松花蛋)、咸蛋、糟蛋等蛋制品。

(二)卫生要求

1. 感官指标

蛋制品的感官指标见表12-4。

表12-4 蛋制品的感官指标

蛋制品	指标
巴氏杀菌冰鸡全蛋	坚洁均匀，呈黄色或淡黄色，具有冰鸡全蛋的正常气味，无异味，无杂质
冰鸡蛋黄	坚洁均匀，呈黄色，具有冰鸡蛋黄的正常气味，无异味，无杂质
冰鸡蛋白	坚洁均匀，呈白色或乳白色，具有冰鸡蛋白的正常气味，无异味，无杂质
巴氏杀菌鸡全蛋粉	呈粉末状或极易松散的块状，均匀淡黄色，具有鸡全蛋粉的正常气味，无异味，无杂质
鸡蛋黄粉	呈粉末状或极易松散的块状，均匀黄色，具有鸡蛋黄粉的正常气味，无异味，无杂质
鸡蛋白片	呈晶片状，均匀浅黄色，具有鸡蛋白片的正常气味，无异味，无杂质
皮蛋(松花蛋)	外包泥或涂料均匀洁净，蛋壳完整，无霉变，敲摇时无水响声，剖检时蛋体完整，蛋白呈青褐、棕褐或棕黄色，呈半透明状，有弹性，一般有松花花纹。蛋黄呈深浅不同的墨绿色或黄色，略带溏心或凝心，具有皮蛋应有的滋味和气味，无异味
咸蛋	外壳包泥(灰)等涂料洁净均匀，去泥后蛋壳完整，无霉变，灯光透视时可见蛋黄阴影，剖检时蛋白液化，澄清，蛋黄呈橘红色或黄色环状凝胶体。具有咸蛋正常气味，无异味
糟蛋	蛋形完整，蛋膜无破裂，蛋壳脱落或不脱落。蛋白呈乳白色、浅黄色，色泽均匀一致，呈糊状或凝固状。蛋黄完整，呈黄色或橘红色，半凝固状，具有糟蛋正常的醇香味，无异味

2. 理化指标

蛋制品的理化指标见表 12-5、表 12-6。

表 12-5　冰蛋品和干蛋品理化指标

项目		巴氏杀菌冰鸡全蛋	冰鸡蛋黄	冰鸡蛋白	巴氏杀菌鸡全蛋粉	鸡蛋黄粉	鸡蛋白片
水分/%	≤	76	55	88.5	4.5	4.0	16
脂肪/%	≥	10	26	—	42	60	—
游离脂肪酸/%	≤	4	4	—	4.5	4.5	—
酸度/%	≤	—	—	—	—	—	1.2
汞(以 Hg 计)/(mg/kg)	≤	0.03	0.03	0.03	0.03	0.03	0.03

表 12-6　再制蛋理化指标

项目		咸蛋	糟蛋	皮蛋		
				传统工艺生产溏心皮蛋	其他工艺生产溏心皮蛋	硬心皮蛋及其他皮蛋
汞(以 Hg 计)/(mg/kg)	≤	0.03	0.03	—	—	—
铅(以 Pb 计)/(mg/kg)	≤	—	1.0	2.0	0.5	0.5
铜(以 Cu 计)/(mg/kg)	≤	—	—	—	10	—
锌(以 Zn 计)/(mg/kg)	≤	—	—	—	20	—
砷(以 As 计)/(mg/kg)	≤	0.5	0.5	0.5	0.5	0.5
pH(1∶15 稀释)	≥	—	—	9.5	9.5	9.5
食盐(以 NaCl 计)/%	≥	2.0	—	—	—	—
挥发性盐基氮/(mg/100 g)	≤	10	—	—	—	—

3. 微生物指标

蛋制品的微生物指标见表 12-7。

表 12-7　蛋制品的微生物指标

项目		巴氏杀菌冰鸡全蛋	冰鸡蛋黄	冰鸡蛋白	巴氏杀菌鸡全蛋粉	鸡蛋黄粉	鸡蛋白片	咸蛋	糟蛋	皮蛋
菌落总数/(个/g)	≤	5 000	10^6	10^6	10 000	50 000	—	—	100	500
大肠菌群/(MPN/100 g)	≤	1 000	1.1×10^6	1.1×10^6	90	40	—	—	30	30
致病菌(系指沙门菌)		不得检出								

任务三 蛋的卫生检验

一、实训目的

掌握鲜蛋的常用检验方法及卫生评价。

二、实训材料

湿盘，镊子，照蛋器，气室测量规尺，蛋质分析仪，游标卡尺，平皿，标本缸，食盐，鲜蛋、破蛋和次劣质蛋。

三、方法与步骤

1. 感官检查

通过眼看、手摸、耳听、鼻嗅等综合判断蛋的感官性状。

2. 灯光透视检验法

通过灯光透视，可以确定气室的大小，蛋白、蛋黄、系带、胚胎、蛋内和蛋壳的状态及透光的程度。

(1)检验方法。在暗室中将蛋的大头紧贴照蛋器洞口上观察。详见项目十二中任务一。

(2)气室测定。蛋在存放过程中，由于温度、湿度等因素的影响，蛋内水分不断蒸发，气室日益增大。因此，测定气室高度，有助于判断蛋的新鲜程度。

气室的测量是用特制的气室测量规尺测量。气室测量规尺(图 12-2)是一个刻有平行刻线的半圆形切口的透明塑料板，测量时，先将气室测量规尺固定在照蛋孔上缘，将蛋的大头向上正直地嵌入半圆形切口内，使蛋的顶点与规尺上的零线重合，检验者的视线应和蛋的顶点取平，然后读取气室左右两端落在规尺上的刻度数(即气室左右两边的高度)。

$$气室高度=\frac{气室左边的高度+气室右边的高度}{2}$$

(3)判定标准。特级鲜蛋的气室高度为 3 mm 以内；一级鲜蛋的气室高度为 4～5 mm；二级鲜蛋的气室高度为 10 mm 以内；三级鲜蛋的气室高度为 11 mm 以上，但不超过蛋长轴的 1/3；陈旧蛋的气室高度超过蛋长轴的 1/3。

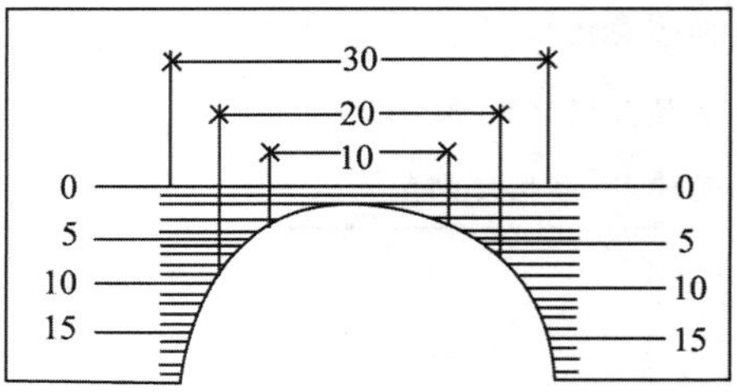

图 12-2 气室测量规尺(单位:mm)

3. 蛋黄指数测定

蛋黄指数是指蛋黄高度与蛋黄宽度的比值，比值越大，蛋越新鲜。蛋黄的品质及变化可作为蛋的品质及鲜度的指标。蛋黄指数代表蛋黄膜的强度大小，可用来判断蛋的新鲜度。

将被测蛋小心破壳，再将破壳蛋内容物轻轻倒入蛋质分析仪的水平玻璃测试台上。然后用蛋质分析仪的垂直测微器量取蛋最高点的高度，用卡尺小心量取蛋黄最宽处的宽度（即横径）。测量时要小心，不要弄破蛋黄膜。

$$\text{蛋黄指数}=\frac{\text{蛋黄高度(cm)}}{\text{蛋黄宽度(cm)}}$$

判定标准：新鲜蛋为 0.44 以上；次鲜蛋为 0.25～0.44；陈旧蛋为 0.25 以下。

4. 哈氏单位测定

（1）哈氏单位是表示蛋白品质的一种单位，用来衡量鲜蛋品质的好坏。哈氏单位越高，表示蛋白黏度越大，蛋白品质越好。哈氏单位是根据浓蛋白高度与蛋重回归关系而计算的，哈氏单位与确定蛋白品质与蛋白高度的对数有直接的关系。

（2）测定方法。先将蛋称重，然后把蛋打开倒在水平的玻璃台上。用蛋质分析仪的垂直测微器测定浓蛋白最宽部位的高度，这个部位大约距蛋黄 1 cm，优质蛋的蛋黄周围几乎紧贴着浓蛋白。测定时将垂直测微器的轴慢慢地下降到和蛋白表面接触，读取读数，精确到 0.1 mm，依次选取 3 个点，测出 3 个高度值，取其平均数为蛋白高度。

（3）计算公式。

$$\mathrm{Hu}=100\ \lg\,(H-1.7W^{0.37}+7.57)$$

式中，Hu 为哈氏单位；H 为浓蛋白高度（mm）；W 为蛋质量（g）；100、1.7、0.37、7.57 为换算系数。

（4）判定标准。哈氏单位的指标范围为 30～100，“30”表示质量差，“100”为最高指标。特级蛋的哈氏单位为 72 以上；甲级蛋的哈氏单位为 60～72；乙级蛋的哈氏单位为 30～60。

四、实训报告

根据实际检测方法写出蛋新鲜度的检验，并根据检验结果提出处理意见。

考核评价

假如你是蛋品卫生检验人员，在进行鲜蛋和蛋制品卫生检验时应检验哪些项目？如何检验？如何进行卫生评价？

案例分析

“红心鸭蛋”事件

人工喂养的鸭蛋蛋黄一般为黄色和浅黄色。但若以吃水中营养丰富的多种水草、田螺和鱼虾为主的野生或放养的鸭子所产的鸭蛋蛋黄则是偏红色的。当鸭蛋经过腌制以后，蛋黄呈橘红色，分层且有沙性，油脂外溢，口感极好。我国河北的白洋淀就以盛产红心鸭蛋而出名，且有百年历史。

人工喂养的鸭子如果在其饲料中添加一定的红色色素后鸭子产下的鸭蛋蛋黄也同样会呈现红色。因此有些商家为了追求好的“卖相”，卖个好价钱，通过在饲料中添加色素来制造红心蛋。“红心鸭蛋”既是将高效工业用色素——苏丹红掺入饲料中喂养鸭子，生产红心鸭蛋。

苏丹红系偶氮系列化工合成染色剂，主要应用于油彩、汽油等产品的染色。共分为Ⅰ、Ⅱ、Ⅲ、Ⅳ号，都是工业染料。红心鸭蛋中的苏丹红Ⅳ号不但颜色更加红艳，毒性也更大。国际癌症研究机构将苏丹红Ⅳ号列为三类致癌物，其初级代谢产物邻氨基偶氮甲苯和邻甲基苯胺均列为二类致癌物，对人可能致癌。

“红心鸭蛋”是一种约定俗成的说法，即便是吃小鱼小虾散养的鸭子生的鸭蛋也不该出现明显的鲜红色，因此发现蛋心太红的现象。野生或放养的鸭子所产的鸭蛋蛋黄“红中带黄”，腌制好的咸鸭蛋切开之后能明显看见有红油流出，味道鲜美。而吃了“涉红”饲料的鸭子所产蛋的蛋黄则是鲜红色的，用它制成咸鸭蛋切开之后可闻出有玉米面的味道，且蛋黄儿坚硬、干燥。

另外还可以通过观察其色素的稳定性来判断鸭蛋中是否添加色素。无论是鲜蛋还是咸蛋，生蛋打开后蛋黄颜色异常鲜艳，暴露在阳光下，蛋黄红色会逐渐褪掉，蛋清呈粉红色的一般为添加色素的；还可以将蛋煮熟后进行判别，不含色素的鲜鸭蛋颜色不仅不褪，甚至会更红。咸鸭蛋蛋黄颜色较正，蛋清呈清白色，而含色素的咸鸭蛋蛋黄呈暗红色，蛋清呈粉红色，似有淤血在其中，经高温煮后色素就破坏掉了，颜色基本会褪回原色。

知识拓展

保健蛋的生产方法

把营养与保健融为一体，能防治某种疾病的药疗蛋(又称保健蛋)，需求旺，用量大，价格高。生产药疗蛋投入小，效益高。现将几种保健蛋的生产方法介绍如下。

1. 高碘蛋

这种蛋对防治“甲亢”有独特疗效。在产蛋鸡饲料中添加4%～6%的海藻粉、海带粉，或在100 kg饲料中加入50 g碘化钾、碘化钙，每只蛋鸡日喂饲料100～150 g，连喂7～10 d，就开始产下比普通蛋含碘高15～30倍的高碘蛋。

2. 富硒蛋

在饲料中添加1%的无机硒盐或维生素E制剂，使饲料中总浓度达到1.5～2.5 mg/kg，饲喂1周后鸡蛋中维生素和硒的含量就会显著提高。这种蛋不但对硒-维生素E缺乏症患者能起到较好的防治效果，而且对老年心血管病和克山病患者有独特疗效。但需注意的是，饲料中浓度不能超过3 mg/kg，以免发生鸡群中毒。

3. 高锌蛋

在饲料中加入1%的锌盐，饲喂20 d后就可产出比普通鸡蛋含锌量高5倍以上的高锌蛋。这种蛋不但对缺锌患者有较好的疗效，特别是对促进儿童智力发育有良好作用。

4. 低胆固醇蛋

鸡饲料以玉米、豆粉、酒糟为主，辅以必要的维生素、矿物质和微量元素，并用中性水喂鸡，使鸡生产出比普通蛋胆固醇含量低55%左右的蛋。也可在饲料中添加4%～6%的海鱼鱼油，或鱼油与亚麻子油和菜籽油的混合物，同样能生产出低胆固醇蛋。食用这种低胆固醇蛋可预防心血管系统疾病和糖尿病等病症。

5.微量元素蛋

在饲料中添加0.4%的微量元素喂鸡，鸡可生产含锌、铁、碘、钙等多种微量元素的蛋，食用这种蛋可增强人体免疫力，预防营养不良等症状，对处于发育期的儿童尤佳。

知识链接

1.《中华人民共和国食品卫生法》
2.《蛋制品卫生标准》
3.《蛋制品生产管理规范》
4.《无公害食品标准》
5.《中华人民共和国农产品质量安全法》
6.《食品添加剂使用标准》

项目十三

水产品的卫生检验

学习目标

掌握鱼新鲜度的检验方法；熟悉鱼制品和有毒水产品的检验方法；了解鱼在贮藏时的变化以及鱼与鱼制品加工的卫生要求。

学习内容

项目十三水产品的卫生检验 PPT

任务一　鱼的检验与处理

一、鱼的解剖结构

鱼类是一类具有适应水生环境的变温动物。鱼的体形随种类的不同而有差别，一般呈梭形或纺锤形，两侧扁平，有侧线，分为头、躯干和尾三部分。具有体表披鳞，以鳃呼吸，用鳍作为运动器官，凭上下颌摄食，变温等特性。鱼的主要解剖结构见图 13-1。

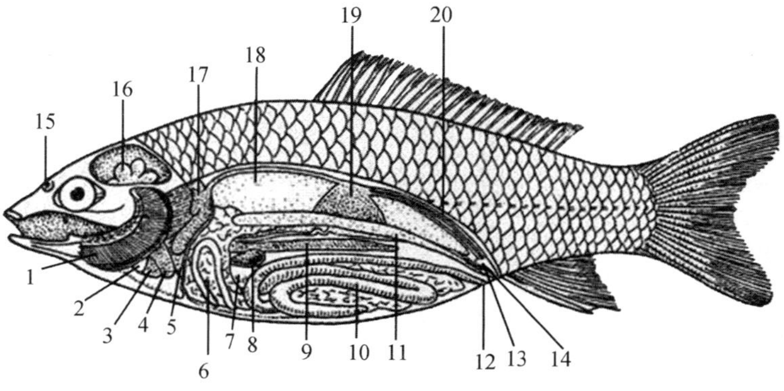

1. 鳃　2. 动脉球　3. 心室　4. 心房　5. 静脉窦　6. 肝胰脏　7. 胃　8. 胆囊　9. 脾　10. 肠　11. 精巢
12. 肛门　13. 膀胱　14. 泄殖孔　15. 外鼻孔　16. 脑　17. 头肾　18. 鳔　19. 肾脏　20. 输尿管

图 13-1　鲤鱼内脏解剖结构示意图

(一)皮肤

多数鱼类的体表披覆有一层由真皮产生呈覆瓦状排列的鳞片，这些鳞片与鱼体结合牢固，不易剥离，起到保护鱼体的作用。

(二)呼吸器官

鱼类的呼吸器官除肺外是由含有丰富毛细血管的鳃构成。鳃位于鳃盖下的鳃腔里，每一鳃腔具有四片鳃弧，鳃弧又由无数梳状排列的鳃丝构成，鱼就是通过鳃丝的毛细血管来完成气体交换的。

(三)循环器官

鱼的循环器官主要是心脏和血管。心脏位于头与躯干交界处附近的腹腔中，由单一心房和单一心室组成。从心室延伸出鳃动脉干，由鳃动脉干分出若干微血管，经入鳃动脉进入鳃弧，在这里完成气体交换，之后又于鳃汇集成出鳃动脉，又分出背主动脉，沿着脊柱向下分出微血管到达身体各部和各器官组织，再由静脉汇集成前后主静脉(在背主动脉两侧)，进入静脉窦及心室，如此就构成了鱼的血液循环系统。

(四)消化器官

鱼类的消化器官是由消化管及消化腺两部分组成，包括口、咽、食道、胃、肠、肝、胆、胰等。肠管的色泽、粗细、长短随鱼的种类而异。鲤鱼的肠管呈玫瑰色，鲑鱼的肠管呈淡红色，其他鱼的肠管呈白色，但在贮藏时变为红色。鱼的肝脏占据腹腔大部分。在肝脏向胃的一面，有一个小袋状的胆囊，一般呈绿色。鱼在腐败时，胆汁外渗，污染周围组织，俗称“印胆”或“走胆”。

(五)排泄器官

鱼的排泄器官包括肾脏、输尿管和膀胱。肾脏紧贴在脊柱的下面，是两条黑红色长带，肾脏的后部两侧有两条输尿管通向膀胱，膀胱向外开口于肛门和生殖孔之间。

(六)生殖器官

鱼类的生殖器官主要是性腺。雄鱼是精囊，又称“鱼白”；雌鱼为卵巢，又称“鱼子”。性腺的大小和颜色随成熟的程度而不同。

二、鲜鱼的检验

(一)鱼在贮藏时的变化

鱼类在被捕获后，仅有少数的淡水鱼可在短时间存活，绝大多数很快死亡。鱼类在自身酶类和污染微生物的作用下，其机体发生一系列的理化反应过程，一般可分为僵直、自溶及腐败三个阶段，由于鱼肉的成熟过程不明显，鱼体解僵后就开始自溶与腐败。

1. 僵直

鱼的僵直先从背后肌肉开始，然后波及整个鱼体。处于僵直状态的鱼，用手握住鱼头时，鱼尾一般不会下弯，指压肌肉时不显现压迹，口紧闭，鳃盖紧合。鱼体僵直一般发生在死后十几分钟至 4～5 h。僵直持续时间短的在十几分钟，长的可持续数天之久。鱼体僵直进行的速度，因鱼的种类、大小、捕捞方法放置温度及处理方式等条件而异。鱼体的温度越低，死后僵直发生越慢，僵直保持的时间越长，振动、翻弄，挤压等处理渔获物，容易引起僵直过早消失。在夏季，僵直期一般不超过数小时；冬季或死后速冻藏时，可维持数天。处于僵直阶段的鱼肉 pH 5.0～6.0，不利于致腐微生物生长繁殖，因此，僵直期的鱼体鲜度是良好的。

2. 自溶

鱼体在僵直的后期，由于以蛋白酶为主的自溶酶类的作用，蛋白酶被逐渐分解，肌肉组织软化而失去固有的弹性，进入自溶阶段。肌肉组织变软，失去弹性。自溶作用不同于腐败分解，此时蛋白分解产物主要是蛋白胨、多肽和氨基酸，而不是最低产物。但由于鱼体组织中氨基酸等营养物质增多，处于自溶阶段的鱼类，肌肉组织的 pH 一般在 7 以上，有利于致腐菌的生长繁殖。以上因素加速鱼体的腐败进程，降低耐贮性，故处在自溶过程中的鱼类鲜度已开始下降，不易保存，应立即食用。决定自溶阶段快慢的主要因素是温度，温度越高自溶作用越快。另外，鱼的种类对此也有影响，如红色肌肉的鱼类易发生自溶。

3. 腐败

与其他肉类相比，鱼肉具有含水量多，死后一般呈碱性反应的特点，故易发生腐败而不耐贮藏。鱼体腐败变质是腐败细菌在鱼体内生长繁殖，将鱼体组织分解的结果，正是由于分解产物氨、胺类、酚类及吲哚等存在，不仅降低了鱼肉的品质，同时也影响消费者的健康。

腐败细菌的繁殖、分解过程几乎是与僵直、自溶过程同时发生和进行的，但在僵直和自溶初期，细菌的繁殖和含氮物的分解比较缓慢；到自溶后期，细菌繁殖与分解作用加快。当细菌繁殖到一定数量，低级分解产物增加到一定程度，鱼体即产生明显的腐败气味。首先鱼类在垂死时，从皮肤腺体中分泌出较多的黏膜，覆盖在整个体表，而进入僵直过程。新鲜鱼的黏液透明，随着污染微生物对黏液分解作用的加强，而逐渐变浑浊并有臭味。其次使皮肤与内脏。因为鱼多数死于窒息，鳃部往往具有充血现象，加之鳃盖上的黏液分泌物，不仅沾染细菌机会多，也为细菌繁殖提供了有利条件，故鱼鳃细菌的繁殖常较鱼体其他部位更为早、快，是腐败初期的标志之一。随着腐败分解的进行，鱼鳃有鲜红变成褐色至土灰色。由于眼球是由富含血管的结缔组织与结膜固着于眼眶，也是细菌最容易繁殖的环境之一，当眼球周围组织被细菌分解时，眼球便下陷，且变得浑浊无光泽，有时虹膜及眼眶被血色素红染。鱼鳞松弛易脱也是鱼体腐败的特征，这是由于体表的细菌在分解体表黏液之后，沿鳞片侵入皮肤，皮肤与鳞片相连的结缔组织分解的结果。当肠内细菌大量繁殖并产生气体时，腹部便膨胀起来，肝门肠管脱出，此时如将鱼体置于水中则自动上浮。当脊椎旁大血管组织被分解破坏，周围组织则因血液成分外渗出而变红。由于体表与腹腔的细菌进一步向鱼体深部入侵，肌肉组织最后也被分解，而变得松弛并与鱼骨分离，至此鱼体已达到严重腐败。

影响鱼体死后变化和鲜度质量的因素是复杂的，主要是鱼的种类、捕获时的气候以及捕获后的保鲜条件。

(二)鲜鱼的检验

鲜鱼的检验方法。观察眼角膜透明度、眼球凸陷状况，眼球周围是否有发红现象。揭开鳃盖，观察鳃片色泽及黏液性状，并嗅其气味。用手掌托住鱼体上举，观察是否挺直、水平或下垂；然后用手指按压鱼体北侧肌肉最厚处，触其硬度和弹性；观察鱼鳞的色泽、完整状况，以及是否易剥离；观察黏液、性状及气味；注意肝门周围有无污染，肝门是否凸出；直接嗅闻鱼体表面、鳃、肌肉或内脏的气味，也可以竹签刺入肌肉深层，拔出后立即嗅闻；用剪刀从腹部一侧切开体表，使全部内脏暴露，检查内脏有无溶解吸收及胆汁印染现象；然后横断脊椎，观察有无脊柱旁红染现象。

新鲜的海水鱼类（除海水软骨鱼外）表面的鳞片完整或较完整，不易脱落，体表黏液透明无异臭味，具有固有色泽；鳃丝较清晰，呈鲜红或暗红色，黏液不浑浊，无异臭味；眼球饱满，角膜透明或稍浑浊；肌肉组织有弹性，切面有光泽，肌纤维清晰。头足类海产品，体背部及腹部呈青白色或微红色，鱿鱼可呈紫色点；去皮后，肌肉呈白色，鱿鱼允许有微红色；具有固有气味或海水味，无异味。淡水鱼的体表有光泽，鳞片较完整不易脱落，黏液无浑浊，肌肉组织致密有弹性；鳃丝清晰，色鲜红或暗红，无异臭味；眼球饱满，角膜透明或稍有浑浊，紧缩或稍有凸出。

腐败鱼肌肉组织柔软且松弛，指压痕迹不能恢复；做鱼体僵直度检查时，头尾两侧明显下垂。眼球深陷，角膜浑浊无光。体表黏液浑浊，鱼鳞固着不良，易脱落。鳃呈暗褐色或灰色，黏液浑浊使鳃丝粘连，并有明显的腐败臭味。腹部多膨胀，肛门发紫、外凸。严重者，肌肉碎裂，鱼骨脱离。

鱼类新鲜度感官质量指标见表 13-1。

表 13-1　鱼类新鲜度感官质量指标

项目	新鲜鱼	次鲜鱼	不新鲜鱼
眼睛	眼睛饱满，角膜光亮透明	眼球平坦或稍有凹陷，角膜暗淡或浑浊	眼球凹陷，角膜浑浊或发糊
鳃	鳃盖紧闭，鳃丝鲜红，黏液透明，无异味	鳃盖较松，鳃丝呈紫红色或暗红色，腥味较重	鳃盖松弛，鳃丝粘连，呈淡红或灰红色，有显著的腥臭味
体表	具有鲜鱼固有的鲜明体色与光泽，黏液透明	体色较暗淡，光泽差，黏液透明度较差	体色暗淡无光，黏液浑浊
磷	鳞片完整，不易剥离	鳞片不完整，较易剥离	鳞片不完整，松弛，易剥离
肌肉	肌肉坚实富有弹性，肌纤维清晰有光泽	肌肉紧密、有弹性，压陷能很快复平，肌纤维光泽差	肌肉松弛，弹性差，肌纤维无光泽，有异味，但无臭味，骨肉易分离

三、冰冻鱼的检验

（一）冰冻鱼的变化

鱼体腐败的主要原因是微生物和酶的作用，低温可抑制微生物的生长，降低酶的活性，因此，将鱼进行冻结或冷藏，已成为鱼类保鲜常用的一种方法。但是，冰冻鱼在低温冷藏期间，体内仍然要发生一些变化，质量也会随着时间的延长而逐渐下降。

鱼体在冰冻过程中，由于低温使其中的水分形成冰晶，冻结速度越快，形成的冰晶越小，硬度和质量也就越好。如果温度升高后再降低，冰晶的体积会逐渐增大，而且小冰晶会向大冰晶转移，从而使鱼组织受到损伤。这类鱼在解冻时，会造成水分大量流失，促使鱼体发生干缩，外形和风味出现不良变化，降低了鱼的质量。另外，冰冻鱼在长期存放过程中，脂肪也会在细菌脂肪分解酶的作用下分解，形成丁酸、乙酸和辛酸等具有特殊气味和滋味的脂肪酸，还可形成一些碳链较短的酮酸和甲基酮等，使鱼出现酸败。同时，鱼体脂肪因氧化作用使不饱和脂肪酸转化成氧化物，进而分解，生成醛和醛酸，产生异味。这种现象在多脂鱼类尤为突出。

综上所述，对鱼进行冻结时，除要求原料新鲜、快速冻结外，还应建造专用冷库，避免库温波动，空气流速为 0.04～0.08 m/s。这样，既可减少干缩、防止氧化，又可保持鱼的新鲜度和色泽。

（二）冰冻鱼的检验

冰冻鱼的检验方法。冰冻鱼的感官检查方法和感官指标基本与鲜鱼相同，检查前先使其在温水中自然解冻，然后检查冰冻鱼解冻后的感官特征。

（1）活着直接冰冻鱼。鱼鳍展平张开，鱼体仍保持临死前挣扎的弯曲状态；眼睛明亮，眼球凸出充满眼眶；鳞片上覆有冻结的透明黏液层，皮肤色泽明显。

（2）死后冰冻鱼。鱼鳍紧贴鱼体，鱼体挺直，眼不凸出。

（3）窒息致死后冰冻鱼。口及鳃张开，皮肤颜色稍暗。

（4）腐败后冰冻鱼。无活鱼冰冻后的特征，可用小刀或竹签穿刺鱼肉或腹腔，嗅其腐败臭味；或切取部分鱼鳃，浸入热水后嗅察。

此外，对冰冻较久的鱼，应检查头部和体表有无哈喇味，有无黄色或褐色锈斑。因长期存放的鱼，脂肪有可能被氧化。

四、咸鱼的检验

（一）咸鱼的变化

咸鱼是用食盐作为加工和贮藏手段的制成品。食盐是一种吸水性很强的物质，进入鱼体后，一方面当鱼体的卤水中的食盐浓度增大到一定数值时也使菌体受到脱水作用而难以发育。食盐的脱水作用有一定的限度，经盐腌的鱼制品，组织内仍有一定量的水分；另外食盐并无杀菌作用，因此咸鱼也存在腐败变质的问题、特别在气温高、卫生条件差、原料新鲜度差或原料处理不当，食盐品质差以及用盐量和用盐量方法不当的情况下，都容易造成咸鱼在加工贮藏中发生腐败变质。这种情况常发生在鱼体内部，食盐不容易渗透或用盐不均匀的部位；或因卫生条件不好，鱼体血污未洗净以及鱼体可溶性含氮物渗出到卤水里，结果使卤水发生腐败。

咸鱼贮运不当，会出现发红和油酵等变质现象。前者是嗜盐菌类（最常见的是黏质沙雷菌）在鱼体繁殖产生红色素——灵杆菌素的结果，后者是油脂氧化结果，两者都是咸鱼品质降低的表现。

（二）咸鱼的检验

咸鱼的检验方法。先视检咸鱼体表有无因脂肪氧化而形成的黄色或褐色锈斑，以及在鳃内、鳍下、肛门和腹腔等处有无虫蚀现象，再用手触检鱼体有无发黏和腐烂现象。然后横断鱼体，观察肌肉颜色、肌肉与骨骼结合状况；并用手指按压，检查肉质的坚实程度；同时嗅察有无腐败或其他异味。必要时进行煮沸实验，品尝其固有气味和滋味。

咸鲳鱼体表青灰色或带有黄色，无霉斑，肌肉坚实，无异臭味；咸鳗鱼体表微黄或黄色，无霉斑，肌肉坚实，无异味；咸带鱼体表灰白色或带有黄色，肌肉坚实不发黏，不离骨，无异臭味；咸鳓鱼体表银白色或带微黄色，有光泽，肌肉坚实不离骨，无异臭味；咸鲅鱼头背部蓝黑色，腹部灰白色，体表干燥，不发黏，无霉点白斑，肌肉致密，表层和深层均无异臭；咸黄鱼体表白色或微黄色，肌肉坚实，无霉斑，无异臭味；干明太鱼的鱼体完整，体表灰黑或黄黑相间，无霉变、无虫蛀、无异味。

不同新鲜度咸鱼的感官指标见表13-2。

表13-2　不同新鲜度咸鱼的感官指标

项目	良质咸鱼	次质咸鱼	劣质咸鱼
色泽	色泽新鲜，具有光泽	色泽不鲜明或暗淡	体表发黄或变红
体表	体表完整，无破肚及骨肉分离现象，体形平展，无残磷、无污物	鱼体基本完整，但可有少部分变成红色或轻度变质，有少量残磷或污物	体表不完整，骨肉分离，残磷及污物较多，有霉变现象
肌肉	肉质致密结实，有弹性	肉质稍软，弹性差	肉质疏松易散
气味	具有咸鱼所特有的风味，咸度适中	可有轻度腥臭味	具有明显腐败臭味

五、干鱼的检验

(一)干鱼的变化

干鱼是利用天然或人工热源加温以及真空冷冻升华，除去鱼体中的部分水分以延长贮藏期的制品。其水分含量比咸鱼要低得多，依品种而异。一般盐干品的水分含量在40%左右，淡干品在20%左右，故淡干品比盐干品容易贮藏。

干鱼在贮藏过程中可能发生的变化，主要是霉变、发红、哈喇及虫害。霉变的发生多与最初干度不足或吸水回潮有关。特别是一些小型鱼虾干制品，因其体型小，表面积大，在潮湿空气中吸湿很快。含盐的制品，更易回潮。干度不足或回潮的干鱼，易发生霉变或腐败变质。干鱼发红是由于产生红色素的嗜盐菌引起的，严重时形成有氨臭的红色黏块。干鱼哈喇是鱼体脂肪被氧化的结果。另外干鱼在贮藏时还有害虫。

(二)干鱼的检验

观察鱼体是否完整，体表色泽是否正常，有无霉变、发红、脂肪氧化、虫蛀及异味。内脏是否除尽，腹腔是否干燥，肌纤维是否清晰，有无干鱼固有的气味。

不同新鲜度干鱼的感官指标见表13-3。

表13-3　不同新鲜度干鱼的感官指标

项目	良质干鱼	次质干鱼	劣质干鱼
色泽	外表洁净有光泽，表面无盐霜，鱼体呈白色或色淡	外表光泽度差，色泽稍暗	体表暗淡色污，无光泽，发红或呈灰白，黄褐，浑黄色
气味	具有干鱼的正常气味	可有轻微的异味	有酸味，脂肪酸败或腐败臭味
组织状态	鱼体完整，干度足，肉质韧性好，切割刀口处平滑无裂纹、破碎和残缺现象	鱼体外观基本完整，但肉质韧性较差	肉质疏松，有裂纹、破碎或残缺，水分含量高

六、鱼类的理化检验

根据鱼肉腐败分解产物的种类和数量可判定鱼类的新鲜度。目前，能较好地反映新鲜度变化规律而且与感官指标比较一致的方法是测定挥发性盐基氮。鱼的其他理化检验项目还包括组胺、无机砷、铅、镉、甲基汞、多氯联苯等的测定等。

七、鱼类的细菌检验

鱼类的细菌检验受环境条件的影响较大，检测费时，一般只在需要细菌学指标时进行，通常不作为生产上检测新鲜度的依据。

八、鱼类的寄生虫检验

常见的鱼类寄生虫病有 50 余种，主要为原虫病和蠕虫病等。虫体寄生于鳃、体表、肌肉和内脏，一般有些寄生虫只有大量寄生时才会引起鱼类发病，甚至死亡，而有些寄生虫则危害不很明显。在所有鱼类寄生虫病中，尤其以华支睾吸虫病、猫后睾吸虫病、阔节裂头蚴病、异形吸虫病、横川后殖吸虫病和球虫病等可感染人。

在鱼的卫生检验中若用肉眼观察难以判别，必要时可取其病原体所在的组织，滴入适量的 0.85％食盐水，直接压片镜检(鳃丝主要采用水浸片法)。也可用含 1％胃蛋白酶或 1％稀盐酸生理盐水，于 37 ℃下消化病料组织 24 h 左右，经过筛离心后，取其沉淀镜检。当发现圆形或卵圆形带吸盘或吸沟的小囊状体即可确诊。

九、鱼与鱼制品的卫生评价

良质新鲜鱼及其制品符合国家规定的感官、理化及细菌指标，通过检验后，根据其卫生质量做出相应的卫生处理。

(1)新鲜鱼，不受限制食用。

(2)次鲜鱼，通常应立即销售使用(以高温烹调为宜)。

(3)腐败变质鱼，禁止食用。变质严重者，也不能作为饲料。

(4)变质咸鱼，缺陷较微者，经卫生处理后可提供食用。但有下列变化者，不得食用。

①由于腐败变质产生明显的臭味或异味时。

②脂肪氧化蔓延至深层时。

③严重的“锈斑”或“变红”(赤变)侵入肌肉深部时。

④虫蛀已侵入皮下或腹腔时。

⑤凡皮青肉红的鱼类(鲣鱼、鲐鱼等)要特别注意检查质量鲜度。这类鱼分解产生大量组胺，发现鱼体软化者则不能销售，防止食后引起中毒。

⑥凡因化学物质致死的鱼不得供食用。

⑦黄鳝应鲜、活出售。凡已死亡者不得销售或加工。

任务二　有毒鱼类的鉴别

有许多鱼类含有生理毒素(经常性或一时性的),能使食用者发生中毒,毒性剧烈者可引起死亡。产于我国的有毒鱼类有170余种,可分为毒鱼类和刺毒鱼类。

一、毒鱼类

毒鱼的肌肉或内脏器官含有毒素,包括肉毒鱼类、豚毒鱼类、卵毒鱼类、血毒鱼类、肝毒鱼类、胆毒鱼类、含高组胺鱼类。

1. 肉毒鱼类

肉毒鱼类主要生活在热带海域,肌肉和内脏含有雪卡毒。这类鱼的外形和一般食用鱼几乎没有什么差异,从外形不易鉴别,需要有经验者辨认。肉有强毒或猛毒的有点线鳃棘鲈、侧亚鲈、黄边裸胸鲈、大眼鲹等。

2. 豚毒鱼类

有毒河豚鱼类的内脏含有河豚毒素,其一般形态特征为:体形椭圆,不侧扁,体表无鳞而常有小刺,头粗圆,后部逐渐狭小,类似前粗后细的棒槌,小口,唇发达。有气囊,遇敌害时能使腹部臌胀如球样。有尾柄,背鳍与臀鳍对生并位于近尾部,无腹鳍,背面黑灰色或杂似其他颜色的条纹(斑块),满生棘刺,腹部多为乳白色。

3. 卵毒鱼类

卵毒鱼类的卵中含有卵毒素,这类毒素是一种脂蛋白,有的不耐热,有的耐热,煮食后仍可发生中毒。我国的卵毒鱼类产于西北及西南的高原地区,主要有青海湖裸鲤、软刺裸裂尻鱼等。

4. 血毒鱼类

血毒鱼类的血液中含有血毒素,仅见于鳗鲡和黄鳝。人在大量生饮此类鱼血时,轻者恶心、呕吐、腹泻、多涎和皮疹,重者可因呼吸困难而死亡。

5. 肝毒鱼类

肝毒鱼类的肝脏中含有大量的维生素A、维生素D和脂肪,进食后易引起维生素过多症。此外,肝油中还含有鱼油毒、痉挛毒和麻痹毒。我国常见的肝毒鱼类有蓝点马鲛。

6. 胆毒鱼类

胆毒鱼类的胆汁中含有胆汁毒素,中毒的原因主要是吞服鱼胆治病。胆汁毒素可导致肝、肾功能衰竭,还会造成神经系统和心血管病变。胆毒鱼类的典型代表为草鱼、青鱼、鲤鱼和鲢鱼。

7. 含高组胺鱼类

含高组胺鱼类主要见于青皮红肉的一些鱼类,如青花鱼、金枪鱼、沙丁鱼。当鱼死亡后,受到富含组氨酸脱羧酶的细菌污染,极易发生腐败,体内组氨酸脱羧产生组胺,人大量食用后可导致过敏性食物中毒现象。

二、刺毒鱼类

刺毒鱼类体内有毒棘和毒腺，包括虎鲨类、角鲨类、土鲶类等，这类毒鱼能螫伤人体，引起中毒。有些鱼类死后，其棘刺的毒力可保持数小时，烹饪时也应注意。

上述毒鱼中虽然具毒，但其含毒部位不同，故并不意味着所有的毒鱼都不能食用，只是肉毒鱼类与几种河豚的肌肉有毒不宜食用，其他毒鱼仅某些器官或组织有毒，鱼肉并不影响人们食用。它们当中有些甚至是重要的经济鱼类或上等食用鱼类。如卵毒鱼类中的青海湖裸鲤，胆毒鱼类中的草鱼、青鱼、鳙鱼、鲢鱼，血毒鱼类中的鳗鲡，肝毒鱼类中的蓝点马鲛，含高组胺的鲐鱼等，只要处理得当，弃去有毒脏器或破坏其毒素，都是营养价值很高的食用鱼类。

毒鱼类的利用和中毒的预防，应进行普及识别毒鱼及预防中毒等宣传教育，加强对水产品的管理，严禁豚鱼类上市，不得擅自处理和乱扔毒鱼及其有毒的脏器。对卵毒、胆毒、血毒鱼类，只要不吃有毒的鱼卵，不乱吞食鱼胆治病，不吃生鳗和不生饮鳗血，就可避免中毒。对含高组胺鱼类，要选择新鲜者食用，变质者废弃。组胺为碱性物质，烧煮时加入醋、雪里蕻或山楂等能减少鱼肉中组胺的含量，可避免过敏性食物中毒。如需大量加工食用时，应在有条件的地方集中加工。加工前必须先取出内脏、皮、头等含毒部位，洗净血污，鱼肉经盐腌、晒干后，完全无毒方可出售。

任务三 贝甲类的检验与处理

一、贝甲类的检验

贝甲类是指贝壳类和甲壳类水产品，前者包括海产牡蛎、蛤、蚶、鲐贝、鲍鱼等和淡水产蚌、蚬、田螺等，后者包括海白虾、对虾、河虾、龙虾、梭子蟹、青蟹、河蟹等。许多贝甲类在水产动物中不仅具有很高的经济价值，还富有营养。但因其极易发生腐败变质，必须做好质量检验。

贝甲类的检验，一般只作感官检验，必要时，才做理化检验或微生物检验。贝壳类的理化检验先是除去外壳，随后的操作方法与鱼类相同。

(一)虾与虾制品的检验

观察虾体头胸节与腹节连接的紧密程度，以测知虾体的肌肉组织和结缔组织是否完好。在头胸末端有胃和肝脏，容易腐败分解，并影响节间连接处的组织；观察虾体腹节背沿内的黑色肠管是否明显可辨，以测知虾体是否自溶或变质；观察虾体体表色泽，是否干燥，有无发黏变色，以测知体表组织是否完好；观察虾体是否能保持死亡时的姿态，是否可加外力使其改变伸曲状态，以测知肌肉组织是否完好。

1. 生虾

不同新鲜度生虾的感官特征见表 13-4。

表 13-4　不同新鲜度生虾的感官特征

项目	新鲜生虾	不新鲜或变质生虾
外壳	体形完整，外壳透明、光亮	外壳暗淡，无光泽
体表	体表呈青白色或青绿色，清洁无污秽黏性物质，触之有干燥感	体色变红，体质柔软，甲壳下颗粒细胞崩解，大量黏液渗到体表，触之有滑腻感
肢节	头、胸、腹处连接紧密	头胸节和腹节连接处松弛易脱落，甲壳与虾体分离
伸屈力	须足无损，刚死亡虾保持伸张或蜷曲的固有状态，外力拉动松手后可恢复原有姿态	死亡时间长且气温高，虾体发生自溶，组织变软，失去伸屈力
肌肉	肉体硬实，紧密而又韧性，断面半透明	肉质松软、黏腐，切面呈暗白色或淡红色
内脏	内脏完整，胃脏及肝脏没有腐败	内脏溶解
气味	有固有的清淡腥味，无异常气味	有脓腥臭味，严重腐败时，有氨臭味

2. 冻虾仁

不同新鲜度冻虾仁的感官特征见表 13-5。

表 13-5　不同新鲜度冻虾仁的感官特征

项目	良质虾仁	劣质虾仁
色泽	呈淡青色或乳白色	色变红
组织形态	肉质清洁完整，无脱落虾头、虾尾、虾壳及杂质，冻虾仁块中心温度在−12 ℃以下，冰衣外表整洁	肉体不整洁，肌肉组织松弛
滋味及气味	无异味	有酸臭味

3. 虾米

不同新鲜度虾米的感官特征见表 13-6。

表 13-6　不同新鲜度虾米的感官特征

项目	良质虾米	变质虾米
色泽	外观整洁，呈淡黄色而有光泽	暗淡无光泽，呈灰白色至灰褐色
组织形态	无搭壳现象，虾尾向下蜷曲，肉质紧密坚硬	碎末多，表面潮湿，搭壳严重，肉质酥软或如石灰状
滋味及气味	无异味	有霉味

4. 虾皮

不同新鲜度虾皮的感官特征见表 13-7。

表 13-7　不同新鲜度虾皮的感官特征

项目	良质虾皮	变质虾皮
色泽	呈淡黄色而有光泽	呈苍白或淡红色，暗淡无光泽
组织形态	外壳清洁，体形完整，尾弯如钩状，虾眼齐全，头部和躯干紧连。以手紧握一把放松后，能自动散开，无杂质	外表污秽，体形不完整，碎末较多。以手紧握后，黏结而不易散开
滋味及气味	具有虾皮固有的鲜香味，无异味	有严重霉味

(二)蟹与蟹制品的检验

观察蟹体腹面脐部上方是否呈现黑印，以测知蟹胃是否腐败；观察步足与躯体连接的紧密程度，以测知肌肉组织和结缔组织是否完好；持蟹体加以侧动，观察内部有无流动状，以测知内脏（蟹黄）是否自溶或变质；检视体表是否保持固有色泽，以测知外壳所含色素是否已分解变化；必要时可剥开蟹壳，直接观察蟹黄是否液化，鳃丝是否发生变化而浑浊。

海蟹应具有海蟹的固有气味，无任何异味；体表纹理清晰，有光泽，脐上部无胃印；步足与躯体连接紧密，提起蟹体时步足不松弛下垂；鳃丝清晰，白色或微褐色；蟹黄凝固不流动；肌肉纹理清晰，有弹性，不易剥离。

1. 鲜蟹

不同新鲜度鲜蟹的感官特征见表 13-8。

表 13-8　不同新鲜度鲜蟹的感官特征

项目	活鲜蟹	垂死蟹
灵敏度	蟹只灵活，善于翻身，好爬行	蟹精神委顿，不愿爬行，不能翻身
组织形态	腹面甲壳较硬，肉多黄足，腹盖与蟹壳之间突起明显	肉少黄不足，体重轻

2. 梭子蟹

不同新鲜度梭子蟹的感官特征见表 13-9。

表 13-9　不同新鲜度梭子蟹的感官特征

项目	良质梭子蟹	变质梭子蟹
体表色泽	外表纹理清晰有光泽，背壳青褐色或紫色，脐上部无胃印，腹部和足内侧呈白色	外表纹理模糊光泽暗淡，背壳褐色，脐上部透视出褐色或微绿色的胃印。足内壁呈灰白色或褐色
蟹黄性状	蟹黄凝固不流动	蟹黄发黑或呈液状，能流动
鳃	眼光亮，鳃丝清晰，白色或稍带褐色	鳃丝暗浊，呈灰褐色或深褐色
肢体连接程度	肉质致密，有韧性，色泽洁白，步足和躯体连接紧密；提起蟹体时，步足不松弛下垂	肉质黏糊，步足和躯干连接松弛；提起时，步足下垂甚至脱落
滋味及气味	有一种新鲜气味，无异味	有腐败臭味

3. 醉蟹和腌蟹

不同新鲜度醉蟹和腌蟹的感官特征见表 13-10。

表 13-10　不同新鲜度醉蟹和腌蟹的感官特征

项目	良质醉蟹和腌蟹	变质醉蟹和腌蟹
外壳鳃	外壳清亮，甲壳坚硬鳃丝清晰呈米色	壳纹浑浊，鳃不清洁，呈褐色或黑色
组织形态	蟹黄凝结，深黄或淡黄色，螯足和步足僵硬。肉质致密，有韧性	蟹黄流动或呈液状。螯足和步足松弛下垂，甚至脱落。肉质发糊，有霉味或臭味。严重者，壳内肉质空虚，重量明显减轻或壳内流出大量发臭卤水，卤水不洁净，甚至飘浮油滴
滋味及气味	咸度均匀适中并有醉蟹或腌蟹特有的香味和滋味	有异味

(三)贝蛤类的检验

按 GB 2733—2015 规定，淡水贝类必须鲜活。凡死亡的贝类两壳常分开，但也有个别闭合的，可采用放手掌上探重和相互敲击听音等方法检查。死贝一般都较轻(排出内部泥沙)，在相互敲击时发出咯咯的空音；活贝在相互敲击时发出笃笃的实音。对大批贝类的检验，可用脚突然触动包件，如包件内活贝较多，即发出的贝壳合闭的嗤嗤声；否则发出声音就较轻。后一情况应进一步抽取一定数量的贝壳做探重和敲击实验，注意检查死活。如死亡率较高，则整个包件逐只检查或改作饲料用。

牡蛎的蛎体饱满或稍软，呈乳白色，体液澄清，白色或灰白色，有牡蛎固有气味；花蛤的外壳具固有色泽，平时微张口，受惊闭合，斧足与触管伸缩灵活，具固有气味；缢螺的外壳紧闭或微张，足和触管伸触灵活，具固有气味。

二、贝甲类的处理

(1)虾类。虾肉组织变软，无伸屈力，体表发黏，色暗，有臭味等。说明虾已自溶或变质，不能食用。

(2)甲鱼、乌龟、蟹、各种贝蛤类均应鲜活出售。含有自然毒的贝蛤类，不得出售，应做销毁处理。

(3)凡因化学物质而中毒致死的贝类，不得供食用。

(4)泥螺、河蟹、河虾、淡水贝类必须鲜活出售。

任务四　鱼的新鲜度检验

一、实训目的

掌握鱼新鲜度的感官检查、常用检验方法以及卫生评定。

二、实训材料

酸度计、复合 pH 玻璃电极、搪瓷盘、剪刀、竹签、滤纸、天平、砝码、小广口瓶、胶塞、吸管、玻璃棒、小钩、待检鱼样品若干等、10%硫酸溶液、10%醋酸铅碱性溶液、爱贝尔试液(取 25%比重为 1.12 的盐酸 1 份，无水乙醚 1 份，96%酒精 3 份混合即成)等。

三、方法与步骤

(一)感官检验

观察鱼的体表状态、挺直度、眼睛、鱼鳃、内脏、肌肉及气味等状况。鱼新鲜度感官检验的特征见项目十三任务一。

(二)pH 的测定

运用酸度计法测定鱼样本的 pH。

1. 肉浸液制备

除去鱼肉样中的鱼皮、鱼刺,切碎,称取 10 g,置于 250 mL 锥形瓶中,加 100 mL 中性蒸馏水,不时振摇,浸渍 15 min 后过滤,滤液待检。

2. 样品测定

通电→预热→温度补偿→调零→安装电极→定位→检测滤液→读数→水洗电极→关闭电源。

3. 判定标准

新鲜鱼:pH 为 6.5～6.8;次鲜鱼:pH 为 6.9～7.0;变质鱼:pH 为 7.1 以上。

(三)硫化氢的测定

1. 样品制备

称取检样鱼肉 20 g,装入小广口瓶内,加入 10%硫酸液 40 mL,取大于瓶口的方形或圆形滤纸一张,在滤纸块中央滴 10%醋酸铅碱性液 1～2 滴,然后将有液滴的一面向下整在瓶口上并用橡皮圈扎好。15 min 后取下滤纸块,观察其颜色有无变化。

2. 判定标准

新鲜鱼:滴乙酸铅碱性液处,颜色无变化,为阴性反应(－)。

次鲜鱼:在接近滴液边缘处,呈现微褐色或褐色痕迹,为疑似反应(±)或弱阳性反应(＋)。

变质鱼:滴液处全是褐色,边缘处色较深,为阳性反应(＋＋);或全部呈深褐色,为强阳性反应(＋＋＋)。

(四)氨的测定

1. 样品制备

取蚕豆大小一块鱼肉,挂在一端附有胶塞另一端带钩的玻璃棒上,用吸管吸取爱贝尔试液 2 mL,注入试管内并稍加振摇,把带胶塞的玻璃棒放入试管内(注意切勿碰管壁),直到检样距液面 1～2 cm 处,迅速拧紧胶塞,然后立即在黑色背景下观察,试管中样品周围的变化情况。

2. 判定标准

新鲜鱼:无白色云雾出现,为阴性反应(－)。

次新鱼:在取出检样离开试管的瞬间有少许白色云雾出现,但立即消散,为弱阳性反应(＋);或检样放入试管后,经数秒钟后才出现明显的云雾状,为阳性反应(＋＋)。

变质鱼:检样放入试管后,立即出现云雾,为强阳性反应(＋＋＋)。

四、实训报告

根据实际检测过程写出鱼新鲜度的检验方法,并根据检验结果提出处理意见。

考核评价

如果你在市场买冻鱼，为检查其品质，你应检查哪些部位？为什么？

案例分析

水产品病害处理案例

每年春季，随着水温的逐渐升高，在蟹、虾养殖池塘经常会出现水质清瘦、水体发白、滋生青苔等现象，这些现象的产生，不仅会影响蟹、虾苗种当前的成活率，而且还会影响养殖中后期的脱壳率，导致脱壳不遂死亡，而最终严重影响养殖的经济效益。

根据出现的问题，解决方法总结如下。

一、水质清瘦

(1)产生原因。池塘肥力不够，再加上春季池塘中的水草开始生长，进一步消耗池底的肥力，导致水体中浮游生物数量极少，水体透明度大，甚至有的池塘是清可见底。

(2)危害。这样的池塘养殖的蟹、虾极容易受到惊吓，蟹、虾的安全感差会严重影响其正常的摄食和生长，而且透明度太大会导致蟹、虾之间的残杀率高，另外，水质清瘦的池塘还会滋生大量青苔。

(3)处理建议。在蟹种放养前 7～10 d 每亩施 150～200 kg 发酵腐熟后的有机肥作为基肥，一方面保证池塘有足够的肥力以培育浮游生物；另一方面更有利于池塘水草的生长，以保持池塘水质的“肥、活、嫩、爽”。

二、水体发白

(1)产生原因。水体缺乏摄食浮游动物的鱼类，导致浮游动物大量繁殖，引起水体发白。

(2)危害。浮游动物大量摄食浮游植物，导致水体浮游植物缺乏，光合作用产氧量减少，再加上大量浮游动物自身呼吸消耗部分溶氧，缺氧的水体会导致蟹、虾推迟脱壳，生长缓慢，甚至脱壳不遂死亡，并且这样的水体在缺氧时会有大批的浮游动物死亡，极容易使水质转变为“老水”。

(3)处理建议。在池塘中合理搭配花白鲢鱼种，一般每亩放 6～8 尾/kg 的花白鲢鱼种 20～25 尾，利用其滤食性，可有效控制浮游动植物的密度，以维持池塘水质的稳定。当池塘水体已经发白有大量浮游动物繁殖时，可选用一些对蟹、虾无害的杀虫药物进行全池或局部泼洒以杀灭过多的浮游动物，并引进富含浮游植物的外源水，同时施用一些可快速肥水的产品以培育浮游植物。

三、滋生青苔

(1)产生原因。由于池塘水质过于清瘦，各种丝状藻类大量生长，最终形成成片的青苔。

(2)危害。青苔的大量滋生会吸收池中较多的肥力导致水质进一步清瘦，并且还会有蟹、虾误入其中而被困死。

(3)处理建议。当池塘中有少量青苔出现时，可以适当提高水位，并追施一些肥料培育浮游生物以降低池水透明度，只要青苔得不到足够的光照就可以抑制其生长。若青苔偏多时可以采取人工捞除的方法加以清除，还可以用草木灰覆盖在青苔上面隔断其光照予以杀灭。如果面积太大，人工捞除和使用草木灰困难时，可选择一些确保对水草无害的杀青苔药物局部泼洒，待青苔枯黄死亡时最好及时将其捞出以防其腐烂败坏水质。

知识拓展

水产品新鲜度管理的方法

鱼贝类死亡后，除存在鱼体内的蛋白质会分解酵素，进行自体分解使品质劣变外，附着在鱼贝类体表及体内的细菌，也会将氨基酸及氧化甲胺分解成氨类及胺类，导致鱼体腥臭，甚至产生腐败。抑制鱼体的自体分解，以及细菌繁殖最好的方法正是低温管理，而减少细菌或污染源的最佳手段则是做好卫生管理，因为在水产品的处理上，做好温度管理与卫生管理，就等于做好新鲜度管理，其管理方法如下。

一、温度管理

①采购新鲜度良好的原料。②冷藏的水产品原料，为降低品温，使表面温度维持在 5 ℃以下，须再敷冰。③运输原料或成品的车辆，须采用冷冻或冷藏车。④待处理的原料或半成品应贮藏于冷藏库中。⑤最好以冷藏库来解冻原料，以免品温超过 0 ℃。⑥冷藏库的温度应设定为－2～2 ℃，冷冻库的温度应维持在－18 ℃以下，并定时巡视库温。⑦作业场或处理室的室温应控制在 15 ℃以下。⑧处理、包装作业要迅速，以免品温升高。⑨用冷盐水机或冷流水来降低经 1 次处理的原料的温度。⑩待处理的半成品在冷藏库降温时，需覆盖湿毛巾，以防止表面水分蒸发。⑪已包装的成品应立即送入冷藏库或展示柜。⑫冷藏展示柜的柜温应维持在－2～2 ℃，冷冻展示柜的柜温应维持在－18 ℃以下，并且每天巡视柜温 3 次，并记录。⑬陈列柜上如有鲜度不良或异味的水产品应即剔除。

二、卫生管理

①作业人员应身着浅色清洁衣、帽、鞋等以防止头发、头皮屑、灰尘、细菌等污染。②进场作业前要彻底清洁手部及鞋部。③不要用手直接接触水产品，须戴手套作业。④禁止患有传染疾病或手部有伤口、脓疮者从事作业。⑤工作中禁止从业人员饮食、吃槟榔或口香糖，并须戴口罩。⑥禁止从业人员佩戴饰物，蓄留指甲。⑦工作场的排水系统及地面、墙壁、天花板、门窗等，应依卫生规定设施和处理。⑧从业人员应定期做健康检查，以防止患有传染病者从事加工作业。⑨原料、半成品、成品等禁止与地面直接接触。⑩贮藏库要清洁卫生，贮藏时须予以适当的间隔以维持通风良好，并须有完善的排水设施。⑪作业前、后应清洗作业场及设备。⑫以符合饮用水水质标准的水来处理水产品。

知识链接

1.《水产养殖质量安全管理规定》

2.《畜禽规模养殖污染防治条例》

3.《无公害农产品标志管理办法》

4.《国务院关于加强食品等产品安全监督管理的特别规定》

5.《中华人民共和国农产品质量安全法》

6.《中华人民共和国渔业法》

项目十四

屠宰加工副产品的卫生检验

学习目标

掌握肠衣与皮毛的卫生检验与处理；熟悉肠衣的加工卫生；了解食用副产品的加工卫生与检验以及动物生化制剂原料采集的卫生要求。

学习内容

屠宰加工副产品是专指除屠畜禽胴体外的一些产品，如头、蹄爪、尾、内脏、脂肪、血液、腺体及皮毛等。每种副产品都有一定的用途和经济价值。根据其用途可分为食用副产品、医疗用副产品、工业用副产品三类。由于这些副产品都来源于屠宰畜禽，必须进行严格的检验，才能保证生产出合格要求的制品。

项目十四屠宰加工副产品的卫生检验 PPT

任务一　食用副产品的卫生检验

一、食用副产品的加工卫生

食用副产品即为畜禽可食用的生鲜副产品，包括头、蹄爪（腕、跗关节以下的带皮部分）、尾、心、肝、肺、肾、胃、肠、脂肪、乳房、膀胱、公畜外生殖器、骨、血液及可食用的碎肉等。食用副产品种类众多，大大丰富了动物食品消费市场，但在其加工、贮藏、销售过程中必须进行严格的检验，确保来源于健康畜禽，符合卫生要求的产品在宰后 2～3 h 内及时进行加工，加工时要严格遵守卫生法规。

食用副产品需放血充分，头、蹄、尾、耳、唇等带毛的副产品，在加工时应除净残毛、角、壳及其他污物，并用水清洗干净。食用内脏均具备一定的感官特征，新鲜胃为白色，黏膜平滑、淡黄或灰白，组织结实；正常肠为乳白色，黏膜洁白、平滑，厚薄均匀，有弹性；正常肝脏呈红褐色或红棕色，表面光滑，肝小叶纹理清楚，结实而有弹性；肾脏呈褐红色，组织结实而有弹性；心脏为红色或淡红色，脂肪为乳白色，心肌结实有弹性；肺脏呈粉红色，光滑而富有弹性。牛、羊的真胃、瘤胃、网胃和瓣胃，猪的胃等，在加工时应先剥离浆膜上的脂肪组织，切割十二指肠及食管，洗净胃部污物，在胃壁切一小口，翻转倒出胃内容物，用洗胃机或长流水洗净，剔下黏膜层作为生化制剂原料，再用水清除胃内污物及黏液。大肠翻倒内容物后用水洗净，并剪去肠头毛圈。禽类肌胃加工时，剔下类角质膜用于制药，其余洗净后利用。无毛、无黏膜、无骨的产品，如肝、肾、心、肺、脾脏和乳房，加工时应分离脂肪组织，剔除膈韧带、隔膜、血管、气管、胆囊粗输管及输尿管等，并用清水洗净血污。有些特殊的食用副产品，如鹅或鸭的肥肝，要先将除去头、颈、翅和蹼的屠体在 0～4 ℃预冷 10～18 h，再小心切开腹部取出肝脏。上述加工后的食用副产品，应置于－1～4 ℃温度下冷却贮藏，最后可作为灌肠、罐头或其他制品的生产原料，或直接送往市场鲜销。若要长期贮藏，须经冷冻、干燥或盐腌处理。刮下的黏膜可与污物脂肪等一起送到化制车间化制，条件允许时也可用作提取肝素等生化制剂的原料。

二、食用副产品的卫生检验

来自屠宰加工间的副产品，虽然经过了卫生检验，但在副产品整理车间内，仍需经常实施卫生监督和检验。在副产品中仍有可能存在初检时未发现的病变，因此，在每个工作点附近应设置挂架或检验台，放置副产品供检验人员检查。凡是水肿、出血、充血、淤血、溃疡、脓肿或发炎的组织，以及具有增生、肿瘤、寄生虫损害、萎缩、变性、坏死等变化的废弃组织与器官，均应全部化制。经过初步加工的畜禽食用副产品应满足一定的感官和卫生指标要求。所有未经初步加工或因加工质量差，产品受到毛、粪、污物污染，以及有异味的食用副产品，不得发出利用，以免病菌污染而引起食物中毒或食肉传染。

任务二　动物生化制剂原料的卫生检验

一、动物生化制剂原料

动物生化制剂是指由动物脏器、腺体、组织、体液、分泌物、胎盘、毛、皮、角、蹄壳中制取的供医疗或工业用的制品。所用的组织和脏器即为动物生化制剂原料。

动物宰杀后可收集的生化制剂原料有松果体、脑垂体、甲状腺、胸腺、肾上腺、胰腺、卵巢、睾丸、胎盘、脊髓、胚胎、心脏、胆囊、血液、脾脏、腮腺、颌下腺、舌下腺、胃、肠、脑、眼球、鹿茸、骨骼等。选择动物生化制剂原料时，应注意动物的品种和原料所在的部位、动物所处的生长期、动物原料的丰富程度及综合利用前景。

二、动物生化制剂原料采集的卫生要求

动物生化制剂原料的采集，提取过程要避免紫外线、辐射、高温高压、强酸强碱、重金属元素、微生物污染等物理的、化学的、生物的因素的影响，采取恰当的制备工艺及技术，确保有效成分的分子结构及空间结构不被破坏。这要求原料采集的卫生要做好以下 3 个方面的工作。

(一)迅速采集

生化制剂原料易变质腐败，特别是内分泌腺所含的激素极不稳定，死亡不久就失去了活力，故采集腺体应与屠体、解体取出脏器同时进行。为了使有效成分不受破坏，必须在短时间内取出。脑垂体的采集和固定不得迟于宰后 45 min，胰腺不得迟于宰后 20～50 min，松果体和肾上腺不得迟于宰后 50～60 min，其他腺体和脏器也不得迟于宰后 2 h。

(二)剔除病变

脏器生化制剂原料必须来自健康畜体，不得由传染病患畜屠体上取得。凡有腐败分解、钙化、化脓、硬化、囊肿、坏死、出血、变性、异味或污染的，都不得作为制药原料采集。要由专门人员用完全洁净的手和器械采取，尽可能不伤及腺体表面。采集好的原料应无病理变化。

(三)妥善保存

动物生化制剂原料根据不同的材料和不同的目的，采取不同的方法。对于大多数原料一般采用－40 ℃快速冻结后于－20 ℃保存；有些特殊的材料需用有机溶剂脱水或浸泡在有机溶剂中，如垂体取出后放入丙酮中，24 h 换丙酮 1 次，换 3 次后用丙酮浸没，保存于－4 ℃冷库中；有些材料在提取时只能用新鲜材料，如用胰脏提取胰蛋白酶原时，经过冷冻保存后的胰脏无法得到胰蛋白酶原的结晶。对于保存价值很大的腺体可于－40～－30 ℃冷冻，并真空升华干燥。对于价值低廉的原料也可采用盐或硫酸铵腌制后阴干保存，此法简便易行，但对于原料的部分有效成分有破坏。

任务三　肠衣的卫生检验

一、肠衣的卫生指标

动物屠宰后的新鲜肠管，经加工除去内外的各种不需要的组织，剩下一层半透明的薄膜(猪肠和羊肠为黏膜下层)称为肠衣。按来源不同可分为猪肠衣、羊肠衣、牛肠衣等，其中猪小肠肠壁稍厚，油脂一般，结实透明，适宜制作各种腊肠、灌肠。按肠衣的成品种类可分为腌渍肠衣和干制肠衣。腌渍肠衣富有韧性和弹性，品质较佳，而干制肠衣较薄，充塞承受力差。肠衣除可以用来灌制香肠、灌肠等食品外，还用于制作体育用具、乐器及外科手术用缝合线等。

肠制品主要用作灌肠的肠衣，是食品的一部分，故必须严格执行卫生检验与监督。国家标准规定，合格的肠衣应来源于安全非疫区的健康动物，并经官方批准的屠宰场屠宰，宰前和宰后检疫须合格；采用符合国家食品卫生要求的加工操作。肠衣的检验以感官检查为主，注意其色泽、气味、坚韧性等。良质的肠衣呈乳白色，其次为淡黄色或灰白色，不应有霉败腐臭气味，薄而坚韧，透明均匀。凡有缺陷的肠衣，应列为次品或劣品，根据不同情况处理。肠衣的感官指标见表 14-1。

表 14-1 肠衣的感官指标

项目	良质肠衣	次质肠衣	变质肠衣
色泽	呈淡红色及乳白色	淡黄色、灰白色或青灰色	黄色、紫色、黑色
气味	无腐败或臭味	稍有氨味或霉味	腐臭味
质地	坚韧、无杂质及筋络	韧性稍差，略带筋络	松软、薄厚不匀，有明显筋络和杂质
伤痕	无任何伤痕	有轻微的蚀痕、少量砂眼或硬孔	有明显的破洞、啮痕或蚀痕等

二、肠衣加工卫生与检验

(一)肠衣的加工工艺

腌渍肠衣的一般加工工艺是：肠衣原料验收→鲜肠浸漂冲洗→刮制→灌水检查→量码→上盐→肠衣半成品包装（光肠）→半成品原料验收→贮藏/运输→浸洗→解把/分选/定级→量码→检验→上盐→滤卤→缠把→装桶→贮藏→运输。

干制肠衣的一般加工工艺为：肠衣原料验收→鲜肠浸漂冲洗→剥油→浸液（碱液脱出油脂）→漂洗→上盐→浸漂冲洗→吹气→干燥→压平→装箱贮藏→运输。

(二)肠衣的加工卫生

1. 严格验收原肠

供屠宰的动物在饲养过程中可能感染某些疫病及致病菌，而导致肠原料的生物污染；或在饲养过程中用药不当、未严格遵守休药期等不良操作，导致肠衣药残超标。所以屠宰厂应严格进行宰前和宰后检验，保证原肠质量合格。肠衣的加工单位应要求肠衣原料的供应方提供产地检疫监督机构出具的对食品的检疫证明，要对肠衣原料进行器官检验，选用合格供方并定期（如半年 1 次）对原料进行抽检，确保原料为生物和理化指标合格。

2. 辅料及环境的清洁卫生

原料、半成品、成品和与产品有接触的物品（包括水和冰）应符合安全、卫生要求。生产用自来水或自备深井水等水源的卫生应符合规定；腌制料需来自正规渠道，其各指标应符合规定，使用前还应人工筛检可能存在的金属等杂质；接触产品的器具、手套和内外包装材料等必须清洁、卫生和安全；确保产品免受交叉污染；应保证操作人员的清洗消毒和保持洗手间设施清洁；还要防止润滑油、燃油、清洗消毒用品、冷凝水及其他的化学、物理和生物污染物对产品造成安全危害；要保证与产品接触人员的卫生预防，清除鼠害、虫害。

3. 注意产品卫生的关键步骤

生产过程中每一步都要防止带入污染，而上盐、半成品原料验收及干燥对产品卫生安全性影响更大一些。无论是腌渍肠衣还是干制肠衣都需上盐，所用的盐均为符合规定的肠衣用盐，用量要充分，上盐要均匀，保证达到抑制致病菌生长的浓度并腌渍充分。腌渍肠衣要进行半成品原料验收以防止使用微生药物残留超标的半成品。干制肠衣要对水洗好的腌渍肠衣进行干燥，应于通风干燥处晾干，或放在干燥室中干燥（29～35 ℃），环境应清洁卫生，防止微生物、化学物质等污染。

三、肠衣的不良变化与卫生处理

(一)腐败

主要是盐渍不当或温度过高引起肠管变黑、发臭、黏腻、易撕断,应作工业用或化制。

(二)污染

即肠壁黏附肠内容物。轻度污染的去污后利用;重度污染而不能去掉污垢的,作工业用或化制。

(三)褐斑

肠蛋白质与铁盐或钙盐可形成不溶性的化合物,呈现褐色,使肠管无弹性,缩窄而有粗糙的岛屿样组织,用水不能洗去。嗜盐菌能参与褐斑的形成。轻度褐斑的肠衣用2%稀盐酸或醋酸处理,再用苏打水洗剂除去褐斑后利用,重度的不能用于食用。

(四)盐红(红斑)

肠衣在12～35 ℃经10 d以上保存,在未浸泡着的肠段上有的会出现红色或玫瑰色斑点,这是嗜卤素肉色球菌和一些色杆菌所引起的,使肠带有大蒜气味。此种红斑,容易除掉,其病原体对人体无害,可以利用。

(五)霉败

干燥肠衣发霉。如没有显著感官变化,去除霉变部分,其余部分可利用。

(六)靛点

肠衣表面产生黑色或深蓝色斑点,应剔除变质部分。

(七)肠脂肪败坏

盐腌猪大肠的肠壁中含有15%～20%的脂肪,去脂不良的盐腌牛肠内含有3%～5%脂肪。在不良贮藏条件下,肠脂肪在空气、光照、高温和微生物的作用下迅速分解(酸败),并发出特殊不良气味。去脂不良的干肠制品的脂肪分解更加强烈。若用肠脂肪败坏的肠衣制作腊肠,则因败坏脂肪的融化而使肠馅变为不可食用。

(八)虫蚀

红带皮蠹(即火腿鲣节虫)、蠹鱼及其幼虫,在温暖季节,常钻入干肠制品。被昆虫穿孔及其分泌物污染过的干肠制品部分,不能用于腊肠生产。为了预防昆虫对干肠制品的损害,可用灭害灵(即除虫菊酯)处理仓库和干燥室的墙壁、地面、天花板以及肠产品的包装。

肠原料和肠制品在任何运输条件下,均应附送检验合格证明书。备有合格证明书的肠产品,用于生产时仍应重复检查。

任务四　皮毛的卫生检验

屠宰畜禽的皮和毛用途很多,用量也很大,既可以作为服装业的用料(皮革、羽绒、毛线、裘皮等),又可以作为食品、生化制品、饲料的原料,生产出诸如明胶、混合氨基酸酚、高蛋白饲料等产品。在实际生产中需要对皮和毛进行严格的卫生检验，以防腐败变质与病菌传播。

一、皮张的加工卫生与检验

(一)皮张的加工卫生

家畜屠宰后剥下的鲜皮称为“生皮”，经初步整理晾干后的生皮称为“板皮”，再经脱毛鞣制而成的产品称为“革”，而带毛鞣制的产品称为“毛皮”。皮在温室下很容易腐败。故而，从屠宰车间出来的皮张要进行初步加工，清理除去皮上的污物，还要采取一定的防腐处理，通常采用干燥法、盐腌法、盐干法、酸盐法和冷冻法。

1. 干燥法

干燥法适用于北方干燥地区，通过自然干燥的方法除去皮中的水分。干燥时以皮肉面向外搭在木架上晾干为好，切忌在烈日下曝晒，以免皮张干燥不匀和分层。

2. 盐腌法

盐腌法适用于南方潮湿地区，通过盐的高渗作用，使皮张脱水。盐腌时除注意正确执行技术操作外，还应注意盐的质量。不得用适于葡萄球菌、链球菌、八叠球菌等微生物繁殖的钙盐，最好加入占盐质量3%的纯碱或2%的硅氟酸钠。后者效果显著，但有一定的毒性，用时要特别注意。此外，加工时盐水应清洁，不得用废盐或含卤的盐，最好用熬制盐。

3. 盐干法

将经过盐腌后的生皮再进行干燥，这种方式加工的生皮称为“盐干皮”。盐干法可使生皮质量减轻50%左右，防腐力强，贮藏时间大为延长。并有效地避免了生皮干燥时发生的硬化的缺陷。

4. 酸盐法

用食盐、氯化铵和铝明矾按一定比例配合成的混合物撒在皮毛的肉面并稍加揉搓，然后毛面向外折叠成方形，堆积1周左右。

5. 冷冻法

冷冻法是鲜皮最简单的防腐方法，适用于北方地区。但冷冻可使皮张脆硬易断，运输不便，容易风干，不宜长期贮藏或长途运输。

(二)皮张的卫生检验

从事皮张鉴定的检验人员须掌握健皮、死皮和有缺陷皮张的特征。此外，应熟悉患传染病动物及死亡动物皮张的特征。

1. 健皮(正常皮张)

健皮是健康动物的生皮，肉面呈淡黄色(上等肥度)、黄白色(中等肥度)或淡蓝色(瘦弱动物)。盐腌法保存的生皮，颜色与鲜皮一致，致密，弹性好，背皮厚度适中且均匀一致，无外伤、血管痕、虻眼、癣癞、腐烂、割破、虫蚀、疮疤等缺陷。剥下数小时内打卷的皮张，干燥后其肉面变暗，此现象也见于日光干燥皮。

2. 死皮

由死亡动物尸体上剥下来的皮张称为“死皮”。死皮的特征是肉面呈暗红色，且往往带有较多的肉和脂肪。常因血液坠积而使皮张肉面的半部呈蓝紫色，皮下血管充血呈树枝状。

3. 皮张的缺陷

皮张的缺陷可分为动物生前形成、屠宰加工时形成和保存时形成3种情况。

(1)动物生前形成的缺陷。常见的有烙印伤、针孔、虻眼、癣癞、疮疤、疔伤、痘伤、淤血、疥、刺挂伤。

(2)屠宰加工时形成的缺陷。主要为刀伤、漏档及肉脂残留。

(3)皮张保存时形成的缺陷。主要有腐烂、烫伤、虫蚀、霉烂、冻板、油烂(胶板)、花盐板、受闷脱毛、陈板。

二、毛类的加工卫生与检验

动物的毛发、角、蹄、羽毛等是皮的附属物，含有很高浓度(55%～87%)的角蛋白。由于角蛋白的稳定性、机械强度及弹性好，同时必需氨基酸浓度适宜，是优质的全价蛋白质，可以科学合理的利用皮的附属物。如利用猪鬃生产刷子、饲料，用牲畜毛提取氨基酸，用羽毛制作羽绒服或加工膨化饲料，鹿茸是名贵的中药材等。其中以畜类的毛和禽类的羽毛的用量最大。

(一)猪鬃

猪体上的毛统称为鬃毛，而位于猪颈部和脊部的刚性毛称为猪鬃。

猪鬃的初加工工艺为：原料猪鬃→剔毛→浸渍→捣松→水梳→烘干→缠板→蒸伸→梳剔→分级→揉整→捆把→搭配→检查→摩根→包装。

猪鬃收集来之后要按毛色分类，并剔除其中的腹毛、尾毛、霉毛、草根及灰尘。将原料润湿，发酵24 h，使肉皮软化，取出以木棒捣松肉皮，使猪毛和肉皮分开，再用水洗净猪毛，并以铁梳将绒毛等碎屑梳除，并再次洗净。接着入竹筛以适当方式干燥成“毛铺”，再将毛铺缠在木板上于蒸锅内蒸煮，使弯条蒸直，并起到除腥杀菌的作用。再经梳剔、分级、揉整、捆把。此时进行三次检查，初检看有无脱落的毛梢，并剪齐梢尖；复检看毛束中有无霉毛、白毛、花毛、黑毛及油毛等，并剔除之；最后清灰清边，查看是否困紧或再翻梳去“清灰”，再去除不足尺码的鬃称为“清边”。经摆齐猪鬃根部，把凸出的毛剪去或燎去，再磨平即得成品。

(二)毛

毛包括羊毛、驼毛、马毛和牛毛(特别是牦牛毛)，是很有价值的轻工业原料。动物的产毛量和品质，决定于动物的年龄、品种、营养状况、饲养管理条件等。

毛的来源可分为两种：一种是按季节从动物体剪下的毛，另一种是屠宰加工时从屠体和皮张上煺下的毛，如猪毛、马毛和牛毛等。从动物体上剪下的毛，应注意检疫和消毒，以免疫病的传染。同时也应注意毛的清洁和分级。在屠宰场所获得的毛，多是从宰后屠体浸烫煺毛时煺下的毛。这种毛经过加工、清洗和消毒，也可以作为良好的轻工业原料。

(三)羽毛

羽毛轻软且富有弹性，本身蛋白质含量高，是重要的轻工业原料。其用途一般有三：第一作为填充用品，主要使用柔软、轻松、防寒的鸭鹅羽绒；第二工业用，主要用鹅的翎毛做羽毛扇、羽毛球等；第三饲料用，用高温处理羽毛，粉碎后可得高蛋白饲料。

羽毛应采自健康的家禽，屠宰时为了防止羽毛被血污染应采用口腔放血法。拔毛方式有干法和湿法两种：干法拔毛是杀死家禽后，等血液流净但还保持一定体温时立即拔毛；湿法拔毛是屠宰完，血放净后入热水浸湿禽体，使家禽皮肤组织松弛，再将羽毛迅速拔下。干拔的羽毛质量较佳，湿拔的羽毛需经干燥。此外，应使用除灰机将干燥羽毛中的泥土、灰尘除去，用分毛机将绒毛、片毛、薄毛和硬梗分开后再进行贮藏。

鉴定羽毛品质时，应注意是否混入血毛、食毛虫、杂毛、虱和其他杂质，还要注意有无霉变、腐败和分解现象。

考核评价

检疫人员在市场监督检疫时，发现一商铺正在出售几个猪肝脏，其中有一个猪肝淤血，且上有大小不等的灰白色坏死灶。此猪肝能否食用？应如何处理？

案例分析

动物肝脏“藏毒”

所谓的肝脏解毒，是指很多外来的或体内代谢产生的有毒物质（并非大众意义上的毒药）如果堆积在体内，必然引发各种疾病，所以需要通过肝脏将其变为无毒的或溶解度大的物质，然后随胆汁或尿液排出体外。动物进食中难免摄入一些铅、砷、汞、有机磷农药、酚、苯类化合物等有毒物质。这些有毒物质在动物体内有的无须经过肝脏转化就可通过肾、皮肤或呼吸系统等排出体外，有的必须经过肝脏转化代谢，但是它们也会很快被转化成无毒物质，并被排出体外。由此可见，动物肝脏只负责解毒，而不会积存毒素。

那么有人吃了动物肝脏中毒是怎么回事呢？事实上，这些人中毒不是因为动物肝脏里积存有毒素，而是因为进食过量，导致维生素 A 摄入过多。动物肝脏中的维生素 A 含量很高，但吃得太多容易患上骨质疏松症。为什么这么说呢？虽然维生素 A 有益于身体健康，对美容护肤、增强免疫力和视力很有帮助，但如果每天维生素 A 的摄入量超过 15 mg 的话，就会引发骨质疏松症。

知识拓展

肉禽屠宰场副产品加工技术

目前，我国每年屠宰家禽约 157 亿只，产生大量的羽毛、禽血、骨架等副产品。以每只均重为 2.2 kg 左右的肉鸡为例，每 15 000 只鸡产生的羽毛可生产 1 t 羽毛粉，每 100 000 只鸡产生的血液可生产 1 t 血粉，或 700 kg 血球蛋白粉和 300 kg 血浆蛋白粉，经过分割的鸡骨架还可以经过超微粉碎后作为原料加入火腿肠或饺子馅原料。这些副产品在一定程度上缓解了国内对蛋白原料的需求，并产生了很好的经济效益。下面详细叙述针对屠宰场产生的羽毛、血液、骨架的处理工艺。

一、羽毛

屠宰场羽毛一般分鸭毛和鸡毛两大类，鸭毛一般经过脱水后，经过晾晒或烘干，然后供提绒设备制成鸭绒。目前，所用脱水设备大部分为离心机脱水，此设备为批次脱水，如果用挤水机脱水可实现连续作业，大大提高脱水工作效率，且后续工艺中提绒含量会有所增加；经过测定，离心机脱水与挤水机脱水的羽毛水分含量基本相当。其次，很多厂家目前仍然采用原始的晾晒方式对羽毛进行脱水处理。

屠宰场鸡毛目前大部分作为生产羽毛粉的原料，羽毛粉根据加工工艺不同，可分为片状羽毛粉、颗粒状羽毛粉等品种。从屠宰车间流出的水通过羽毛泵将羽毛及水抽入回转筛中，大部分水从回转筛中滤去，羽毛进入挤水机中挤轧；从挤水机中挤出的羽毛水分在50%左右，可直接进入羽毛水解罐中水解，其水分含量可满足水解需要。

二、血液

大部分企业目前对肉鸡屠宰产生的血液一般的加工方法仍然是将血液凝固后加热蒸煮，而后晾晒，不仅制成的血粉难以被动物消化吸收，同时对环境造成了很大的二次污染，且经济效益差。

由于简单的蒸煮不能对血液中的细胞膜进行充分的破壁，动物饲喂后仍存在难以消化吸收的问题。下面介绍几种处理鸡血的方式。

1. 全血喷雾干燥

该处理方式中首先应注意在血液收集过程尽量避免砂石、灰分等杂质进入原料中。其次应保证血细胞的充分破壁和血液的低温保鲜，否则细胞破壁不充分仍影响其消化吸收；如果低温保鲜不能保证，血液中富含大量营养物质，很容易滋生病菌，且夏季高温容易使血液变质，造成产品品质下降，并对环境产生二次污染。

经过大量实践表明，如果血液收集过程中，杂质及低温保鲜做得好，鸡血喷雾干燥后其蛋白质含量可以达到80%～90%，动物饲喂后消化吸收效果好。

2. 血液分离血浆、血球分别喷雾干燥

该处理方式对血液收集要求比较严格。要保证做到以下几点。

(1)电麻击晕肉鸡时肉鸡所带水分不能进入血液中。

(2)抗凝剂添加适当，鸡血较猪血更容易凝固。

(3)输送血液的泵为特种泵，不能破坏细胞膜。

(4)血液低温保鲜温度应控制在4 ℃左右为宜。

在血液收集过程中难免引入水分，因此，鸡血浆的浓度一般要比猪血浆的浓度低一些。目前，国内很多专业生产厂家开始尝试利用鸡血作为原料生产血浆蛋白粉及血球蛋白粉。

血浆蛋白粉可作为优良蛋白应用于幼龄动物饲料中，提高幼龄动物的免疫力，减少应激。血球蛋白粉由于在加工过程中充分破壁，血红蛋白完全裸露，利于动物的消化吸收，可大量应用于猪、鸡、鸭及水产动物的饲料中。

3. 发酵血粉

发酵血粉是在发酵前向血液中加入50%左右的糠麸类吸附物，而后经过高温蒸煮灭菌，加入菌种，搅拌均匀，控制好发酵室温度、通风，并在发酵物料结块后搅拌、降温。发酵结束后烘干、粉碎包装即可。发酵过程中可有效破坏细胞膜，达到容易消化吸收的效果；同时发酵过程可提高发酵血粉的蛋白质含量。发酵血粉可应用于猪、鸡、鸭及水产动物饲料中，且在应用效果上不低于鱼粉的效果。

三、骨架

多数肉鸡、肉鸭屠宰场对胴体进行分割加工，产生大量的骨架，骨架中富含大量的软骨组织、钙、磷、蛋白质及脂肪，其主要营养成分不低于大胸肉、腿肉。目前，采用以下两种工艺对其进行处理，均能获得较好的经济效益。

1. 超微粉碎生产骨泥

采用骨肉分离机对骨架进行骨肉分离，可分离出部分肌肉组织，然后将剩余部分用超微粉碎机对骨架进行超微粉碎，其骨架超微粉碎后蛋白质、脂肪、钙、磷等主要指标仍然很高，可以替代肌肉作为火腿肠或饺子馅原料使用。

2. 生产骨素

从骨头中提取骨素不但可以综合利用屠宰场副产品，同时骨素是取代味精、鸡精的新一代调味食品。骨素不但味道天然，且营养价值高，符合了人们对天然调味品的追求。骨素具有畜禽肉中天然的香气成分并具有浓厚的口感，可以作为火腿肠、方便面等的调味剂。

知识链接

1.《关于规范猪副产品检疫监管的通知》

2.《屠宰和肉类加工企业卫生管理规范》

参 考 文 献

[1] 李汝春，曲祖乙. 兽医卫生检验. 2 版. 北京：中国农业出版社，2015.
[2] 曲祖乙. 兽医卫生检验. 北京：中国农业出版社，2006.
[3] 张彦明. 佘锐萍. 动物性食品卫生学. 4 版. 北京：中国农业出版社，2015.
[4] 龙塔. 动物性食品病理学检验. 北京：中国农业出版社，2015.
[5] 孙连福，尹茂聚. 生猪屠宰兽医卫生检验. 北京：中国轻工业出版社，2015.
[6] 中国动物疫病预防控制中心. 生猪屠宰检验检疫图解手册. 北京：中国农业出版社，2018.
[7] 中国动物疫病预防控制中心. 全国生猪屠宰兽医卫生检验人员培训手册. 北京：中国农业出版社，2021.
[8] 郑明光. 动物性食品卫生检验. 北京：解放军出版社，2003.
[9] 甘肃农业大学，南京农业大学. 动物性食品卫生学. 北京：中国农业出版社，1997.
[10] 孙锡斌. 动物性食品卫生学. 北京：高等教育出版社，2006.
[11] 薛慧雯. 肉品卫生监督与检验手册. 北京：金盾出版社，2003.
[12] 史贤明. 食品安全与卫生学. 北京：中国农业出版社，2005.
[13] 张西臣. 动物寄生虫病. 北京：科学出版社，2017.
[14] 杨文泰. 乳及乳制品检验技术. 北京：中国计量出版社，1997.
[15] 许益民. 动物性食品卫生学. 北京：中国农业出版社，2003.
[16] 王秉栋. 食品卫生检验手册. 上海：上海科学技术出版社，2003.
[17] 蔡宝祥. 家畜传染病学. 北京：中国农业出版社，2001.
[18] 卫生部卫生监督中心卫生标准处. 食品卫生标准及相关法规汇编(上、下). 北京：中国标准出版社，2005.
[19] 马美湖，刘焱. 无公害肉制品综合生产技术. 北京：中国农业出版社，2003.
[20] 姜凤丽，曹斌. 动物性食品卫生检验技术. 北京：中国农业大学出版社，2014.
[21] 杨士章. 蛋制品加工技术. 北京：中国农业出版社，2014.
[22] 吴佳莉，路红波. 肉制品生产. 北京：化学工业出版社，2014.
[23] 张彦明. 兽医公共卫生学. 3 版. 北京：中国农业出版社，2019.

附　　录

附录一　生猪屠宰管理条例

（1997年12月19日中华人民共和国国务院令第238号公布　2008年5月25日中华人民共和国国务院令第525号第一次修订　根据2011年1月8日《国务院关于废止和修改部分行政法规的决定》第二次修订　根据2016年2月6日《国务院关于修改部分行政法规的决定》第三次修订　2021年6月25日中华人民共和国国务院令第742号第四次修订）

第一章　总　　则

第一条　为了加强生猪屠宰管理，保证生猪产品质量安全，保障人民身体健康，制定本条例。

第二条　国家实行生猪定点屠宰、集中检疫制度。

除农村地区个人自宰自食的不实行定点屠宰外，任何单位和个人未经定点不得从事生猪屠宰活动。

在边远和交通不便的农村地区，可以设置仅限于向本地市场供应生猪产品的小型生猪屠宰场点，具体管理办法由省、自治区、直辖市制定。

第三条　国务院农业农村主管部门负责全国生猪屠宰的行业管理工作。县级以上地方人民政府农业农村主管部门负责本行政区域内生猪屠宰活动的监督管理。

县级以上人民政府有关部门在各自职责范围内负责生猪屠宰活动的相关管理工作。

第四条　县级以上地方人民政府应当加强对生猪屠宰监督管理工作的领导，及时协调、解决生猪屠宰监督管理工作中的重大问题。

乡镇人民政府、街道办事处应当加强生猪定点屠宰的宣传教育，协助做好生猪屠宰监督管理工作。

第五条　国家鼓励生猪养殖、屠宰、加工、配送、销售一体化发展，推行标准化屠宰，支持建设冷链流通和配送体系。

第六条　国家根据生猪定点屠宰厂（场）的规模、生产和技术条件以及质量安全管理状况，推行生猪定点屠宰厂（场）分级管理制度，鼓励、引导、扶持生猪定点屠宰厂（场）改善生产和技术条件，加强质量安全管理，提高生猪产品质量安全水平。生猪定点屠宰厂（场）分级管理的具体办法由国务院农业农村主管部门制定。

第七条　县级以上人民政府农业农村主管部门应当建立生猪定点屠宰厂（场）信用档案，记录日常监督检查结果、违法行为查处等情况，并依法向社会公示。

第二章　生猪定点屠宰

第八条　省、自治区、直辖市人民政府农业农村主管部门会同生态环境主管部门以及其他有关部门，按照科学布局、集中屠宰、有利流通、方便群众的原则，结合生猪养殖、动物疫病防控和生猪产品消费实际情况制订生猪屠宰行业发展规划，报本级人民政府批准后实施。

生猪屠宰行业发展规划应当包括发展目标、屠宰厂（场）设置、政策措施等内容。

第九条　生猪定点屠宰厂（场）由设区的市级人民政府根据生猪屠宰行业发展规划，组织农业农村、生态环境主管部门以及其他有关部门，依照本条例规定的条件进行审查，经征求省、自治区、直辖市人民政府农业农村主管部门的意见确定，并颁发生猪定点屠宰证书和生猪定点屠宰标志牌。

生猪定点屠宰证书应当载明屠宰厂（场）名称、生产地址和法定代表人（负责人）等事项。

生猪定点屠宰厂（场）变更生产地址的，应当依照本条例的规定，重新申请生猪定点屠宰证书；变更屠宰厂（场）名称、法定代表人（负责人）的，应当在市场监督管理部门办理变更登记手续后15个工作日内，向原发证机关办理变更生猪定点屠宰证书。

设区的市级人民政府应当将其确定的生猪定点屠宰厂（场）名单及时向社会公布，并报省、自治区、直辖市人民政府备案。

第十条　生猪定点屠宰厂（场）应当将生猪定点屠宰标志牌悬挂于厂（场）区的显著位置。

生猪定点屠宰证书和生猪定点屠宰标志牌不得出借、转让。任何单位和个人不得冒用或者使用伪造的生猪定点屠宰证书和生猪定点屠宰标志牌。

第十一条　生猪定点屠宰厂（场）应当具备下列条件：

（一）有与屠宰规模相适应、水质符合国家规定标准的水源条件；

（二）有符合国家规定要求的待宰间、屠宰间、急宰间、检验室以及生猪屠宰设备和运载工具；

（三）有依法取得健康证明的屠宰技术人员；

（四）有经考核合格的兽医卫生检验人员；

（五）有符合国家规定要求的检验设备、消毒设施以及符合环境保护要求的污染防治设施；

（六）有病害生猪及生猪产品无害化处理设施或者无害化处理委托协议；

（七）依法取得动物防疫条件合格证。

第十二条　生猪定点屠宰厂（场）屠宰的生猪，应当依法经动物卫生监督机构检疫合格，并附有检疫证明。

第十三条　生猪定点屠宰厂（场）应当建立生猪进厂（场）查验登记制度。

生猪定点屠宰厂（场）应当依法查验检疫证明等文件，利用信息化手段核实相关信息，如实记录屠宰生猪的来源、数量、检疫证明号和供货者名称、地址、联系方式等内容，并保存相关凭证。发现伪造、变造检疫证明的，应当及时报告农业农村主管部门。发生动物疫情时，还应当查验、记录运输车辆基本情况。记录、凭证保存期限不得少于2年。

生猪定点屠宰厂(场)接受委托屠宰的,应当与委托人签订委托屠宰协议,明确生猪产品质量安全责任。委托屠宰协议自协议期满后保存期限不得少于2年。

第十四条 生猪定点屠宰厂(场)屠宰生猪,应当遵守国家规定的操作规程、技术要求和生猪屠宰质量管理规范,并严格执行消毒技术规范。发生动物疫情时,应当按照国务院农业农村主管部门的规定,开展动物疫病检测,做好动物疫情排查和报告。

第十五条 生猪定点屠宰厂(场)应当建立严格的肉品品质检验管理制度。肉品品质检验应当遵守生猪屠宰肉品品质检验规程,与生猪屠宰同步进行,并如实记录检验结果。检验结果记录保存期限不得少于2年。

经肉品品质检验合格的生猪产品,生猪定点屠宰厂(场)应当加盖肉品品质检验合格验讫印章,附具肉品品质检验合格证。未经肉品品质检验或者经肉品品质检验不合格的生猪产品,不得出厂(场)。经检验不合格的生猪产品,应当在兽医卫生检验人员的监督下,按照国家有关规定处理,并如实记录处理情况;处理情况记录保存期限不得少于2年。

生猪屠宰肉品品质检验规程由国务院农业农村主管部门制定。

第十六条 生猪屠宰的检疫及其监督,依照动物防疫法和国务院的有关规定执行。县级以上地方人民政府按照本级政府职责,将生猪、生猪产品的检疫和监督管理所需经费纳入本级预算。

县级以上地方人民政府农业农村主管部门应当按照规定足额配备农业农村主管部门任命的兽医,由其监督生猪定点屠宰厂(场)依法查验检疫证明等文件。

农业农村主管部门任命的兽医对屠宰的生猪实施检疫。检疫合格的,出具检疫证明、加施检疫标志,并在检疫证明、检疫标志上签字或者盖章,对检疫结论负责。未经检疫或者经检疫不合格的生猪产品,不得出厂(场)。经检疫不合格的生猪及生猪产品,应当在农业农村主管部门的监督下,按照国家有关规定处理。

第十七条 生猪定点屠宰厂(场)应当建立生猪产品出厂(场)记录制度,如实记录出厂(场)生猪产品的名称、规格、数量、检疫证明号、肉品品质检验合格证号、屠宰日期、出厂(场)日期以及购货者名称、地址、联系方式等内容,并保存相关凭证。记录、凭证保存期限不得少于2年。

第十八条 生猪定点屠宰厂(场)对其生产的生猪产品质量安全负责,发现其生产的生猪产品不符合食品安全标准、有证据证明可能危害人体健康、染疫或者疑似染疫的,应当立即停止屠宰,报告农业农村主管部门,通知销售者或者委托人,召回已经销售的生猪产品,并记录通知和召回情况。

生猪定点屠宰厂(场)应当对召回的生猪产品采取无害化处理等措施,防止其再次流入市场。

第十九条 生猪定点屠宰厂(场)对病害生猪及生猪产品进行无害化处理的费用和损失,由地方各级人民政府结合本地实际予以适当补贴。

第二十条 严禁生猪定点屠宰厂(场)以及其他任何单位和个人对生猪、生猪产品注水或者注入其他物质。

严禁生猪定点屠宰厂(场)屠宰注水或者注入其他物质的生猪。

第二十一条　生猪定点屠宰厂(场)对未能及时出厂(场)的生猪产品,应当采取冷冻或者冷藏等必要措施予以贮藏。

第二十二条　严禁任何单位和个人为未经定点违法从事生猪屠宰活动的单位和个人提供生猪屠宰场所或者生猪产品储存设施,严禁为对生猪、生猪产品注水或者注入其他物质的单位和个人提供场所。

第二十三条　从事生猪产品销售、肉食品生产加工的单位和个人以及餐饮服务经营者、集中用餐单位生产经营的生猪产品,必须是生猪定点屠宰厂(场)经检疫和肉品品质检验合格的生猪产品。

第二十四条　地方人民政府及其有关部门不得限制外地生猪定点屠宰厂(场)经检疫和肉品品质检验合格的生猪产品进入本地市场。

第三章　监督管理

第二十五条　国家实行生猪屠宰质量安全风险监测制度。国务院农业农村主管部门负责组织制定国家生猪屠宰质量安全风险监测计划,对生猪屠宰环节的风险因素进行监测。

省、自治区、直辖市人民政府农业农村主管部门根据国家生猪屠宰质量安全风险监测计划,结合本行政区域实际情况,制定本行政区域生猪屠宰质量安全风险监测方案并组织实施,同时报国务院农业农村主管部门备案。

第二十六条　县级以上地方人民政府农业农村主管部门应当根据生猪屠宰质量安全风险监测结果和国务院农业农村主管部门的规定,加强对生猪定点屠宰厂(场)质量安全管理状况的监督检查。

第二十七条　农业农村主管部门应当依照本条例的规定严格履行职责,加强对生猪屠宰活动的日常监督检查,建立健全随机抽查机制。

农业农村主管部门依法进行监督检查,可以采取下列措施:

(一)进入生猪屠宰等有关场所实施现场检查;

(二)向有关单位和个人了解情况;

(三)查阅、复制有关记录、票据以及其他资料;

(四)查封与违法生猪屠宰活动有关的场所、设施,扣押与违法生猪屠宰活动有关的生猪、生猪产品以及屠宰工具和设备。

农业农村主管部门进行监督检查时,监督检查人员不得少于2人,并应当出示执法证件。

对农业农村主管部门依法进行的监督检查,有关单位和个人应当予以配合,不得拒绝、阻挠。

第二十八条　农业农村主管部门应当建立举报制度,公布举报电话、信箱或者电子邮箱,受理对违反本条例规定行为的举报,并及时依法处理。

第二十九条　农业农村主管部门发现生猪屠宰涉嫌犯罪的,应当按照有关规定及时将案件移送同级公安机关。

公安机关在生猪屠宰相关犯罪案件侦查过程中认为没有犯罪事实或者犯罪事实显著轻微,不需要追究刑事责任的,应当及时将案件移送同级农业农村主管部门。公安机关在侦查过程中，需要农业农村主管部门给予检验、认定等协助的，农业农村主管部门应当给予协助。

第四章　法律责任

第三十条　农业农村主管部门在监督检查中发现生猪定点屠宰厂（场）不再具备本条例规定条件的，应当责令停业整顿，并限期整改；逾期仍达不到本条例规定条件的，由设区的市级人民政府吊销生猪定点屠宰证书，收回生猪定点屠宰标志牌。

第三十一条　违反本条例规定，未经定点从事生猪屠宰活动的，由农业农村主管部门责令关闭，没收生猪、生猪产品、屠宰工具和设备以及违法所得；货值金额不足 1 万元的，并处 5 万元以上 10 万元以下的罚款；货值金额 1 万元以上的，并处货值金额 10 倍以上 20 倍以下的罚款。

冒用或者使用伪造的生猪定点屠宰证书或者生猪定点屠宰标志牌的，依照前款的规定处罚。

生猪定点屠宰厂（场）出借、转让生猪定点屠宰证书或者生猪定点屠宰标志牌的，由设区的市级人民政府吊销生猪定点屠宰证书，收回生猪定点屠宰标志牌；有违法所得的，由农业农村主管部门没收违法所得，并处 5 万元以上 10 万元以下的罚款。

第三十二条　违反本条例规定，生猪定点屠宰厂（场）有下列情形之一的，由农业农村主管部门责令改正，给予警告；拒不改正的，责令停业整顿，处 5 000 元以上 5 万元以下的罚款，对其直接负责的主管人员和其他直接责任人员处 2 万元以上 5 万元以下的罚款；情节严重的，由设区的市级人民政府吊销生猪定点屠宰证书，收回生猪定点屠宰标志牌：

（一）未按照规定建立并遵守生猪进厂（场）查验登记制度、生猪产品出厂（场）记录制度的；

（二）未按照规定签订、保存委托屠宰协议的；

（三）屠宰生猪不遵守国家规定的操作规程、技术要求和生猪屠宰质量管理规范以及消毒技术规范的；

（四）未按照规定建立并遵守肉品品质检验制度的；

（五）对经肉品品质检验不合格的生猪产品未按照国家有关规定处理并如实记录处理情况的。

发生动物疫情时，生猪定点屠宰厂（场）未按照规定开展动物疫病检测的，由农业农村主管部门责令停业整顿，并处 5 000 元以上 5 万元以下的罚款，对其直接负责的主管人员和其他直接责任人员处 2 万元以上 5 万元以下的罚款；情节严重的，由设区的市级人民政府吊销生猪定点屠宰证书，收回生猪定点屠宰标志牌。

第三十三条　违反本条例规定，生猪定点屠宰厂（场）出厂（场）未经肉品品质检验或者经肉品品质检验不合格的生猪产品的，由农业农村主管部门责令停业整顿，没收生猪产品和违法所得；货值金额不足 1 万元的，并处 10 万元以上 15 万元以下的罚款；货值金额 1 万元以上的，并处货值金额 15 倍以上 30 倍以下的罚款；对其直接负责的主管人员和其他直接责任人员处 5 万元以上 10 万元以下的罚款；情节严重的，由设区的市级人民政府吊销生猪定点屠宰证书，收回生猪定点屠宰标志牌，并可以由公安机关依照《中华人民共和国食品安全法》的规定，对其直接负责的主管人员和其他直接责任人员处 5 日以上 15 日以下拘留。

第三十四条　生猪定点屠宰厂(场)依照本条例规定应当召回生猪产品而不召回的,由农业农村主管部门责令召回,停止屠宰;拒不召回或者拒不停止屠宰的,责令停业整顿,没收生猪产品和违法所得;货值金额不足1万元的,并处5万元以上10万元以下的罚款;货值金额1万元以上的,并处货值金额10倍以上20倍以下的罚款;对其直接负责的主管人员和其他直接责任人员处5万元以上10万元以下的罚款;情节严重的,由设区的市级人民政府吊销生猪定点屠宰证书,收回生猪定点屠宰标志牌。

委托人拒不执行召回规定的,依照前款规定处罚。

第三十五条　违反本条例规定,生猪定点屠宰厂(场)、其他单位和个人对生猪、生猪产品注水或者注入其他物质的,由农业农村主管部门没收注水或者注入其他物质的生猪、生猪产品、注水工具和设备以及违法所得;货值金额不足1万元的,并处5万元以上10万元以下的罚款;货值金额1万元以上的,并处货值金额10倍以上20倍以下的罚款;对生猪定点屠宰厂(场)或者其他单位的直接负责的主管人员和其他直接责任人员处5万元以上10万元以下的罚款。注入其他物质的,还可以由公安机关依照《中华人民共和国食品安全法》的规定,对其直接负责的主管人员和其他直接责任人员处5日以上15日以下拘留。

生猪定点屠宰厂(场)对生猪、生猪产品注水或者注入其他物质的,除依照前款规定处罚外,还应当由农业农村主管部门责令停业整顿;情节严重的,由设区的市级人民政府吊销生猪定点屠宰证书,收回生猪定点屠宰标志牌。

第三十六条　违反本条例规定,生猪定点屠宰厂(场)屠宰注水或者注入其他物质的生猪的,由农业农村主管部门责令停业整顿,没收注水或者注入其他物质的生猪、生猪产品和违法所得;货值金额不足1万元的,并处5万元以上10万元以下的罚款;货值金额1万元以上的,并处货值金额10倍以上20倍以下的罚款;对其直接负责的主管人员和其他直接责任人员处5万元以上10万元以下的罚款;情节严重的,由设区的市级人民政府吊销生猪定点屠宰证书,收回生猪定点屠宰标志牌。

第三十七条　违反本条例规定,为未经定点违法从事生猪屠宰活动的单位和个人提供生猪屠宰场所或者生猪产品储存设施,或者为对生猪、生猪产品注水或者注入其他物质的单位和个人提供场所的,由农业农村主管部门责令改正,没收违法所得,并处5万元以上10万以下的罚款。

第三十八条　违反本条例规定,生猪定点屠宰厂(场)被吊销生猪定点屠宰证书的,其法定代表人(负责人)、直接负责的主管人员和其他直接责任人员自处罚决定作出之日起5年内不得申请生猪定点屠宰证书或者从事生猪屠宰管理活动;因食品安全犯罪被判处有期徒刑以上刑罚的,终身不得从事生猪屠宰管理活动。

第三十九条　农业农村主管部门和其他有关部门的工作人员在生猪屠宰监督管理工作中滥用职权、玩忽职守、徇私舞弊,尚不构成犯罪的,依法给予处分。

第四十条　本条例规定的货值金额按照同类检疫合格及肉品品质检验合格的生猪、生猪产品的市场价格计算。

第四十一条　违反本条例规定,构成犯罪的,依法追究刑事责任。

第五章　附　　则

第四十二条　省、自治区、直辖市人民政府确定实行定点屠宰的其他动物的屠宰管理办法，由省、自治区、直辖市根据本地区的实际情况，参照本条例制定。

第四十三条　本条例所称生猪产品，是指生猪屠宰后未经加工的胴体、肉、脂、脏器、血液、骨、头、蹄、皮。

第四十四条　生猪定点屠宰证书、生猪定点屠宰标志牌以及肉品品质检验合格验讫印章和肉品品质检验合格证的式样，由国务院农业农村主管部门统一规定。

第四十五条　本条例自 2021 年 8 月 1 日起施行。

附录二 病死畜禽和病害畜禽产品无害化处理管理办法

（农业农村部令 2022年第3号）

第一章 总 则

第一条 为了加强病死畜禽和病害畜禽产品无害化处理管理，防控动物疫病，促进畜牧业高质量发展，保障公共卫生安全和人体健康，根据《中华人民共和国动物防疫法》（以下简称《动物防疫法》），制定本办法。

第二条 本办法适用于畜禽饲养、屠宰、经营、隔离、运输等过程中病死畜禽和病害畜禽产品的收集、无害化处理及其监督管理活动。

发生重大动物疫情时，应当根据动物疫病防控要求开展病死畜禽和病害畜禽产品无害化处理。

第三条 下列畜禽和畜禽产品应当进行无害化处理：

（一）染疫或者疑似染疫死亡、因病死亡或者死因不明的；

（二）经检疫、检验可能危害人体或者动物健康的；

（三）因自然灾害、应激反应、物理挤压等因素死亡的；

（四）屠宰过程中经肉品品质检验确认为不可食用的；

（五）死胎、木乃伊胎等；

（六）因动物疫病防控需要被扑杀或销毁的；

（七）其他应当进行无害化处理的。

第四条 病死畜禽和病害畜禽产品无害化处理坚持统筹规划与属地负责相结合、政府监管与市场运作相结合、财政补助与保险联动相结合、集中处理与自行处理相结合的原则。

第五条 从事畜禽饲养、屠宰、经营、隔离等活动的单位和个人，应当承担主体责任，按照本办法对病死畜禽和病害畜禽产品进行无害化处理，或者委托病死畜禽无害化处理场处理。

运输过程中发生畜禽死亡或者因检疫不合格需要进行无害化处理的，承运人应当立即通知货主，配合做好无害化处理，不得擅自弃置和处理。

第六条 在江河、湖泊、水库等水域发现的死亡畜禽，依法由所在地县级人民政府组织收集、处理并溯源。

在城市公共场所和乡村发现的死亡畜禽，依法由所在地街道办事处、乡级人民政府组织收集、处理并溯源。

第七条 病死畜禽和病害畜禽产品收集、无害化处理、资源化利用应当符合农业农村部相关技术规范，并采取必要的防疫措施，防止传播动物疫病。

第八条 农业农村部主管全国病死畜禽和病害畜禽产品无害化处理工作。

县级以上地方人民政府农业农村主管部门负责本行政区域病死畜禽和病害畜禽产品无害

化处理的监督管理工作。

第九条 省级人民政府农业农村主管部门结合本行政区域畜牧业发展规划和畜禽养殖、疫病发生、畜禽死亡等情况，编制病死畜禽和病害畜禽产品集中无害化处理场所建设规划，合理布局病死畜禽无害化处理场，经本级人民政府批准后实施，并报农业农村部备案。

鼓励跨县级以上行政区域建设病死畜禽无害化处理场。

第十条 县级以上人民政府农业农村主管部门应当落实病死畜禽无害化处理财政补助政策和农机购置与应用补贴政策，协调有关部门优先保障病死畜禽无害化处理场用地、落实税收优惠政策，推动建立病死畜禽无害化处理和保险联动机制，将病死畜禽无害化处理作为保险理赔的前提条件。

第二章 收 集

第十一条 畜禽养殖场、养殖户、屠宰厂(场)、隔离场应当及时对病死畜禽和病害畜禽产品进行贮藏和清运。

畜禽养殖场、屠宰厂(场)、隔离场委托病死畜禽无害化处理场处理的，应当符合以下要求：

(一)采取必要的冷藏冷冻、清洗消毒等措施；

(二)具有病死畜禽和病害畜禽产品输出通道；

(三)及时通知病死畜禽无害化处理场进行收集，或自行送至指定地点。

第十二条 病死畜禽和病害畜禽产品集中暂存点应当具备下列条件：

(一)有独立封闭的贮藏区域，并且防渗、防漏、防鼠、防盗，易于清洗消毒；

(二)有冷藏冷冻、清洗消毒等设施设备；

(三)设置显著警示标识；

(四)有符合动物防疫需要的其他设施设备。

第十三条 专业从事病死畜禽和病害畜禽产品收集的单位和个人，应当配备专用运输车辆，并向承运人所在地县级人民政府农业农村主管部门备案。备案时应当通过农业农村部指定的信息系统提交车辆所有权人的营业执照、运输车辆行驶证、运输车辆照片。

县级人民政府农业农村主管部门应当核实相关材料信息，备案材料符合要求的，及时予以备案；不符合要求的，应当一次性告知备案人补充相关材料。

第十四条 病死畜禽和病害畜禽产品专用运输车辆应当符合以下要求：

(一)不得运输病死畜禽和病害畜禽产品以外的其他物品；

(二)车厢密闭、防水、防渗、耐腐蚀，易于清洗和消毒；

(三)配备能够接入国家监管监控平台的车辆定位跟踪系统、车载终端；

(四)配备人员防护、清洗消毒等应急防疫用品；

(五)有符合动物防疫需要的其他设施设备。

第十五条 运输病死畜禽和病害畜禽产品的单位和个人，应当遵守下列规定：

(一)及时对车辆、相关工具及作业环境进行消毒；

(二)作业过程中如发生渗漏，应当妥善处理后再继续运输；

(三)做好人员防护和消毒。

第十六条　跨县级以上行政区域运输病死畜禽和病害畜禽产品的，相关区域县级以上地方人民政府农业农村主管部门应当加强协作配合，及时通报紧急情况，落实监管责任。

第三章　无害化处理

第十七条　病死畜禽和病害畜禽产品无害化处理以集中处理为主，自行处理为补充。

病死畜禽无害化处理场的设计处理能力应当高于日常病死畜禽和病害畜禽产品处理量，专用运输车辆数量和运载能力应当与区域内畜禽养殖情况相适应。

第十八条　病死畜禽无害化处理场应当符合省级人民政府病死畜禽和病害畜禽产品集中无害化处理场所建设规划并依法取得动物防疫条件合格证。

第十九条　畜禽养殖场、屠宰厂（场）、隔离场在本场（厂）内自行处理病死畜禽和病害畜禽产品的，应当符合无害化处理场所的动物防疫条件，不得处理本场（厂）外的病死畜禽和病害畜禽产品。

畜禽养殖场、屠宰厂（场）、隔离场在本场（厂）外自行处理的，应当建设病死畜禽无害化处理场。

第二十条　畜禽养殖场、养殖户、屠宰厂（场）、隔离场委托病死畜禽无害化处理场进行无害化处理的，应当签订委托合同，明确双方的权利、义务。

无害化处理费用由财政进行补助或者由委托方承担。

第二十一条　对于边远和交通不便地区以及畜禽养殖户自行处理零星病死畜禽的，省级人民政府农业农村主管部门可以结合实际情况和风险评估结果，组织制定相关技术规范。

第二十二条　病死畜禽和病害畜禽产品集中暂存点、病死畜禽无害化处理场应当配备专门人员负责管理。

从事病死畜禽和病害畜禽产品无害化处理的人员，应当具备相关专业技能，掌握必要的安全防护知识。

第二十三条　鼓励在符合国家有关法律法规规定的情况下，对病死畜禽和病害畜禽产品无害化处理产物进行资源化利用。

病死畜禽和病害畜禽产品无害化处理场所销售无害化处理产物的，应当严控无害化处理产物流向，查验购买方资质并留存相关材料，签订销售合同。

第二十四条　病死畜禽和病害畜禽产品无害化处理应当符合安全生产、环境保护等相关法律法规和标准规范要求，接受有关主管部门监管。

病死畜禽无害化处理场处理本办法第三条之外的病死动物和病害动物产品的，应当要求委托方提供无特殊风险物质的证明。

第四章　监督管理

第二十五条　农业农村部建立病死畜禽无害化处理监管监控平台，加强全程追溯管理。

从事畜禽饲养、屠宰、经营、隔离及病死畜禽收集、无害化处理的单位和个人，应当按要求填报信息。

县级以上地方人民政府农业农村主管部门应当做好信息审核，加强数据运用和安全管理。

第二十六条 农业农村部负责组织制定全国病死畜禽和病害畜禽产品无害化处理生物安全风险调查评估方案，对病死畜禽和病害畜禽产品收集、无害化处理生物安全风险因素进行调查评估。

省级人民政府农业农村主管部门应当制定本行政区域病死畜禽和病害畜禽产品无害化处理生物安全风险调查评估方案并组织实施。

第二十七条 根据病死畜禽无害化处理场规模、设施装备状况、管理水平等因素，推行分级管理制度。

第二十八条 病死畜禽和病害畜禽产品无害化处理场所应当建立并严格执行以下制度：

(一)设施设备运行管理制度；

(二)清洗消毒制度；

(三)人员防护制度；

(四)生物安全制度；

(五)安全生产和应急处理制度。

第二十九条 从事畜禽饲养、屠宰、经营、隔离以及病死畜禽和病害畜禽产品收集、无害化处理的单位和个人，应当建立台账，详细记录病死畜禽和病害畜禽产品的种类、数量(重量)、来源、运输车辆、交接人员和交接时间、处理产物销售情况等信息。

病死畜禽和病害畜禽产品无害化处理场所应当安装视频监控设备，对病死畜禽和病害畜禽产品进(出)场、交接、处理和处理产物存放等进行全程监控。

相关台账记录保存期不少于二年，相关监控影像资料保存期不少于三十天。

第三十条 病死畜禽和病害畜禽产品无害化处理场所应当于每年一月底前向所在地县级人民政府农业农村主管部门报告上一年度病死畜禽和病害畜禽产品无害化处理、运输车辆和环境清洗消毒等情况。

第三十一条 县级以上地方人民政府农业农村主管部门执行监督检查任务时，从事病死畜禽和病害畜禽产品收集、无害化处理的单位和个人应当予以配合，不得拒绝或者阻碍。

第三十二条 任何单位和个人对违反本办法规定的行为，有权向县级以上地方人民政府农业农村主管部门举报。接到举报的部门应当及时调查处理。

第五章 法律责任

第三十三条 未按照本办法第十一条、第十二条、第十五条、第十九条、第二十二条规定处理病死畜禽和病害畜禽产品的，按照《动物防疫法》第九十八条规定予以处罚。

第三十四条 畜禽养殖场、屠宰厂(场)、隔离场、病死畜禽无害化处理场未取得动物防疫条件合格证或生产经营条件发生变化，不再符合动物防疫条件继续从事无害化处理活动的，分别按照《动物防疫法》第九十八条、第九十九条处罚。

第三十五条 专业从事病死畜禽和病害畜禽产品运输的车辆，未经备案或者不符合本办法第十四条规定的，分别按照《动物防疫法》第九十八条、第九十四条处罚。

第三十六条 违反本办法第二十八条、第二十九条规定，未建立管理制度、台账或者未进行视频监控的，由县级以上地方人民政府农业农村主管部门责令改正；拒不改正或者情节严重的，处二千元以上二万元以下罚款。

第六章　附　　则

第三十七条　本办法下列用语的含义：

（一）畜禽，是指《国家畜禽遗传资源目录》范围内的畜禽，不包括用于科学研究、教学、检定以及其他科学实验的畜禽。

（二）隔离场所，是指对跨省、自治区、直辖市引进的乳用种用动物或输入到无规定动物疫病区的相关畜禽进行隔离观察的场所，不包括进出境隔离观察场所。

（三）病死畜禽和病害畜禽产品无害化处理场所，是指病死畜禽无害化处理场以及畜禽养殖场、屠宰厂（场）、隔离场内的无害化处理区域。

第三十八条　病死水产养殖动物和病害水产养殖动物产品的无害化处理，参照本办法执行。

第三十九条　本办法自 2022 年 7 月 1 日起施行。